"十二五"职业教育国家规划教材
经全国职业教育教材审定委员会审定
高等职业院校教学改革创新示范教材·软件开发系列

Oracle 12c数据库应用与设计任务驱动教程

陈承欢　赵志茹　颜谦和　编著

電子工業出版社
Publishing House of Electronics Industry
北京·BEIJING

内 容 简 介

站在数据库管理员和数据库程序开发人员的角度理解数据库的应用和设计需求，在认真分析职业岗位需求和学习者能力现状的基础上，全面规划和重构教材内容，合理安排教学单元的顺序。按照“Oracle工具→Oracle数据库与数据表→数据操作与处理→数据库分析与设计”4个层次对教材内容进行重构，分为8个教学单元：登录Oracle数据库与试用Oracle的常用工具→创建与维护Oracle数据库→创建与维护Oracle表空间→创建与维护Oracle数据表→检索与操作Oracle数据表的数据→编写PL/SQL程序处理Oracle数据库的数据→维护Oracle数据库的安全性→分析与设计Oracle数据库。

全书围绕2个数据库的应用设计和110个操作任务展开，以真实工作任务为载体组织教学内容，强化操作技能训练，提升动手能力。采用“任务驱动、精讲多练、理论实践一体化”的教学方法，全方向促进Oracle数据库应用与设计技能的提升。每个教学单元巧妙地设置了三条主线：教学流程主线、理论知识主线和操作任务主线，形成独具特色的复合结构的体例。每个教学单元面向教学全过程设置了完整的教学环节，按照“教学导航→前导知识→操作实战→自主训练→单元小结→单元习题”6个环节有效组织教学，引导学习者主动学习、高效学习、快乐学习。

本教材可以作为普通高等院校、高等或中等职业院校和高等专科院校各专业Oracle 12c数据库应用与设计的教材，也可以作为Oracle的培训教材及自学参考书。

图书在版编目（CIP）数据

Oracle 12c 数据库应用与设计任务驱动教程/陈承欢，赵志茹，颜谦和编著. —北京：电子工业出版社，2017.7
ISBN 978-7-121-29658-1

Ⅰ. ①O…　Ⅱ. ①陈…　②赵…　③颜…　Ⅲ. ①关系数据库系统－高等学校－教材　Ⅳ. ①TP311.138

中国版本图书馆CIP数据核字（2016）第187470号

策划编辑：程超群
责任编辑：裴　杰
印　　刷：北京虎彩文化传播有限公司
装　　订：北京虎彩文化传播有限公司
出版发行：电子工业出版社
　　　　　北京市海淀区万寿路 173 信箱　邮编 100036
开　　本：787×1 092　1/16　印张：20.75　字数：531.2 千字
版　　次：2017 年 7 月第 1 版
印　　次：2020 年 7 月第 6 次印刷
定　　价：45.00 元

凡所购买电子工业出版社图书有缺损问题，请向购买书店调换。若书店售缺，请与本社发行部联系，联系及邮购电话：（010）88254888，88258888。

质量投诉请发邮件至 zlts@phei.com.cn，盗版侵权举报请发邮件至 dbqq@phei.com.cn。

本书咨询联系方式：（010）88254577，ccq@phei.com.cn。

数据库技术是信息处理的核心技术之一，广泛应用于各类信息系统，在社会的各个领域发挥着重要作用。数据库技术是目前计算机领域发展最快、应用最广泛的技术之一，数据库技术的应用已遍及各行各业，数据库的安全性、可靠性、使用效率和使用成本越来越受到重视。Oracle 是大型数据库管理系统中的佼佼者，积聚了众多领先技术，在集群技术、高可用性、商业智能、安全性、稳定性、可移值性、系统管理等方面都领跑业界，以其良好的体系结构、强大的数据处理能力、可靠的安全性能、方便实用的功能，得到了广大用户的认可，也成为当前企业级信息系统开发的首选。随着 Oracle 版本不断升级，功能越来越强大，最新版本 Oracle 12c 可以为各类用户提供完整的数据库解决方案，其性能、伸展性、可用性和安全性得以进一步增强。

Oracle Database 12c 增加了 500 多项全新功能，其新特性主要涵盖了 6 个方面：云端数据库整合的全新多租户架构、数据自动优化、深度安全防护、面向数据库云的最大可用性、高效的数据库管理以及简化大数据分析。这些特性可以在高速度、高可扩展、高可靠性和高安全性的数据库平台之上，为客户提供一个全新的多租户架构，用户数据库向云端迁移后可提升企业应用的质量和应用性能，还能将数百个数据库作为一个进行管理，帮助企业迈向云的过程中提高整体运营的灵活性和有效性。

本教材具有以下特色和创新：

（1）认真分析职业岗位需求和学习者能力现状，全面规划和重构教材内容，合理安排教学单元的顺序。站在数据库管理员和数据库程序开发人员的角度理解数据库的应用与设计需求，而不是从数据库理论、SQL 语言和 PL/SQL 本身取舍教材内容。遵循学习者的认知规律和技能的形成规律，按照“Oracle 工具→Oracle 数据库与数据表→数据操作与处理→数据库分析与设计”4 个层次对教材内容进行重构，教材分为 8 个教学单元：登录 Oracle 数据库与试用 Oracle 的常用工具→创建与维护 Oracle 数据库→创建与维护 Oracle 表空间→创建与维护 Oracle 数据表→检索与操作 Oracle 数据表的数据→编写 PL/SQL 程序处理 Oracle 数据库的数据→维护 Oracle 数据库的安全性→分析与设计 Oracle 数据库。

（2）以真实工作任务为载体组织教学内容，强化操作技能训练，提升动手能力。全书精选了 2 个数据库：“网上购物”数据库和“图书管理”数据库，分别用于“操作实战”、“自主训练”2 个学习阶段。学习者对这些数据库都有一定的认知，数据表的结构和关系容易理解，能收到事半功倍的效果。

（3）采用任务驱动教学方法、全方向促进 Oracle 数据库应用与设计技能的提升。全书围绕 2 个数据库的应用设计，110 个操作任务展开，采用“任务驱动、精讲多练、理论实践一体化”的教学方法，引导学习者在上机操作过程认识数据库知识本身存在的规律，让感性认识升华为理性思维，达到举一反三的效果，适应就业岗位的需求。

（4）每个教学单元巧妙地设置了三条主线：教学流程主线、理论知识主线和操作任务主线，形成独具特色的复合结构的体例。充分考虑教学实施的需求、每个教学单元面向教学全过程设置了完整的教学环节，按照“教学导航→前导知识→操作实战→自主训练→单元小结→单元习题”6 个环节有效组织教学。每个单元以节的方式组织理论知识，形成了系统性强、条理性强、循序渐进的理论知识体系。每个单元根据学习知识和训练技能的需要设计了完善的操作任务，操作任务按“知识必备→任务描述→任务实施”3 个步骤实施。

（5）数据库的理论知识以“必需够用”为度，并将够用的理论知识与必备的技能训练合理分离。每一个教学单元独立设置了“前导知识”环节，主要归纳各单元必要的通用知识要点，使学习者较系统地掌握 Oracle 数据库应用与设计的理论知识。另外，各小节中还设置了“知识必备”环节，主要归纳与各小节或各个操作任务直接相关的理论知识。学习数据库知识的主要目的是为了应用所学知识解决实际问题，在完成各项操作任务的过程中，在实际需求的驱动下学习知识、领悟知识和构建知识结构，最终熟练掌握知识、固化为能力。数据库的理论知识变化不大，而知识的应用却灵活多样，学习 Oracle 数据库课程的重点不是记住了多少理论知识，而是学会应用数据库的理论知识，利用 Oracle 的优势解决实际问题。

（6）引导学习者主动学习、高效学习、快乐学习。课程教学的主要任务固然是训练技能、掌握知识，更重要的是要教会学习者怎样学习，掌握科学的学习方法有利于提高学习效率。本书合理取舍教学内容、科学设置教学环节、精心设置操作任务，让学习者体会学习的乐趣和成功的喜悦，在完成各项操作任务理解知识、熟悉方法、提升技能、学以致用，同时也学会学习、养成良好的习惯，让每一位学习者终生受益。

（7）本书配套教学资源丰富，既有教学指导书的功能，也有学习指导书的功能。课程教学设计、操作任务、电子教稿、授课计划等教学资源一应俱全，力求做到想师生之所想，急师生之所急。

（8）本书适应于灵活多样的教学组织方式，更适合于实施理论实践一体化教学，平均 6～8 课时为一个教学单元，可以以串行方式（连续安排 2～3 周）组织教学，也可以以并行方式（每周安排 6～8 课时，安排 8 周左右，每周完成一个教学单元）组织教学。

本教材由湖南铁道职业技术学院陈承欢教授、包头轻工职业技术学院赵志茹老师、湖南铁道职业技术学院颜谦和老师编著（其中陈承欢教授编写了单元 5～单元 8，约 224 千字；赵志茹老师编写了单元 3 和单元 4，约 136 千字；颜谦和老师编写了单元 1 和单元 2，约 121.6 千字）。包头轻工职业技术学院的张尼奇、池明文，长沙职业技术学院的殷正坤、蓝敏和艾娟，湖南铁道职业技术学院的谢树新、吴献文、冯向科、宁云智、肖素华、林保康、王欢燕、张丹、张丽芳，广东科学技术职业学院的陈华政，湖南工业职业技术学院的刘曼春等多位老师，分别参与了数据库的设计和部分章节的编写工作。

由于编者水平有限，书中难免存在疏漏之处，敬请各位专家和读者批评指正，作者的 QQ 为 1574819688，感谢您使用本书，期待本书能成为您的良师益友。

编　者

CONTENTS
目
录

单元 1

登录Oracle数据库与试用Oracle的常用工具

Oracle 是大型数据库管理系统中的佼佼者，积聚了众多领先技术，在集群技术、高可用性、商业智能、安全性、稳定性、可移植性、系统管理等方面都领跑业界，以其良好的体系结构、强大的数据处理能力、可靠的安全性能、方便实用的功能，得到了广大用户的认可，也成为当前企业级信息系统开发的首选。随着 Oracle 版本不断升级，功能越来越强大，最新版本的 Oracle 12c 可以为各类用户提供完整的数据库解决方案，其性能、伸展性、可用性和安全性得以进一步增强。

我们使用 Oracle 12c 之前，首先要正确安装该软件，Oracle 可以在 Windows 或 Linux 等多种操作系统中使用，本书在 Windows 10 中使用 Oracle 12c，其下载与安装方法详见附录 A。

说 明

本教材所有 Oracle 账户的口令均设置为 Oracle_12C，读者在实际操作时可以根据情况设置个性化的口令即可。

教学目标	（1）了解 Oracle 常用的数据字典、Oracle 的账户及其解锁方法 （2）了解 SQL Plus 的常用命令及其使用方法 （3）从整体上认识 Oracle 的体系结构 （4）了解 Oracle 数据库与 Oracle 实例的区别 （5）理解与区分 Oracle 数据库的物理结构和逻辑结构 （6）理解与区分 Oracle 数据库的内存结构和进程结构 （7）学会使用 SQL Plus 命令行管理工具 （8）学会使用 Oracle SQL Developer 和 Oracle Enterprise Manager 图形界面工具
教学方法	任务驱动法、探究训练法、分组讨论法、讲授法等
建议课时	8 课时

1．Oracle 简介

1970 年 6 月 IBM 公司的研究员埃德加·考特（Edgar Frank Codd）在《Communications of ACM》（通信计算机）发表了名为《大型共享数据库的关系模型》的论文，拉开了关系型数据库革命的序幕。IBM 公司于 1973 年开发了原型系统 System R 来研究关系数据库的实际可用性，但是在当时层次和网状数据库占据主流的时代，并没有及时推出关系数据库产品。

1977 年 6 月，Larry Ellison（劳伦斯·埃里森）与 Bob Miner、Edward Oates 在硅谷共同创办了一个名为软件开发实验室（Software Development Laboratories，SDL）的公司，他们的第一个项目是给美国政府做的，项目的名称当时就叫 Oracle，Oracle 在英语中的意思就是神谕宣誓、预言或圣言。此后，他们就把研发的数据库叫做 Oracle，后来也把公司名字也改为 Oracle。

1979 年，SDL 更名为关系软件有限公司（Relational Software Inc，RSI），并于 1979 年的夏季发布了可用于 DEC 公司 PDP-11 计算机上的商用 Oracle 产品，这是世界上第一个商用关系数据库管理系统。

1983 年，为了突出公司的核心产品，RSI 再次更名为 Oracle，Oracle 从此正式走进人们的视野。现在，Oracle 公司是仅次于微软公司的世界第二大软件公司，是全球最大的管理软件及服务供应商。Oracle 公司拥有世界上唯一一个全面集成的电子商务套件 Oracle Applications R 11i，深受用户的青睐。

Oracle 发展到目前的 Oracle 12c 版本，是历经 30 多年努力研发的成果，其发展历程的关键阶段如下所述。

1977 年，Oracle 公司正式创立。1979 年夏季，推出第一个商用关系数据库管理系统。

1998 年 9 月，Oracle 正式发布 Oracle 8i，这里的“i”表示 Internet，这一版本中添加许多为支持 Internet 而设计的特性，将客户机/服务器应用转移到 Web 上。

2001 年 6 月，Oracle 发布了 Oracle 9i，在 Oracle 9i 的诸多新特性中，最重要的就是 Real Application Clusters（RAC）。

2003 年 9 月 8 日，Oracle 发布了 Oracle 10g，这里的“g”表示 grid（网格），这一版本的最大特点就是加入了网格计算的功能。

2007 年 11 月，Oracle 正式发布了 11g 版本，该版本有许多与众不同的新特性，大幅度提高了系统性能和安全性，全新的 Data Guard 使其可用性最大化，利用全新的高级数据压缩技术降低了数据存储的开销，明显缩短了应用程序测试环境部署及分析测试结果所花费的时间。

2013 年 6 月 26 日，Oracle Database 12c 版本正式发布，和 Oracle 前几代数据库（Oracle 8i、9i、10g、11g）相比，Oracle 12c 命名上的“c”明确了这一版本是针对云计算(Cloud)而设计的数据库。

2．Oracle 12c 的新功能简介

Oracle Database 12c 增加了 500 多项全新功能，其新特性主要涵盖了 6 个方面：云端数据库整合的全新多租户架构、数据自动优化、深度安全防护、面向数据库云的最大可用性、高效的数据库管理以及简化大数据分析。这些特性可以在高速度、高可扩展、高可靠性和高安全性的数据库平台之上，为客户提供一个全新的多租户架构，用户数据库向云端迁移后可提升企业应用的质量和应用性能，还能将数百个数据库作为一个进行管理，帮助企业迈向云的过程中提高整体运营的灵活性和有效性。

Oracle 12c 的 6 大新特性简述如下：

（1）云端数据库整合的全新多租户架构

Oracle Database 12c 的多租户架构是在云中整合数据库的理想之选，该架构通过对不同租户中的数据库内容进行分别管理，既可保障各租户之间所需的独立性与安全性，保留其自有功能，又能实现对多个数据库的合一管理，提高服务器的资源利用效率。

作为 Oracle 12c 的一项新功能，Oracle 多租户技术可以在多租户架构中插入任何一个数据库，就像在应用中插入任何一个标准的 Oracle 数据库一样，对现有应用的运行不会产生任何影响。Oracle 12c 可以保留分散数据库的自有功能，能够应对客户在私有云模式内进行数据库整合。通过在数据库层而不是在应用层支持多租户，Oracle 多租户技术可以使所有独立软件开发商(ISV)的应用在 Oracle 数据库上顺利运行。Oracle 多租户技术实现了多个数据库的合一管理，提高了服务器资源利用，节省了数据库升级、备份、恢复等所需要的时间和工作。多租户架构提供了几乎即时的配置和数据库复制，使该架构成为数据库测试和开发云的理想平台。Oracle 多租户技术可与所有 Oracle 数据库功能协同工作，包括真正应用集群、分区、数据防护、压缩、自动存储管理、真正应用测试、透明数据加密，数据库 Vault 等。

（2）数据自动优化

Oracle 12c 凭借最新添加的热图和自动数据优化功能可以轻松实现数据移动和数据压缩的自动化。为帮助客户有效管理更多数据、降低存储成本以及提高数据库性能。热图监测数据库读/写功能使数据库管理员可轻松识别存储在表和分区中数据的活跃程度，判断其是热数据（非常活跃），还是温暖数据（只读）或冷数据（很少读）。利用智能压缩和存储分层功能，数据库管理员可基于数据的活跃性和使用时间，轻松定义服务器管理策略，实现自动压缩和分层 OLTP、数据仓库和归档数据。

（3）深度安全防护

相比以往的 Oracle 数据库版本，Oracle 12c 推出了更多安全性方面的创新，可帮助客户应对不断升级的安全威胁和严格的数据隐私合规要求。新的校订功能使企业无须改变大部分应用即可保护敏感数据，例如显示在应用中的信用卡号码。敏感数据基于预定义策略和客户方信息在运行时即可校对。Oracle 12c 还包括最新的运行时间优先分析功能，使企业能够确定实际使用的权限和角色，帮助企业撤销不必要的权限，同时充分执行必须权限，且确保企业运营不受影响。

（4）面向数据库云的最大可用性

Oracle 12c 加入了数项高可用性功能，并增强了现有技术，以实现对企业数据的不间断访问。全球数据服务为全球分布式数据库配置提供了负载平衡和故障切换功能。数据防护远程同步不仅限于延迟，并延伸到任何距离的零数据丢失备用保护。完善了 Oracle 真正应用集群，并通过自动重启失败处理以覆盖最终用户的应用失败。

（5）高效的数据库管理

Oracle 12c 可以轻松实现云端的数据库整合，使数据管理变得更加容易，同时还具备多项高可用性功能，包括云端数据的不间断访问等。

Oracle 企业管理器 12c 云控制的无缝集成，使管理员能够轻松实施和管理新的 Oracle 数据库 12c 功能，包括新的多租户架构和数据校订。通过同时测试和扩展真正任务负载，Oracle 真正应用测试的全面测试功能可以帮助客户验证升级与策略整合。

（6）简化大数据分析

Oracle 数据库 12c 通过 SQL 模式匹配增强了面向大数据的数据库内 MapReduce 功能。同时借助最新的数据库内预测算法，以及开源 R 与 Oracle Database 12c 的高度集成，数据专家可以更好地分析企业信息和大数据。此外，利用 Oracle Database 12c 提供的智能压缩和存储分层功能，数据库管理员可基于数据的活跃性和使用时间，轻松定义服务器管理策略，实现自动压缩和分层 OLTP、数据仓库和归档数据。这些功能实现了商业事件序列的直接和可扩展呈现，例如金融交易、网络日志和点击流日志。

3. Oracle 常用的数据字典

Oracle 的数据字典是由 Oracle 自动创建并更新的一组数据表或视图，这些数据表或视图是只读的，用户不可以手动更改其结构和数据，数据字典是 Oracle 数据库的重要组成部分，它提供了数据库结构、数据库对象空间分配和数据库用户等有关的信息，这些信息都是系统自动创建和维护的。数据字典的所有者为 SYS 用户，所有的数据字典都隶属于 SYSTEM 表空间。

Oracle 数据库管理系统通过数据字典获取对象信息和安全信息，而用户和数据库系统管理员则使用数据字典来查询数据库信息。Oracle 的数据字典保存了数据库中对象的信息，包括数据表、视图、索引、存储过程、程序包以及与用户、角色、权限和约束等相关的信息。

Oracle 数据字典的主要视图类型如表 1-1 所示。V$视图是指动态性能视图，DBA 视图（包括 ALL 视图和 USER 视图等）是数据字典表，V$视图和 DBA 视图包含数据库中对象信息或当前运行状态的对象，两者实现的功能不同，至多是类似。从应用的角度来看，V$视图应用范围更广一些，只要 Oracle 数据库启动到 Mount 状态，就可访问 V$视图；而 DBA 数据字典表只有当 Oracle 数据库处于 Open 状态时才能查询。

表 1-1　Oracle 数据字典的主要视图类型

视图类型	说　明
ALL 视图	名称以 all_为前缀，用来记录用户对象的信息以及可授权访问的所有对象信息，授权用户可以访问，例如 all_synonyms 视图记录了用户可以存取的所有同义词信息
USER 视图	名称以 user_为前缀，由用户创建，用来记录用户私有的对象信息，例如 user_tables 视图记录了用户的表信息
DBA 视图	名称以 dba_为前缀，用来记录数据库实例的所有对象的信息，例如通过 dba_tables 视图可以访问所有用户的数据表信息
V$视图	名称以 v$为前缀，用来记录与数据库活动相关的性能统计动态信息，例如 v$datafile 视图记录了有关数据文件的统计信息
GV$视图	名称以 gv$为前缀，用来记录分布式环境下所有实例的动态信息，例如 gv$lock 视图记录包含锁的数据库实例的信息

Oracle 中常用的数据字典主要包括基本的数据字典、与数据库组件相关的数据字典等。Oracle 中基本的数据字典大部分属于 DBA 视图，名称一般以 dba_为前缀，如表 1-2 所示。

表 1-2　Oracle 中基本的数据字典

数据字典名称	说　　明
dba_users	描述所有用户的基本信息
dba_tables	描述所有用户的所有数据表信息，包括表名、表空间名、用户名等信息
dba_tab_columns	描述所有用户的所有数据表的字段信息
dba_views	描述所有用户的所有视图信息
dba_synonyms	描述所有用户的同义词信息
dba_sequences	描述所有用户的序列信息
dba_constraints	描述所有用户的数据表约束信息
dba_indexes	描述所有用户的数据表索引摘要信息
dba_ind_columns	描述所有用户的索引字段信息
dba_triggers	描述所有用户的触发器信息
dba_sources	描述所有用户的存储过程信息
dba_segments	描述所有用户的段的使用空间信息
dba_extents	描述所有用户的段的扩展信息
dba_objects	描述所有用户对象的基本信息
cat	描述当前用户可以访问的所有基表
tab	描述当前用户创建的所有基表、视图和同义词等
dict	描述构成数据字典的所有数据表的信息

Oracle 中与数据库组件相关的数据字典大部分属于 V$视图，其名称一般以 v$为前缀，如表 1-3 所示。

表 1-3　Oracle 中与数据库组件相关的数据字典

数据库组件类型	数据表或视图名称	说　　明
数据库	v$database	描述数据库的基本信息
	database_properties	描述数据库属性
表空间	dba_tablespaces	描述数据库所有表空间的基本信息
	dba_free_spaces	描述数据库表空间中空闲空间的信息
	dba_temp_files	描述临时表空间及临时文件的信息
	dba_tablespace_groups	描述临时表空间及其成员的信息
	dba_undo_extents	描述撤消表空间中每个盘区所对应的事务提交时间
	dba_ts_quotas	描述所有用户的表空间配额信息
	v$tablespaces	从控制文件中获取表空间名称和编号信息
	v$undostat	描述撤消表空间的统计信息
	v$rollstat	描述撤消表空间中所有撤消段的信息
	v$transaction	描述所有事务所使用的撤消段信息

续表

数据库组件类型	数据表或视图名称	说　　明
控制文件	v$controlfile	描述系统控制文件的基本信息
	v$controlfile_record_section	描述系统控制文件中描述文档段的信息
	v$parameter	描述系统各参数的基本信息
数据文件	dba_data_files	描述数据库中数据文件以及表空间的基本信息
	dba_temp_files	描述数据库中临时文件及其所属表空间的基本信息
	v$datafile	描述数据库中数据文件使用情况的统计信息
	v$tempfile	描述数据库中临时文件使用情况的统计信息
	v$filestat	描述来自控制文件的数据文件信息
	v$datafile_header	描述数据文件头部的基本信息
段	dba_segments	描述段的基本信息
	dba_extents	描述段的扩展信息
	v$sort_usage	描述临时段的大小
数据区	dba_extents	描述数据区的基本信息
日志	v$thread	描述日志线程的基本信息
	v$log	描述日志文件的基本信息
	v$logfile	描述日志文件的概要信息
归档	v$archives_log	描述归档日志文件的基本信息
	v$archive_dest	描述归档日志文件的路径信息
数据库实例	v$instance	描述当前数据库实例的基本信息
	v$system_parameter	描述数据库实例当前有效的参数信息
	v$stsstat	描述基本的数据库实例统计数据
数据库连接	dba_db_link	描述所有用户的数据库连接信息
	all_ db_link	描述用户可以访问的所有数据库连接信息
	user_ db_link	描述用户的数据库连接信息
内存结构	v$sga	描述系统全局区（SGA）的大小信息
	v$sgastat	描述系统全局区（SGA）的使用统计信息
	v$db_object_cache	描述对象缓存的大小信息
	v$sql	描述 SQL 语句的详细信息
	v$sqltext	描述在系统全局区中属于共享游标的 SQL 语句信息
	v$sqlarea	描述 SQL 区的 SQL 基本信息
后台进程	v$bgprocess	显示后台进程信息
	v$session	显示当前会话信息
同义词	dba_synonyms	描述所有用户的同义词信息
	all_ synonyms	描述用户可以存取的所有同义词信息
	user_ synonyms	描述用户的同义词信息

续表

数据库组件类型	数据表或视图名称	说　明
视图	dba_views	描述数据库中的所有视图
	all_views	描述用户“可访问”的视图
	user_views	描述用户“拥有”的视图
	dba_tab_columns	描述数据库中的所有视图的列或数据表的列
	all_tab_columns	描述用户“可访问”的视图列或数据表列
	user_tabl_columns	描述用户“拥有”的视图列或表列
用户信息	all_users	描述数据库所有用户的用户名、用户 ID 和用户创建时间
	dba_users	描述数据库所有用户的详细信息
	user_users	描述当前用户的详细信息
	dba_ts_quotas	描述所有用户的表空间配额信息
	user_ts_quotas	描述当前用户的表空间配额信息
	v$session	描述用户会话信息
	v$open_cursor	描述用户执行的 SQL 语句信息

4．Oracle 12c 的账户与解锁账户

Oracle 12c 数据库自带了许多账户，例如 SYS、SYSTEM、OUTLN、DBSNMP、SYSKM 和 ORACLE_OCM 等，在默认情况下，Oracle 12c 只对 SYS 和 SYSTEM 两个账户进行解锁，而其他账户默认处于锁定状态，需要用户自行解锁，并且 SYS 和 SYSTEM 具有管理员权限。如图 1-1 所示。

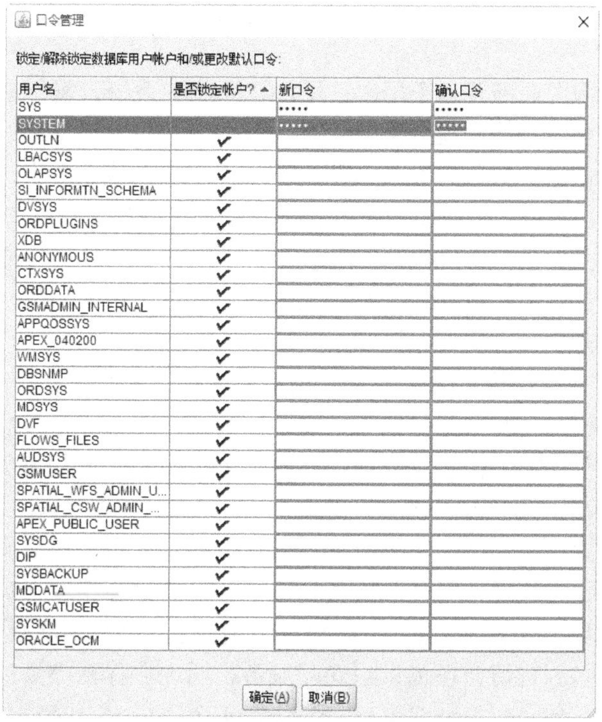

图 1-1　Oracle 12c 的账户与解锁账户

创建数据库时，有一个步骤专门用于对账户进行解锁和设置账户口令。

5. Oracle 体系结构概述

对于银行、电信公司、电子商务网站等需要存储和处理数以亿计的客户数据，这些数据也包含了大量的图片，主要特点是数据量大、占用硬盘空间也大，如何利用数据库管理系统高效、快捷、安全地存储和处理这些数据，不同的数据库管理系统有不同的方法。一台 Oracle 数据库服务器（Oracle Database Server）由一个 Oracle 数据库（Oracle Database）和一个或者多个数据库实例（Oracle Database Instances）组成。一个数据库有物理结构（Physical Database Structures）和逻辑结构（Logical Database Structures）之分，连接物理结构和逻辑结构之间的纽带是表空间和数据文件。一个数据库实例由 SGA（System Global Area）和一系列后台进程（Background Processes）组成，Oracle 体系结构的示意图如图 1-2 所示。

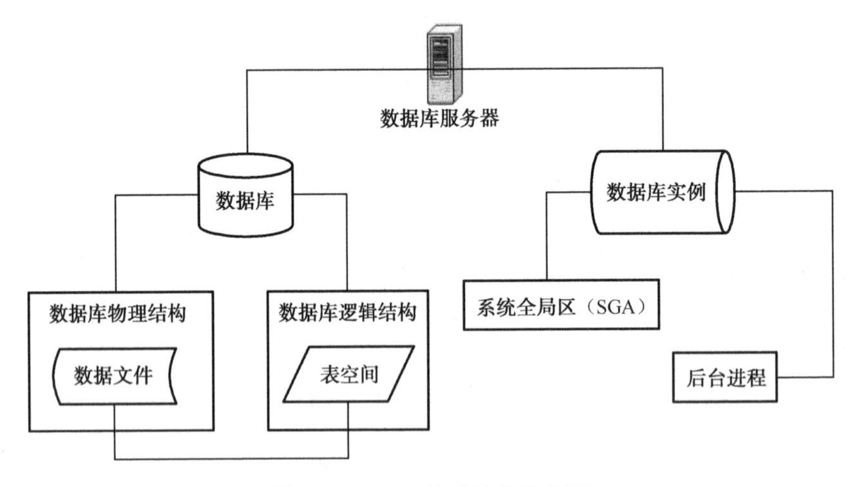

图 1-2　Oracle 体系结构示意图

Oracle 的体系结构主要涉及三个层面：用户、Oracle 系统、操作系统，用户调用 Oracle 的系统资源，Oracle 使用操作系统分配的资源，有些资源对用户是可见，有些资源对用户是不可见，而是由 Oracle 系统或操作系统调用。例如，用户创建数据表时，只能指定对应的表空间和方案，用户无法指定数据表中的数据存储在哪一个数据文件中，而是由 Oracle 系统指定存储在哪一个数据文件中，由操作系统管理磁盘中的数据文件。同样，用户从数据表中查询数据时，也只能指定方案和数据表，所获取的数据来自于哪一个数据表，用户并不知道，而是由 Oracle 进行管理的。

Oracle 数据库管理系统体系结构庞大，也不好理解，我们找一个例子类比一下。Oracle 管理的最终对象是数据，这些数据包括人、财、物等方方面面的各类数据。例如天华公司有 4 个子公司，分别经营宾馆、饮食、商场、旅游，子公司名称分别为金锦宾馆、君乐酒店、雅博商场、明珠旅行社。天华公司管理的对象主要是人、车、商品、食品、客户、餐厅、资金等，这些对象分别隶属于不同的子公司，在计算机中表现为数据。天华公司相当于一个数据库，电子工业出版社在该公司召开一次教材研讨会，研讨会相当于实例，实例是一个动态的概念，实例的有效期从会议启动开始，到会议结束为止，会议期间金锦宾馆提供住宿服务、君乐酒店提供饮食服务、雅博商场提供纪念品服务、明珠旅行社提供车和旅游服务。由于天华公司业务范围较广，为了便于经营管理，划分为 4 个子公司，这 4 个子公司就相当于 4 个表空间，每个表空间相对独立地管理各自的人、财、物。金锦宾馆为便于管理，划分为客房部、营销部、维护部、娱乐部等部门，这些部门各自的业务内容有所不同，相当于数据库的方案。客户部的管理对象有职员、客房、物品、顾客等，这些对象的数据以数据表的形式存放。对于客房部的前台接待员丁一，首先其身份属于职员（数据表），该职员隶属于客房部（方案），客房部隶属于金锦宾馆（表空间），金锦宾馆隶属于天华公司（数据库）。类比是为了便于理解，类比只是类比，与数据库中的概念不能完全等同。

6. Oracle 中逻辑存储的层次结构

Oracle 中逻辑存储的层次结构总结如下：

一个完整的数据库系统，应包括一个物理结构、一个逻辑结构、一个内存结构和一个进程结构，如果要创建一个新的数据库，则这些结构都必须完整地建立起来。

Oracle 的逻辑存储层次结构如下：数据库→表空间（spaces）→段（segments）→区（extents）→块（blocks）。一个数据库由一个或多个表空间组成，一个表空间由一个或多个段组成，一个段由一个或多个区组成，一个区由一个或多个 Oracle 数据块组成，一个 Oracle 数据库必须是操作系统数据块的整数倍。

表空间是 Oracle 数据库的逻辑存储结构中的一部分。区是数据文件中一个连续的分配空间。数据块是数据库中最小、最基本的单位，是数据库使用的最小的 I/O 单元。

7. Oracle 与 SQL Server 的区别

目前使用范围较广的数据库管理系统主要有 Oracle 与 SQL Server，各类高等学校开设课程较多的也是 Oracle 与 SQL Server，有必要对它们的区别有所了解。

（1）SQL Server

在 SQL Server 中，在一个实例下面可以管理多个数据库，针对同一个软件项目，一般将数据存储在同一个数据库中。在 SQL Server 中，表是在数据库中创建的，它并不属于某个用户。

SQL Server 的结构是：实例→数据库→数据表，用户与数据库、数据表独立，在 SQL Server 中创建数据库，在数据库中可以创建数据表和用户、设置用户访问数据库的权限。

SQL Server 中数据存储在一个逻辑对象“文件组”中。文件组是 SQL Server 数据库中的逻辑对象，实现把不同的物理数据文件组织在一个对象中，方便引用。可以把整个数据表的数据存储到不同的文件组中。指定到文件组，实际上是定位到文件组所对应的多个物理文件。

（2）Oracle

Oracle 的结构是：实例→用户→数据表，数据表是属于某个用户的（但是访问时实际上使用的是方案），所以在 Oracle 中创建表空间，在表空间中创建用户和设置用户的默认表空间，在用户下创建数据表。

Oracle 中的数据库不同于 SQL Server 中的数据库，Oracle 的一个实例通常只能对应一个数据库（只有在集群的环境下才能实现一个实例管理多个数据库），数据库系统的基本信息也保存在这个数据库中，不像 SQL Server 保存在单独的 master 数据库中。

Oracle 中组织不同的物理文件的逻辑对象不叫文件组，叫表空间。SQL Server 数据库与 Oracle 数据库之间最大的区别在于表空间设计。Oracle 数据库开创性地提出了表空间的设计理念，这为 Oracle 数据库的高性能做出了不可磨灭的贡献。可以这么说，Oracle 中很多优化都是基于表空间的设计理念而实现的。

8. Oracle 数据库服务器与实时应用集群

（1）Oracle 数据库服务器

运行在局域网中的一台或多台计算机和数据库管理系统软件共同构成了数据库服务器，

数据库服务器为客户应用提供服务，这些服务是查询、更新、事务管理、索引、高速缓存、查询优化、安全及多用户存取控制等。

在 C/S 模型中，数据库服务器（后端）主要用于处理数据查询或数据操纵的请求。与用户交互的应用部分（前端）在用户的工作站上运行。

Oracle 数据库中的“数据库”严格说起来应该叫做 Oracle 数据库服务器，Oracle 数据库服务器由两大部分组成：一部分叫 Oracle 数据库，另一部分叫 Oracle 实例。Oracle 数据库和 Oracle 实例共同组成了一个用于管理数据的系统，通过对外提供一个开放的、复杂的、安全的、集成的服务，从而达到让用户能够进行存储、检索、管理数据的目的。

（2）Oracle 实时应用集群

Oracle 允许在集群环境中的多台计算机上操作，这样就可以有多个实例同时装载并打开一个数据库（位于一组共享物理磁盘上）。由此，我们可以同时从多台不同的计算机访问这个数据库。Oracle RAC 能支持高度可用的系统，可用于构建可扩缩性极好的解决方案。

在 Oracle 的实时应用集群（Real Application Cluster，RAC）中，网络上的多台服务器同时管理同一个数据库。多台服务器可以同时对外提供服务，接收用户的连接请求，执行用户发出的命令等。假如一台服务器同时最多可以处理 1000 个用户的请求，则配置了 2 台服务器的 RAC 环境则可以同时处理 2000 个用户的请求，从而使得 RAC 的处理容量相对单台服务器来说有了很大的提高。同时 RAC 中的一台或多台服务器出现故障时，只要还有一台服务器在运行，整个 RAC 数据库的服务就不会停止，其可用性也大大提高。

1.1 查看与启动 Oracle 的服务

【任务 1-1】查看与启动 Oracle 的相关服务

【任务描述】

（1）查看与 Oracle 相关的服务。

（2）启动 Oracle 的服务。

（3）打开【orammcadm12ZHS】窗口查看创建的数据库 ORCL。

（4）测试 Oracle 安装是否成功。

【任务实施】

（1）查看 Oracle 的服务

Oracle 12c 安装成功后，在 Windows 操作系统的【服务】窗口中可以查看与 Oracle 相关的服务列表，单击【开始】菜单，在弹出的菜单中选择【运行】命令，打开【运行】对话框，在该对话框的“打开”文本框中输入“services.msc”命令，如图 1-3 所示。

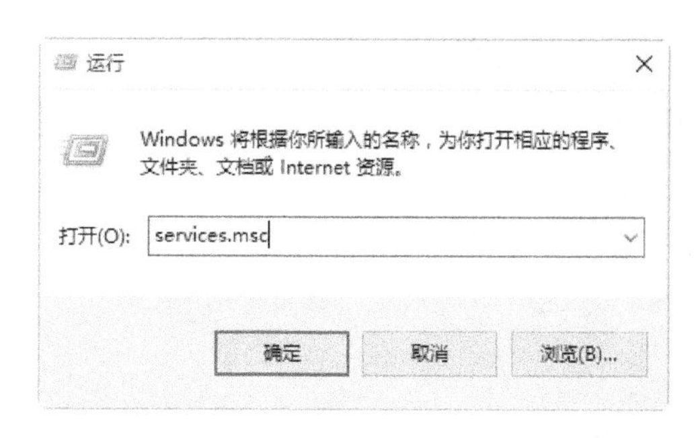

图 1-3　在【运行】对话框的“打开”文本框中输入“services.msc”命令

然后单击【确定】按钮，打开 Windows 的【服务】窗口，如图 1-4 所示。

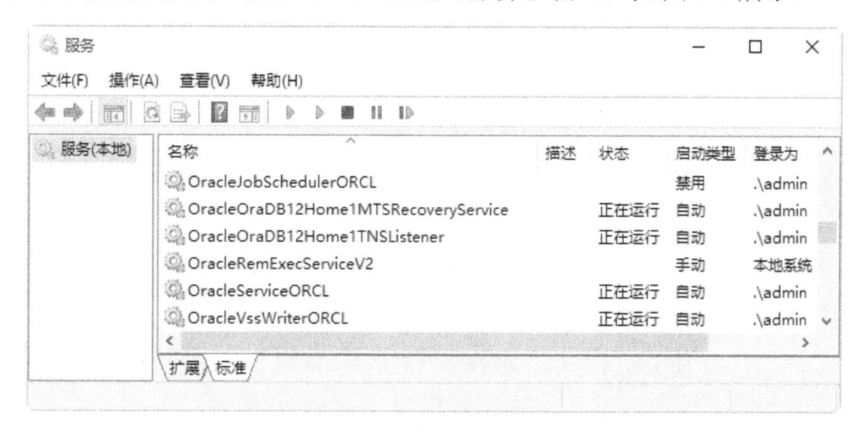

图 1-4　Windows 操作系统的【服务】窗口

在该窗口的服务列表可以看到与 Oracle 相关的服务有 6 项，Oracle 12c 完成安装后，会在 Windows 操作系统中进行服务的注册，在注册的这些服务中有以下两个服务必须启动，否则 Oracle 将无法正常使用：

① OracleOraDB12Home1TNSListener：表示数据库监听的服务进程，如果客户端要想连接到数据库，此服务必须打开。在程序开发中该服务也要起作用。

② OracleServiceORCL：表示数据库实例的主服务进程，命名规则为：OracleService+<数据库名称>。此服务必须打开，否则 Oracle 无法使用。

从图 1-4 可以看出，这两项服务“正在运行”，启动类型为“自动”。

（2）启动 Oracle 的服务

从图 1-4 可以看出，表示定时器的服务进程 OracleJobSchedulerORCL 其启动类型为“禁用”，这表示该服务未启动。双击服务“OracleJobSchedulerORCL”，在打开的【OracleJobSchedulerORCL 的属性】对话框中的“启动类型”列表中选择“手动”，如图 1-5 所示。然后单击【确定】按钮关闭该对话框，返回【服务】窗口。

在【服务】窗口右键单击服务“OracleJobSchedulerORCL”，在弹出的快捷菜单中选择【启动】命令即可启动所选择的服务。

OracleJobSchedulerORCL 的属性(本地计算机)

常规 登录 恢复 依存关系

服务名称: OracleJobSchedulerORCL

显示名称: OracleJobSchedulerORCL

描述:

可执行文件的路径:

d:\app\admin\product\12.1.0\dbhome_1\Bin\extjob.exe ORCL

启动类型(E): 手动

服务状态: 已停止

启动(S) 停止(T) 暂停(P) 恢复(R)

当从此处启动服务时，你可指定所适用的启动参数。

启动参数(M):

确定 取消 应用(A)

图 1-5 【OracleJobSchedulerORCL 的属性】对话框

（3）查看创建的数据库 ORCL

在 Windows 操作系统的【开始】菜单中选择【程序】→【Oracle－OraDb12C_home1】→【Administration Assistant for Windows】命令，打开【orammcadm12ZHS】窗口，在左侧窗格中依次展开“Oracle Managed Objects”→“Computers”→“BETTER”→“数据库”，就可以看到刚才创建的数据库 ORCL，如图 1-6 所示。这里出现的“BETTER”是作者电脑的名称。

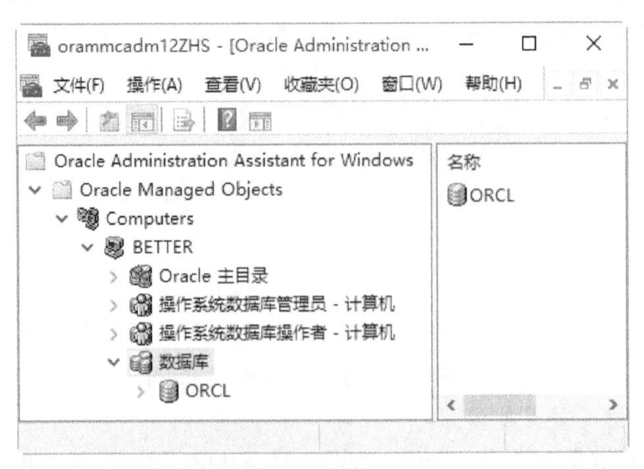

图 1-6 查看创建的数据库 orcl

（4）测试 Oracle 安装是否成功

在 Windows 操作系统的【开始】菜单中选择【命令提示符(管理员)】命令，打开【管理员：命令提示符】对话框。

在命令行窗口提示符后输入“SQL Plus”命令，按【Enter】键后启动 SQL Plus，然后输入用户名“sys as sysdba”，输入口令时直接按【Enter】键即可，显示的相关信息如图 1-7 所示，这表示 Oracle 已成功安装。

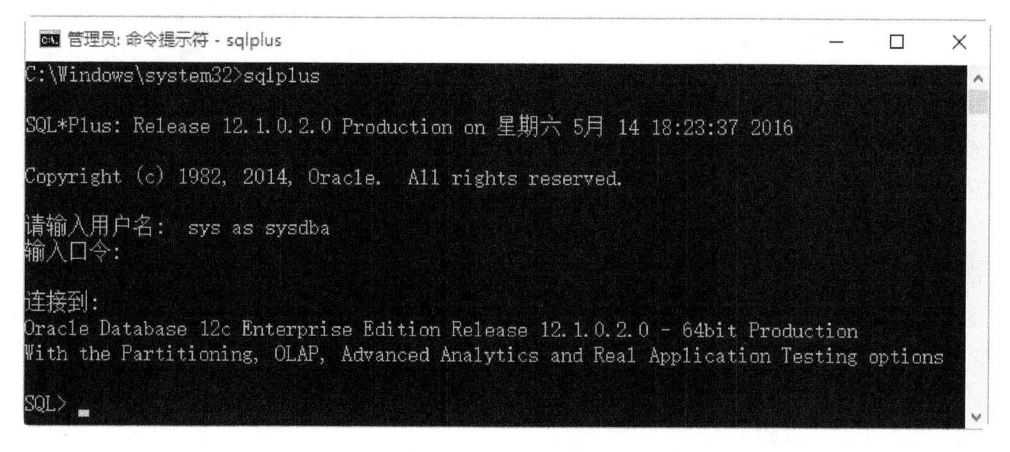

图 1-7　测试 Oracle 安装是否成功

1.2　登录 Oracle 数据库与查看 Oracle 数据库实例的信息

【知识必备】

1．Oracle 数据库

数据库是磁盘上存储数据的集合，Oracle 何时需要创建多个数据库呢？如果多个软件项目应用程序的字符集不一样，例如既有 BIG5 字符集又有 GB2312 字符集，此时就需要考虑配置多个服务器，或者建立多个数据库。

如果有多个应用程序使用 Oracle 数据库，并且使用的字符集一样，一般只需要建立一个数据库就可以了，对不同的应用设立不同的用户（不同的方案）就可以了。

一个 Oracle 数据库，如何对应多个不同的软件项目呢？一般情况下，Oracle 只需创建一个数据库（即使用同一个数据库服务器），在同一个数据库中实现不同的软件项目，组织不同软件项目中的数据使用方案实现。创建一个软件项目时，Oracle 不是针对不同的软件项目创建独立的数据库，而是在同一个数据库创建不同的方案。

2．Oracle 数据库实例

数据库实例（instance）是一组 Oracle 后台进程以及共享内存区，这些内存由同一台计算机上运行的进程/线程所共享。就算没有磁盘存储，数据库实例也能存在。

数据库实例是一个临时性的东西，也可以认为它代表了数据库某一时刻的状态。是用于和操作系统进行联系的标识，也就是说数据库和操作系统之间交互使用的是数据库实例。

数据库实例名（instance_name）被写入参数文件中，该参数为 instance_name，在 Windows 平台中，实例名同时也被写入注册表。数据库实例名与 Oracle_SID 两者都表示 oracle 实例，但是有区别的。instance_name 是 oracle 数据库参数，而 Oracle_SID 是操作系统的环境变量。Oracle_SID 用于与操作系统交互，也就是说，从操作系统的角度访问实例名，必须通过 Oracle_SID。Oracle_SID 必须与 instance_name 的值一致，否则在 Windows 平台，将会产生一个错误“TNS：协议适配器错误”。

3. Oracle 数据库与实例的比较

一个数据库（Database）是一系列数据的集合，它按照一定的方式存储并检索、利用数据。数据库是永久的，是一个文件的集合。数据库=数据文件＋控制文件＋重做日志文件＋临时文件＋…。

Oracle 实例是一组操作系统进程以及一些内存，这些进程可以操作数据库。Oracle 数据库实例=操作系统进程＋进程所使用的内存（SGA）

Oracle 实例启动时，Oracle 会分配内存，并启动一些后台进程。实例是动态的，只有数据库启动的时候，实例才存在。一旦数据库关闭，实例将随之消失。

用户访问 Oracle 数据库时主要是在与实例打交道，由实例访问数据库，并返回相应的操作结果。在 Oracle 中，数据库和实例可以理解成两个相互间有关联的独立个体，每个数据库都至少有一个与之对应的实例，每个实例在其生命周期内一般只能对应一个数据库。所谓启动Oracle数据库，实质就是首先启动实例，然后加载实例并最终打开数据库，用户在连接Oracle数据库时，实际上是连接到实例。

Oracle 实例和数据库之间的关系如下：

① 临时性和永久性的关系。

② 实例可以在没有数据文件的情况下单独进行启动（startup nomount），通常没什么实际意义。

③ 一个实例只与一个数据库关联，一个实例在其生存期内只能装载（alter 数据库 mount）和打开（alter 数据库 open）一个数据库。

④ 数据库可以由一个或多个实例（RAC 环境）装载和打开。

大多数情况下，数据库和实例之间存在一对一的关系，一个数据库只有一个实例对其进行操作，但 Oracle 实时应用集群模式（Real Application Clusters，RAC）是一个例外，数据库和实例之间是一对多的关系，即允许一个数据库被多个实例同时装载和打开，可以从多个实例访问同一个数据库，RAC 环境中实例的作用能够得到充分的体现。

⑤ 一个实例一次只能访问一个数据库。

同一台主机上可以有多个不同的数据库，但任意时间点只会运行一个 Oracle 实例，只需有不同的配置文件，就能装载并打开其中任意一个数据库，从而访问不同的数据库。这种情况下，任何时刻都只有一个“实例”，但可以存在多个数据库，在任意时间点上一次只能访问其中的一个数据库。

⑥ 数据库名和实例名可以相同也可以不同。

4. 在【SQL Plus】窗口登录 Oracle 服务器

在【SQL Plus】窗口登录 Oracle 服务器的命令格式如下：

命令格式之一：

```
{ <用户名>[/<口令>] [@<连接标识符>] | / } [ As {Sysdba | Sysoper | Sysasm}]
    [Edition=<值>]
```

该命令中指定数据库的用户名、口令和数据库连接的连接标识符。如果没有连接标识符，SQL*Plus 将连接到默认数据库。

Sysdba、Sysoper 拥有很高的数据库管理权限，<连接标识符>的形式可以是 Net 服务名。这种情况连接本机不启动 lsnrctl 也能使用。

命令格式之二：

<用户名>[/<口令>] @[//] <Host> [:<Port>] / <service_name>]

其中“Host”指定数据库服务器计算机的主机名或 IP 地址，“Port”指定数据库服务器上的监听端口，“service_name”指定要访问的数据库的服务名。

这种情况需要启动 lsnrctl

使用示例如下：

SYSTEM/Oracle_12C

SYSTEM/Oracle_12C @orcl

SYSTEM/Oracle_12C @orcl as sysdba

SYSTEM as sysdba

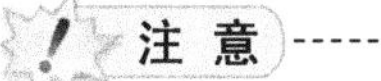

sys 和 system 需要以 sysdba 登录。

启动 SQL Plus 工具后，可以使用 conn 命令连接到其他用户，例如，conn sys/Oracle_12C as sysdba。

【任务 1-2】 以多种方式尝试登录 Oracle 数据库

当 Oracle 12c 服务启动完成后，可以通过客户端来登录 Oracle 数据库，在 Windows 操作系统中可以通过多种方式登录。

【任务描述】

（1）通过 Windows 命令行窗口以 SQL Plus 命令方式登录 Oracle 服务器。

（2）通过【SQL Plus】窗口登录 Oracle 服务器。

（3）启动【Oracle SQL Developer】，在【Oracle SQL Developer】主窗口中创建一个新连接“MyConn”，以“SYS”用户身份连接 ORCL 数据库。

【任务实施】

1. 通过 Windows 命令行窗口以命令方式登录 Oracle 服务器

单击【开始】菜单，在弹出的菜单中选择【运行】命令，打开【运行】对话框。在该对话框的“打开”文本框中输入“cmd”命令，单击【确定】按钮，打开命令行窗口。然后在该命令行窗口中输入以下命令后按【Enter】键即可，执行结果如图 1-8 所示。

```
sqlplus "/as sysdba"
```

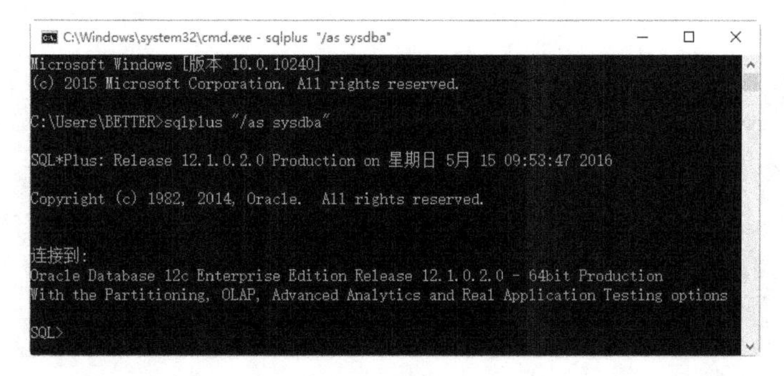

图 1-8　通过 Windows 命令行窗口以 SQL Plus 命令方式登录 Oracle 服务器

从图 1-8 可以看出，已成功连接到 Oracle 服务器，可以开始对数据库进行相关操作。

在提示符“SQL>”后输入命令“exit”，按【Enter】键，则可以断开与 Oracle 数据库的连接，结果如图 1-9 所示。

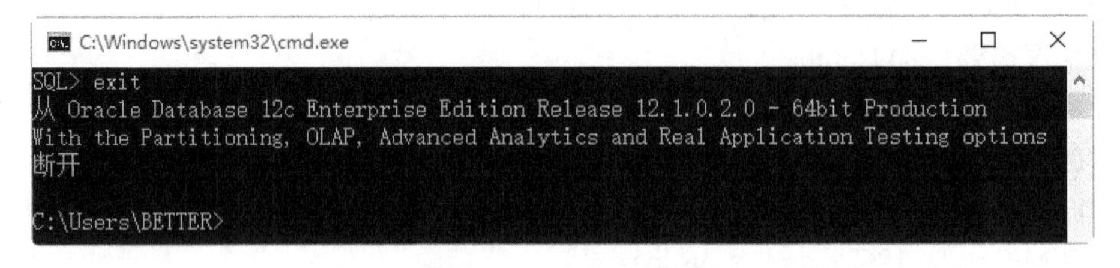

图 1-9　断开与 Oracle 数据库的连接

2. 通过【SQL Plus】窗口登录 Oracle 服务器

在 Windows 的【开始】菜单中依次选择【所有应用】→【Oracle - OraDB12Home1】→【SQL Plus】命令，如图 1-10 所示。

图 1-10　选择【SQL Plus】命令

打开【SQL Plus】窗口，在“请输入用户名：”提示信息位置输入正确的用户名，这里输入“SYS”，按【Enter】键；然后在“输入口令：”提示信息位置输入正确的口令，这里输入“as sysdba”，按【Enter】键，执行结果如图 1-11 所示。

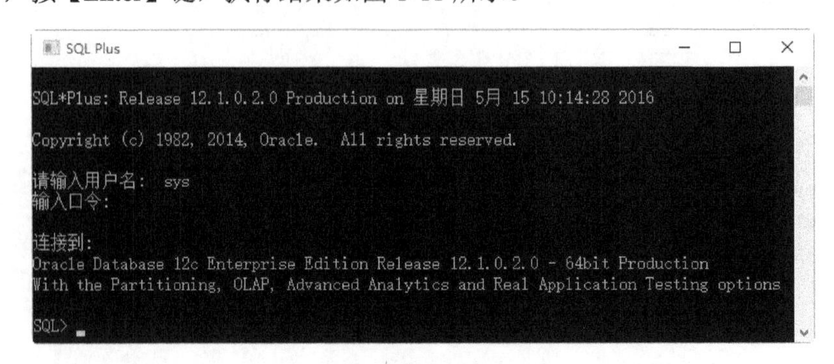

图 1-11　通过【SQL Plus】窗口登录 Oracle 服务器

从图 1-11 可以看出，已成功连接到 Oracle 服务器，可以开始对数据库进行相关操作。

在提示符“SQL>”后输入命令“exit”，按【Enter】键，则可以断开与 Oracle 数据库的连接。

执行 Exit 或者 quit 命令可以退出 SQL Plus，关闭 SQL Plus 窗口。

3. 登录 Oracle 数据库打开【SQL Developer】窗口

在 Windows 的【开始】菜单中依次选择【所有应用】→【Oracle - OraDB12Home1】→【SQL Developer】命令，开始启动【SQL Developer】，并显示如图 1-12 所示的界面。

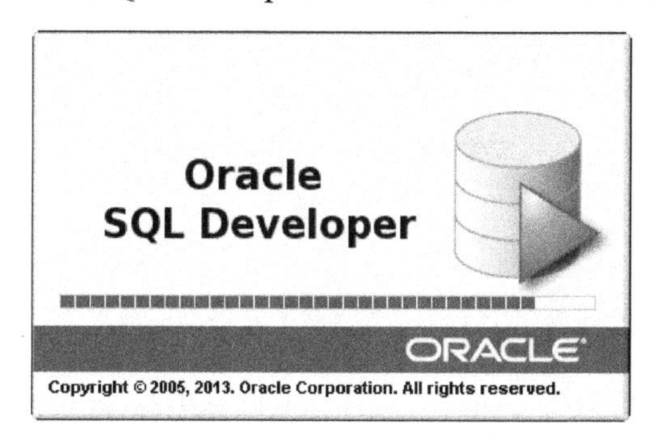

图 1-12　启动【SQL Developer】的初始界面

打开【Oracle SQL Developer】窗口的【起始页】，如图 1-13 所示。

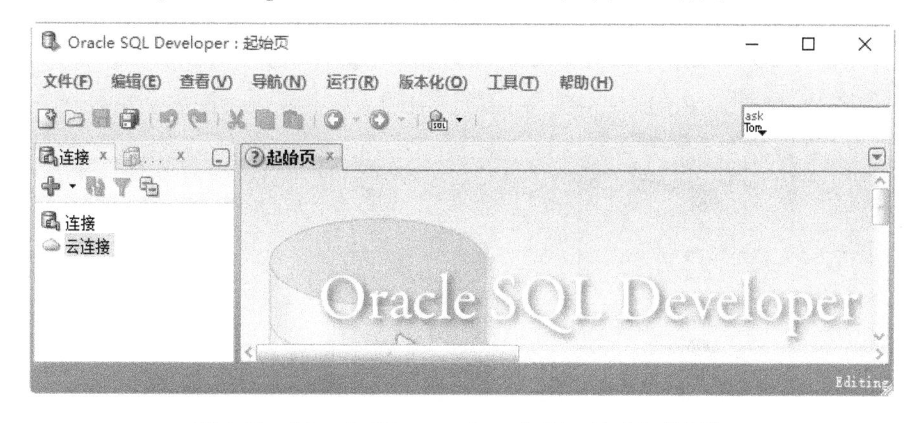

图 1-13 【Oracle SQL Developer】窗口的【起始页】

由图 1-13 可以看出，【Oracle SQL Developer】主窗口包括了 8 项主菜单：文件、编辑、查看、导航、运行、版本化、工具和帮助。主菜单下方有多个常用的工具栏按钮。左侧窗格默认显示【连接】选项卡，该选项卡中的“连接”节点中默认有 2 个节点“连接”和“云连接”。从图 1-13 可以看出此时还没有建立连接。

在【Oracle SQL Developer】窗口左侧窗格中单击【新建连接】按钮，打开【新建/选择数据库连接】对话框，在该对话框的“连接名”文本框中输入“MyConn”，在“用户名”文本框中输入“SYS”，在“口令”输入正确的密码，例如“Oracle_12C”，选择复选框“保存口令”，选择“连接类型”为“基本”，选择“角色”为“SYSDBA”，在“主机名”文本框中输入“localhost”，在“端口”文本框中输入“1521”，在“SID”文本框中输入“orcl”，如图 1-14 所示，然后单击【测试】按钮，显示的状态为“成功”。

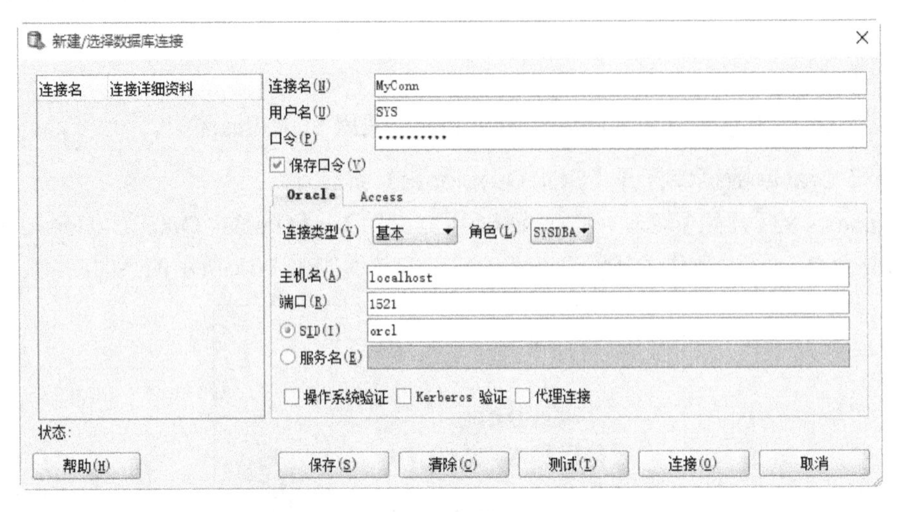

图 1-14　在【新建/选择数据库连接】对话框中输入必要连接参数

单击【连接】按钮，成功创建连接后的【Oracle SQL Developer】窗口如图 1-15 所示。

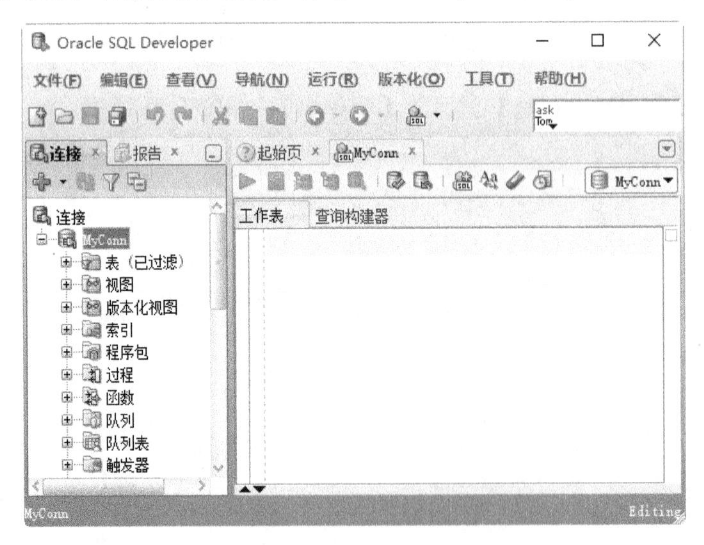

图 1-15　成功创建连接后的【Oracle SQL Developer】窗口

在【Oracle SQL Developer】窗口的【文件】菜单中选择【退出】即可退出【Oracle SQL Developer】。

【任务 1-3】 查看 Oracle 数据库实例的信息

【任务描述】

（1）在【SQL Plus】窗口查看数据库 ORCL 的当前状态。

（2）在【SQL Plus】窗口通过 v$instance 视图，查看当前数据库实例 ORCL 的信息。

（3）在【SQL Plus】窗口通过 v$datafile 视图，查看数据库的基本信息。

【任务实施】

（1）使用 SQL Plus 工具连接到 Oracle 的默认数据库 ORCL

在 Windows 的【开始】菜单中依次选择【所有应用】→【Oracle - OraDB12Home1】→【SQL Plus】命令，打开【SQL Plus】窗口，在【SQL Plus】窗口输入用户名，这里输入以下命令：

```
SYSTEM/Oracle_12C @orcl
```

然后输入口令，这里直接按【Enter】键即可，连接到默认数据库且显示相关信息，如图 1-16 所示。

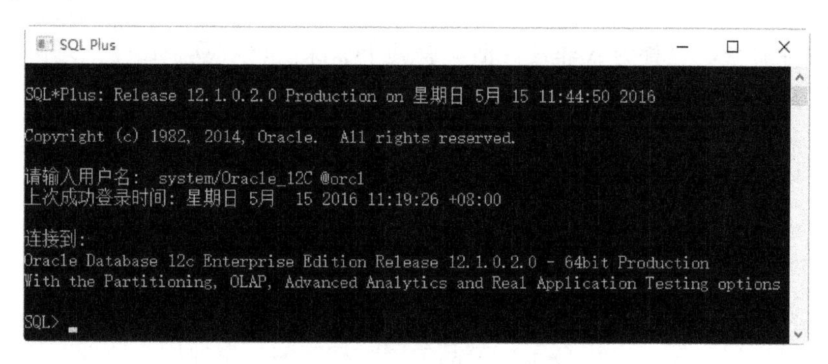

图 1-16　连接到默认数据库且显示相关信息

（2）查看数据库 ORCL 的当前状态

在命令提示符“SQL>”后输入以下命令：

```
Select name , cdb , open_mode from v$database ;
```

然后按【Enter】键，查看数据库的当前状态，结果如下所示。

```
NAME    CDB    OPEN_MODE
--------- --------- --------------------
ORCL    YES    READ WRITE
```

从查看结果可以看出，ORCL 数据库属于 CDB，当前为可读写模式。

（3）查看当前数据库实例 ORCL 的信息

查看当前数据库实例信息的 SQL 语句如下所示。

```
Select instance_name , host_name , version , startup_time   From v$instance ;
```

该语句的执行结果如下所示。

```
INSTANCE_NAME HOST_NAME       VERSION      STARTUP_TIME
------------------------ ---------------------- --------------- -------------------------
orcl                  BTTTER          12.1.0.2.0     16-6 月-16
```

（4）查看数据库的基本信息

查看数据库基本信息的 SQL 语句如下所示。

```
Select file# , status , Enabled , name From v$datafile ;
```

该语句的执行结果如下所示。

```
FILE#  STATUS    ENABLED     NAME
-------- ---------- -------------- -----------------------------------------------------
1       system    read write   d:\app\admin\oradata\orcl\system01.dbf
2       system    read write   d:\app\admin\oradata\orcl\pdbseed\system01.dbf
3       online    read write   d:\app\admin\oradata\orcl\sysaux01.dbf
4       online    read write   d:\app\admin\oradata\orcl\pdbseed\sysaux01.dbf
```

```
5      online     read write    d:\app\admin\oradata\orcl\undotbs01.dbf
6      online     read write    d:\app\admin\oradata\orcl\users01.dbf
7      system     read write    d:\app\admin\oradata\orcl\pdborcl\system01.dbf
8      online     read write    d:\app\admin\oradata\orcl\pdborcl\sysaux01.dbf
9      online     read write    d:\app\admin\oradata\orcl\pdborcl\sample_schema_users01.dbf
10     online     read write    d:\app\admin\oradata\orcl\pdborcl\example01.dbf
```

1.3 使用 Oracle 的常用工具

在 Oracle 数据库管理系统中，可以使用两种方式执行命令，一种方式是直接在 SQL Plus 工具中执行各种命令，这种方式非常灵活，有利于加深用户对复杂命令的理解，并且可以完成某些图形工具无法完成的任务，但需要记忆大量的命令和具体的语法形式；另一种方式是通过图形化工具，例如使用 Oracle SQL Developer 完成各项操作，这种方式直观、简单、容易操作，但灵活性较差，不利于用户对命令及其选项的理解。

【知识必备】

1. SQL Plus 工具及其功能

SQL Plus 是 Oracle 公司推出的交互式命令行管理工具（以下简称为 SQL Plus 工具）是一种功能多样的客户端工具，安装 Oracle 产品的同时被安装，主要用于数据查询和数据处理，利用 SQL Plus 可以将 SQL 与 Oracle 专有的 PL/SQL 结合起来进行查询和处理。

SQL Plus 通过命令行对数据库进行管理，增加了数据库管理的灵活性，它有自己的命令和环境，SQL Plus 的命令行提示符是“SQL>”。SQL Plus 的专有命令与 SQL 语句有所不同，是 SQL Plus 所特有的命令，并且只能在 SQL Plus 环境中执行。

Oracle 的 SQL Plus 是与 Oracle 进行交互的工具，该工具具有以下功能：

（1）启动/停止数据库实例。

（2）连接数据库，定义变量。

（3）对数据库对象进行管理，包括对用户、表空间、角色等对象的管理。

（4）显示任何一个数据表的字段定义，并与终端用户交互。

（5）对数据表可以执行插入、修改、删除和查询操作，以及执行 SQL、PL/SQL 块。

（6）对查询结果进行格式化处理以及保存、打印。

（7）开发和运行存储在数据库中的脚本或程序包。

2. 在 SQL Plus 中可以执行命令的类型

在 SQL Plus 中可以执行以下三种类型的命令：

（1）SQL Plus 内部命令

SQL Plus 命令主要用来格式化查询结果，设置选择、编辑以及存储 SQL 命令，设置查询结果的显示格式，并且可以设置环境选项，还可以编辑交互语句，可以与数据库进行“对话”。SQL Plus 命令执行后，该命令不保存在 SQL Buffer 的内存区域中。常用的 SQL Plus 命令如表 1-4 所示。

表 1-4　常用的 SQL Plus 命令

SQL Plus 命令	SQL Plus 命令使用说明
Help [<Topic>]	help 命令用于查看 SQL Plus 命令的使用方法，其中 topic 表示需要查看的 SQL Plus 命令名称，例如 help Desc 表示查看 DESC 命令的使用格式，help Connect 表示查看 Connect 命令的使用格式
Host	使用 host 命令可以从 SQL Plus 环境切换到操作系统环境，以便执行操作系统命令。使用 exit 命令可以重新回到 SQL Plus 环境
Host　<操作系统命令>	用于不退出 SQL Plus 环境执行操作系统命令，例如 host notepad.exe，将会打开记事本文件
Clear Scr[een]	用于清除屏幕内容
Show All	用于查看所有系统变量信息
Show User	用于查看当前连接数据库的用户名
Show Rel[Ease]	用于数据库的版本
Show SGA	用于显示 SGA 的大小
Show Rel[Ease]	用于显示数据库版本信息
Show Errors	用于查看创建函数、存储过程、触发器、程序包等数据库对象时产生的错误信息
Show Parameters	用于查看系统初始化参数信息
Desc[ribe]	用于查看对象的结构，这里的对象可以是数据表、视图、存储过程、函数和程序包等，例如 Desc System.Help 可以查看 Help 数据表的结构信息
Spool　文件名	在 SQL Plus 窗口中显示的内容输出到指定文件中，包括输入的 SQL 语句
Spool Off	用于关闭 Spool 输出，只有关闭 Spool 输出，才会在输出文件中看到输出的内容

（2）SQL 语句

SQL 语句是以数据库对象为操作对象的语言，主要包括数据操纵语句（DML）、数据定义语句（DDL）、数据控制语言（DCL）和数据查询语句（DQL）。SQL Plus 执行 SQL 语句后，SQL 语句都可以保存在一个被称为 SQL Buffer 的内存区域中，但是只能保存最近的一条执行的 SQL 语句，可以对保存的 SQL Buffer 中的 SQL 语句进行修改，然后再次执行。

（3）PL/SQL 语句

PL/SQL 语句同样是以数据库对象为操作对象，但所有 PL/SQL 语句的解释均由 PL/SQL 引擎来完成。使用 PL/SQL 语句可以编写存储过程、触发器和程序包等数据库永久对象。

3．Describe 命令的正确使用

在常用的 SQL Plus 命令中，使用最频繁的命令可能就是 Describe 命令，Describe 命令可以返回数据库中所存储对象的描述，对于数据表和视图等对象来说，可以列出各个字段以及各个字段的属性，除此之外，该命令还可以输出存储过程、函数和程序包的规范。

Describe 命令的语法格式如下：

```
Desc[ribe]  [<用户名>.]<对象名>  [@<数据库连接字符串>]
```

该命令的使用说明如下：

Describe 可以简写为 Desc，大小写没有区别，用户名是指对象所属的用户名称或者所属的方案名称，对象名可以是数据表名称或视图名称等。

使用 Describe 命令查看数据表的结构时，如果存在指定的数据表，则显示该数据表的结构。在显示数据表的结构时，将按照“名称”、“是否为空?”和“类型”的顺序进行显示。其

中“名称”表示字段的名称；“是否为空?”表示对应字段的值是否可以为空，如果不可以为空，则显示 NOT NULL，否则不显示任何内容；“类型”表示字段的数据类型，并且显示其精度。

4．Connect 命令的正确使用

在 SQL Plus 中连接数据库时，可以使用 Connect 命令指定不同的登录用户，连接数据库后，SQL Plus 维持数据库会话。

（1）Connect 命令的语法形式

Connect 命令的一般语法形式如下所示：

```
Conn[ect] [ <用户名> [ /<口令> ] [ @<数据库名> ] [ As Sysdba | Sysoper | Sysasm ]
```

（2）Connect 命令的语法说明

Connect 命令的语法说明如下：

① Connect 可以简写为 Conn，与“Connect”等效。

② “用户名”是指数据库的登录名称。

③ “口令”是指数据库用户的登录口令。

④ “数据库名”是指要连接的数据库名称。

⑤ Sysdba | Sysoper | Sysasm 用于指定权限。“Sysdba”权限包含“Sysoper”的所有权限，另外还能创建数据库，并且授权“Sysdba”或“Sysoper”权限给其他数据库用户；具有“Sysoper”权限的管理员可以启动和关闭数据库，连接数据库，执行联机和脱机备份和归档当前重做日志文件等；“Sysasm”权限是 Asm 实例所特有的，用来管理数据库存储。

（3）Connect 命令的使用说明

使用 Connect 命令连接数据库时，应指定用户名和口令，可以在命令中直接写出用户名或口令，如果命令中没有指明用户名和口令，系统会以交互方式要求输入用户名和正确的口令。至于数据库名，连接默认的数据库时在命令中可以不指定，如果连接非默认数据库时，则需要指定数据库名。

① 直接输入“conn”命令，然后根据提示分别输入用户名和口令，接着按【Enter】键即可连接到服务器默认数据库，注意这种情况输入的口令不可见，不能出现输入错误。当然也可以一次性输入用户名和口令，格式为“用户名/口令”，例如 scott/Oracle_12C，只是使用这种方式输入用户名和口令时会显示出口令的内容。

② 输入“conn <用户名>”命令（例如 conn scott），然后根据提示输入口令，接着按【Enter】键即可连接到服务器默认数据库，注意这种情况输入的口令也不可见，不能出现输入错误。该命令也可以用于切换用户。

③ 输入“conn <用户名>/<口令>”命令（例如 conn scott/Oracle_12C），直接按【Enter】键即可连接到服务器默认数据库，注意这种情况输入的口令是可见的，可以检查所输入的口令是否正确。

④ 输入“conn <用户名>/<口令> @数据库名”命令（例如 conn system/Oracle_12C @orcl），直接按【Enter】键即可连接到服务器指定的数据库，这种情况可以连接到指定的数据库。

⑤ SYS 用户连接数据库需要以 sysdba 权限方式登录，而其他用户则不需要，即输入“conn sys/<口令>as sysdba”命令（例如 conn sys/ Oracle_12C as sysdba）。

5．SQLPlus 命令的正确使用

要从 Windows 的命令行窗口中启动 SQLPlus，可以使用 SQL Plus 命令。

SQLPlus 命令的一般语法形式如下所示：

```
SQLPlus [ <用户名>[/<口令>] [@<数据库名>] [As Sysdba | Sysoper | Sysasm] |/noLog]
```

其中 noLog 表示不记录日志文件，其他参数含义与 Connect 命令相同。

SQLPlus 命令的使用方法与 Connect 命令有很多相似之处，主要有以下几种使用方法：

（1）启动 SQL Plus 工具

打开命令行窗口，在提示符“C:\Windows\system32>”后输入以下命令：

```
sqlplus
```

然后按【Enter】键，执行该命令启动 SQL Plus 工具，显示结果如下所示。

```
SQL*Plus: Release 12.1.0.2.0 Production on 星期六 5月 21 06:19:58 2016
Copyright (c) 1982, 2014, Oracle.    All rights reserved.
```

此时在“请输入用户名:”后输入登录用户名，即可登录 Oracle 服务器。

（2）直接进入 SQL Plus 命令输入状态

在命令行窗口的提示符“C:\Windows\system32>”后输入以下命令：

```
sqlplus /nolog
```

然后按【Enter】键，执行该命令启动 SQL Plus 工具，并且出现 SQL Plus 命令提示符“SQL>”，直接进入 SQL Plus 命令输入状态，但此时并未连接数据库。

然后可以输入以下命令进行连接：

```
connect / as sysdba
```

默认的用户为 SYS。

（3）以操作系统用户身份连接

在命令行窗口的提示符“C:\Windows\system32>”后输入以下命令：

```
sqlplus / as sysdba
```

然后按【Enter】键，执行该命令启动 SQL Plus 工具，并且 SYS 用户身份连接到数据库，显示的结果如下：

```
SQL*Plus: Release 12.1.0.2.0 Production on 星期六 5月 21 06:32:44 2016
Copyright (c) 1982, 2014, Oracle.    All rights reserved.
连接到:
Oracle Database 12c Enterprise Edition Release 12.1.0.2.0 - 64bit Production
With the Partitioning, OLAP, Advanced Analytics and Real Application Testing options
```

如果已经启动 SQL Plus 工具，也可以在提示符“SQL>”后输入以下命令连接数据库：

```
connect / as sysdba
```

（4）以数据库管理员身份登录

以数据库管理员身份登录的命令格式如下：

```
sqlplus sys/<口令> as sysdba
```

例如：sqlplus sys/Oracle_12C as sysdba

也可以在提示符“SQL>”后输入以下命令连接数据库：

```
connect sys/<口令> as sysdba
```

或者 connect sys/<口令> as sysdba @<数据库名>

例如：connect sys/Oracle_12C as sysdba@orcl

（5）以普通用户身份登录

以普通用户身份登录的命令格式如下：

```
sqlplus <普通用户名>/<口令>
```

也可以在提示符“SQL>”后输入以下命令连接数据库：

```
connect <普通用户名>/<口令>或者 connect <普通用户名>/<口令> @<数据库名>
```

6. Oracle SQL Developer 图形化工具简介

Oracle 提供的 Oracle SQL Developer 是一种图形化工具，使用 Oracle SQL Developer 既可以方便地管理各种数据库对象，也可以在该环境中运行 SQL 语句、编写与调度 SQL 程序。SQL Developer 比较适合初学者，它是一种集成的开发环境，专门用于开发、测试、调试和优化 Oracle PL/SQL 程序。

Oracle 12c 集成了 Oracle SQL Developer，在 Oracle 12c 的安装过程中已集成安装了 JDK，作者电脑中的安装目录为“D:\app\admin\product\12.1.0\dbhome_1\jdk”。

7. Oracle Enterprise Manager Database Express 图形化工具简介

Database Control 是一种数据库管理工具，Oracle 的 Database Control 称为“Oracle Enterprise Manager”，简称为 OEM，OEM 称为“Web 版的企业管理器”，是一款基于 Web 的图形界面管理工具，Oracle 中的 OEM 类似于 SQL Server 2000 中的企业管理器和 SQL Server 2014 中的 SQL Server Management Studio（SSMS）。

Oracle 公司推出的 Oracle Enterprise Manager 12c，是业界首个融合全套 Oracle 堆叠及全方位企业云端生命周期管理功能的方案。Oracle Enterprise Manager 12c 建立于商业导向的 IT 管理方式，更加密切整合业务与 IT 架构。最新版的解决方案可提升 IT 部门的效率和回应速度，同时降低云端运算环境的成本和复杂性。IT 部门的基本需求是拥有一套全面的、与企业级技术相集成的云管理解决方案，Oracle Enterprise Manager 12c 最新版正是满足了这样的需求，使企业能够快速采用基于 Oracle 产品的企业级私有云，提供了先进的技术堆栈管理、安全的数据库管理以及企业级的服务管理，使 Oracle 客户及合作伙伴能够最大限度地提高数据库和应用的性能，利用自助服务式 IT 平台促进创新。可以使企业变得更加敏捷、提高响应速度，同时降低成本、复杂性和风险性。

Oracle 12c 数据库的管理可以通过使用 Cloud Control 或者 Database Express 来实现，12c 不再支持 Database Control。EM Express 是一个非常简化版本 Database Control，仅提供最基本的数据库管理和性能监控管理。如果需要备份恢复，只能通过 Cloud Control（EMCC）来完成，通过 EM Express 可以浏览数据库的基本参数信息、存储信息，实现用户和角色管理等。由于 EM Express 上没有中间件或者中间层，这样保证了它在 Oracle 数据库服务器上的运行开销非常非常小。它是通过使用 Oracle 的 XDB Server 构建在 Oracle 数据库内部的。

【任务 1-4】 使用 SQL Plus 命令行管理工具实现多项操作

【任务描述】

【任务 1-4-1】使用 SQL Plus 工具连接到 Oracle 的默认数据库

以系统用户 sys 身份连接到默认数据库 orcl，其管理权限为 sysdba。

【任务 1-4-2】使用 SQL Plus 的 Show 命令显示数据库版本信息和当前连接用户。

【任务 1-4-3】查看当前 Oracle 数据库信息

通过 v$database 视图了解当前 Oracle 数据库的信息，例如数据库名称和状态等。

【任务 1-4-4】为 Oracle 账户解锁和设置账户口令

首先查看 Oracle 账户的锁定状态，然后为账户 ORACLE_OCM 解锁，为账户 SYS、SYSTEM 和 ORACLE_OCM 设置口令为“Oracle_12C”。

【任务 1-4-5】使用 SQL Plus 工具连接与断开数据库

（1）使用 SQL Plus 命令通过 System 用户连接 ORCL 数据库，然后使用 Disconnect（简写为 Disconn）命令断开数据库，并执行对数据表 help 的查询，观察数据库处理连接状态查询结果和断开状态的提示信息。

（2）使用 SQL Plus 命令通过用户 System 连接 Oracle 数据库，并执行对数据表 help 的查询，观察查询结果。

【任务 1-4-6】使用 Describe 命令查看数据表的结构信息

（1）使用 Describe 命令查看数据表 help 的结构数据。

（2）使用 Select 语句查看数据表 help 所有的记录数据。

【任务 1-4-7】通过 Oracle 的视图了解数据库中对象的相关信息

（1）通过 dba_tables 视图，了解 SYSTEM 用户的所有数据表的表名、表空间和数据表的拥有者等主要信息。

（2）通过 v$session 视图，了解当前用户的会话信息。

（3）通过 v$instance 视图，了解当前数据库实例的信息。

【任务实施】

【任务 1-4-1】使用 SQL Plus 工具连接到 Oracle 的默认数据库

成功启动 SQL Plus 后，在【SQL Plus】窗口输入用户名，这里输入“SYSTEM/Oracle_12C@orcl”，然后输入口令，这里直接按【Enter】键即可，连接到默认数据库且显示相关信息。

【任务 1-4-2】使用 SQL Plus 的 Show 命令显示数据库版本信息和当前连接用户

在【SQL Plus】窗口提示符“SQL>”后面输入以下 SQL Plus 命令：

```
show release
```

然后按【Enter】键，显示如下所示的结果。

```
release 1201000200
```

即 Oracle 的版本为“12.1.0.2.0”。

在【SQL Plus】窗口提示符“SQL>”后面输入如下 SQL Plus 命令：

```
show user
```

然后按【Enter】键，显示如下所示的结果。

```
USER 为 "SYSTEM"
```

即当前的用户为“SYSTEM”。

【任务 1-4-3】查看当前 Oracle 数据库信息

在【SQL Plus】窗口提示符“SQL>”后面输入以下语句：

```
Select name,open_mode From v$database ;
```

然后按【Enter】键，显示如下所示的结果。

```
NAME      OPEN_MODE
---------- --------------------
ORCL      READ WRITE
```

即当前 Oracle 数据库的名称为 orcl，即附录 A 所安装的 Oracle 数据库名称。

【任务 1-4-4】为 Oracle 账户解锁和设置账户口令

（1）查看 Oracle 账户的名称和锁定状态

成功连接到默认数据库 ORCL 后，在【SQL Plus】窗口提示符“SQL>”后输入以下语句：

```
Select username , account_status From dba_users ;
```

然后按【Enter】键后，显示的 Oracle 账户的名称和锁定状态部分内容如下所示。

```
USERNAME                ACCOUNT_STATUS
----------------------- --------------------------
ORACLE_OCM              EXPIRED & LOCKED
OJVMSYS                 EXPIRED & LOCKED
SYSKM                   EXPIRED & LOCKED
……                      ……
SYSTEM                  OPEN
SYS                     OPEN
已选择 35 行。
```

其中，"OPEN"表示账户为解锁状态，"EXPIRED"表示账户为过期状态（需要设置口令才能解除此状态），"LOCKED"表示账户为锁定状态。由上可知，只有 SYS 和 SYSTEM 两个系统账户默认为解锁状态。

（2）为账户 Oracle_Ocm 解锁

使用 alter user 语句为 Oracle_Ocm 账户解锁，在【SQL Plus】窗口提示符"SQL>"后输入以下语句：

```
Alter User Oracle_Ocm Account UnLock ;
```

然后按【Enter】键，显示"用户已更改。"的结果。

提示符"SQL>"后输入以下语句查看账户 Oracle_Ocm 的锁定状态：

```
Select username , account_status From dba_users    Where username= 'ORACLE_OCM' ;
```

由查看结果可知账户 Oracle_Ocm 的状态为"EXPIRED"。

注 意

数据表中的字段值必须使用半角单引号"''"引起来，这里不能使用半角双引号""""，否则会出现出现"标识符无效"错误。另外字段值必须以数据表完全一致，这里必须全为大写字母，并且字段值前后不能出现不必要的空格，否则出现"未选定行"的错误。但字段名的不区分大小写。

（3）为账户 SYS、SYSTEM 和 ORACLE_OCM 更新口令为"Oracle_12C"

使用 Alter User 语句为账户 SYS、SYSTEM 和 ORACLE_OCM 更新口令，在提示符"SQL>"后面输入的语句以及显示的结果如下所示。

```
SQL> Alter User Sys Identified by Oracle_12C ;
用户已更改。
SQL> Alter User System Identified by Oracle_12C ;
用户已更改。
SQL> Alter User Oracle_Ocm Identified by Oracle_12C ;
用户已更改。
```

通过数据字典 dba_users 查看状态为"OPEN"的账户，在【SQL Plus】窗口提示符"SQL>"后面输入以下语句：

```
Select username , account_status From dba_users Where account_status= 'OPEN' ;
```

显示的结果如下所示。

```
USERNAME                    ACCOUNT_STATUS
-------------------------   ---------------------------
ORACLE_OCM                      OPEN
SYSTEM                          OPEN
SYS                             OPEN
```

通过查询可以看出，ORACLE_OCM 账户已经被成功解锁。

【任务 1-4-5】使用 SQL Plus 工具连接与断开数据库

（1）使用 SQL Plus 命令连接与断开数据库

在【SQL Plus】窗口提示符“SQL>”后面输入以下语句：

```
Conn System/Oracle_12C ;
```

然后按【Enter】键，显示“已连接。”的结果。

然后在提示符“SQL>”后面输入以下语句：

```
Select * From System.help Where rownum<6 ;
```

按【Enter】键，显示如下所示的结果。

```
TOPIC    SEQ    INFO
---------  --------- ------------------------------------------------------------------------------------
  @        1
  @        2    @ ("at" sign)
  @        3    -------------
  @        4    Runs the SQL*Plus statements in the specified script. The script can be
  @        5    called from the local file system or a web server.
```

然后在提示符“SQL>”后面输入以下语句：

```
DisConn ;
```

按【Enter】键，显示如下所示的结果：

```
从 Oracle Database 12c Enterprise Edition Release 12.1.0.2.0 - 64bit Production
With the Partitioning, OLAP, Advanced Analytics and Real Application Testing options 断开
```

接着在【SQL Plus】窗口提示符“SQL>”后面输入以下语句：

```
Select * From System.help Where rownum<6 ;
```

按【Enter】键，显示“SP2-0640: 未连接”的提示信息。

（2）使用 SQL Plus 命令连接 Oracle 数据库

先打开 Windows 操作系统的命令行窗口，然后在命令行窗口提示符后输入以下命令：

```
SQLPlus System/Oracle_12C
```

按【Enter】键后即可启动 SQL Plus，并连接到 Oracle 数据库。

（3）使用 Connect 命令连接到指定的数据库

在命令行窗口提示符后输入以下命令：

```
Conn System/Oracle_12C @orcl As Sysdba
```

按【Enter】键后，显示“已连接。”的提示信息，成功连接到数据库 ORCL。

【任务 1-4-6】使用 Describe 命令查看数据表的结构信息

（1）在【SQL Plus】窗口提示符“SQL>”后面输入以下语句：

```
Desc System.help ;
```

按【Enter】键，显示如下所示的结果。

```
名称                是否为空?          类型
------------------- ------------------- ---------------------------
 TOPIC              NOT NULL           VARCHAR2(50)
 SEQ                NOT NULL           NUMBER
 INFO                                  VARCHAR2(80)
```

（2）在【SQL Plus】窗口提示符“SQL>”后面输入以下语句：

```
Select * From System.help ;
```

按【Enter】键，查看数据表 help 的全部记录。

【任务 1-4-7】通过 Oracle 的视图了解数据库中对象的相关信息

（1）通过 dba_tables 视图了解 SYSTEM 用户的所有数据表的主要信息

在【SQL Plus】窗口提示符“SQL>”后面输入以下语句：

```
Select table_name,tablespace_name,owner From dba_tables Where owner='SYSTEM' ;
```

按【Enter】键，显示 178 行记录数据，其中第 1 行记录数据如下所示。

```
TABLE_NAME                 TABLESPACE_NAME     OWNER
-------------------------- ------------------- ------------
AQ$_INTERNET_AGENTS        SYSTEM              SYSTEM
```

其中“table_name”表示数据表名称，“tablespace_name”表示数据表所在的表空间名称，“owner”表示数据表的拥有者。

（2）通过 v$session 视图了解当前用户的会话信息。

在【SQL Plus】窗口提示符“SQL>”后面输入以下语句：

```
Select username , terminal From v$session Where username='SYS' ;
```

按【Enter】键，显示如下所示的结果。

```
USERNAME             TERMINAL
-------------------- ------------
SYS                  BETTER
```

其中“username”表示当前会话用户的名称，“terminal”表示当前会话用户的主机名称。

（3）通过 v$instance 视图了解当前数据库实例的信息

在【SQL Plus】窗口提示符“SQL>”后面输入以下语句：

```
Select instance_name , host_name , status From v$instance ;
```

然后按【Enter】键，显示如下所示的结果。

```
INSTANCE_NAME      HOST_NAME       STATUS
------------------ --------------- ------------
orcl               BETTER          OPEN
```

其中“instance_name”表示当前运行的 Oracle 数据库实例名称，“host_name”表示运行该数据库实例的计算机名称，“status”表示数据库实例的当前状态。

【任务 1-5】 使用 Oracle SQL Developer 浏览数据表

【任务描述】

（1）成功启动【Oracle SQL Developer】，观察【Oracle SQL Developer】主窗口中已建立的连接。

（2）在【Oracle SQL Developer】主窗口中创建一个新连接“LuckyConn”，以“SYSTEM”用户身份连接 ORCL 数据库。

（3）浏览“help”数据表的结构信息。

（4）浏览“help”数据表的记录。

【任务实施】

（1）启动【Oracle SQL Developer】

在 Windows 的【开始】菜单中依次选择【所有应用】→【Oracle - OraDB12Home1】→【SQL Developer】命令，【Oracle SQL Developer】启动成功后，打开如图 1-17 所示的【Oracle SQL Developer】主窗口。

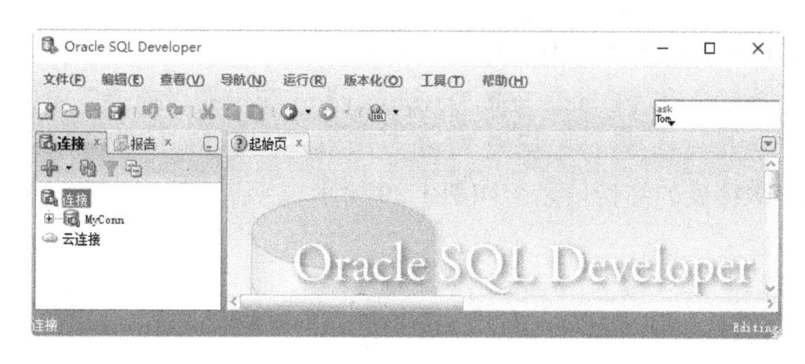

图 1-17　【Oracle SQL Developer】主窗口

从图 1-17 可以看出，已有 1 个连接 MyConn。

（2）创建一个新连接“LuckyConn”，以“SYSTEM”用户身份连接 ORCL 数据库

在【Oracle SQL Developer】窗口左侧窗格中单击【新建连接】按钮，打开【新建/选择数据库连接】对话框，在该对话框的“连接名”文本框中输入“LuckyConn”，在“用户名”文本框中输入“SYSTEM”，在“口令”输入正确的密码，选择复选框“保存口令”，选择“连接类型”为“基本”，选择“角色”为“默认值”，在“主机名”文本框中输入“localhost”，在“端口”文本框中输入“1521”,在“SID”文本框中输入“orcl”，然后单击【测试】按钮，显示的状态为“成功”，如图 1-18 所示。

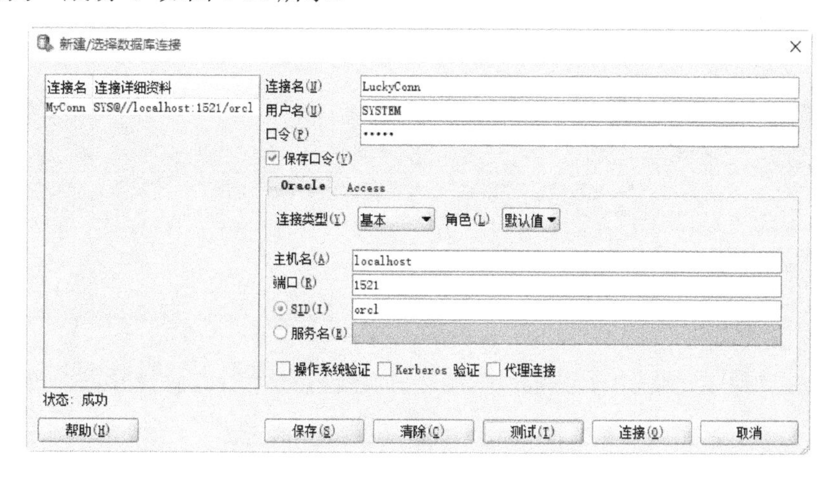

图 1-18　创建连接“LuckyConn”

单击【连接】按钮，成功创建连接“LuckyConn”后的【Oracle SQL Developer】窗口如图 1-19 所示。

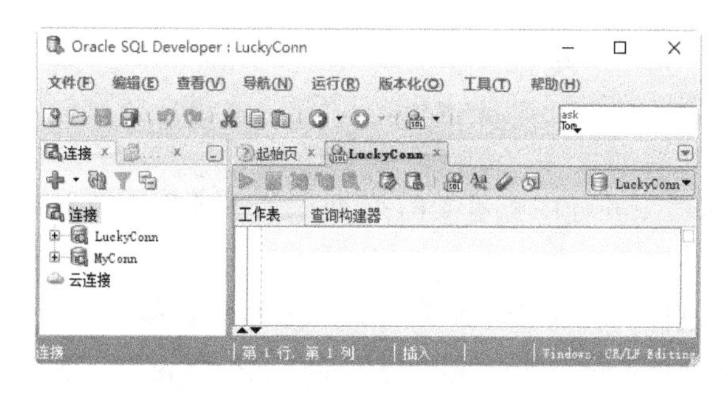

图 1-19　成功创建连接“LuckyConn”后的【Oracle SQL Developer】窗口

（3）浏览“help”数据表的结构信息

成功连接数据库后，在【Oracle SQL Developer】主窗口的“连接”窗格中依次展开节点“LuckyConn”→“表”，然后选择数据表“help”节点，在【Oracle SQL Developer】主窗口的右侧窗格中显示该数据表的结构信息，如图1-20所示。

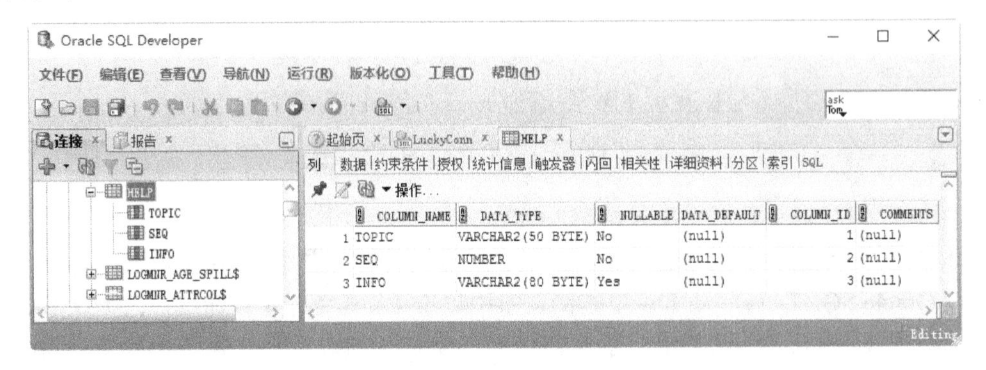

图1-20 浏览“help”数据表的结构信息

（4）浏览“help”数据表的记录

在【Oracle SQL Developer】主窗口的右侧窗格中选择“数据”选项卡，可以浏览该数据表的记录，该数据表前5条记录如图1-21所示。

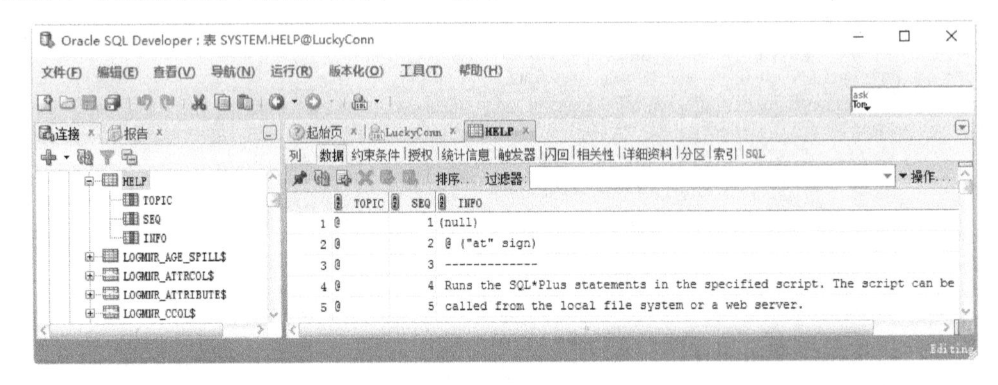

图1-21 浏览“help”数据表中的记录

【任务1-6】使用Oracle Enterprise Manager企业管理器工具

【任务描述】

（1）直接在浏览器中输入https://localhost:5500/em启动EM，进入EM Database Express登录界面，然后以“SYS”用户名（口令为Oracle_12C，以sysdba身份）进入EM Database Express主页面。

（2）在EM Database Express中查看ORCL数据库中包含的用户。

【任务实施】

1. 登录Oracle数据库打开【Oracle Enterprise Manager】

打开浏览器，输入网址https://localhost:5500/em，按【Enter】键，打开【Oracle Enterprise

Manager】的初始页面，如图 1-22 所示。

说 明

https 是 Oracle 12c 的 EM Database Express 的 URL 传输协议，localhost 是本地主机名，5500 是 EM Database Express 的 HTTP 端口号，em 是 Enterprise Manager 的简称。

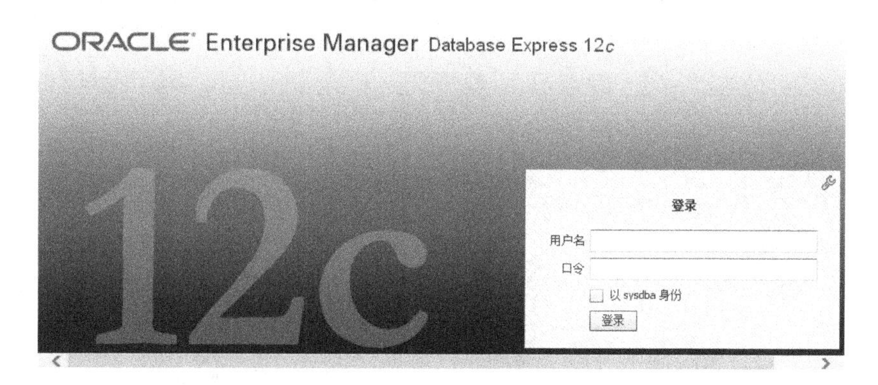

图 1-22 【Oracle Enterprise Manager】的初始页面

在【登录】界面的"用户名"文本框中输入"SYS"，在"口令"密码框中输入"Oracle_12C"，选择"以 sysdba 身份"复选框，如图 1-23 所示。

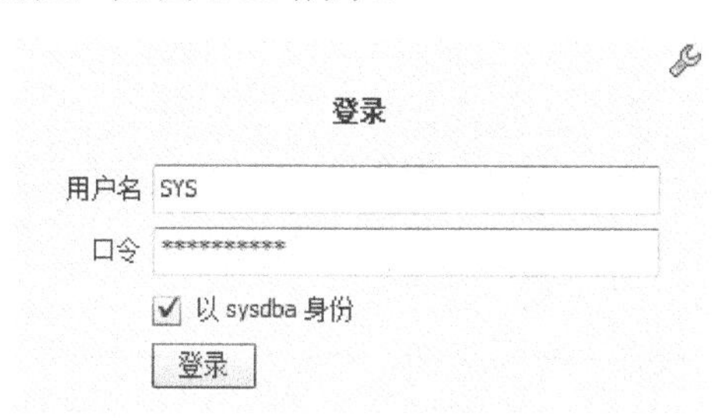

图 1-23 在【登录】对话框中输入用户名和口令

然后单击【登录】按钮，登录成功后，以 SYS 用户作为 SYSDBA 身份进入 EM Database Express 主页面，如图 1-24 所示。

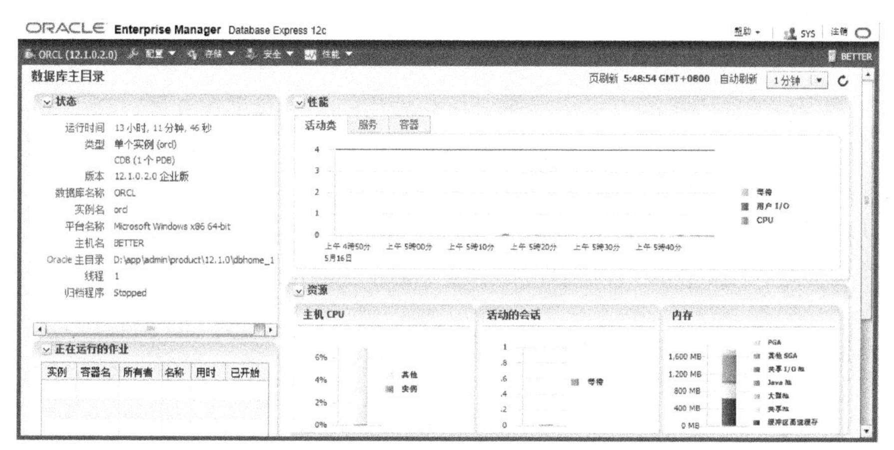

图 1-24 【Oracle Enterprise Manager Database Express】的主页面

由图 1-24 可知，当前登录用户为“SYS”，数据库名称为“ORCL”，主机名为“BETTER”。EM Database Express 主页面有【配置】、【存储】、【安全】和【性能】4 个主菜单，右上角还有【帮助】菜单和【注销】按钮。

2. 在 EM Database Express 中查看 ORCL 数据库中包含的用户

在【Oracle Enterprise Manager Database Express】的主页面单击【安全】菜单，在弹出的下拉菜单中选择【用户】菜单项，如图 1-25 所示。

图 1-25　在【安全】菜单的下拉菜单中选择【用户】菜单项

打开【普通用户】页面，显示 ORCL 数据库中包含的用户，如图 1-26 所示。

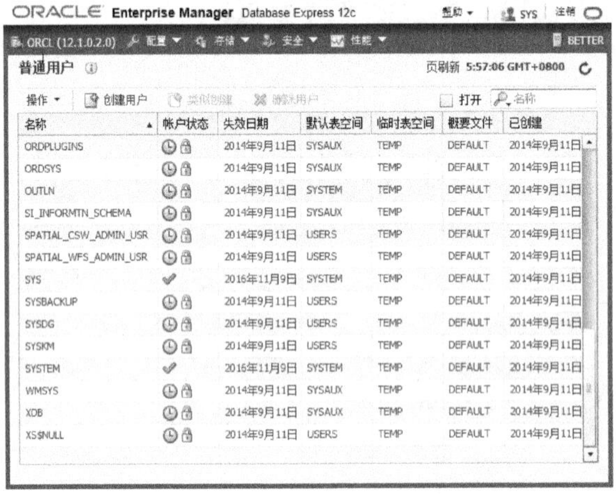

图 1-26　显示 ORCL 数据库中包含的用户

在【普通用户】页面显示用户的名称、账户状态、失效日期、默认表空间、临时表空间、概要文件和创建日期等信息。

1.4　认知 Oracle 数据库的体系结构

Oracle 数据库的体系结构，可以用来分析数据库的组成和工作过程，以及数据库是如何管理和组织数据的。Oracle 数据库从存储结构上可以分为物理存储结构和逻辑存储结构，从实例结构上可以分为内存结构和进程结构。

本节从整体到局部对 Oracle 的体系结构进行梳理，对 Oracle 数据库的物理结构、逻辑结构、存储结构、进程结构形成清晰的印象，为以后各个单元的学习提供理解指导。

1.4.1　认知 Oracle 数据库的物理结构

【知识必备】

Oracle 数据库的物理存储结构主要描述 Oracle 数据库的外部存储结构，即在操作系统中如何组织、管理数据。因此，物理存储结构与操作系统平台有关的。从物理上看由存储在磁盘中的操作系统文件所组成，Oracle运行时需要使用这些文件。

Oracle数据库的物理结构（Physical Database Structures）的示意图如图1-27所示，一个数据库的物理结构主要由数据文件（Data Files）、控制文件（Control Files）、重做日志文件（Online Redo Log Files）、归档日志文件（Archived Redo Log Files）、参数文件（Parameter Files）、警报文件（Alert Log Files）、跟踪文件（Trace Log Files）和备份文件（Backup Files）组成，其中最重要的文件分别是数据文件（*.dbf）、控制文件（*.ctl）和重做日志文件（*.log）。

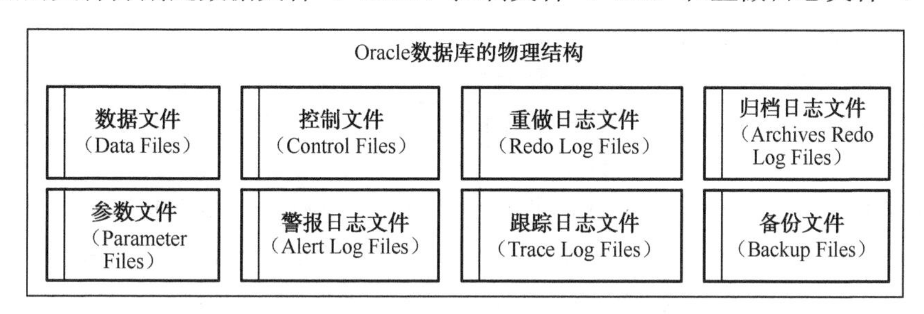

图1-27　Oracle数据库物理结构示意图

（1）数据文件（Data Files）

数据文件是指存储数据库数据的文件。数据库中的所有数据最终都保存在数据文件中，例如，数据表中的记录和索引等。如果数据文件中的某些数据被频繁访问，则这些数据会被存储在内存的缓冲区中。

Oracle系统读取数据时，首先从内存的数据缓冲区中查找相关的数据信息，如果找不到，则从数据库文件中把数据读取出来，存放到内存的数据缓冲区中，供查询使用；存储数据时，修改后的数据信息，也是先存放在内存的数据缓冲区中，在满足写入条件时，由Oracle的后台进程DBWn将数据写入数据文件。通过这种数据存取方式，可以减少磁盘的I/O操作，提高系统的响应性能。

（2）控制文件（Control Files）

控制文件是一个很小的二进制文件，用于描述和维护数据库的物理结构，在安装Oracle系统时，会自动创建至少一个控制文件。Oracle一般会默认创建多个包含相同信息的控制文件，目的是为了当其中一个文件受损时，数据库可以调用其他控制文件继续工作。

Oracle数据库中，控制文件相当重要，它存放有数据库中数据文件和日志文件的信息。Oracle数据库在启动时，数据库实例通过初始化参数定位和访问控制文件，然后加载数据文件和重做日志文件，最后打开数据文件和重做日志文件。在数据库的使用过程中，数据库需要不断更新控制文件，记录数据文件和重做日志文件的变化，由此可见，如果在Oracle数据库运行过程中，由于某种原因导致控制文件无法访问，那么数据库将无法正常工作。

（3）重做日志文件（Online Redo Log Files）

重做日志文件是记录数据库中所有修改信息的文件，简称为日志文件。其中，修改信息包括数据库中数据的修改信息和数据库结构的修改信息等，例如删除数据表中的一行数据或删除数据表的一个列。如果只是进行了查询操作，则该操作不会被记录到日志文件中。日志文件是数据库系统的最重要的文件之一，它可以保证数据库安全，是进行数据库备份与恢复的重要手段。如果日志文件受损，数据库同样可能会无法正常运行。

当数据库中出现修改时，修改后的数据首先会存储在内存的数据缓冲区中，而对应的日志数据则被存储在日志缓冲区中，在日志数据达到一定数量时，由 Oracle 的后台进程 LGWR 将日志数据写入到日志文件中。数据库的修改信息成功提交后，数据文件中只保留修改后的数据，而日志文件中则既保留修改之后的数据，又保留修改之前的数据，为日后的数据恢复提供数据。

既然日志文件这么重要，就需要保证日志文件的安全，所以日志文件不应该唯一存在。换句话说，同一批日志信息不应该只存在于一个日志文件中，否则一旦发生意外，这些日志信息将会全部丢失。为了确保日志文件的安全，在实际应用中，允许对日志文件进行镜像，日志文件与其他镜像文件记录同样的日志信息，它们构成一个日志文件组，同一个组中的日志文件可以存放在不同的磁盘中，这样可以保证一个日志文件受损时，还有其他日志文件提供日志信息。

Oracle 中的日志文件组是循环使用的，当所有日志文件组的空间都被填满后，系统将重新切换到第一个日志文件组。发生日志切换时，日志文件组中已有的日志信息是否被覆盖，取决于数据库的运行模式。数据库的运行模式分为归档模式和非归档模式两种，如果是归档模式，则当日志切换时，日志文件组中的日志信息会先被 Oracle 系统的后台进程 ARCn 写入到归档日志文件中，然后再被新内容覆盖；如果是非归档模式，则日志文件组中的日志信息将被直接覆盖，不会写入到归档日志文件中。

（4）归档日志文件（Archived Redo Log Files）

归档日志文件用于对写满的日志文件进行复制并保存，具体功能由归档进程 ARCn 实现，该进程负责将写满的重做日志文件复制到归档日志文件中。

（5）参数文件（Parameter Files）

参数文件用于记录 Oracle 数据库的基本参数信息，主要包括数据库名和控制文件所在路径等。参数文件分为文本参数文件（Parameter File，简称为 PFile）和服务器参数文件（Server Parameter File，简称为 SPFile）。文本参数文件的名称为 init<SID>.ora，服务器参数文件为 spfile<SID>.ora 或 spfile.ora，其中 SID 表示数据库实例的系统标识符。

当数据库启动时，将打开上述两种参数文件之一，数据库实例首先在操作系统中查找服务器参数文件 SPFlie，如果找不到，则查找文本参数文件 PFlie。

（6）警报日志文件（Alert Log Files）

警报日志文件用于记录数据库的重大活动和发生的错误。按照时间先后记录发生的事件。通过分析警报文件的内容，我们可以了解数据库发生的重大事件和错误。

（7）跟踪日志文件（Trace Log Files）

每个服务器进程和后台进程都会写跟踪日志文件，当一个后台进程检测到错误的时候，Oracle 会把错误信息写到跟踪日志文件中，检查跟踪日志文件的内容，就可知道后台进程运行中产生的错误。

跟踪信息被写到两个文件夹中，和后台进程相关的信息被写到初始化参数 Diagnostic_Dest 指定的文件夹中；和服务器进程相关的信息被写到初始化参数 User_Dump_Dest 指定的文件夹中。

（8）备份文件（Backup Files）

文件受损时，可以借助于备份文件对受损文件进行恢复。对文件进行还原的过程，就是用备份文件替换该文件的过程。

【任务 1-7】使用数据字典认知 Oracle 数据库的物理结构

【任务描述】

（1）在【Oracle SQL Developer】主窗口中选择已创建的连接“LuckyConn”，然后进行以下操作：

① 查看数据字典 dba_data_files 的结构信息。

② 查看表空间 SYSTEM 所对应的数据文件的部分信息。

③ 查看数据字典 v$datafile 的结构信息。

④ 查看当前数据库的数据文件动态信息。

⑤ 使用数据字典 v$controlfile，查看当前数据库的控制文件的名称和路径。

⑥ 使用数据字典 v$log 查看数据库中的重做日志组的信息

⑦ 使用数据字典 v$logfile 查看数据库中的重做日志文件的信息

（2）在【Oracle SQL Developer】主窗口中选择已创建的连接“MyConn”，然后使用 SQL 命令查询数据库是否处于归档模式。

【任务实施】

打开【Oracle SQL Developer】主窗口，在其左侧窗格中单击选择已创建的连接“LuckyConn”，然后进行以下操作：

（1）查看数据字典 dba_data_files 的结构信息

在【Oracle SQL Developer】窗口的脚本输入区域输入以下命令：

```
Desc dba_data_files
```

然后单击【运行语句】按钮▶。

脚本输出结果（即数据字典 dba_data_files 的结构信息）如图 1-28 所示。

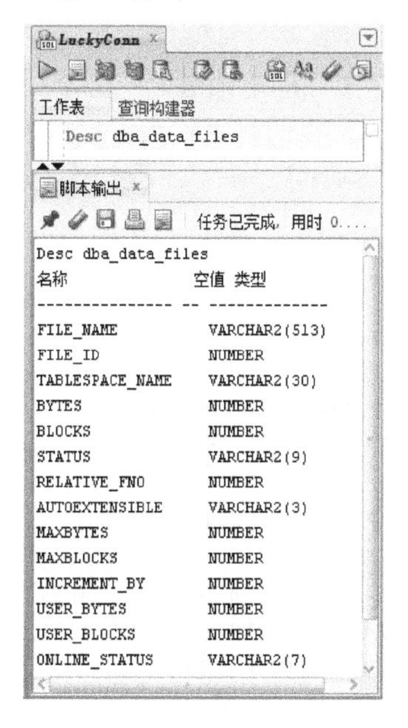

图 1-28　数据字典 dba_data_files 的结构信息

其中，“FILE_NAME”表示数据文件的名称以及存放路径，“FILE_ID”表示数据文件在数据库中的ID号，“TABLESPACE_NAME”表示数据文件对应的表空间名称，“BYTES”表示数据文件大小，“BLOCKS”表示数据文件所占用的数据块数，“STATUS”表示数据文件的状态，“AUTOEXTENSIBLE”表示数据文件是否可扩展。

（2）查看表空间 system 所对应的数据文件的部分信息

在【Oracle SQL Developer】窗口中的脚本输入区域输入以下语句，然后单击【运行脚本】按钮。

```
Select File_name , Tablespace_name , Autoextensible From dba_data_files
                                        Where Tablespace_name = 'SYSTEM' ;
```

脚本输出结果如下所示。

```
FILE_NAME                                         TABLESPACE_NAME    AUTOEXTENSIBLE
------------------------------------------------- ------------------ ----------------
D:\APP\ADMIN\ORADATA\ORCL\SYSTEM01.DBF              SYSTEM               YES
```

（3）查看数据字典 v$datafile 的结构信息

在【Oracle SQL Developer】窗口中的脚本输入区域输入以下命令：

```
Desc v$datafile
```

然后单击【运行脚本】按钮。数据字典 v$datafile 中包含了33个字段，部分字段的信息如下所示：

```
名称              空值     类型
---------------- -------- -----------
FILE#                     NUMBER
STATUS                    VARCHAR2(7)
BYTES                     NUMBER
BLOCKS                    NUMBER
NAME                      VARCHAR2(513)
```

“FILE#”表示存储数据文件的编号，“STATUS”表示数据文件的状态，“BYTES”表示数据文件的大小，“BLOCKS”表示数据文件所占用的数据块数，“NAME”表示数据文件的名称以及存放路径。

（4）查看当前数据库的数据库文件动态信息。

在【Oracle SQL Developer】窗口中的脚本输入区域输入以下语句：

```
Select file# , name , status   From v$datafile ;
```

然后单击【运行脚本】按钮，脚本输出结果如下所示。

```
FILE#  NAME                                                               STATUS
------ ------------------------------------------------------------------ ---------
1      D:\APP\ADMIN\ORADATA\ORCL\SYSTEM01.DBF                             SYSTEM
2      D:\APP\ADMIN\ORADATA\ORCL\PDBSEED\SYSTEM01.DBF                     SYSTEM
3      D:\APP\ADMIN\ORADATA\ORCL\SYSAUX01.DBF                             ONLINE
4      D:\APP\ADMIN\ORADATA\ORCL\PDBSEED\SYSAUX01.DBF                     ONLINE
5      D:\APP\ADMIN\ORADATA\ORCL\UNDOTBS01.DBF                            ONLINE
6      D:\APP\ADMIN\ORADATA\ORCL\USERS01.DBF                              ONLINE
7      D:\APP\ADMIN\ORADATA\ORCL\PDBORCL\SYSTEM01.DBF                     SYSTEM
8      D:\APP\ADMIN\ORADATA\ORCL\PDBORCL\SYSAUX01.DBF                     ONLINE
9      D:\APP\ADMIN\ORADATA\ORCL\PDBORCL\SAMPLE_SCHEMA_USERS01.DBF        ONLINE
10     D:\APP\ADMIN\ORADATA\ORCL\PDBORCL\EXAMPLE01.DBF                    ONLINE
选定了 10 行
```

数据文件的状态一般分为联机（online）、脱机（offline）和 system，只有 SYSTEM 表空间的数据文件的状态才会显示为 system。当数据文件处于联机状态或者 system 状态时，用户才能正常访问该数据文件中存储的数据。默认状态下数据文件为联机状态。

（5）查看当前数据库的控制文件的名称和路径

在【Oracle SQL Developer】窗口中的脚本输入区域输入以下语句：

```
Desc v$controlfile
```

然后单击【运行脚本】按钮，数据字典 v$controlfile 的结构信息如下所示。

```
名称                                    空值    类型
--------------------------------------- -------- --------------------
STATUS                                           VARCHAR2(7)
NAME                                             VARCHAR2(513)
IS_RECOVERY_DEST_FILE                            VARCHAR2(3)
BLOCK_SIZE                                       NUMBER
FILE_SIZE_BLKS                                   NUMBER
CON_ID                                           NUMBER
```

在【Oracle SQL Developer】窗口中的脚本输入区域输入以下语句，然后单击【运行脚本】按钮。

```
Select name , block_size From v$controlfile ;
```

脚本输出结果如下所示。

```
NAME                                                       BLOCK_SIZE
---------------------------------------------------------- -----------------
D:\APP\ADMIN\ORADATA\ORCL\CONTROL01.CTL                     16384
D:\APP\ADMIN\ORADATA\ORCL\CONTROL02.CTL                     16384
```

（6）查看数据库中的重做日志组的信息

通过视图 v$log 可以知道数据库中有哪些重做日志组，并且可以知道每个重做日志组的大小、成员、是否归档、状态等信息。

视图 v$log 的结构信息如下所示。

```
名称                   空值    类型
---------------------- -------- -------------
GROUP#                          NUMBER
THREAD#                         NUMBER
SEQUENCE#                       NUMBER
BYTES                           NUMBER
BLOCKSIZE                       NUMBER
MEMBERS                         NUMBER
ARCHIVED                        VARCHAR2(3)
STATUS                          VARCHAR2(16)
FIRST_CHANGE#                   NUMBER
FIRST_TIME                      DATE
NEXT_CHANGE#                    NUMBER
NEXT_TIME                       DATE
CON_ID                          NUMBER
```

其中，“GROUP#”表示重做日志组的编号，“THREAD#”表示线程号，“SEQUENCE#”表示日志序列号，“BYTES”表示重做日志的大小，“MEMBERS”表示日志组中的成员数量，“ARCHIVED”表示是否归档，“STATUS”表示重做日志的状态。

查看数据库中的重做日志组的 SQL 语句如下所示。

```
Select group# , sequence# , bytes , members , archived , status From v$log ;
```

其执行结果如下所示。

```
GROUP#  SEQUENCE#  BYTES      MEMBERS  ARCHIVED  STATUS
------- ---------- ---------- -------- --------- ---------
1       28         52428800   1        NO        INACTIVE
2       29         52428800   1        NO        CURRENT
3       27         52428800   1        NO        INACTIVE
```

其中，表列“ARCHIVED”的值为NO表示未归档，为YES表示归档。表列“STATUS”表示对应的重做日志文件组的状态，“CURRENT”表示当前ORACLE数据库正在使用的重做日志文件组；“INACTIVE”表示对应的重做日志文件中的内容已被妥善处理，该组重做日志文件当前处于空闲状态；“UNUSED”表示该重做日志文件组对应的日志文件还从未被写入过数据，通常刚刚创建的重做日志文件组会显示成这一状态；“ACTIVE”表示虽然当前并未使用，不过该日志文件中内容尚未归档，或者日志文件中的数据没有全部写入数据文件，一旦需要实例恢复，必须借助状态为ACTIVE重做日志组；“CLEARING”表示该日志组重做日志文件正被重建，重建后该状态会变成“UNUSED”；“CLEARING_CURRENT”表示该日志组重做日志文件重建时出现了错误。

（7）查看数据库中的重做日志文件的信息

通过视图v$logfile可以知道数据库中有哪些重做日志文件，以及每个重做日志文件属于哪一组。

视图v$logfile的结构信息如下所示。

```
名称                          空值    类型
----------------------------- ------- ---------------
GROUP#                                NUMBER
STATUS                                VARCHAR2(7)
TYPE                                  VARCHAR2(7)
MEMBER                                VARCHAR2(513)
IS_RECOVERY_DEST_FILE                 VARCHAR2(3)
CON_ID                                NUMBER
```

其中，“GROUP#”表示该文件属于哪一组，与v$log.group#关联；“STATUS”表示日志成员的状态，“invalid”表示文件不可访问，“stale”表示文件的内容不完整，“deleted”表示文件不再被使用，“null”表示文件在使用中；“TYPE”表示文件的类型，该列只有两个值：online和standby，“online”表示该日志文件为普通重做日志文件，“standby”表示该日志文件为专用日志文件；“member”表示重做日志组文件的名称和路径。

查看数据库中重做日志文件的SQL语句如下所示。

```
Select group# , status , type , member From v$logfile ;
```

其执行结果如下所示。

```
GROUP#  STATUS TYPE      MEMBER
------- ------ --------- ------------------------------------------
3              ONLINE    D:\APP\ADMIN\ORADATA\ORCL\REDO03.LOG
2              ONLINE    D:\APP\ADMIN\ORADATA\ORCL\REDO02.LOG
1              ONLINE    D:\APP\ADMIN\ORADATA\ORCL\REDO01.LOG
```

（8）在【Oracle SQL Developer】中使用SQL命令查询数据库是否处于归档模式

在【Oracle SQL Developer】主窗口中选择已创建的连接“MyConn”，然后在脚本输入区域输入以下命令查询数据库是否处于归档模式：

```
archive log list
```

查询结果如下所示。

```
数据库日志模式          不归档模式
自动归档               已禁用
归档目标               USE_DB_RECOVERY_FILE_DEST
最早的联机日志序列       27
当前日志序列            29
```

从查询结果可知，当前数据库处于非归档模式。

1.4.2 认知 Oracle 数据库的逻辑结构

【知识必备】

Oracle 数据库的逻辑结构主要描述 Oracle 数据库的内部存储结构，即从技术概念上描述在 Oracle 数据库中如何组织、管理数据。从逻辑上来看，数据库是由系统表空间、用户表空间等组成。表空间是最大的逻辑单位，块是最小的逻辑单位。逻辑存储结构中的块最后对应到操作系统中的块。逻辑存储结构与操作系统平台无关，是由 Oracle 数据库创建和管理的。

Oracle 数据库的逻辑结构（Logical Database Structures）如图 1-29 所示，Oracle 数据库的逻辑结构主要由表空间（TableSpaces）、段（Segments）、区（Extents）、数据块（Oracle Database Data Blocks，简称为“块”）组成。

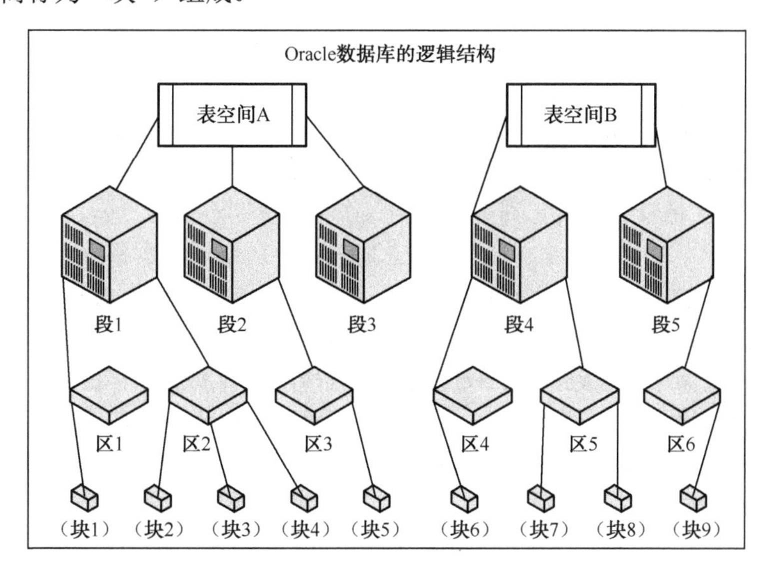

图 1-29　Oracle 数据库的逻辑结构

一个区由多个数据块组成，一个或多个区组成段，段存放在表空间中，一个数据库对应多个表空间。我们平常所进行的创建对象的操作，都是在表空间一级进行的，例如创建数据表时只能指定存储到哪一个表空间，而不能指定存储到更小的逻辑结构，如段、区或块中，也不能指定存储到某个数据文件中。在对象创建过程中，我们只需要指定存储的表空间，如果未指定，则存储到用户当前的默认表空间中，其他一切都由 Oracle 自动处理。

（1）表空间（TableSpaces）

一个数据库被分成一个个逻辑单元，这些逻辑单元称为“表空间”，一个 Oracle 数据库逻辑上由一个或多个表空间组成，而一个表空间则对应着一个或多个物理的数据库文件。表空间用于管理数据库对象（例如数据表、索引等），而这些对象实际存储在数据文件中，数据文件是数据的物理载体。Oracle 的表空间分为永久表空间（Permanent Tablespaces）、临时表空间（Temporary Tablespaces）、回退表空间（Undo Tablespace）和大文件表空间（Bigfile Tablespaces）。

创建数据表时，可以指定一个表空间存储该数据表，如果用户没有指定表空间，则 Oracle 系统会将创建的数据表存储到默认的表空间中。在安装 Oracle 时，Oracle 数据库管理系统一般会自动创建多个表空间，包括 system、sysaux、temp、undotbs1、users，可以通过数据字典 dba_tablespaces 查看表空间的信息。

（2）段（Segments）

段是存储数据的逻辑存储单元，一个段由一系列的区组成，段只属于一个特定的存储对象，例如数据表、索引、LOB 列等。数据表（表空间）由段组成，一个数据表（表空间）由一个或者多个段组成，普通数据表由一个段组成，分区数据表由多个段组成。段的数据区在磁盘上可以是不连续的。

实际上当 Oracle 创建存储对象时，首先分配的就是段，每个段至少会包含一个区，不同类型的对象拥有不同类型的段。段分为数据段（Data Segment）、索引段（Index Segment）、临时段（Temporary Segment）和回退段（Rollback Segment）。

① 数据段用于存放数据表中的数据，创建数据表的时候，那么系统会自动在该表空间中创建一个数据段，而且数据段的名称与数据表的名称相同。如果创建的是分区表，则系统为每个分区分配一个数据段。

② 索引段用于存放数据表中索引数据，每个非分区索引有一个单独的索引段，可以使用 Create Index 命令创建索引，系统会为该索引创建一个索引段，而且索引段的名称和索引的名称相同。如果创建的是分区索引，则系统会为每个分区索引创建一个索引段。

③ 临时段用于存放临时数据，排序或汇总时所产生的临时数据都存放在临时段中，该临时段由系统在用户的临时表空间中自动创建，并在排序或汇总结束时自动消除。临时段是 Oracle 自动创建和维护的。只有内存不足的时候，Oracle 才会用到临时段。

④ 回退段用于保存回退数据，Oracle 将数据被修改以前的值保存在回退段中，利用这些回退数据可以撤消对数据的修改。每个 Oracle 数据库都应该至少拥有一个回退段，在数据恢复时使用。回退段只存在于 system 表空间中，一般情况下，系统管理员不需要维护回退段。

（3）区（Extents）

区是数据库的最小分配单位，它由连续的数据块组成。块组成区、区组成段，区是一段连续的存储空间。创建存储对象时至少会为其分配一个区，第一个被分配的区叫做初始区。随着存储的数据增多，当段中的空间耗尽时，Oracle 会自动为该段分配一个新的区。

（4）数据块（Oracle Database Data Blocks）

数据块（也可简称为“块”），是 Oracle 最小的存储单位，Oracle 数据库在进行输入/输出操作时，都是以块为单位进行逻辑读写操作的。Oracle 数据存放在“块”中。一个块占用一定的磁盘空间。这里所说的“块”是指 Oracle 的“数据块”，而不是操作系统的“块”，操作系统每次读/写（I/O）数据的时候，是以操作系统的块为单位。而 Oracle 每次执行读/写（I/O）的时候，是以 Oracle 的块为单位。操作系统块和 Oracle 的数据块是两个不同的概念。

Oracle 每次请求数据的时候，都是以数据块为单位，也就是说，Oracle 每次请求的数据是块的整数倍。如果 Oracle 请求的数据量不到一块，Oracle 也会读取整个块，所以说，“块”是 Oracle 读写数据的最小单位或者最基本的单位。我们知道所有的读写操作反映到磁盘 I/O，最终的操作单位为字节，如果每次读写均以字节为单位进行，那么效率将是非常低，因此实际上在操作系统一级就会默认添加一个逻辑结构叫做操作系统块，不同文件系统默认块的大小也不一样，一般都为 512Byte～4KB，例如 NTFS 格式的操作系统块默认大小为 4KB，而 Oracle 中的数据块在设置时又是操作系统块的整数倍，可设置的值有 2KB、4KB、8KB、16KB 甚至是 32KB 等。

【任务 1-8】 使用数据字典认知 Oracle 数据库的逻辑结构

【任务描述】

在【Oracle SQL Developer】主窗口中选择已创建的连接“LuckyConn”，然后以下操作：

（1）通过 dba_tablespaces 视图查看数据库中现有的表空间。

（2）通过数据字典 user_segments 查看系统表空间“SYSTEM”拥有的段。

（3）通过数据字典 user_extents 查看数据表 help 拥有的区和块。

【任务实施】

在【Oracle SQL Developer】主窗口中选择已创建的连接“LuckyConn”，然后进行以下操作：

（1）查看数据库中现有的表空间

查看数据库中现有的表空间的 SQL 语句如下所示。

```
Select tablespace_name , block_size , status , logging   From dba_tablespaces ;
```

该语句的查询结果如下所示。

```
TABLESPACE_NAME BLOCK_SIZE     STATUS      LOGGING
--------------------------- ------------------- --------------- --------------
SYSTEM                      8192     ONLINE     LOGGING
SYSAUX                      8192     ONLINE     LOGGING
UNDOTBS1                    8192     ONLINE     LOGGING
TEMP                        8192     ONLINE     NOLOGGING
USERS                       8192     ONLINE     LOGGING
```

（2）查看系统表空间“SYSTEM”拥有的段

查看系统表空间“SYSTEM”拥有的段的 SQL 语句如下所示。

```
Select segment_name , segment_type , bytes , blocks
      From user_segments Where tablespace_name='SYSTEM' ;
```

该语句的查询结果包括 262 条记录，部分查询结果如下所示。

```
SEGMENT_NAME                 SEGMENT_TYPE   BYTES     BLOCKS
------------------------------------- ---------------------- ------------- ------------
LOGMNRGGC_GTLO               TABLE          65536       8
MVIEW$_ADV_INFO              TABLE          65536       8
HELP                         TABLE          65536       8
HELP_TOPIC_SEQ               INDEX          65536       8
```

从查询结果可以看出表空间“SYSTEM”包含了多个段，每个段至少包含了一个区。

（3）查看数据表 help 拥有的块。

数据字典 user_extents 的结构信息如下所示。

```
名称                              空值  类型
--------------------------------- -------- ----------------------
SEGMENT_NAME                            VARCHAR2(81)
PARTITION_NAME                          VARCHAR2(128)
SEGMENT_TYPE                            VARCHAR2(18)
TABLESPACE_NAME                         VARCHAR2(30)
EXTENT_ID                               NUMBER
BYTES                                   NUMBER
BLOCKS                                  NUMBER
```

查看数据表 help 拥有的块的 SQL 语句如下所示。

```
Select segment_name , segment_type , tablespace_name , bytes , blocks
    From user_extents Where segment_name='HELP';
```

该语句的查询结果如下所示。

```
Segment_Name   Segment_Type Tablespace_Name   Bytes Blocks
--------------------- ---------------- ---------------------- --------- ---------
HELP             TABLE       SYSTEM              65536      8
```

从查询结果可以看出，数据表“help”默认分配了 64KB（65536/1024）空间，占用了 8 个数据块。

1.4.3 认知 Oracle 的内存结构

【知识必备】

Oracle 内存结构是 Oracle 体系结构中一个非常重要的组成部分，它使用服务器的物理内存来保存 Oracle 实例中的内容，例如当前数据库实例的会话信息、数据缓存信息、Oracle 进程之间的共享信息和 Oracle 可执行的程序代码等。

Oracle 内存结构是影响数据库性能的主要因素之一。一个数据库实例（Database Instance）由后台进程（Background Processes）和 SGA（System Global Area）组成。

Oracle 的基本内存结构分为 3 种：

（1）系统全局区（System Global Area，SGA）

SGA 是 Oracle 为系统分配的一片共享的内存区域，被所有的服务器进程（Server Processes）和后台进程（Background Processes）所共享，它包括数据库高速缓冲区（Data Buffer Cache）、重做日志缓冲区（Redo Log Buffer）、共享池（Shared Pool）、大池（Large Pool）、Java 池（Java Pool）和流池（Streams Pool），如图 1-30 所示。

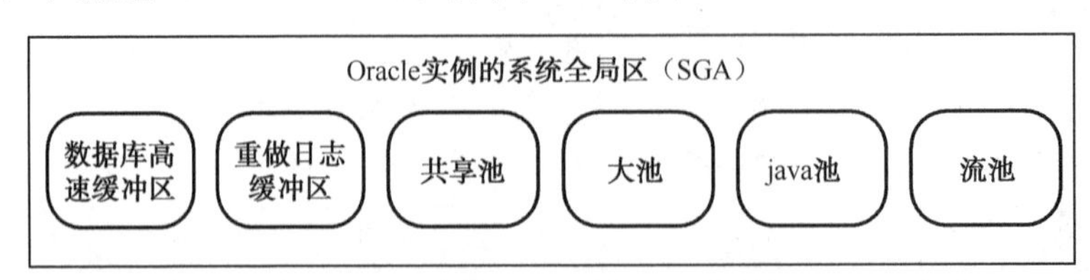

图 1-30　Oracle 实例的系统全局区

系统全局区用于存放数据和数据库实例（Oracle Database Instance）的控制信息。多个用户可以同时连接到同一个实例（Instance），这些用户可以共享 SGA 中的数据。当启动一个实例时，Oracle 会自动分配 SGA；当关闭一个实例时，Oracle 会把分配给这个实例的 SGA 释放，返回给操作系统。

① 数据库高速缓冲区（Data Buffer Cache）

数据库高速缓冲区用于存放从数据文件中读取的数据，所有连接到相同实例的用户都可以共享这些数据。由于系统读取内存的速度要比读取磁盘快得多，所以数据缓冲区的存在可以提高数据库的整体效率。

② 重做日志缓冲区（Redo Log Buffer）

重做日志缓冲区是一个可以循环使用的缓冲区，用于存放数据库的修改操作信息，这些数据可以用于数据库恢复。当用户对数据库进行更改时，就会产生日志条目，Oracle 把日志条目存放到日志缓冲区中。Oracle 的后台进程 LGWR 负责把日志缓冲区中的日志条目写到磁盘上的重做日志文件中。

③ 共享池（Shared Pool）

共享池用于存放最近执行的 SQL 语句、PL/SQL 代码、数据字典、资源锁及其他控制信息。共享池包含库缓冲区（Library Cache）、字典缓冲区（Dictionary Cache）、结果缓冲区（Result Cache）、并行执行消息（Parallel Execution Messages）用到的缓冲区和控制结构占用的缓冲区。其中，库缓冲区用于存放解析过并执行过的 SQL 和 PL/SQL 代码，当用户发送一条 SQL 或 PL/SQL 代码到数据库时，Oracle 首先对这条语句进行语法解析，然后将解析后的结果保存到库缓冲区；为了提高性能，Oracle 把访问频繁的数据字典信息缓存到字典缓冲区中；结果缓冲区存放两种类型的数据：SQL 语句的查询结果和 PL/SQL 函数的执行结果。

④ 大池（Large Pool）

大池是 SGA 的可选区域，主要用于满足大的内存需求和分配，例如数据库的备份和恢复、并行查询、共享服务器模式下的会话内存等情况需要用到大池。

⑤ Java 池（Java Pool）

Java 池主要用于在数据库中支持运行 Java 代码。例如用 Java 编写的一个存储过程，这时 Oracle 的 Java 虚拟机就会使用 Java 池来处理用户会话中的 Java 存储过程。

⑥ 流池（Streams Pool）

流池用于存放队列信息。

（2）程序全局区（Program Global Area，PGA）

每个服务器进程（Server Process）和后台进程(Background Process)都有一个程序全局区，对服务器进程和后台进程来说，程序全局区内存是一个私有（Private）内存区域的，不被共享的。PGA 主要用于保存用户在编程时使用的变量和数组等，用于处理 SQL 语句和容纳会话（Session）信息，只有服务器进程本身才能访问自己的 PGA。

通常 PGA 由会话内存区（Session Memory）和私有 SQL 区（Private SQL Area）两部分组成。其中会话内存区存放会话变量及其他和会话相关的信息。在共享服务器模式下，会话内存区是共享的，不是私有的。私有 SQL 区存放绑定变量（Bind Variable）的值、查询执行的状态信息、查询执行工作区（Query Execution Work Areas）以及游标(Cursor)的信息。每个正在执行 SQL 语句的会话都有一个私有 SQL 区，多个私有 SQL 区对应一个共享 SQL 区。

（3）软件代码区（Software Code Area）

软件代码区用于存放正在运行的代码或者能被运行的代码。Oracle 数据库代码（Oracle Database Code）就存储在软件代码区。软件代码区的位置不同于用户程序存放的区域，软件代码区的大小是固定的，只有在软件被更新或者重新安装的时候，软件代码区的大小才会发生改变。

【任务 1-9】使用数据字典查看数据库实例的内存结构信息

【任务描述】

在【Oracle SQL Developer】主窗口中选择已创建的连接"LuckyConn"，然后进行以下操作：

（1）通过视图 v$SGA_dynamic_components 查看系统全局区各个池的大小及粒度大小。

（2）通过视图 v$SGA 查看数据库实例整个 SGA 的大小。

（3）通过视图 v$SGAinfo 查看数据库实例当前 SGA 中各个部分的内存大小。

（4）通过视图 v$SGAstat 查看数据库实例当前 SGA 中各个部分的剩余空间大小。

【任务实施】

在【Oracle SQL Developer】主窗口中选择已创建的连接"LuckyConn"，然后进行以下操作：

（1）查看系统全局区各个池的大小及粒度大小

设置 SGA 中各个部分的内存时，Oracle 都是以粒度（Granule）为单位进行分配或回收。粒度的大小视整个 SGA 的大小以及操作系统平台的类型自动进行分配。在大多数操作系统平台下，当 SGA 的大小小于 1GB 时，一个粒度单位为 4MB，当 SGA 的大小大于 1GB 时，一个粒度单位为 16MB。对于 32Bit 的 Windows 操作系统，当 SGA 大于 1GB 时，一个粒度单位为 8MB。在为 SGA 各个部分设置参数值时，实际设置的值必然是粒度的整数倍，如果指定的参数值不是粒度的整数倍，Oracle 会自动进行调整。

查看系统全局区各个池的大小及粒度大小的 SQL 语句如下所示。

```
Select component , current_size , granule_size From v$SGA_dynamic_components ;
```

该语句的执行结果如下所示。

```
COMPONENT                                   CURRENT_SIZE   GRANULE_SIZE
------------------------------------------  -------------  -------------
shared pool                                     352321536       16777216
large pool                                       16777216       16777216
java pool                                        16777216       16777216
streams pool                                            0       16777216
DEFAULT buffer cache                            671088640       16777216
KEEP buffer cache                                       0       16777216
RECYCLE buffer cache                                    0       16777216
DEFAULT 2K buffer cache                                 0       16777216
DEFAULT 4K buffer cache                                 0       16777216
DEFAULT 8K buffer cache                                 0       16777216
DEFAULT 16K buffer cache                                0       16777216
DEFAULT 32K buffer cache                                0       16777216
Shared IO Pool                                   50331648       16777216
Data Transfer Cache                                     0       16777216
In-Memory Area                                          0       16777216
ASM Buffer Cache                                        0       16777216
选定了 16 行
```

从查询结果可知，共享池（shared pool）的实际大小为 336MB（352321536/1024^2），大池（large pool）的实际大小为 16MB(16777216/1024^2)，各个内存结构的粒度（granule）均为

16MB 大小。

（2）查看数据库实例整个 SGA 的大小

查看数据库实例整个 SGA 大小的 SQL 语句如下所示。

```
Select name , value From v$SGA ;
```

该语句的执行结果如下所示。

```
NAME                      VALUE
------------------------- ----------------
Fixed Size                   3046464
Variable Size              973079488
Database Buffers           721420288
Redo Buffers                13729792
```

上述查询结果包括 4 个部分，其中，“Fixed Size”表示系统固定占用的部分，用来存储数据库和实例的状态等信息；“Variable Size”包括 shared pool、large pool、java pool、streams pool 等部分分配的大小；“Database Buffers”表示数据缓冲区大小；“Redo Buffers”表示重做日志缓冲区大小。

（3）查看数据库实例当前 SGA 中各个部分的内存大小。

查看数据库实例当前 SGA 中各个部分的内存大小的 SQL 语句如下所示。

```
Select name , bytes , resizeable From v$SGAinfo ;
```

该语句的执行结果如下所示。

```
NAME                                    BYTES   RESIZEABLE
-------------------------------- ------------------ -------------
Fixed SGA Size                        3046464      No
Redo Buffers                         13729792      No
Buffer Cache Size                   721420288      Yes
In-Memory Area Size                         0      No
Shared Pool Size                    352321536      Yes
Large Pool Size                      16777216      Yes
Java Pool Size                       16777216      Yes
Streams Pool Size                           0      Yes
Shared IO Pool Size                  50331648      Yes
Data Transfer Cache Size                    0      Yes
Granule Size                         16777216      No
Maximum SGA Size                   1711276032      No
Startup overhead in Shared Pool     150900216      No
Free SGA Memory Available           587202560
选定了 14 行
```

其中，“BYTES”列表示 SGA 中各部分的内存分配大小，“RESIZEABLE”列表示大小是否可以调整。

（4）查看数据库实例当前 SGA 中各个部分的剩余空间大小

查看数据库实例当前 SGA 中各个部分的剩余空间大小的 SQL 语句如下所示。

```
Select pool , name , bytes   From v$SGAstat Where name='free memory' ;
```

该语句的查询结果如下所示：

```
POOL            NAME                 BYTES
--------------- -------------------- -------------
shared pool     free memory          22734112
large pool      free memory           1048576
java pool       free memory          16777216
```

1.4.4 认知 Oracle 的进程结构

数据库实例由内存和一系列后台进程组成，Oracle 数据库启动时，会启动多个 Oracle 后台进程，通过相关进程，Oracle 实现数据库与实例的连通和互动。

【知识必备】

进程是操作系统的一种机制，它执行一系列的步骤，完成指定的任务（或称为作业）。一个进程通常有它自己的私有内存区（Private Memory Area）。进程和程序的区别是：进程是动态的、有生命的，而程序是静态的；程序是一系列指令的集合，进程强调的执行过程。

Oracle 的进程分为 Oracle 系统进程和用户进程，Oracle 系统进程又分为服务器进程（Server Process）和后台进程（Background Process）。Oracle 系统进程运行在 Oracle 数据库服务器端。后台进程是用于执行特定任务的可执行代码块，在系统启动后异步地为所有数据库用户执行不同的任务。

1．区分用户进程、连接与会话

（1）用户进程（User Process）

用户进程是指用户连接到 Oracle 数据库的进程，当用户运行一个应用程序或者使用 SQL Plus 之类工具的时候，Oracle 会创建一个用户进程。

（2）连接（Connection）

连接是用户进程到数据库实例之间的一条通信路径，这条路径使用不同的通信机制。如果用户进程和数据库实例在同一台机器上，则使用进程间的通信机制；如果用户进程和数据库实例不在同一台机器上，则通过网络进行通信。

（3）会话（Session）

会话是一个用户到数据库的一次特殊的连接。启动 SQL Plus 时，必须提供用户名和密码，然后建立一个会话。会话是有生命的，会话的生命从用户登录开始，到用户退出 Oracle 结束，这就是会话的生命周期。一个用户没有登录就是一个用户，一旦成功登录数据库后就变成了会话。

2．Oracle 服务器进程

Oracle 的服务器进程驻留在数据库服务器端，由 Oracle 实例自动创建，用于处理连接到实例的用户进程的请求，用户必须通过连接到 Oracle 的服务器进程来获取数据库中的信息。主要负责以下工作：

（1）对 SQL 语句进行语法解析和执行。

（2）将所需数据（如果数据不在 SGA 中）从磁盘上的数据文件中读取到 SGA 的数据高速缓冲区中。

（3）将 SGA 中的数据保存到磁盘的数据文件中。

（4）以适当形式把结果返回给应用程序。

3．Oracle 后台进程

服务器进程主要与用户进程打交道，后台进程则是让内存区与数据文件打交道。要保持 Oracle 数据库高效、稳定并且具有良好的性能，各项标准服务都由特定进程专门处理，例如写入数据文件要使用 DBWn 进程，写入归档文件要使用 ARCn 进程等。另外 Oracle 的某些特性还有专用的进程。

一个数据库实例可以有多个后台进程，但是并不是每一个后台进程都会出现。启动实例时，Oracle会自动启动后台进程，并不是所有的后台进程都启动。通过视图v$bgProcess可以查看后台进程的信息。数据库启动完成后，可以从警报文件中查看Oracle到底启动了哪些后台进程。

Oracle 实例的后台进程包括系统监控进程、进程监控进程、队列监控进程、数据库写入进程、日志写入进程、作业队列进程、归档进程、校验点进程、恢复进程和其他后台进程，如图1-31所示。

（1）系统监控进程（System Monitor Process，SMON）

系统监控进程主要负责实例恢复、清除临时段、合并连续的区，还可以被其他进程所调用。

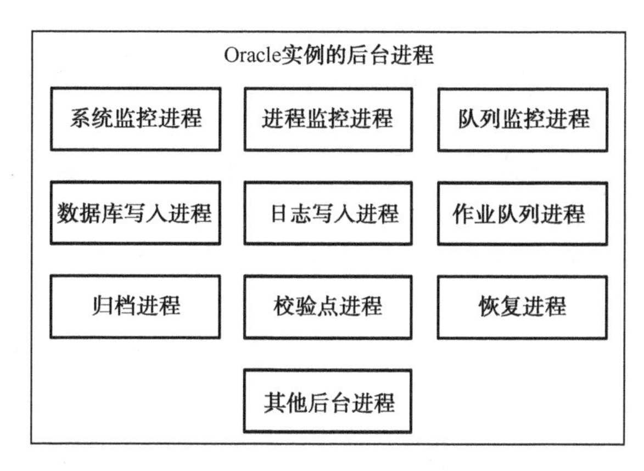

图1-31　Oracle实例的后台进程

（2）进程监控进程（Process Monitor Process，PMON）

进程监控进程主要负责进程的管理，当用户进程失败，进程监控进程将清除用户进程占用的数据库高速缓冲区及其他各种资源。

进程监控进程会定期检查调度进程和服务器进程的状态，并试图重新启动那些被停止但并非Oracle希望停止的进程。PMON进程被有规律地唤醒，检查是否需要使用，或者其他进程发现需要时也可以调用此进程。

（3）队列监控进程（Queue Monitor Process，QMNn）

队列监控进程主要负责监控消息队列，它是可选的后台进程，该进程如果失败不会引起实例的失败。

（4）数据库写入进程（Database Writer Process，DBWn）

数据库写入进程主要负责将数据库高速缓冲区中的数据写到磁盘上的数据文件中。当Oracle 扫描内存缓冲区，如果发现没有可用的缓冲区，Oracle 通知数据库写入进程将数据写到磁盘。

在一个数据库实例中，数据库写入进程（DBWn）可以启动多个，允许启动的数据库写入进程个数由参数db_writer_processes决定，可以使用Show Parameter命令查看该参数的信息。

（5）日志写入进程（Log Writer Process，LGWR）

日志写入进程主要负责重做日志缓冲区的管理，它把重做日志缓冲区的内容写到磁盘上的重做日志文件中。

日志缓冲区是一个循环缓冲区，当日志写入进程将日志缓冲区中的日志写入磁盘日志文件中后，服务器进程又可以将新的日志数据保存到日志缓冲区中。

LGWR 进程将日志数据同步写入日志文件组的多个日志文件中，如果日志组中的某个文件被删除或者不可用，则该进程可以将日志数据写入到该组的其他文件中，从而不影响数据库的正常运行，但会在警报日志文件中记录错误，如果整个日志文件组都无法正常使用，则 LGWR 进程会失败，并且整个数据库实例将被挂起，直到问题被解决。

（6）作业队列进程（Job Queue Process）

作业队列进程用于批处理，主要负责作业的运行。用户可以定义作业的开始时间以及执行间隔，间隔时间到了，则作业队列进程会执行指定的作业。

（7）归档进程（Archive Processes，ARCn）

当发生一次日志切换时，归档进程用于将写满的日志文件复制到归档文件中，防止日志文件组中的日志数据由于日志文件的循环使用而被覆盖。归档进程只有数据库运行在归档模式且启用了自动归档的情况下才会出现。数据库运行在非归档模式，Oracle 不会使用归档进程。

（8）校验点进程（CheckPoint Process，CKPT）

当一个校验点发生时，Oracle 必须更新所有数据文件的头部，以记录校验点的详细信息，这项工作由校验点进程完成。

校验点进程一般在发生日志时自动产生，用于缩短实例恢复所需的时间。在检查点期间，CKPT 进程更新控制文件与数据文件的标题，从而反映最近成功的 SCN（System Change Number）。

（9）恢复进程（Recover Process，RECO）

恢复进程主要用于处理失败的分布式事务，当一个分布式事务失败，恢复进程会自动连接到和这个失败的分布式事务相关的远程数据库。

例如在分布式数据库系统中有两个数据库 A 和 B，现在需要同时修改 A 和 B 的数据表中的数据，当 A 数据库中数据表的数据被修改后，网络连接失败，B 数据库中数据表的数据无法进行修改，这就出现了分布式数据库中的事务故障。此时 RECO 进程将进行事务回滚。

【任务 1-10】使用数据字典查看 Oracle 系统的后台进程和数据库中的会话信息

【任务描述】

在【Oracle SQL Developer】主窗口中选择已创建的连接“LuckyConn”，然后进行以下操作：

（1）通过查询数据字典 v$bgprocess，查看 Oracle 系统中正在运行的后台进程。

（2）通过数据字典 v$session，查看数据库中的会话信息。

【任务实施】

在【Oracle SQL Developer】主窗口中选择已创建的连接“LuckyConn”，然后进行以下操作：

（1）查看 Oracle 系统正在运行的后台进程

查看 Oracle 系统正在运行的后台进程的 SQL 语句如下所示。

```
Select paddr , pserial# , name , description   From v$bgprocess
                                               Where paddr !='00' Order By name ;
```

其执行结果如下所示。

```
PADDR                    PSERIAL#  NAME      DESCRIPTION
------------------------ --------- --------- ---------------------------
00007FFBE1B5CBC8                1  AQPC      AQ Process Coord
00007FFBE1B69768                1  CJQ0      Job Queue Coordinator
00007FFBE1B4E988                1  CKPT      checkpoint
00007FFBE1B4A5A8                2  DBRM      DataBase Resource Manager
00007FFBE1B4D2E8                1  DBW0      db writer process 0
00007FFBE1B4C798                1  DIA0      diagnosibility process 0
00007FFBE1B4B0F8                1  DIAG      diagnosibility process
00007FFBE1B48F08                1  GEN0      generic0
00007FFBE1B4DE38                1  LGWR      Redo etc.
00007FFBE1B52218                1  LREG      Listener Registration
00007FFBE1B49A58                1  MMAN      Memory Manager
00007FFBE1B54408                1  MMNL      Manageability Monitor Process 2
00007FFBE1B538B8                1  MMON      Manageability Monitor Process
00007FFBE1B46D18                1  PMON      process cleanup
00007FFBE1B47868                1  PSP0      process spawner 0
00007FFBE1B52D68                1  PXMN      PX Monitor
00007FFBE1B516C8                1  RECO      distributed recovery
00007FFBE1B5A9D8                1  SMCO      Space Manager Process
00007FFBE1B50028                1  SMON      System Monitor Process
00007FFBE1B59338                1  TMON      Transport Monitor
00007FFBE1B4BC48                1  VKRM      Virtual sKeduler for Resource Manager
00007FFBE1B483B8                1  VKTM      Virtual Keeper of TiMe process
 选定了 22 行
```

（2）通过数据字典 v$session 查看数据库中的会话信息

查看数据库中的会话的 SQL 语句如下所示。

```
Select saddr , sid , serial# , username , command , status , type
      From v$session   Where   type='USER' ;
```

其执行结果如下所示。

```
SADDR                SID   SERIAL# USERNAME COMMAND STATUS    TYPE
-------------------- ----- ------- -------------- ---------- -------- -------
00007FFBE1D0B440      19    11792    SYS                    0 INACTIVE USER
00007FFBE1DFF4F0     136    48963    SYSTEM                 3 ACTIVE   USER
```

【任务 1-11】使用 Oracle 12c 常用工具

【任务描述】

（1）试用 SQL Plus

① 启动【SQL Plus】，并以 SYSTEM 用户身份连接到默认数据库 ORCL，其管理权限为

sysdba。

② 在 SQL Plus 中查看当前数据库的信息。

③ 使用 Describe 命令查看 SYSTEM 方案中数据表 Help 的结构数据，使用 Select 语句查看前 5 条记录的内容。

（2）试用 SQL Developer

① 启动【Oracle SQL Developer】，并以 SYSTEM 用户身份连接 ORCL 数据库。

② 查看 SYSTEM 方案中数据表 Help 的结构数据和记录数据。

③ 查看当前连接中的所有方案。

（3）试用 Oracle Enterprise Manager

启动【Oracle Enterprise Manager】，成功登录 Oracle 服务器，并查看 ORCL 数据库中包含的用户以及 SYSTEM 用户的详细信息。

【任务 1-12】认知 Oracle 数据库的体系结构

【任务描述】

（1）试用认知 Oracle 数据库实例

通过 v$instance 视图，查看当前数据库实例的信息。

（2）认知 Oracle 数据库的物理结构

① 查看当前数据库的数据文件的信息。

② 查看当前数据库的控制文件的名称和路径。

③ 查看数据库中的重做日志文件的信息。

（3）认知 Oracle 数据库的逻辑结构

① 查看数据库中现有的表空间。

② 查看表空间 SYSTEM 拥有的段。

（4）认知 Oracle 的内存结构

① 查看数据库实例整个 SGA 的大小。

② 查看数据库实例当前 SGA 中各个部分的内存大小和剩余空间大小。

（5）认知 Oracle 的进程结构

① 查看 Oracle 系统中正在运行的后台进程。

② 查看数据库中的会话信息。

要熟练运用 Oracle 存储数据与管理数据，首先就必须熟悉 Oracle 的常用工具，目前 Oracle 常用的工具有 SQL Plus 命令行管理工具、Oracle SQL Developer 图形界面工具和 Oracle Enterprise Manager 图形界面工具。SQL Plus 工具直接使用各种命令进行数据查询和数据处理，使用非常灵活，也有利于用户加深对复杂命令选项的理解，并且可以完成某些图形工具无法完成的任务，还可以利用 SQL Plus 将 SQL 和 PL/SQL 结合起来进行数据查询和数据处理。

Oracle SQL Developer 通过图形化交互方式执行命令，这种方式操作简单，容易操作，但灵活性较差，不利于用户对命令及其选项理解。

本单元还介绍了 Oracle 的体系结构，Oracle 的体系结构主要由内存结构、进程结构和存储结构组成。其中，内存结构主要由系统全局区（SGA）和程序全局区（PGA）组成，SGA 是共享的，其存储的数据可以被 Oracle 各个进程共用，PGA 是非共享的，由 Oracle 为服务进程分配，专门用于当前用户会话的内存区。进程结构包括用户进程和 Oracle 进程两类，Oracle 进程又包括服务器进程和后台进程。Oracle 存储结构分为逻辑存储结构和物理存储结构，这两种存储结构既相互独立又相互联系，逻辑存储结构主要描述 Oracle 数据库内部存储结构，即从技术角度描述在 Oracle 数据库中如何组织、管理数据，物理存储结构主要描述 Oracle 数据库的外部存储结构，即在操作系统中如何组织、管理数据。

（1）Oracle 12c 是 Oracle 公司 30 多年来发布的最重要的数据库管理软件版本，该版本于（　　）年正式发布。

A．2003　　B．2007　　C．2013　　D．2010

（2）Oracle 12c 在以前版本的基础增加了很多新特性，下列哪一项不是在 Oracle 12c 增加的新特性。（　　）

A．数据自动优化　　B．深度安全防护

C．闪回技术　　D．面向数据库云的最大可用性

（3）查看数据表的结构，可以使用下列哪一个命令（　　）。

A．Describe　　B．Change　　C．Input　　D．List

（4）在 SQL Plus 中连接数据库时，可以使用 Connect 命令，下面 4 个选项中，哪一个命令是错误？其中，数据库为 orcl，用户名为 scott，密码为 tiger（　　）。

A．Conn scott/tiger ;　　B．Conn tiger/scott ;

C．Conn scott/tiger as sysdba ;　　D．Conn scott/tiger@orcl as sysdba ;

（5）查看当前 Oracle 数据库的基本信息可使用哪一个数据字典（　　）。

A．v$database　　B．database_properties

C．dba_data_files　　D．dba_tables

（6）了解当前数据库实例的基本信息可使用哪一个数据字典（　　）。

A．dba_tables　　B．v$session

C．v$instance　　D．v$database

（7）下面对于 Oracle 逻辑存储结构的描述中，正确的是（　　）。

A．一个数据库实例只能由一个表空间组成　　B．一个段由多个数据块组成

C．一个表空间逻辑上由一个或多个段组成　　D．一个区由多个段组成

（8）下面哪一个后台进程用于将日志数据写入到日志文件中？（　　）

A．LGWR　　B．DBWn　　C．CKPT　　D．ARCn

（9）系统全局区不包括下面哪些区域？（　　）

A．Java 池　　B．软件代码区

C．数据库高速缓冲区　　D．重做日志缓冲区

（10）解析后的 SQL 语句会缓存在 SGA 的哪个区域中？（　　）

A．Java 池　　B．大型　　C．共享池　　D．数据缓冲区

单元 2

创建与维护 Oracle 数据库

我们可以使用图形界面工具 DBCA（Database Configuration Assistant）交互地创建数据库，使用 netCA 图形界面创建与配置 Oracle 监听器。

在用户试图连接到数据库之前，必须先启动数据库，而当需要执行数据库的定期冷备份和数据库软件升级时，时常要关闭数据库，本单元还介绍 Oracle 数据库启动和关闭的方法。

教学目标	（1）了解创建 Oracle 数据库的方法 （2）了解 Oracle 监听器的基本概念及其配置方法 （3）学会创建与配置 Oracle 监听器 （4）学会创建 Oracle 数据库 （5）能灵活启动与关闭 Oracle 数据库
教学方法	任务驱动法、比较分析法、探究训练法、讲授法等
课时建议	4 课时

1．Oracle 数据库的主要对象

Oracle 数据库的主要对象包括表空间、方案（用户）、数据表、视图、函数、存储过程、触发器和程序包等，其关系示意图如图 2-1 所示，这些对象将在以后各个单元分别详细介绍。

2．创建 Oracle 数据库的方法

创建数据库一般有两种方法：一种方法是使用图形界面工具数据库配置助手 DBCA（Database Configuration Assistant），该工具允许用户与用户进行交互，界面友好，是常用的一种创建 Oracle 数据库的工具，使用简单、易于掌握；另一种方法是使用 Create Database 语句，这是一种基于命令行的方式。

3．Oracle 监听器的配置

配置好 Oracle 网络是数据库成功连接的前提条件之一，我们可借助于 Oracle 提供专有工具配置 Oracle 网络。网络配置助手（Net Configuration Assistant）是一款图形化的网络管理工具，利用它可以完成 Oracle 网络的配置，包括监听器的配置、命名方法的配置和网络服务名等的配置。网络管理器（Net Manager）也是一个图形化的网络管理工具，用于配置 Oracle 网络。

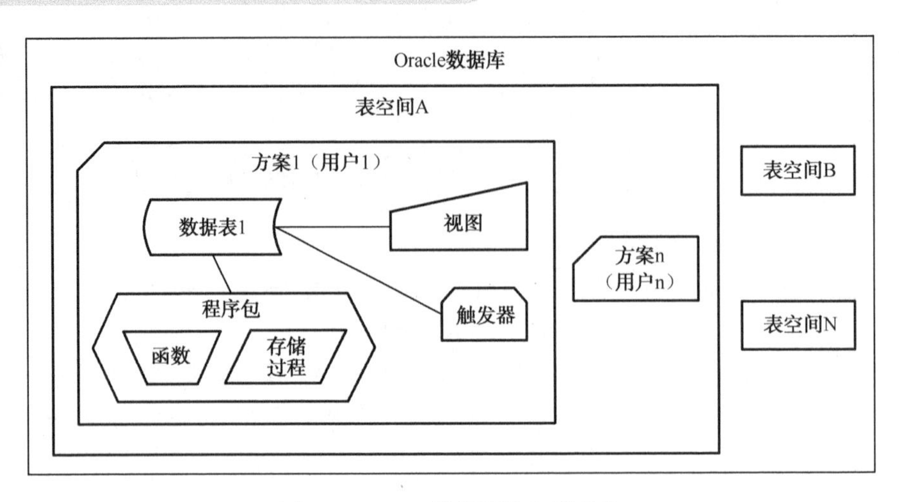

图 2-1　Oracle 数据库的主要对象

Oracle 监听器的配置方法主要有两种：

（1）通过图形界面工具 Net Manager 配置监听器。

（2）直接使用文本编辑器编辑监听器配置文件 listener.ora 配置监听器。

在配置监听器之前，我们必须理解什么是监听器。

在 Oracle 数据库服务器中，通过一个叫"监听器"的组件接收来自客户端的连接请求。它是客户端和服务器端的中间组件。监听器是位于服务器端的、独立运行的一个后台进程，它运行在服务器端，但是独立于数据库服务器单独运行，也就是说，当数据库没有启动的时候，监听器也能独立运行。监听器负责对客户端的连接请求进行监听，并且对服务器端的连接负荷进行调整。当客户端试图建立一个到 Oracle 服务器端的连接时，监听器接收到客户端的请求，然后再将它交给服务器进行处理，一旦客户端和服务器建立连接，客户端和服务器以后就直接进行通信，而不再需要监听器的参与。也就是说，监听器的职能是负责建立客户端和 Oracle 服务器端的连接，它并不负责客户端和 Oracle 服务器端的直接通信。例如，我们在客户端使用 SQL Plus 登录数据库服务器以后，发出一条命令，这条命令被直接发送给数据库服务器（不通过监听器），数据库服务器处理完这条命令以后，直接把命令的执行结果返回给客户端（也不通过监听器）。

4．监听器的启动与关闭

监听器的启动有两种方式：

方法 1：在命令行直接启动监听器

① 打开命令行窗口

对于 Windows 操作系统，打开【运行】对话框，输入"cmd"命令打开命令行窗口。

② 启动监听器

输入以下命令即可启动监听器：lsnrctl start <监听器名称>

如果执行 lsnrctl start（没有指定监听器的名称）命令，则该命令将启动默认的监听器，默认监听器的名称为 Listener。从监听器的启动过程我们可以看出监听器的配置信息，包括监听器所在的主机（Host）、监听器监听的端口（Port）和支持的协议等。

方法 2：打开监听器管理控件后，再启动监听器

① 使用 cmd 打开 Windows 操作系统的命令行窗口。

② 执行 lsnrctl 命令启动监听器控件，该命令的执行结果如图 2-2 所示，其中“LSNRCTL>”为监听命令的提示符。

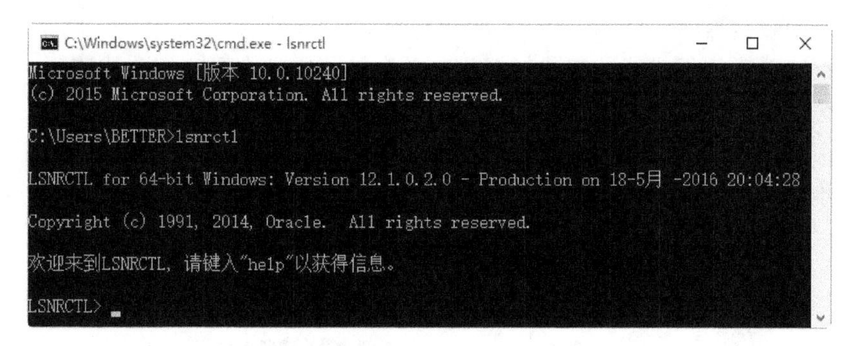

图 2-2　启动监听器控件

③ 执行命令 start Listener 启动监听器。

如果需要了解监听器的运行状态，可以在监听命令的提示符“LSNRCTL>”后输入“Status listener”命令查看监听器的状态。

如果要关闭监听器，可以在操作系统命令行窗口中输入“lsnrctl stop <监听器的名称>”执行关闭操作，如果执行 lsnrctl stop 命令（没有指定监听器的名称），则将关闭默认的监听器，即关闭 listener。

5．Oracle 数据库的启动

每个启动的数据库都至少对应一个例程，例程是为了运行数据库，Oracle 运行进程和分配内存的组合体，在服务器中，例程是由一组逻辑内存和一系列后台服务进程组成的。当启动数据库时，这些内存结构和服务进程得到分配、初始化和启动，这样一来 Oracle 才能够管理数据库，用户才能够与数据库之间进行通信。

一般而言，启动 Oracle 数据库需要执行三个操作步骤：

第 1 步：启动实例

启动实例即在内存中构建实例，包括读取参数文件、分配 SGA 和启动后台进程等操作。

第 2 步：装载数据库

装载数据库是将数据库与已启动的实例相联系，数据库装载后，数据库保持关闭状态。

第 3 步：打开数据库

打开数据库主要是打开控制文件，数据库文件和日志文件。

每完成一个步骤，就进入一个模式或状态，以便保证数据库处于某种一致性的操作状态。可以通过在启动过程中设置选项来控制，使数据库进入某种模式或状态。

通过切换启动模式和更改数据库的状态，就可以控制数据库的可用性。这样就可以给数据库管理员提供一个能够完成一些特殊管理和维护操作的机会，否则会对数据库的安全构成极大的威胁。

6．Oracle 数据库的关闭

Oracle 数据库的关闭也分为 3 个步骤：

第 1 步：关闭数据库

关闭数据库时，Oracle 将重做日志缓存中的内容写入重做日志文件，并且将数据高速缓存中被改动过的数据写入数据文件，在数据文件中执行一个检查点，即记录下数据库关闭的时间，然后再关闭所有的数据文件和重做日志文件。这些数据库的控制文件仍然处于打开状态，但是由于数据库已经处于关闭状态，所以用户将无法访问数据库。

第 2 步：卸载数据库

关闭数据库后，例程才能够卸载数据库，并在控制文件中更改相关的选项，然后关闭控制文件，但是例程仍然存在。

第 3 步：终止例程

前面两步完成后，接下来的操作便是终止例程，例程拥有的后台进程和服务进程将被终止，分配给例程的内存 SGA 和 PGA 区被回收。

2.1 启动与关闭 Oracle 数据库

位于服务器上的 Oracle 数据库当出现数据库或者某应用程序功能不正常、用户不能注销或者马上要发生断电等情况时，需要关闭数据库。当数据库处于关闭状态时，数据库不允许新的用户连接，用户无法在客户端进行登录，这时需要重新启动数据库。只有数据库处于打开状态下，终端用户才可能使用数据库。

【知识必备】

Oracle 服务器由 Oracle 数据库和 Oracle 实例两个部分组成，数据库与实例是分离的，能够互相独立存在。

通常情况下 Oracle 服务器会自动启动数据库，如果需要启动数据库，则必须以 SYS 用户作为 SYSDBA 身份登录，然后再执行数据库的启动操作。

1. 启动 Oracle 数据库的命令

启动 Oracle 数据库的命令 startup 有多个参数：nomount、mount、restrict、force 和 recover。各个启动命令及其特点如表 2-1 所示。

表 2-1　各个数据库的启动命令及其特点

Oracle 数据库的启动命令	特　点
startup	启动数据库实例，装载数据库，且打开数据库，允许访问数据库，当前实例的控制文件中所描述的所有文件都已经打开，这是默认方式， startup 命令缺省的参数就是 open，等价于先执行“startup mount”命令，然后执行“alter database open ;” 命令
startup mount	启动数据库实例，并装载数据，但不打开数据库 只是给数据库管理员进行管理操作，不允许数据库的用户访问。仅仅只是当前实例的控制文件被打开，数据文件未打开。在该模式下可以进行如下的某些操作： （1）重命名数据文件 （2）添加、取消或重命名重做日志文件 （3）允许和禁止重做日志存档选项 （4）执行完整的数据库恢复操作 startup mount 命令等价于先执行 “startup nomount” 命令，然后执行 “alter database mount ;” 命令

续表

Oracle 数据库的启动命令	特　点
startup nomount 实例启动	只启动数据库实例，不装载数据库，内存中尚无实例，也没有 system 表空间 只是初始化文件，分配 SGA 区，启动数据库后台进程并打开后台跟踪文件，没有打开控制文件和数据文件，不能访问数据库。在该模式下可以进行以下操作： （1）重建控制文件、数据库 （2）查看一些与实例、参数、SGA 和进程等有关的视图，例如 v$instance、v$parameter、v$sga、v$process、v$version、v$database 等
startup restrict	以受限方式打开数据库，只允许具有 restricted session 权限的用户访问数据库，这种模式下，允许用户进行以下操作： （1）执行数据库数据的导出或导入 （2）执行数据装载操作 （3）暂时阻止一般的用户使用数据
startup pfile=<文件名>	以指定的初始化文件启动数据库，不是采用缺省初始化文件
startup force	中止当前数据库的运行，并以强制方式重新开始正常的启动数据库
startup recover	数据库启动，并开始介质恢复

2. 关闭 Oracle 数据库的命令

关闭 Oracle 数据库的命令 shutdown 有 4 个参数：normal、transactional、immediate 和 abort，缺省不带任何参数时表示是 normal，即 shutdown 命令等价于 shutdown normal。各个关闭数据库的命令及其特点如表 2-2 所示。

表 2-2　各个关闭数据库的命令及其特点

Oracle 数据库的关闭命令	特　点
shutdown [normal] 正常关闭 （默认关闭方式）	（1）不断开现有连接的用户，阻止任何用户建立新的连接，包括管理员在内 （2）已经连接的用户能够继续他们当前的工作，如递交新的更新事务，直到此用户自行断开连接 （3）等待所有当前连接的用户断开与数据库的连接 （4）所有用户都断开连接，数据库才进行关闭操作 （5）采用这种方式关闭数据库，需要等待时间很长 （6）下一次启动数据库时，不需要任何的实例恢复
shutdown transactional 事务处理关闭	（1）阻止任何用户建立新的连接 （2）等待所有当前连接用户的未递交的活动事务提交完毕，然后立即断开用户的连接 （3）所有的用户都断开连接则立即关闭数据库 （4）下一次启动数据库时，不需要任何的实例恢复
shutdown immediate 立即关闭	（1）阻止任何用户新的连接，同时限制当前连接用户开始新的事务 （2）如果已连接用户有未完成的事务，则数据库系统不会等待他们完成，而是直接把当前未递交的事务回退 （3）数据库管理系统不再等待用户主动断开连接，当未递交的事务回退成功后，系统会直接关闭、卸载数据库，并终止数据库进程 （4）下一次启动数据库时，不需要任何的实例恢复 （5）适用于马上发生断电、数据库或者某应用程序功能不正常、用户不能注销等情况

续表

Oracle 数据库的关闭命令	特　　点
shutdown abort 终止关闭	（1）立即关闭数据库，相当于断电 （2）阻止任何用户新的连接，也不能启动新的事务，立即终止当前 SQL 语句处理，不回退提交的事务，隐式断开所有用户的连接 （3）通常用于马上要发生断电、实例启动不正常、数据库或者某应用程序功能不正常、用户不能注销等情况 （4）下一次启动数据库时，需要实例的恢复过程

对于 normal、transactional、immediate 三个数据库启动命令选项，不存在需要回退的、被挂起的未提交事务，并有数据文件和日志文件同步，所有的资源被释放，数据库被“干净”、“一致”地关闭。

对于 abort 这个数据库启动命令选项，没有提交的事务也没有回退，数据文件也没有正常关闭，但该命令选项并不会损坏数据库，只是使数据库处于不一致的状态，使用这种方式关闭数据库后，建议不要执行备份之类的操作。

【任务 2-1】启动与关闭数据库 orcl

【任务描述】

（1）首先以 SYSTEM 用户身份登录服务器，查看数据库的当前状态。然后以 SYS 用户身份作为 SYSDBA 登录，使用“shutdown immediate”命令立即关闭数据库。接着以 SYS 用户作为 SYSDBA 连接到空闲例程；然后使用“startup”命令直接打开数据库。

（2）先使用“shutdown transactional”命令关闭数据库，然后依次使用“startup nomount”命令启动实例，使用“alter database mount”命令装载数据库，使用“alter database open”命令打开数据库。

【任务实施】

1. 立即关闭数据库与直接打开数据库

（1）以 SYSTEM 用户身份登录服务器

打开【SQL Plus】窗口，在提示输入的用户名后输入以下命令：

```
SYSTEM/Oracle_12C @orcl
```

按【Enter】键，执行该命令，以 SYSTEM 用户登录服务器。

（2）查看数据库的当前状态

在提示符“SQL>”后输入以下命令：

```
select name , open_mode from v$database ;
```

按【Enter】键，查看数据库的当前状态，如下所示。

```
NAME   OPEN_MODE
--------- --------------------
ORCL   READ WRITE
```

（3）以 SYS 用户身份作为 SYSDBA 登录

在提示符“SQL>”后输入以下命令：

```
conn SYS@orcl as sysdba
```

按【Enter】键，然后在输入口令提示符后输入“Oracle_12C”，按【Enter】键，屏幕出现

“已连接。”的提示信息，表示已建立与数据库的连接。

（4）立即关闭数据库

在提示符“SQL>”后输入以下命令：

```
shutdown immediate
```

按【Enter】键，在【SQL Plus】窗口中依次会出现“数据库已经关闭”、“已经卸载数据库”、“ORACLE 例程已经关闭”的提示信息，如图 2-3 所示。

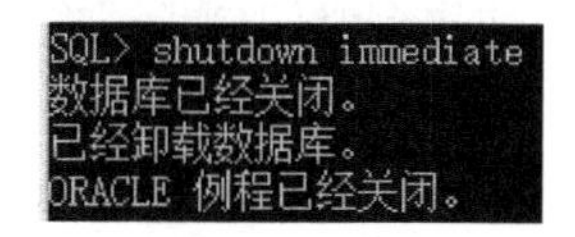

图 2-3　立即关闭数据库及提示信息

（5）以 SYS 用户作为 SYSDBA 连接到空闲例程

在提示符“SQL>”后输入以下命令：

```
conn sys/Oracle_12C as sysdba
```

按【Enter】键，屏幕出现“已连接到空闲例程。”提示信息，表示连接到空闲例程，由于此时数据库已被关闭，内存中尚无实例，也没有 system 表空间，只能以 sys 用户作为 sysdba 登录，不能使用其他用户名和口令进行登录。

（6）使用“startup”命令直接打开数据库

在提示符“SQL>”后输入以下命令：

```
startup
```

按【Enter】键，直接打开数据库，使数据库从 SHUPDOWN 状态直接转换到 OPEN 状态，在【SQL Plus】窗口中依次会出现“ORACLE 例程已经启动”、“数据库装载完毕”、“数据库已经打开”的提示信息，如图 2-4 所示。

图 2-4　直接打开数据库及其提示信息

2．分步启动实例、装载数据库和打开数据库

（1）以 SYS 用户身份作为 SYSDBA 登录

重新打开【SQL Plus】窗口，在提示输入的用户名后输入以下命令：

```
sys as sysdba
```

按【Enter】键，执行该命令，以 SYS 用户登录服务器。

在提示符“SQL>”后输入以下语句：

```
select instance_name , status from v$instance ;
```

按【Enter】键，显示数据库实例的当前状态为“OPEN”，如下所示。

```
INSTANCE_NAME     STATUS
----------------- ---------------
orcl              OPEN
```

（2）使用“shutdown transactional”命令关闭 Oracle 数据库

在提示符“SQL>”后输入以下命令：

```
shutdown transactional
```

按【Enter】键，在【SQL Plus】窗口中依次会出现“数据库已经关闭”、“已经卸载数据库”、“ORACLE 例程已经关闭”的提示信息。

（3）使用“startup nomount”命令启动 Oracle 实例

以 SYS 用户身份作为 SYSDBA 连接到空闲例程，在提示符“SQL>”后输入以下命令：

```
startup nomount
```

按【Enter】键，启动 Oracle 实例，并出现如图 2-5 所示的提示信息。

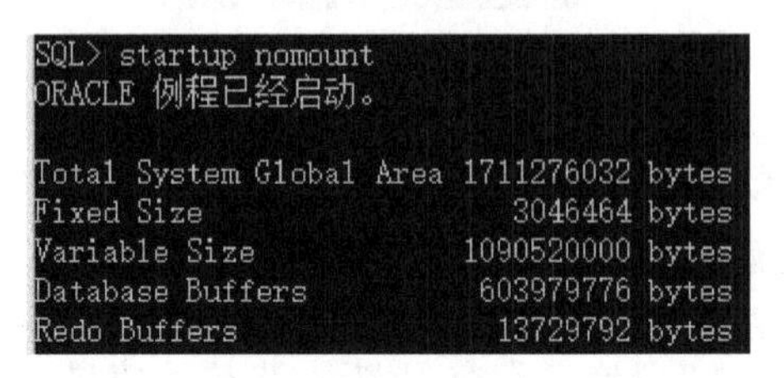

图 2-5 使用“startup nomount”命令启动 Oracle 实例

（4）查看当前数据库实例的状态

在提示符“SQL>”后输入以下语句：

```
select instance_name , status from v$instance ;
```

按【Enter】键，显示数据库实例的当前状态为“STARTED”，如下所示。

```
INSTANCE_NAME      STATUS
------------------ ------------------
ORCL               STARTED
```

（5）使用“alter database mount ;”命令装载数据库

在提示符“SQL>”后输入以下命令：

```
alter database mount ;
```

按【Enter】键，将数据库从 NOMOUNT 状态转换为 MOUNT 状态，在【SQL Plus】窗口出现“数据库已更改”的提示信息。

（6）数据库成功装载后查看当前数据库的状态

在提示符“SQL>”后输入以下命令：

```
select name , open_mode from v$database ;
```

按【Enter】键，显示数据库的当前状态为“MOUNTED”状态，结果如下所示。

```
NAME       OPEN_MODE
---------- --------------------
ORCL       MOUNTED
```

（7）使用“alter database open ;”命令打开数据库

在提示符“SQL>”后输入以下命令：

```
alter database open ;
```

按【Enter】键，将数据库从 MOUNT 状态转换为 OPEN 状态，在【SQL Plus】窗口出现“数据库已更改”的提示信息。

在提示符“SQL>”后输入以下语句：

```
select instance_name , status from v$instance ;
```

按【Enter】键，显示数据库实例的当前状态为“OPEN”，结果如下所示。

```
INSTANCE_NAME     STATUS
----------------- -------------
orcl              OPEN
```

（8）数据库成功打开后查看当前数据库的状态

在提示符“SQL>”后输入以下命令：

```
select name , open_mode from v$database ;
```

按【Enter】键，显示数据库的当前状态为“READ WRITE”状态，结果如下所示。

```
NAME       OPEN_MODE
---------- ----------------
ORCL       READ WRITE
```

2.2 创建与配置 Oracle 监听器

【知识必备】

监听器位于数据库服务器端，当监听器启动时，需要参照位于服务器端的监听器配置文件，该文件名称为“listener.ora”，作者电脑中的路径为“D:\app\admin\product\12.1.0\dbhome_1\network\admin”。监听器配置文件是一个文本文件，可以使用【记事本】之类的编辑器进行手工编辑，也可以使用【Net Configuration Assistant】（简称为 netCA）之类的图形编辑界面进行配置。

单元 1 在安装 Oracle 数据库管理软件的同时已安装了一个数据库 ORCL，同时也创建了一个监听器配置文件“listener.ora”，在【服务】窗口中可以查看监听器服务，如图 2-6 所示，OracleOraDb11g_home1TNSListener 即为监听器服务名称。默认情况下，监听器只注册了一个服务名，也就是数据库的实例名，监听器启动以后，数据库实例里的 PMON 进程会把实例名称作为服务名注册到同一台服务器上在 1521 端口监听的监听器，也就是名为 LISTENER 的监听器。

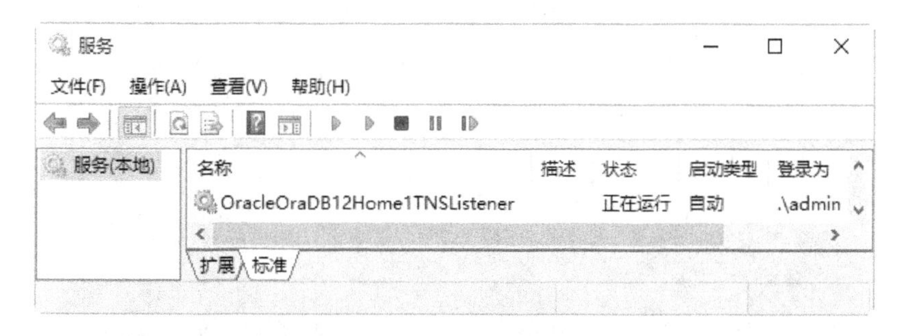

图 2-6 在【服务】窗口中查看监听器服务

使用【记事本】打开监听器配置文件“listener.ora”，其默认的初始内容如下所示。

```
SID_LIST_LISTENER =
  (SID_LIST =
   (SID_DESC =
     (SID_NAME = CLRExtProc)
     (ORACLE_HOME = D:\app\admin\product\12.1.0\dbhome_1)
     (PROGRAM = extproc)
     (ENVS =
```

```
        "EXTPROC_DLLS=ONLY:D:\app\admin\product\12.1.0\dbhome_1\bin\oraclr12.dll")
      )
    )

LISTENER =
  (DESCRIPTION_LIST =
    (DESCRIPTION =
      (ADDRESS = (PROTOCOL = TCP)(HOST = localhost)(PORT = 1521))
      (ADDRESS = (PROTOCOL = IPC)(KEY = EXTPROC1521))
    )
  )
```

配置文件“listener.ora”内容的含义和作用如下：

（1）SID_LIST_LISTENER 部分内容表示注册到监听器里的服务名的相关信息。在使用 netCA 创建的监听器配置信息中，默认只有一个服务名，也就是 SID_DESC 部分，该服务名表示对外部 C 语言编写的函数进行调用时所使用的服务名。

（2）LISTENER 部分说明了与监听器相关的重要信息，其中，LISTENER 表示监听器的名称，也是默认监听器的名称。(ADDRESS = (PROTOCOL = IPC)(KEY = EXTPROC1521)部分的监听信息在 PL/SQL 程序调用外部 C 语言编写的函数时使用。

(ADDRESS = (PROTOCOL = TCP)(HOST = localhost)(PORT = 1521)这一部分说明了监听器所在的地址，其中所采用的协议为 TCP 协议，监听器所在的主机名为 localhost，监听器在 1521 端口上监听连接请求。

查看当前 LISTENER 状态的命令为“status”。可以 Windows 操作系统的命令行窗口中提示符后先输入“lsnrctl”命令按【Enter】键，然后输入“status”命令按【Enter】键，查看当前 LISTENER 的状态；也可以在提示符后直接输入“lsnrctl status”命令按【Enter】键，查看当前 LISTENER 的状态，查看结果如图 2-7 所示。

图 2-7　查看当前 LISTENER 的状态

【任务 2-2】使用 NetCA 图形界面配置 Oracle 监听器

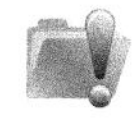

【任务描述】

（1）使用【Net Configuration Assistant】图形界面添加一个新的监听程序 LISTENER1。

（2）使用手工编辑配置文件“listener.ora”的方法添加一个新的监听程序 LISTENER2，端口号为 1526。并使用监听器的命令行工具启动该监听器。

【任务实施】

1. 使用【Net Configuration Assistant】图形界面添加一个新的监听程序 LISTENER1

（1）启动【Net Configuration Assistant】。

在 Windows 操作系统的【开始】菜单中选择【所有应用】→【Oracle－OraDB12Home1】→【Net Configuration Assistant】命令，启动【Net Configuration Assistant】。打开【Oracle Net Configuration Assistant：欢迎使用】对话框，在该对话框中选择“监听程序配置”单选按钮，如图 2-8 所示，然后单击【下一步】按钮。

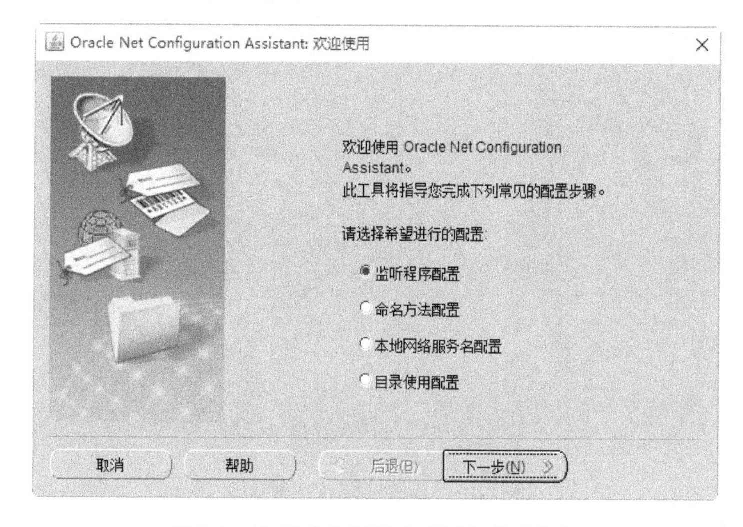

图 2-8　选择“监听程序配置”单选按钮

（2）打开“选择要做的工作”界面，由于在安装数据库已创建了配置文件“listener.ora”，所以有多个可选项（添加、重新配置、删除和重命名），如果安装 Oracle 数据库管理软件时没有安装数据库，则只有“添加”选项可选，其他选项则不可选。这里选择“添加”单选按钮，如图 2-9 所示，然后单击【下一步】按钮。

（3）打开“监听程序名”的界面，默认监听程序名为 LISTENER，由于已存在名称为“LISTENER”的监听程序，这里输入“LISTENER1”，在“Oracle 主目录口令”文本框中输入正确的口令，如图 2-10 所示，然后单击【下一步】按钮。

（4）打开“选择协议”界面，这里选择“TCP”协议，如图 2-11 所示，单击【下一步】按钮。

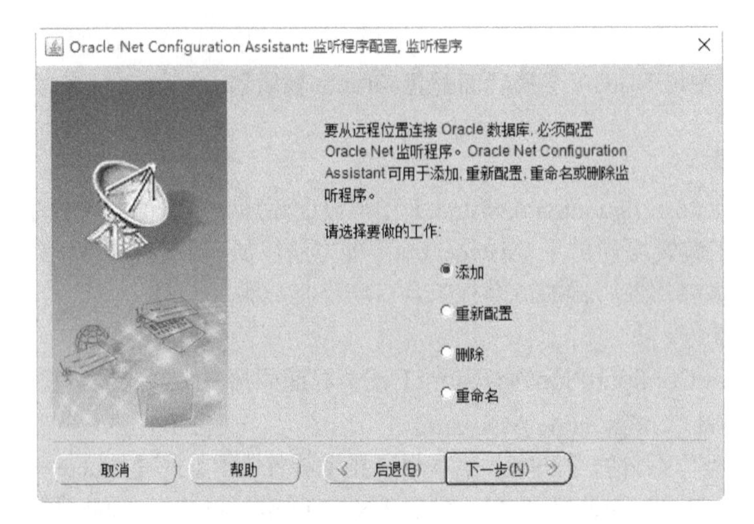

图 2-9 “选择要做的工作”界面

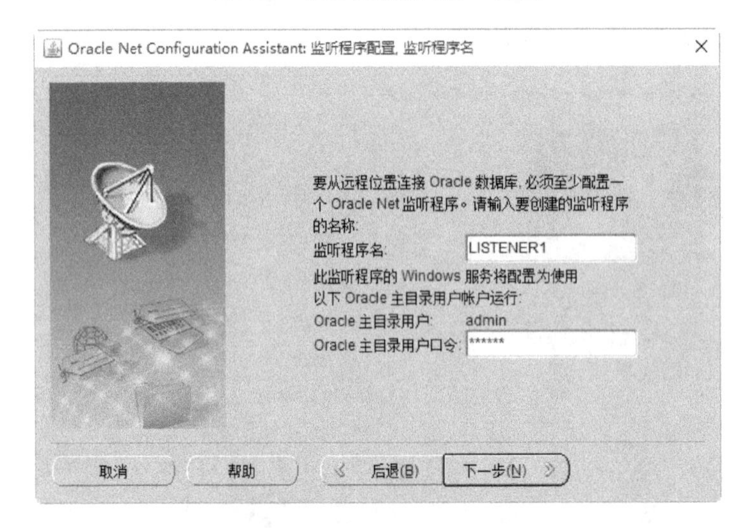

图 2-10 输入监听程序的名称

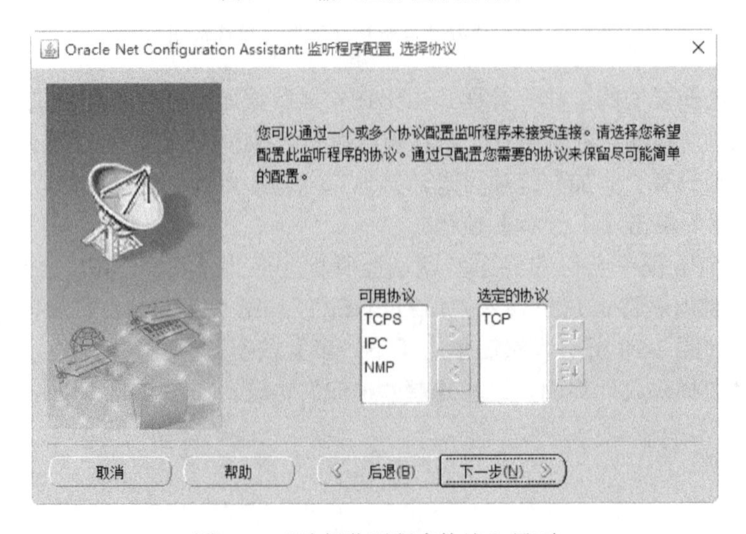

图 2-11 “选择监听程序协议”界面

（5）打开“选定或输入端口号”界面，在该界面中确定在哪一个端口上进行监听，监听器默认的标准端口号为 1521，由于该标准端口号已被监听程序 LISTENER 使用，这里先选择“请使用另一个端口号”单选按钮，然后在文本框中输入新的端口号“1528”，如图 2-12 所示。然后单击【下一步】按钮。

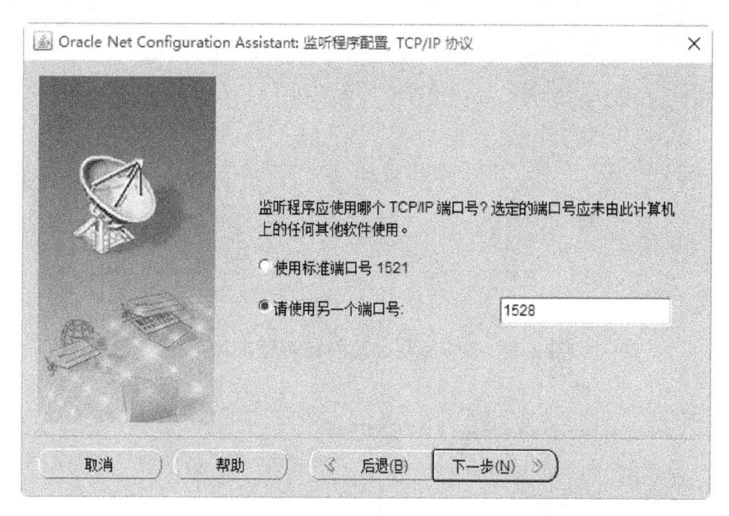

图 2-12 “选定或输入端口号”界面

（6）打开“是否配置另一个监听程序”界面，选“否”单选按钮，如图 2-13 所示。然后单击【下一步】按钮。

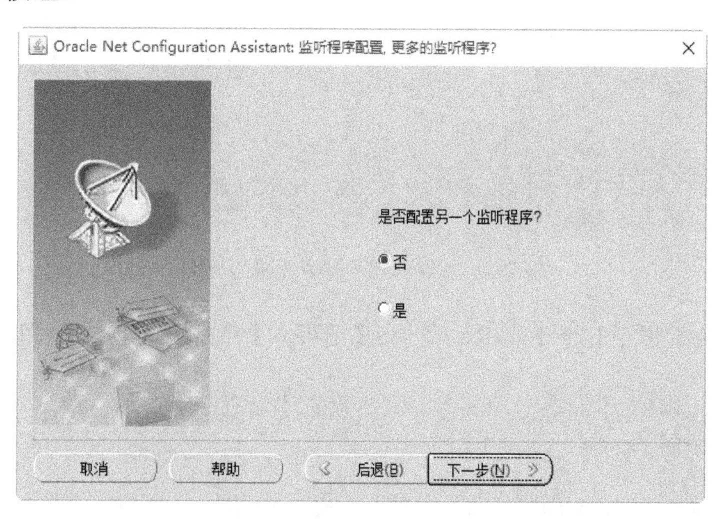

图 2-13 “是否配置另一个监听程序”界面

（7）打开“选择要启动的监听程序”界面，这里选择“LISTENER1”，如图 2-14 所示。然后单击【下一步】按钮。

（8）打开“监听程序配置完成”界面，如图 2-15 所示，然后单击【下一步】完成监听程序的创建。

图 2-14 “选择要启动的监听程序”界面

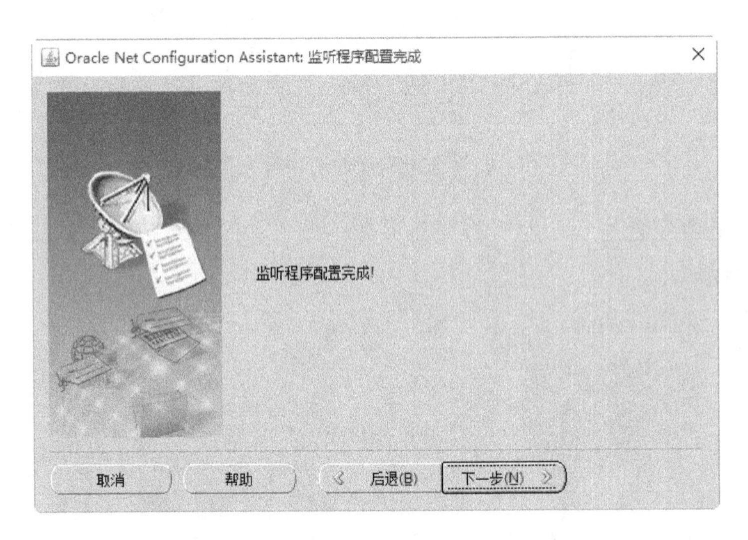

图 2-15 “监听程序配置完成”界面

新添加一个监听程序 LISTENER1 后，在【记事本】中打开配置文件“listener.ora”，其内容如下所示。

```
LISTENER1 =
  (DESCRIPTION_LIST =
    (DESCRIPTION =
      (ADDRESS = (PROTOCOL = TCP)(HOST = better)(PORT = 1528))
    )
  )

SID_LIST_LISTENER =
  (SID_LIST =
    (SID_DESC =
      (SID_NAME = CLRExtProc)
      (ORACLE_HOME = D:\app\admin\product\12.1.0\dbhome_1)
      (PROGRAM = extproc)
      (ENVS =
```

```
        "EXTPROC_DLLS=ONLY:D:\app\admin\product\12.1.0\dbhome_1\bin\oraclr12.dll")
      )
    )

  LISTENER =
    (DESCRIPTION_LIST =
      (DESCRIPTION =
        (ADDRESS = (PROTOCOL = TCP)(HOST = localhost)(PORT = 1521))
        (ADDRESS = (PROTOCOL = IPC)(KEY = EXTPROC1521))
      )
```

2．使用手工编辑配置文件“listener.ora”的方法添加一个新的监听程序 LISTENER2

在【记事本】中打开配置文件“listener.ora”，然后添加以下内容到配件文件中即可。

```
LISTENER2 =
  (
    DESCRIPTION =
     (ADDRESS = (PROTOCOL = TCP)(HOST = better)(PORT = 1526))
  )
```

使用手工方式添加监听器时，操作系统不会在【服务】窗口中自动添加该监听器，必须使用监听器的命令工具启动该监听器，启动监听器的命令为“lsnrctl start LISTENER2”。

停止监听器的命令为“lsnrctl stop LISTENER2”。

2.3 创建 Oracle 数据库

【知识必备】

附录 A 中在 Windows 平台上安装 Oracle 数据库管理软件时，在【选择安装选项】界面，选择了“创建和配置数据库”选项，表示在安装 Oracle 数据库管理软件的同时创建了一个数据库。这种安装方式的优势是能够快速搭建一个学习、开发和测试环境。在实际 Oracle 应用时，通常不会选择“创建和配置数据库”选项，一般在【选择安装选项】界面会选择“仅安装数据库软件”，Oracle 数据库软件安装完成后，可以使用 Database Configuration Assistant 工具（简称为 DBCA）来交互地创建数据库。也可以使用 SQL*Plus 命令来执行创建数据库的脚本。高效的方法是将上述两种方法结合一起使用，首先使用 DBCA 生成参数文件、口令文件和脚本，然后查看和编辑这些文件，最后在【SQL*Plus】窗口中运行这些文件和脚本。

【任务 2-3】使用 Database Configuration Assistant 工具创建数据库

【任务描述】

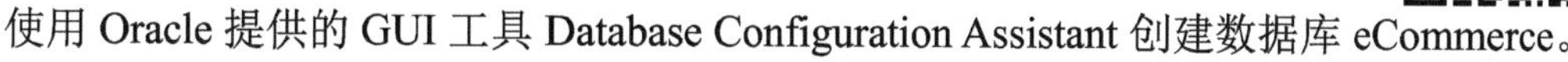

使用 Oracle 提供的 GUI 工具 Database Configuration Assistant 创建数据库 eCommerce。

【任务实施】

1．使用 Database Configuration Assistant 创建数据库 eCommerce

（1）启动 Database Configuration Assistant

在 Windows 操作系统的【开始】菜单中选择【程序】→【Oracle－OraDB12Home1】→【Database Configuration Assistant】命令。打开如图 2-16 所示的【Database Configuration Assistant：欢迎使用】的界面，即【数据库操作】界面。

（2）选择希望执行的操作

在【数据库操作】界面中单击【下一步】按钮。选择“创建数据库”单选按钮，如图 2-16 所示，然后单击【下一步】按钮。

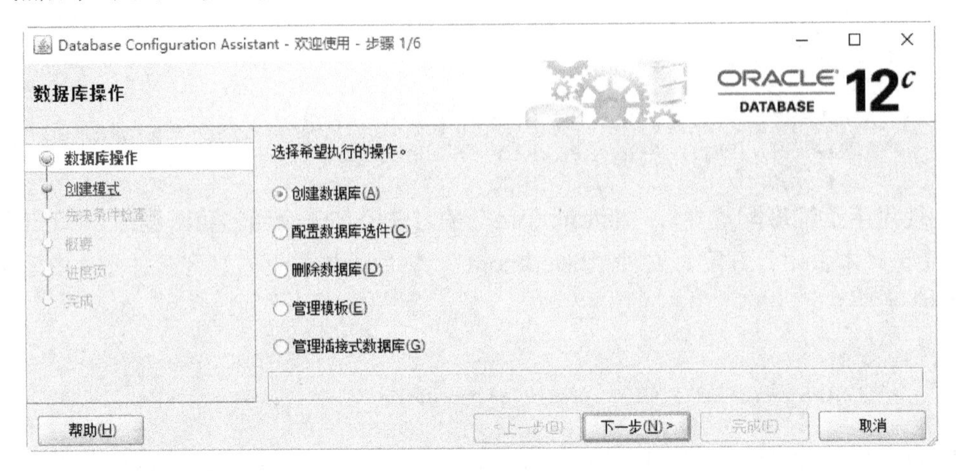

图 2-16 【数据库操作】界面

（3）使用默认配置创建数据库

打开【创建模式】界面，在该界面输入全局数据库名的名称“eCommerce”、设置数据库文件的位置为“D:\app\admin\oradata\eCommerce”，输入管理口令和确认口令，例如“Oracle_12C”，输入用户“admin”的口令，选择“创建为容器数据库”复选框，在“插接式数据库名”文本框中输入相应的名称“commerce”，如图 2-17 所示，然后单击【下一步】按钮。

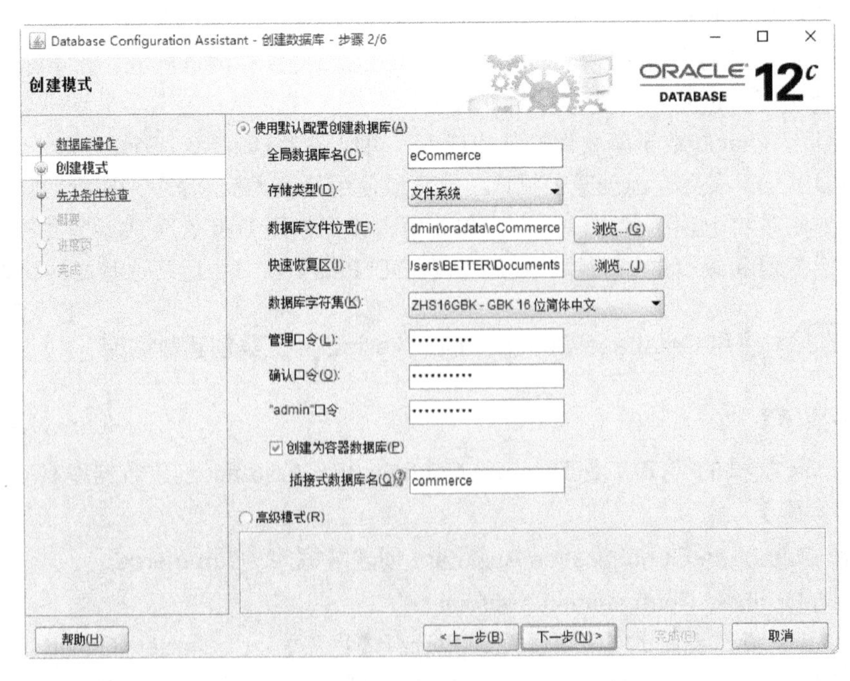

图 2-17 【创建模式】界面

（4）打开【概要】界面，查看数据库配置概要和数据库配置详细信息

数据库配置概要和数据库配置详细信息如图 2-18 所示，检查无误后，单击【完成】按钮。

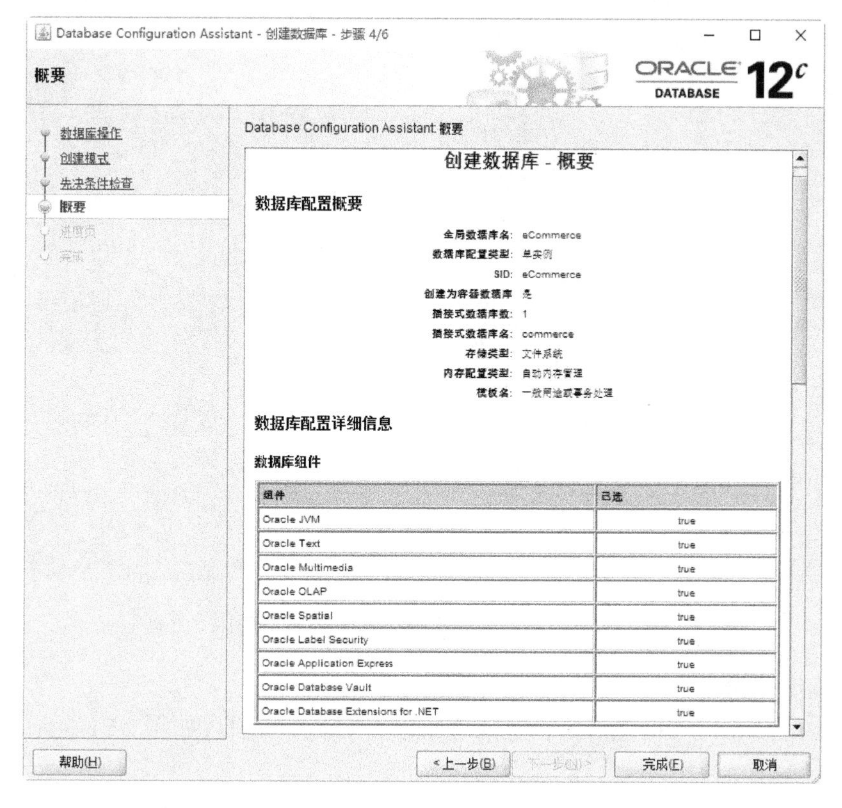

图 2-18 【概要】界面

（5）复制数据库文件

打开【进度页】界面，首先开始复制数据库文件，如图 2-19 所示。

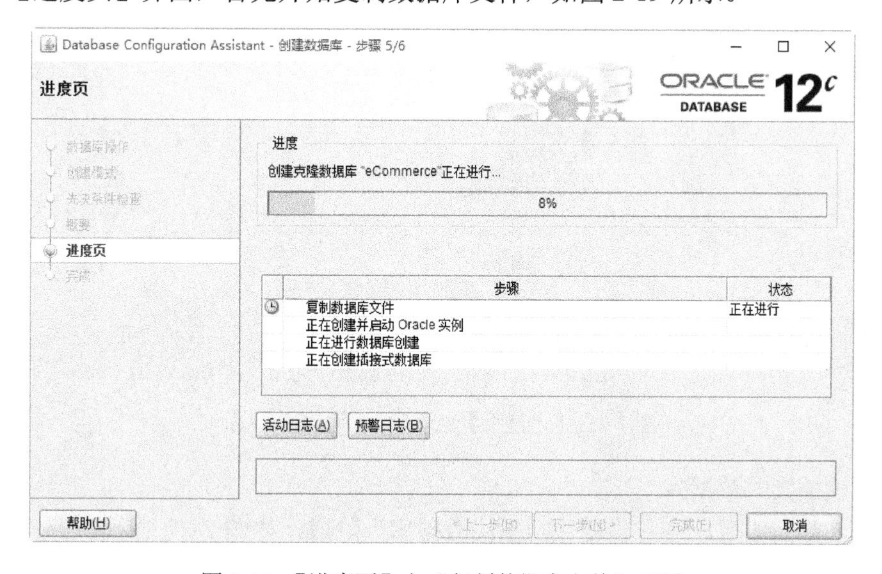

图 2-19 【进度页】之“复制数据库文件”界面

（6）创建并启动 Oracle 实例

复制数据库文件完成后，进入“创建并启动 Oracle 实例”阶段，如图 2-20 所示。

图 2-20 【进度页】之“创建并启动 Oracle 实例”界面

（7）数据库创建

创建并启动 Oracle 实例完成后，进入“数据库创建”阶段，如图 2-21 所示。

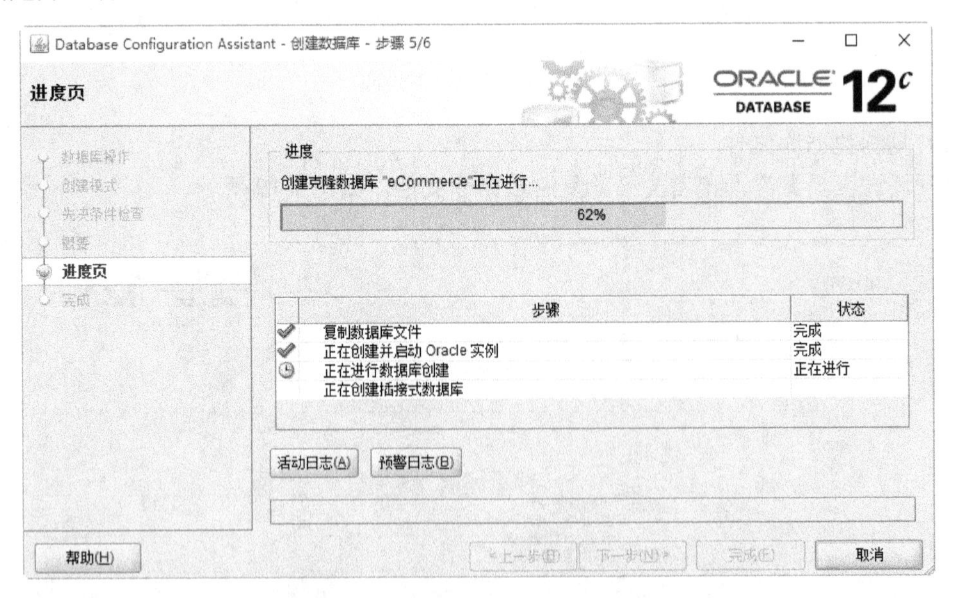

图 2-21 【进度页】之“数据库创建”界面

（8）创建插接式数据库

数据库创建完成后，进入“创建插接式数据库”阶段，如图 2-22 所示。

图 2-22 【进度页】之“创建插接式数据库”界面

（9）数据库创建完成

数据库创建完成后，会显示数据库创建的最终信息，如图 2-23 所示，在该界面中单击【口令管理】按钮打开【口令管理】界面进行账户解锁和更改默认口令的操作。口令设置完成后单击【退出】按钮返回前一个【完成】界面，在【完成】界面单击【关闭】按钮即可完成数据库的创建操作。

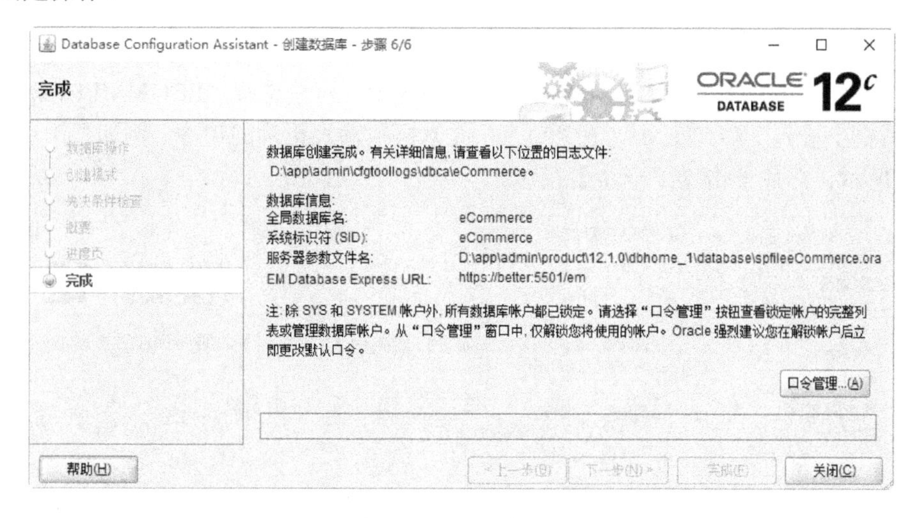

图 2-23 【完成】界面

2.4 删除 Oracle 数据库

【任务 2-4】 使用 Database Configuration Assistant 工具删除数据库

【任务描述】

删除【任务 2-3】中创建的数据库“eCommerce”。

【任务实施】

（1）启动 Database Configuration Assistant

在 Windows 操作系统的【开始】菜单中选择【程序】→【Oracle－OraDB12Home1】→【Database Configuration Assistant】命令。打开【数据库操作】界面。

（2）选择“删除数据库”操作

在【数据库操作】界面中选择“删除数据库”单选按钮，如图 2-24 所示，然后单击【下一步】按钮。

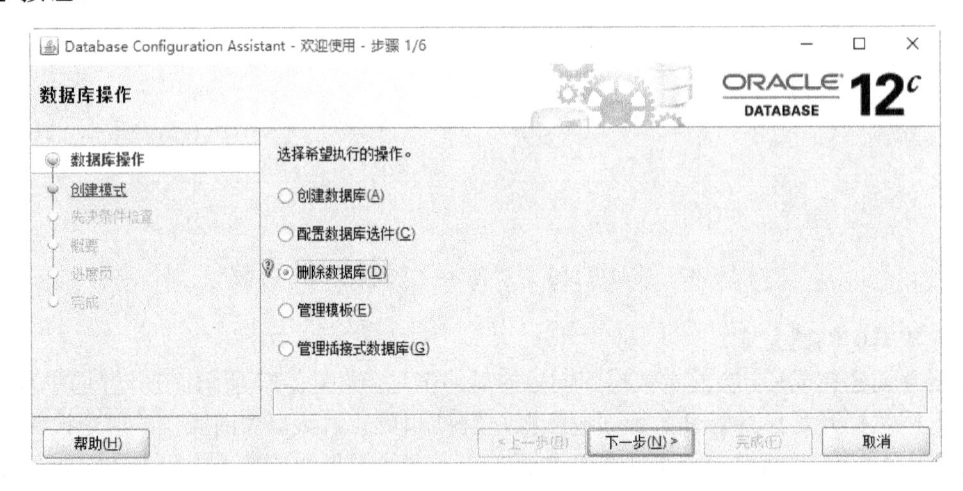

图 2-24 【数据库操作】窗口

（3）选择需要删除的数据库

打开【数据库列表】界面，选择需要删除的数据库，这里选择“ECOMMERCE”，在“用户名”文本框中输入“SYSTEM”，在“口令”文本框中输入正确的口令，例如“Oracle_12C”，如图 2-25 所示。然后单击【下一步】按钮。

图 2-25 选择需要删除的数据库和指定可用于连接到数据库的 SYSDBA 身份证明

（4）指定数据库的管理选项

打开【管理选项】界面，如图 2-26 所示，直接单击【下一步】按钮。

Database Configuration Assistant - 删除数据库 - 步骤 3/6
管理选项
ORACLE 12c DATABASE
数据库操作
删除数据库
管理选项
概要
进度页
完成
指定数据库的管理选项。
取消注册 Enterprise Manager (EM) Cloud Control
OMS 主机(G):
OMS 端口(I):
EM 管理员用户名(J):
EM 管理员口令(K):
帮助(H)　< 上一步(B)　下一步(N) >　完成(F)　取消

图 2-26　【管理选项】界面

（5）查看删除数据库概要信息

打开【概要】界面，在该界面可以查看删除数据库概要信息，如图 2-27 所示。

图 2-27　删除数据库的【概要】界面

检查无误后，单击【完成】按钮，此时会弹出如图 2-28 所示的警告对话框。

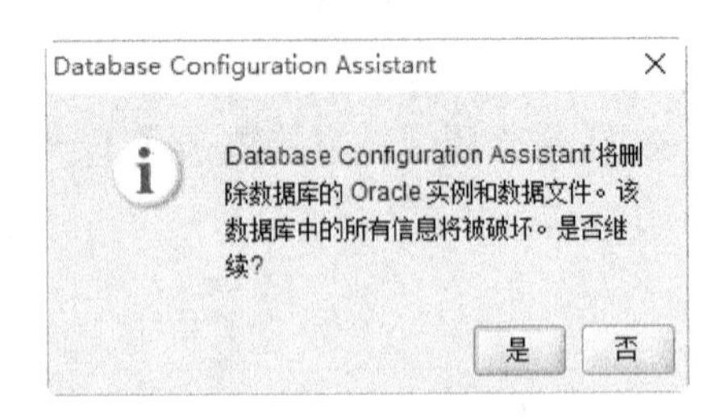

图 2-28　警告对话框

注 意

执行删除数据操作时要非常谨慎，因为在执行该操作后，数据库中存储的所有数据表和数据也将一同被删除，而且不能恢复。

（6）删除数据库实例和数据文件

在弹出警告的对话框中单击【是】按钮，系统开始删除数据库，并显示数据库的删除过程和删除信息，如图 2-29 所示。

数据库删除完成后，打开【完成】界面，如图 2-30 所示，单击【关闭】按钮即可完成数据库的删除操作。

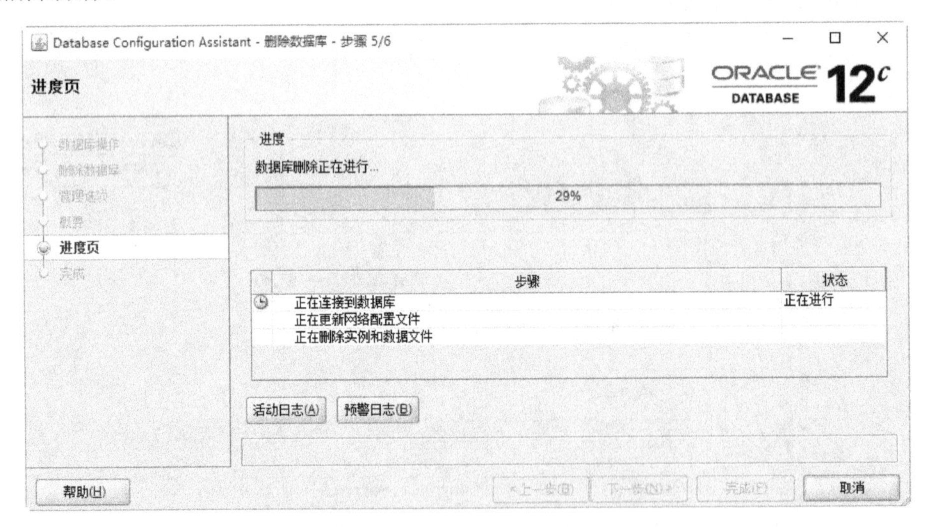

图 2-29　删除数据库的过程

图 2-30　删除数据库的【完成】界面

自主训练——熟能生巧

【任务 2-5】 创建与操作 Oracle 数据库 myBook

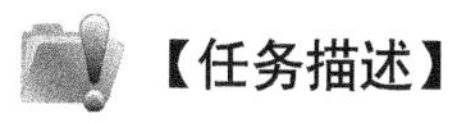

【任务描述】

（1）使用【Database Configuration Assistant】工具创建数据库 myBook。

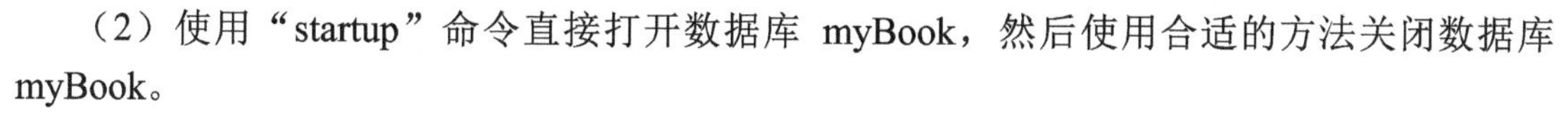

（2）使用“startup”命令直接打开数据库 myBook，然后使用合适的方法关闭数据库 myBook。

（3）使用【Net Configuration Assistant】图形界面添加一个新的监听程序 myListener。

单元小结

本单元主要介绍了使用图形界面工具 DBCA（Database Configuration Assistant）交互地创建和删除数据库的过程和方法、创建与配置 Oracle 监听器的方法、Oracle 数据库的启动和关闭的方法。

单元习题

（1）Oracle 的一般启动步骤是（　　）。

A．打开数据库、启动实例、装载数据库

B．启动实例、装载数据库、打开数据库

C．启动实例、打开数据库、装载数据库

D．装载数据库、启动实例、打开数据库

（2）数据库的 3 种启动模式不包括哪一种（　　）？

A．Nomount　　B．Startup　　C．Mount　　D．Open

（3）使用 Database Configuration Assistant 创建数据库的过程中，无法完成哪一项操作（　　）。

A．设置系统标识符　　B．设置账户口令

C．设置数据库文件位置　　D．创建用户

（4）在 Oracle 数据库处于关闭状态下，使用“startup”命令直接打开 Oracle 数据库时，不会出现以下过程（　　）。

A．已连接　　B．ORACLE 例程已经启动

C．数据库装载完毕　　D．数据库已经打开

（5）要使 Oracle 数据库从 shupdown 状态直接转换到 open 状态，可以使用下列哪一个命令（　　）。

A．startup
B．alter database open
C．startup nomount
D．alter database mount

（6）执行哪一个命令，可以立即关闭数据库，这时系统将连接到服务器的所有未提交的事务全部回退，并中断连接，然后关闭数据库。(　　　)

A．shutdown
B．shutdown normal
C．shutdown abort
D．shutdown immediate

单元 3

创建与维护 Oracle 表空间

Oracle 数据库实际上是位于物理磁盘上的多个文件的逻辑集合，主要包括数据文件、日志文件和控制文件等。数据库是最大的逻辑单元，数据库被划分为多个较小的逻辑单位称为表空间，表空间是 Oracle 数据库中最大的逻辑存储结构。表空间对应的物理结构就是数据文件，一个表空间可以对应多个数据文件，而一个数据文件则只能对应一个表空间，数据文件大小决定了表空间的大小。在创建表空间的同时会创建数据文件，数据库中的数据存放在数据文件中，如果要创建数据文件必须要指定表空间。

教学目标	（1）了解 Oracle 系统默认的表空间 （2）学会创建基本表空间、临时表空间、撤消表空间和大文件表空间 （3）学会维护与删除表空间 （4）学会使用 Oracle Enterprise Manager 创建用户
教学方法	任务驱动法、探究训练法、讲授法等
课时建议	4 课时

1．数据库容器（CDB）与可插拔数据库（PDB）

Oracle12c 中，增加了可插拔数据库的概念（即 PDB），引入了多租户环境（Multitenant Environment），允许一个数据库容器（CDB）承载多个可插拔数据库（PDB）。CDB 全称为 ContainerDatabase，中文翻译为数据库容器，PDB 全称为 PluggableDatabase，即可插拔数据库。在 Oracle 12c 之前，实例与数据库是一对一或多对一关系（RAC）：即一个实例只能与一个数据库相关联，数据库可以被多个实例所加载。而实例与数据库不可能是一对多的关系。当进入 Oracle 12c 后，实例与数据库可以是一对多的关系。可插拔的概念与 SQL Server 中的用户数据库的分离、附加类似。

2．表空间的概念及其主要作用

表空间是用于存储数据库对象的存储空间，是 Oracle 中组织不同数据文件的逻辑数据库对象。表空间是一个逻辑容器，一个表空间至少有一个数据文件与之关联。

表空间是 Oracle 数据库恢复的最小单位，容纳着许多数据库实体，如数据表、视图、索引、聚簇、回退段和临时段等。

表空间是Oracle内部定义的一个概念，是为了统一Oracle物理和逻辑上的结构而专门建立的，从物理上来说，一个表空间是由具体的一个或多个磁盘上数据文件构成的（至少1对1，可以1对多），从逻辑上来说一个表空间是由具体的一个或多个用户模式下的数据表、索引等里面的数据所构成的。

在实现项目方案时，表空间是可选的对象，如果用户不创建表空间，那么，系统会给新创建的用户分配系统默认表空间（SYSTEM），但是，为了保证项目数据能够高效存储、方便地备份，推荐创建自定义表空间。

每个Oracle数据库均有System表空间，这是数据库创建时自动创建的。System表空间必须总要保持联机，因为其包含着数据库运行所要求的基本信息（关于整个数据库的数据字典、联机求助机制、所有回退段和临时段、所有的用户数据库实体、其他Oracle软件产品要求的表）。一个小型应用的Oracle数据库通常仅包括System表空间，然而一个稍大型应用的Oracle数据库采用多个表空间会对数据库的使用带来更大的方便。

Oracle中的数据表不可能单独存在，一定隶属于某一个用户，而某一用户的数据必定存在于某个表空间中。从用户的角度来看从小到大的视角是这样的关系：字段值→记录值→数据表→用户→表空间→Oracle数据库。而从一个Oracle DBA的视角来看应是这样的关系：数据文件→表空间→Oracle数据库。

将Oracle数据库划分为多个表空间，有效提高数据库操作的灵活性，其主要作用如下所示。

（1）将用户数据与数据库系统数据分开存放，避免由于用户数据和数据字典保存在一个数据文件中而产生I/O冲突。

（2）将不同应用程序的数据分开存放，避免多个应用之间的相互干扰。

（3）便于在不同磁盘上保存不同表空间的数据文件，可以提高数据库的I/O性能，有利于进行数据备份和恢复。

（4）将回退数据与用户数据分开存放，防止由于硬盘损坏而导致永久性的数据丢失。

（5）在其他表空间保持联机状态时，将某个表空间单独进行脱机，以便对数据库的一部分进行备份或者恢复。

（6）便于对某个表空间单独进行数据备份与数据恢复，表空间是Oracle数据库恢复的最小单位。

（7）能够为某种特殊用途专门设置一个表空间，例如临时表空间，可以优化表空间的使用效率。

（8）能够更加灵活地为用户设置表空间配额，控制用户所占用的表空间配额。

3．表空间、数据库与数据文件

表空间是数据库对象的容器，容纳着许多数据库对象，一个数据库对象只能对应一个表空间（分区表和分区索引除外），但可以存储在该表空间所对应的一个或多个数据文件中。如果表空间只有一个数据文件，则该表空间中所有对象都保存在该数据文件中；如果表空间对应多个数据文件，则表空间中的对象可以分布在不同的数据文件中。

（1）表空间与数据库

一个数据库可以包含多个表空间，但是一个表空间一般只能属于一个数据库。

Oracle数据库被划分成称作为表空间的逻辑区域，形成Oracle数据库的逻辑结构。一个

Oracle 数据库能够有一个或多个表空间，而一个表空间则对应着一个或多个物理的数据库文件。

一个数据库有多个数据文件，每个数据文件都是一个操作系统文件。数据文件真正存储数据库的数据，一个数据文件由多个操作系统块组成。数据文件可以通过设置其自动扩展参数，实现其自动扩展的功能。

（2）表空间与数据文件

表空间是逻辑上的概念，从逻辑结构的角度，表空间是数据的容器，用户的数据逻辑上都是放在表空间里，数据库对用户数据以表空间的方式进行管理；数据文件是 Oracle 的物理上的概念，从物理结构的角度，数据表实际上存放在数据文件中，数据文件是数据表的物理载体，存放着实际的数据，表空间是一个或者多个数据文件的集合。我们在使用 Create Table 语句创建数据表时，可以指定数据表存放到哪一个表空间中。一个表空间可以对应一个或多个数据文件，但一个数据文件只能属于一个表空间。

查询一个数据表时，如果该表的数据不在内存中，Oracle 会读取该数据表所在的数据文件，并把数据存入内存中待调用。虽然数据文件是数据的最终存放地，但数据文件是一个物理概念，无法在创建对象或存储对象时，为对象指定存放到哪一个数据文件中。对象在存储时只能指定存储的表空间，然后由 Oracle 自动对存储区域进行分配，如果指定的表空间含有多个数据文件，那么该对象就可能被存储到多个数据文件中。

4．方案、用户与表空间

（1）方案

方案（schema）又叫用户模式，是比表空间小一级的逻辑概念，它也是一个逻辑容器。方案是一个逻辑概念，是用户对象的集合，Oracle 通过方案来管理用户对象。但方案本身不是一个对象，Oracle 也并没有提供创建方案的语法。

用户的数据逻辑上都是放在表空间里，数据库对用户数据以表空间的方式进行管理，物理上存储在数据文件中。很多个用户可以共用一个表空间，也可以指定一个用户只用某一个表空间。

方案（schema）是指一个用户下所有数据库对象的集合，例如用户 scott 下的所有对象可以称为方案。每个数据库用户拥有一个与之同名的方案，并且只有这一个方案。创建用户时，会同时生成一个与用户同名的方案，此方案归同名用户所有。实际使用时，方案与用户完全一样，没有什么区别，在出现方案名的地方也可以出现用户名。

方案是针对用户的，一般情况下一个用户对应一个方案，该用户的方案名称和用户名相同，并作为该用户缺省的方案。如果我们访问一个数据表时，没有指明该数据表属于哪一个方案中的，系统就会自动给我们在数据表上加上缺省的方案名。例如我们在访问数据库时，访问 scott 用户下的 emp 数据表，使用“select * from emp;”语句，其实，这 SQL 语句的完整写法为“select * from scott.emp”。在数据库中一个对象的完整名称为“<方案名>.<对象名>”。如果我们在创建对象时不指定该对象的方案，则该对象的方案为用户的缺省方案，但是该用户被授权还可以使用其他的方案。这就像一个用户有一个缺省的表空间，但是该用户被授权还可以使用其他的表空间，如果我们在创建对象时不指定表空间，则对象存储在缺省表空间中，要想让对象存储在其他表空间中，我们需要在创建对象时指定该对象的表空间。

在数据库创建一个用户后，并给这个用户以创建表或者其他对象的权限，这时还没有方案存在。只有当这个用户利用这些权限创建了属于自己的第一个对象时，Oracle 为这个用户创建一个方案，来容纳这个对象以及以后创建的对象。Oracle 在逻辑上将方案对象存储于数据库的表空间中，而方案对象的数据在物理上存储于此表空间的一个或多个数据文件（datafile）中。

多个用户可能共用一个表空间，那如何区分开每一个用户？在表空间中对每个用户都有一个对应的方案，用于保存单个用户的信息。Oracle 数据库中不能新创建一个方案，要想创建一个方案，只能通过创建一个用户的方法实现（Oracle 中虽然有 create 方案语句，但是它并不是用来创建一个方案的），在创建一个用户的同时为这个用户创建一个与用户名同名的方案并作为该用户的缺省 shcema。即方案的个数与用户的个数相同，而且方案名字同用户名字一一对应并且相同，所有以我们可以称方案为用户的别名，虽然这样说并不准确，但是更容易理解一些。

（2）方案与用户

从用户方面来看，Oracle 的一个用户就是一个方案。所有的表都属于不同的用户，一个用户要访问另一个用户的表，需要有授权。

方案是一个用户下所拥有数据库对象的逻辑集合，每个用户都有一个对应的方案。方案在名称上与用户的名称是相同的，例如有一个 Oracle 用户叫 scott，那么，我们一般称 scott 用户拥有的所有数据库对象的逻辑集合叫“方案”，例如数据表 emp，其所有者是用户 scott，我们引用该数据表的方法是 scott.emp。可以称之为 scott 方案中的 emp 表，也可以称之为 scott 用户所拥有的 emp 表，以上两种说法是等价的，一般不进行区分。

（3）方案（用户）与表空间

在一个数据库实例（instance）下可以有多个用户，每个用户只能有一个方案。方案是实际对象的集合，对象包括数据表，索引，视图等等。表空间是逻辑上存放对象的地方，同一个表空间可以存储多个不同的方案的对象。

通常用户是在表空间下的，也就是说表空间是用户的上级，自然一个表空间就可以有多个用户了。创建用户的时候需要指定表空间，若不指定就会设置为默认表空间。

Oracle 中用户的所有数据都是存放在表空间中的，很多个用户可以共用一个表空间，也可以指定一个用户只用某一个表空间。

（4）方案中对象的引用方法

Oracle 中对象的引用格式为：[[数据库名.]方案名.]对象名，如果 Oracle 数据库 ORCL 中有 3 个方案：A、B、C，每一个方案中都有一个表 emp，则引用格式为：orcl.a.emp，orcl.b.emp，orcl.c.emp。

SQL Server 中对象的引用格式为：[[数据库名.]所有者名.]对象名，等价于[[数据库名.]方案名.]对象名，如果在 SQL Server 中有 3 个数据库：A、B、C，每一个数据库中都有 emp 表，则引用格式为：a.dbo.emp，b.dbo.emp，c.dbo.emp。

3.1 认识 Oracle 系统的表空间

【知识必备】

Oracle 12c 数据库有 6 个系统默认创建的表空间，其名称、功能及其对应的默认用户如表 3-1 所示。这些用户可以使用"Select Username From dba_users ;"命令查看。

表 3-1　Oracle 12c 数据库系统默认创建的空间及其对应的默认用户

表空间名称	对应的默认用户	功　　能
SYSTEM	SYS、SYSTEM、OUTLN、LBACSYS	创建数据库时自动创建的表空间，存储系统重要的数据库对象，例如数据库的数据字典、系统的管理信息、系统存储过程和系统回退段等
SYSAUX	APEX_040200、DVF、MDSYS、OLAPSYS、CTXSYS、DVSYS、ORDDATA、FLOWS_FILES、GSMADMIN_INTERNAL、ORDPLUGINS、DBSNMP、ORDSYS、APPQOSSYS、XDB、SI_INFORMTN_SCHEMA、WMSYS、ANONYMOUS	是 SYSTEM 表空间的一个辅助表空间，一些与 Oracle 特性相关的对象，例如 LogMiner、CTX、Streams 等创建对象都保存在该表空间中。SYSAUX 表空间用于减少 SYSTEM 表空间的负荷，提高系统的作业效率。这个表空间是在创建数据库时自动创建的，主要用于存放数据库组件，一般不用于存储用户数据，由 Oracle 系统内部自动维护。如果 SYSAUX 表空间不可用时，数据库的核心功能还是可以继续运行的，只是一些存放在 SYSAUX 表空间里的功能受到限制
USERS	SYSKM、XS$NULL、DIP、SPATIAL_WFS_ADMIN_USR、GSMUSER、GSMCATUSER、SPATIAL_CSW_ADMIN_USR、SYSBACKUP、AUDSYS、ORACLE_OCM、OJVMSYS、APEX_PUBLIC_USER、MDDATA、SYSDG	是用户的默认永久性表空间，用于存储永久用户对象和私有信息
UNDOTBS1	无	UNDOTBS1 为数据库的撤消表空间，用于在自动撤消管理方式下存储撤消信息。在此空间存储对数据库进行修改操作之前的数据，用于数据恢复。在撤消表空间中，除了回退段以外，不能建立任何其他类型的段。所以，用户不可以在撤消表空间中创建数据库对象
TEMP	无	TEMP 为临时表空间，用于存放临时数据，例如存储排序时产生的临时数据。一般情况下，数据库中的所有用户都使用 temp 作为默认的临时表空间。临时表空间本身不是临时存在的，而是永久存在的，只是保存在临时表空间中的段是临时的。临时表空间的存在，可以减少临时段与存储在其他表空间中的永久段之间的磁盘 I/O 争用

> **注 意**
>
> 用户 SYS、SYSTEM 的默认表空间是 SYSTEM，并且用户 SYSTEM 的名称与其表空间名称相同。

【任务 3-1】 查看 Oracle 数据库默认的表空间

【任务描述】

（1）在 SQL Plus 环境查看 Oracle 数据库默认创建的表空间。

（2）在 SQL Plus 环境查看 Oracle 的默认表空间的使用情况。

【任务实施】

1. 在 SQL Plus 环境查看系统默认创建的表空间

（1）以 SYSTEM 用户身份登录数据库服务器

打开【SQL Plus】窗口，在提示输入的用户名后输入以下命令：

```
SYSTEM/Oracle_12C @orcl
```

按【Enter】键，执行该命令，以 SYSTEM 用户登录数据库服务器。

然后输入以下命令查看数据字典 dba_tablespaces 的结构信息：

```
Desc dba_tablespaces
```

查看结果如图 3-1 所示。

```
名称                                      是否为空? 类型
----------------------------------------- -------- ----------------
TABLESPACE_NAME                           NOT NULL VARCHAR2(30)
BLOCK_SIZE                                NOT NULL NUMBER
INITIAL_EXTENT                                     NUMBER
NEXT_EXTENT                                        NUMBER
MIN_EXTENTS                               NOT NULL NUMBER
MAX_EXTENTS                                        NUMBER
MAX_SIZE                                           NUMBER
PCT_INCREASE                                       NUMBER
MIN_EXTLEN                                         NUMBER
STATUS                                             VARCHAR2(9)
CONTENTS                                           VARCHAR2(9)
LOGGING                                            VARCHAR2(9)
FORCE_LOGGING                                      VARCHAR2(3)
EXTENT_MANAGEMENT                                  VARCHAR2(10)
ALLOCATION_TYPE                                    VARCHAR2(9)
PLUGGED_IN                                         VARCHAR2(3)
SEGMENT_SPACE_MANAGEMENT                           VARCHAR2(6)
DEF_TAB_COMPRESSION                                VARCHAR2(8)
RETENTION                                          VARCHAR2(11)
BIGFILE                                            VARCHAR2(3)
PREDICATE_EVALUATION                               VARCHAR2(7)
ENCRYPTED                                          VARCHAR2(3)
COMPRESS_FOR                                       VARCHAR2(30)
DEF_INMEMORY                                       VARCHAR2(8)
DEF_INMEMORY_PRIORITY                              VARCHAR2(8)
DEF_INMEMORY_DISTRIBUTE                            VARCHAR2(15)
DEF_INMEMORY_COMPRESSION                           VARCHAR2(17)
DEF_INMEMORY_DUPLICATE                             VARCHAR2(13)
```

图 3-1 查看数据字典 dba_tablespaces 的结构信息

（2）查看 Oracle 数据库默认创建的表空间

在提示符“SQL>”后输入以下命令：

```
select tablespace_name , status , contents from dba_tablespaces ;
```

按【Enter】键，查看数据库默认创建表空间的名称、状态和保存形式，结果如下所示。

```
TABLESPACE_NAME          STATUS        CONTENTS
------------------------ ------------- ------------------
SYSTEM                   ONLINE        PERMANENT
SYSAUX                   ONLINE        PERMANENT
UNDOTBS1                 ONLINE        UNDO
TEMP                     ONLINE        TEMPORARY
USERS                    ONLINE        PERMANENT
```

其中“ONLINE”表示表空间的状态为在线，即表空间可以使用，“PERMANENT”表示永久性表空间，“TEMPORARY”表示临时表空间，“UNDO”表示撤消表空间。

（3）通过 v$datafile 数据字典查看 Oracle 数据库默认创建表空间对应的数据文件

在提示符“SQL>”后输入以下命令：

```
select name from v$datafile ;
```

按【Enter】键，查看数据库默认创建表空间对应的数据文件，结果如下所示。

```
NAME
------------------------------------------------------------------------------------------
D:\APP\ADMIN\ORADATA\ORCL\SYSTEM01.DBF
D:\APP\ADMIN\ORADATA\ORCL\PDBSEED\SYSTEM01.DBF
D:\APP\ADMIN\ORADATA\ORCL\SYSAUX01.DBF
D:\APP\ADMIN\ORADATA\ORCL\PDBSEED\SYSAUX01.DBF
D:\APP\ADMIN\ORADATA\ORCL\UNDOTBS01.DBF
D:\APP\ADMIN\ORADATA\ORCL\USERS01.DBF
D:\APP\ADMIN\ORADATA\ORCL\PDBORCL\SYSTEM01.DBF
D:\APP\ADMIN\ORADATA\ORCL\PDBORCL\SYSAUX01.DBF
D:\APP\ADMIN\ORADATA\ORCL\PDBORCL\SAMPLE_SCHEMA_USERS01.DBF
D:\APP\ADMIN\ORADATA\ORCL\PDBORCL\EXAMPLE01.DBF
```

（4）通过 dba_data_files 数据字典查看 Oracle 数据库默认创建表空间对应的数据文件及相关信息

在提示符“SQL>”后输入以下命令：

```
select file_name, tablespace_name, online_status from dba_data_files ;
```

按【Enter】键，查看数据库默认创建表空间对应的数据文件及相关信息，结果如下所示。

```
FILE_NAME                                       TABLESPACE_NAME   ONLINE_
----------------------------------------------- ----------------- ----------
D:\APP\ADMIN\ORADATA\ORCL\USERS01.DBF           USERS             ONLINE
D:\APP\ADMIN\ORADATA\ORCL\UNDOTBS01.DBF         UNDOTBS1          ONLINE
D:\APP\ADMIN\ORADATA\ORCL\SYSTEM01.DBF          SYSTEM            SYSTEM
D:\APP\ADMIN\ORADATA\ORCL\SYSAUX01.DBF          SYSAUX            ONLINE
```

2．在 SQL Plus 环境查看 Oracle 的默认表空间及其使用情况

（1）通过数据字典 database_properties 查看用户使用的永久性表空间和临时表空间

以 SYSTEM 用户身份登录数据库服务器，然后在提示符“SQL>”后输入以下命令：

```
select property_name , property_value from database_properties where property_name in
   ('DEFAULT_PERMANENT_TABLESPACE' , 'DEFAULT_TEMP_TABLESPACE') ;
```

按【Enter】键，查看 Oracle 数据库的默认表空间，结果如下所示。

```
PROPERTY_NAME                                   PROPERTY_VALUE
----------------------------------------------- ------------------------------
DEFAULT_TEMP_TABLESPACE                         TEMP
DEFAULT_PERMANENT_TABLESPACE                    USERS
```

Oracle 中，普通用户的默认永久性表空间为 USERS，默认临时表空间为 TEMP，通过数据字典 database_properties 可以查看当前用户所使用的永久性表空间与临时表空间的名称，其中 default_permanent_tablespace 表示默认永久性表空间，default_temp_tablespace 表示默认临时表空间，它们的值即为对应的表空间名 USERS 和 TEMP。

（2）通过数据字典 dba_users 查看指定用户使用的默认表空间

以 SYSTEM 用户身份登录数据库服务器，然后在提示符“SQL>”后输入以下命令：

```
select default_tablespace,username from dba_users where username like 'SYS%' ;
```

按【Enter】键，查看指定用户使用的默认表空间，结果如下所示。

```
DEFAULT_TABLESPACE    USERNAME
--------------------- --------------------
USERS                 SYSDG
USERS                 SYSKM
USERS                 SYSBACKUP
SYSTEM                SYSTEM
SYSTEM                SYS
```

其中用户 SYS、SYSTEM 的默认表空间是 SYSTEM（系统表空间），并且用户 SYSTEM 的名称与其表空间名称相同。

（3）查看 SYSTEM 默认表空间的使用情况

在提示符“SQL>”后输入以下命令：

```
Select Tablespace_name , File_id , Block_id , Bytes , Blocks From dba_free_space
      Where Tablespace_name='SYSTEM' ;
```

查看结果如下：

```
TABLESPACE_NAME   FILE_ID    BLOCK_ID    BYTES       BLOCKS
----------------- ---------- ----------- ----------- ----------
SYSTEM                     1      100120      851968        104
SYSTEM                     1      101376     8388608       1024
```

【任务 3-2】 查看 Oracle 用户及其相关数据表信息

【任务描述】

（1）通过数据字典 dba_tablespaces 查看当前数据库中所有表空间的主要信息。

（2）通过 dba_tables 视图，查看 OUTLN 用户的所有数据表的信息。

（3）通过 dba_tables 视图，查看 SYSTEM 用户的 help 数据表的信息。

【任务实施】

首先打开【SQL Plus】窗口，在该窗口提示符后输入以下命令：

```
SYSTEM/Oracle_12C @orcl
```

按【Enter】键，执行该命令，以 SYSTEM 用户身份登录数据库服务器。

（1）查看当前数据库中所有表空间的主要信息

查看当前数据库中所有表空间的主要信息的 SQL 语句如下所示。

```
Select tablespace_name , block_size , status , contents segment_space_ management
    From dba_tablespaces ;
```

该语句的查询结果如下所示。

```
TABLESPACE_NAME    BLOCK_SIZE    STATUS      SEGMENT_S
------------------ ------------- ----------- ----------------
SYSTEM              8192          ONLINE      PERMANENT
SYSAUX              8192          ONLINE      PERMANENT
UNDOTBS1            8192          ONLINE      UNDO
TEMP                8192          ONLINE      TEMPORARY
USERS               8192          ONLINE      PERMANENT
```

（2）查看 OUTLN 用户的所有表的信息

查看 OUTLN 用户的所有数据表的信息的 SQL 语句如下所示。

```
Select owner , table_name , tablespace_name , status   From   dba_tables
    Where owner ='OUTLN' ;
```

该语句的查询结果如下所示。

```
OWNER     TABLE_NAME    TABLESPACE_NAME    STATUS
--------- ------------- ------------------ ----------
OUTLN     OL$           SYSTEM             VALID
OUTLN     OL$HINTS      SYSTEM             VALID
OUTLN     OL$NODES      SYSTEM             VALID
```

其中,“OWNER”表示数据表的用户,“TABLE_NAME”表示数据表名称,“TABLESPACE_NAME”表示数据表所在的表空间名称。从查询结果可以看出，用户“OUTLN”所有的数据表都属于“SYSTEM”表空间。

（3）查看 SYSTEM 用户的 help 数据表的信息

查看 SYSTEM 用户的 help 数据表信息的 SQL 语句如下所示。

```
Select owner , table_name , tablespace_name , status   From dba_tables
    Where owner='SYSTEM' And table_name='HELP' ;
```

该语句的查询结果如下所示。

```
OWNER      TABLE_NAME     TABLESPACE_NAME    STATUS
---------- -------------- ------------------ ---------
SYSTEM     HELP           SYSTEM             VALID
```

从查询结果可以看出，用户“SYSTEM”的数据表属于“SYSTEM”表空间。

（4）查看数据表“help”的结构数据和记录数据

查看数据表“help”的结构数据的命令如下所示。

```
Desc SYSTEM.HELP
```

该命令的查询结果如下所示。

```
名称      是否为空?     类型
-------- ----------- ---------------
TOPIC    NOT NULL    VARCHAR2(50)
SEQ      NOT NULL    NUMBER
INFO                 VARCHAR2(80)
```

3.2 创建表空间

【知识必备】

1. 表空间的类型

（1）永久性表空间

永久性表空间用于存储永久性的数据，例如系统数据、应用程序的数据。每个用户都会被分配一个永久性的表空间，用来保存其方案中对象的数据。除了撤消表空间，相对于临时表空间而言，其他表空间就是永久性表空间。

（2）临时表空间

临时表空间是一个磁盘空间，主要用于存储用户在执行排序、分组汇总、索引等功能的SQL 语句时产生的临时数据，这个表空间并不像永久性表空间，当执行完对数据库的操作后，该表空间中的内容会自动清除。临时表空间经常会在使用一些操作时使用，例如连接没有索引的两个数据表，查询数据时都会用到。默认情况下，所有用户都使用 temp 作为临时表空间，也允许使用其他表空间作为临时表空间，这需要在创建用户时使用 Default Temporary Tablespace 命令指定临时表空间。

临时表空间只能用于存储临时数据，不能存储永久性数据，例如存储排序或汇总过程中产生的临时数据，当排序或汇总结束后，系统将自动删除临时文件中存储的数据。临时表空间中的文件为临时文件，在数据字典 dba_data_files 不再记录有关临时文件的信息，如果要查看临时表空间的信息，可以使用数据字典 dba_temp_files 或 v$tempfile。

（3）大文件表空间

大文件表空间主要用于解决存储文件大小不够的问题，与普通表空间不同的是，大文件表空间只能对应一个数据文件或临时文件，而普通表空间最多可以对应 1022 个数据文件或临时文件。虽然大文件表空间只能对应一个数据文件或临时文件，但其对应的数据文件可达 4GB 个数据块大小，如果数据块的大小被设置为 8KB，则大文件表空间对应的数据文件最大可为 32TB，而普通表空间对应的数据文件最大可达 4MB 个数据块大小。

如果需要了解一个表空间的类型，可以查询数据字典 dba_tablespaces，该数据字典的 bigfile 字段记录了表空间的类型。

（4）撤消表空间

用户对数据库中的数据进行修改后，Oracle 将会把修改前的数据存储到撤消表空间中，如果用户需要对数据进行恢复，就会使用到撤消表空间中存储的撤消数据。可以创建多个撤消表空间，但某一时刻只允许使用一个撤消表空间。

如果数据库中没有创建撤消表空间，那么将使用 SYSTEM 表空间来管理回退段。如果数据库中包含多个撤消表空间，那么一个数据库实例只能使用一个处于活动状态的撤消表空间；如果数据库中只包含一个撤消表空间，那么数据库实例启动后会自动使用该撤消表空间。

Oracle 12c 支持两种管理撤消表空间的方式：自动撤消管理（System Managed Undo,SUM）和回退段撤消管理（Rollback Segments Undo,RSU）。其中自动撤消管理是在 Oracle 9i 之后引入的管理方式，使用这种管理方式时，Oracle 系统自动管理撤消表空间；回退段撤消管理是 Oracle 传统的管理方式，要求数据库管理员通过创建回退段为撤消操作提供存储空间，这种管理方式不仅麻烦而且效率也低。

一个数据库实例只能采用一种撤消管理方式，由参数 undo_management 决定，可以使用“show parameter undo_management；”命令查看该参数信息，查询结果如下所示。

```
NAME                TYPE     VALUE
------------------- -------- ----------
undo_management     string   AUTO
```

参数 undo_management 的值为 AUTO，表示撤消表空间的管理方式为自动撤消管理。如果参数 undo_management 的值为 MANUAL，则表示为回退段撤消管理。

默认情况下，Oracle 系统在安装时会自动创建一个撤消表空间 undotbs1，系统当前所使用的撤消表空间由参数 undo_tablespace 决定。使用“show parameter undo ;”命令可以查看当前数据库的撤消表空间的设置，查询结果如下所示。

```
NAME                   TYPE         VALUE
---------------------- ------------ ------------------
temp_undo_enabled      boolean      FALSE
undo_management        string       AUTO
undo_retention         integer      900
undo_tablespace        string       UNDOTBS1
```

其中，undo_management 表示撤消管理方式；undo_retention 表示撤消数据的保留时间，即用户在事务结束后，在撤消表空间中保留撤消记录的时间，参数值的单位为秒；undo_tablespace 表示默认的撤消表空间。

2．表空间的状态

表空间主要有 3 种状态：读写、只读和脱机，默认情况下所有表空间的状态都是读写状态。处于读写状态的表空间任何拥有表空间配额并有权限的用户都可以读写该表空间中的数据；处于只读状态的表空间任何用户无法向该表空间写入数据，也无法修改其中已有的数据。主要用来避免用户对静态数据进行修改。通过设置表空间的脱机/联机状态来改变表空间的可用性，脱机有 4 种模式：正常、临时、立即、用于恢复。

3．表空间的管理方式

按照区的分配方式不同，表空间主要有两种管理方式：字典管理方式和本地管理方式。其中字典管理方式是一种传统的管理方式，使用数据字典来管理存储空间的分配，当进行区的分配与回收时，Oracle 将对数据字典中的相关基础表进行更新，同时会产生回退信息和重做信息，这种方式已逐渐被淘汰。本地管理方式是 Oracle 12c 表空间默认的管理方式，区的分配和管理信息都存储在表空间的数据文件中，而与数据字典无关。

4．使用命令方式创建表空间命令的基本语法

可以使用 Create Tablespace 命令创建表空间，用户必须具有 Create Tablespace 系统权限时才能创建表空间，所有的表空间都应该由 SYS（数据字典的所有者）来创建，便于进行有效管理。

创建表空间命令的语法格式如下：

```
Create [ Smallfile | Temporary | Bigfile | Undo ] Tablespace <表空间名称>
Datafile  <数据文件路径与名称>
Size  <数据文件大小>
[ Autoextend On | OFF ] [ Next <增量> ] [ Maxsize Unlimited | <数据文件的最大值> ]
[ Online | Offline ]  [ Logging | NoLogging ]  [ Compress | NoCompress ]
[ Permanent | Temporary ]  [ Extent Management Local | Dictionary ]
```

```
[ Autoallocate | Uniform Size <盘区大小数值> ]
[ Segment Space Management Auto | Manual ]
```

创建基本表空间命令的参数较多，各个参数的含义说明如下。

① Smallfile | Temporary | Bigfile | Undo：指定表空间的类型。Smallfile 表示创建普通表空间，为默认创建的表空间类型，默认情况可以省略 Smallfile；Temporary 表示创建临时表空间；Bigfile 表示创建大文件表空间；Undo 表示创建撤消表空间。如果不指定表空间的类型，则表示创建的是永久性表空间。

Tablespace：指定要创建的表空间名称。

② Datafile：指定与表空间相关联的数据文件的路径和名称，可以为一个表空间指定多个数据文件，使用“,”分隔。

注 意

创建大文件表空间时，只能为其指定一个数据文件或临时文件，大文件表空间只能采用本地管理方式，其段采用自动管理方式

③ Size：指定数据文件的大小。

④ Autoextend On | OFF：指定数据文件的扩展方式和每次扩展的大小。On 表示自动扩展，Off 表示非自动扩展。默认情况下为 Off。

Next：如果指定数据文件为自动扩展，则在 Next 后面指定数据文件每次扩展的大小。

Maxsize：如果指定数据文件为自动扩展，在 Maxsize 后面指定的数值则表示数据文件的最大值，如果指定为 Unlimited，则表示大小无限制。默认为 Unlimited。

⑤ Online | Offline：指定表空间的状态为在线（Online）或离线（Offline）。在线表示表空间可以使用，离线则表示表空间不可使用。默认为 Online。

Logging | NoLogging：指定对表空间中的数据库对象的操作是否产生日志。Logging 表示产生日志，NoLogging 表示不产生日志。默认为 Logging。

Compress | NoCompress：指定是否压缩数据段中的数据。Compress 表示压缩，NoCompress 表示不压缩。默认为 Compress。

⑥ Permanent | Temporary：指定表空间的类型。Permanent 表示永久性表空间，Temporary 表示临时表空间。默认为 Permanent。

Extent Management Local | Dictionary：指定表空间的管理方式。Local 表示采用本地化管理形式进行管理，Dictionary 表示采用数据字典形式进行管理。默认为 Local。

使用本地表空间管理的方式可以减少数据字典的争用现象，并且也不需要对空间进行回收，Oracle 推荐使用本地表空间管理的方式创建表空间。

注 意

由于撤消表空间只能使用本地化管理表空间的方式，即只能使用默认选项：Extent Management Local

⑦ Autoallocate | Uniform Size：指定表空间中区的分配方式及大小。Autoallocate 表示区大小由 Oracle 系统自动分配，此时不能指定大小；Uniform Size 表示表空间中的所有区大小都相同，为指定值。默认为 Autoallocate。

注 意

临时表空间的区管理方式都是 Uniform，所以在创建临时表空间时，不能使用 Autoallocate 选项指定区的管理方式。撤消表空间的区管理方式只能使用默认值 Autoallocate，即由 Oracle 系统自动分配盘区大小

⑧ Segment Space Management Auto | Manual：指定表空间中段的管理方式，Auto 表示自动管理方式，Manual 表示手动管理方式。如果创建普通表空间，则此选项的默认值为 Auto，如果创建撤消表空间，则此选项的默认值为 Manual。

注 意

由于撤消表空间中段的管理方式只能为手动管理方式，即只能使用 Segment Space Management Manual 选项。

【任务 3-3】在【SQL Plus】中使用命令方式创建表空间

【任务描述】

在数据库 eCommerce 中使用命令方式创建以下多个表空间：

（1）创建永久性表空间 user_commerce01，对应数据文件为“user_commerce01.dbf”，该数据文件的“文件目录”为“D:\app\admin\oradata\orcl\”，文件大小为“100MB”，数据文件“user_commerce01”满后自动扩展，增量为“50MB”，最大文件大小为“1GB”。

（2）创建只读状态的永久性表空间 user_commerce02，对应数据文件为“user_commerce02.dbf”，该数据文件的“文件目录”为“D:\app\admin\oradata\orcl\”，文件大小为“100MB”，数据文件“user_commerce02”满后自动扩展，增量为“20MB”，最大文件大小为“1GB”。

（3）创建临时表空间，user_commerce_temp 对应数据文件为“user_commerce_temp.dbf”，该数据文件的“文件目录”为“D:\app\admin\oradata\orcl\”，文件大小为“50MB”，其他选项保留默认值不变。

（4）创建大文件表空间 user_commerce_big，对应数据文件为“user_commerce_big.dbf”，该数据文件的“文件目录”为“D:\app\admin\oradata\orcl\”，文件大小为“50MB”，其他选项保留默认值不变。

（5）创建撤消表空间 user_commerce_undo，对应数据文件为“user_commerce_undo.dbf”，该数据文件的“文件目录”为“D:\app\admin\oradata\orcl\”，文件大小为“50MB”，其他选项保留默认值不变。

【任务实施】

1．使用命令方式创建永久性表空间

在【SQL Plus】窗口输入“sys as sysdba”命令以 SYS 用户作为 SYSDBA 身份登录数据库，在提示符“SQL>”后输入如下所示的创建永久性表空间的命令：

```
Create Tablespace user_commerce01
        Datafile 'D:\app\admin\oradata\orcl\user_commerce01.dbf'
        Size 100M
        Autoextend On Next 50M
        Maxsize 1G ;
```

按【Enter】键，如果显示“表空间已创建。”的提示信息，则表示永久性表空间创建成功。

在提示符“SQL>”后输入以下命令查看表空间 user_commerce01 的信息：

```
Select Tablespace_name , File_id , Block_id , Bytes , Blocks From dba_free_space
        Where Tablespace_name='USER_COMMERCE01' ;
```

结果如下所示：

```
TABLESPACE_NAME   FILE_ID    BLOCK_ID    BYTES      BLOCKS
----------------- ---------- ----------- ---------- ----------
USER_COMMERCE01   11         128         103809024  12672
```

2. 使用命令方式创建只读状态的永久性表空间

在【SQL Plus】窗口提示符“SQL>”后输入如下所示的创建永久性表空间的命令：

```
Create Tablespace user_commerce02
        Datafile 'D:\app\admin\oradata\orcl\user_commerce02.dbf'
        Size 100M
        Autoextend On Next 20M
        Maxsize 1G ;
```

按【Enter】键，如果显示“表空间已创建。”的提示信息，则表示永久性表空间创建成功。

在提示符“SQL>”输入以下语句设置新创建的表空间为只读状态：

```
Alter Tablespace user_commerce02 Read Only ;
```

按【Enter】键，如果显示“表空间已更改。”的提示信息，则表示更改表空间读写状态成功。

3. 使用命令方式创建临时表空间

创建临时表空间的语法格式如下所示。

```
Create Temporary Tablespace <表空间名称> Tempfile <数据文件的路径与名称>
                                          Size <值>
```

在【SQL Plus】窗口提示符“SQL>”后输入如下所示的命令：

```
Create Temporary Tablespace user_commerce_temp
       Tempfile 'D:\app\admin\oradata\orcl\user_commerce_temp.dbf'
       Size 50M ;
```

按【Enter】键，如果显示“表空间已创建。”的提示信息，则表示临时表空间创建成功。

在【SQL Plus】窗口提示符“SQL>”后输入如下所示的命令查看临时表空间的名称：

```
Select Tablespace_name From dba_temp_files ;
```

结果如下所示：

```
TABLESPACE_NAME
------------------------------
TEMP
USER_COMMERCE_TEMP
```

4. 使用命令方式创建大文件表空间

创建大文件表空间的语法格式如下所示。

```
Create Bigfile Tablespace <表空间名称> Datafile <数据文件的路径与名称> Size <值>
```

在【SQL Plus】窗口提示符“SQL>”后输入如下所示的命令：

```
Create Bigfile Tablespace user_commerce_big
        Datafile 'D:\app\admin\oradata\orcl\user_commerce_big.dbf'
        Size 50M ;
```

按【Enter】键，如果显示“表空间已创建。”的提示信息，则表示大文件表空间创建成功。

5. 使用命令方式创建撤消表空间

在【SQL Plus】窗口提示符“SQL>”后输入如下所示的命令：

```
Create Undo Tablespace user_commerce_undo
    Datafile 'D:\app\admin\oradata\orcl\user_commerce_undo.dbf'
    Size 50M ;
```

按【Enter】键，如果显示“表空间已创建。”的提示信息，则表示撤消表空间创建成功。

6. 查看新创建的表空间

在【SQL Plus】窗口提示符“SQL>”后输入以下命令：

```
select tablespace_name , status , contents from dba_tablespaces ;
```

按【Enter】键，查看数据库所有表空间的名称、状态和保存形式，结果如下所示。

```
TABLESPACE_NAME              STATUS          CONTENTS
-------------------------------- --------------- ---------------------
SYSTEM                        ONLINE          PERMANENT
SYSAUX                        ONLINE          PERMANENT
UNDOTBS1                      ONLINE          UNDO
TEMP                          ONLINE          TEMPORARY
USERS                         ONLINE          PERMANENT
USER_COMMERCE01               ONLINE          PERMANENT
USER_COMMERCE02               READ ONLY       PERMANENT
USER_COMMERCE_TEMP            ONLINE          TEMPORARY
USER_COMMERCE_BIG             ONLINE          PERMANENT
USER_COMMERCE_UNDO            ONLINE          UNDO
```

可以发现，最后 5 行为新创建的表空间。

3.3 维护与删除表空间

【知识必备】

1. 在【SQL Plus】中使用命令方式维护与删除基本表空间

（1）重命名表空间

重命名表空间的语法格式如下：

```
Alter Tablespace <表空间原名称> Rename To <表空间新名称> ;
```

当重命名一个表空间时，数据库会自动更新数据字典、控制文件以及数据文件头部对该表空间的引用，如果重命名的表空间为数据库默认表空间，那么重命名后仍然是数据库的默认表空间。

表空间重命名的前提是该表空间必须已经存在，系统表空间 SYSTEM 和 SYSAUX 不能重命名，如果表空间处于 Offline 状态也不能重命名。

（2）设置表空间的读写状态

表空间在创建时如果不指定状态，默认为读写状态，除了读写状态之外，还有只读状态。设置表空间读写状态的语法格式如下：

```
Alter Tablespace <表空间名称> { Read Only | Read Write };
```

其中，Read Only 表示表空间设置为只读状态，Read Write 表示表空间设置为读写状态。当表空间的读写状态为 Read Only 时，虽然可以访问表空间中的数据，但访问仅仅限于读取，而不能进行任何更新或删除操作。当表空间的读写状态为 Read Write 时，可以对表空间进行正常访问，包括对表空间中的数据进行查询、更新和删除等操作。

将表空间的写读状态修改为只读（Read Only）状态，必须满足以下条件：

① 表空间要设置成联机（Online）状态。

② 表空间不能包含任何事务的回退段。

③ 表空间不能正处于在线数据库备份期间。

将表空间的读写状态修改为Read Write，也需要保证表空间处于联机（Online）状态。

注 意

无法将Oracle系统定义的SYSTEM、SYSAUX、USERS等表空间的状态设置为脱机（Offline）状态或只读（Read Only）状态

（3）设置表空间的可用状态

表空间的可用状态是指表空间的联机和脱机状态，如果把表空间设置成联机状态，那么表空间就可被用户操作，反之设置成脱机状态，表空间就是不可用的。

设置表空间的可用状态的语法格式如下：

```
Alter Tablespace <表空间名称> Online | Offline [ Normal | Temporary | Immediate ] ;
```

其中：Online表示设置表空间为联机状态，即可用状态；Offline表示设置表空间为脱机状态，即不可用状态。

例如，将表空间user_commerce01设置为脱机临时状态的SQL语句如下：

```
Alter Tablespace user_commerce01 Offline Temporary ;
```

将表空间切换为脱机状态还包括多种方式，使用不同的参数表示不同的切换方式。

① Normal：表示表空间以正常方式切换到Offline状态，如果以这种方式切换，Oracle会执行一次检查点，将SGA区中与该表空间相关的脏缓存块全部写入数据文件中，最后关闭与该表空间相关联的所有数据文件。默认情况下使用该方式。

② Temporary：表示以临时方式切换到Offline状态，如果以这种方式切换，Oracle在执行检查点时不会检查数据文件是否可用，这会使得将该表空间的状态切换为Online状态时，可能需要对数据库进行恢复。

③ Immediate：表示以立即方式切换到Offline状态。如果以这种方式切换，Oracle不会执行检查点，而是直接将表空间切换到Offline状态，这会使得将该表空间的状态切换为Online状态时，必须对数据库进行恢复。

（4）设置默认的表空间

Oracle用户的默认永久表空间为USERS，默认临时表空间为TEMP。也允许使用非USERS表空间作为默认的永久性表空间，使用非TEMP表空间作为默认的临时表空间。

设置默认的永久性表空间的语法格式如下：

```
Alter Database Default Tablespace <永久性表空间名> ;
```

设置默认的临时表空间的语法格式如下：

```
Alter Database Default Temporary Tablespace <临时表空间名> ;
```

（5）修改表空间的默认类型

可以使用Alter Database命令修改表空间的默认类型，例如修改表空间默认类型为BIGFILE，命令如下所示：Alter Database Set Default bigfile Tablespace ;

（6）删除表空间

当某个表空间不再需要时，可以删除该表空间，这要求用户具有Drop Tablespace的系统权限。

使用命令方式删除表空间，也可选择把表空间中的数据文件一并删除。删除表空间的语法格式如下：

```
Drop Tablespace <表空间名称> [ Including Contents [ And Datafiles ] ]
        [ Cascade Constraints ] ;
```

其中，“Including Contents”表示删除表空间的同时会删除表空间中的所有数据库对象。“And Datafiles”表示删除表空间的同时，把表空间对应的数据文件也删除，如果不使用该选项，则删除表空间实际上只是从数据字典和控制文件中将该表空间的有关信息删除，而不会删除操作系统中与该表空间对应的数据文件；“Cascade Constraints”表示删除表空间时要把表空间中的外键约束也删除，即若待删除的表空间有表的主键或唯一键被其他表空间中表的外键引用时，外键约束一并删除。

2. 在【SQL Plus】中使用命令方式维护与删除表空间中的数据文件

（1）修改表空间中数据文件的大小

修改表空间的大小，可以通过修改其对应的数据文件的大小来实现，修改表空间中数据文件的大小的语法格式如下：

```
Alter Database Datafile <数据文件的路径与名称> Resize <数据文件的大小值> ;
```

（2）更改数据文件名称

更改数据文件名称的语法格式如下：

```
Alter TableSpace <表空间名> Rename DataFile <数据文件原名> To <数据文件新名> ;
```

（3）修改表空间中数据文件的扩展方式

将表空间的数据文件设置为自动扩展，目的是为了在表空间被填满后，Oracle 能自动为表空间扩展存储空间，而不需要手动修改存储空间。

在创建表空间时，可以设置数据文件的自动扩展性；在为表空间增加新的数据文件时，也可以设置新数据文件的自动扩展性；对于已创建的表空间中的已有数据文件，也可以使用 alter database 命令修改其自动扩展性。如果为数据文件设置了自动扩展属性，最好同时为该文件设置最大大小限制，否则，数据文件的大小将会无限增大。

修改表空间中数据文件的自动扩展性的语法格式如下：

```
Alter Database
Datafile <数据文件路径和名称>
Autoextend Off | On
[ Next <增量大小> ] [ Maxsize Unlimited | <数据文件的最大值> ]
```

（4）修改表空间中数据文件的状态

除了可以设置表空间本身的状态以外，还可以设置表空间中数据文件的状态，数据文件的状态主要有 3 种：Online、Offline 和 Offline Drop。

设置数据文件状态的语法格式如下：

```
Alter Database
Datafile <数据文件路径和名称> Online | Offline | Offline Drop
```

其中，“Online”表示数据文件可以使用；“Offline”表示数据文件不可以使用，用于数据库运行在归档模式下的情况；“Offline Drop”与“Offline”一样用于设置数据文件不可用，但它用于数据库运行在非归档模式下的情况。

如果将数据文件切换成 Offline Drop 状态，则不能直接将其重新切换到 Online 状态。可以先使用 Recover Datafile 语句进行恢复，然后再将该文件的状态切换为 Online。

（5）增加表空间的数据文件

Oracle 中已存在的表空间，也可以使用 Alter Tablespace 命令增加新的数据文件。其语法格式如下：

```
Alter Tablespace <表空间名称>
Add Datafile <数据文件路径及名称> Size <数据文件的大小值>
[ Autoextend Off | On ] [ Next <增量大小> ] [ Maxsize Unlimited | <数据文件的最大值> ]
[ , …… <其他参数> ] ;
```

使用 Alter Tablespace…Add Tempfile 命令可以为临时表空间添加临时数据文件。

（6）移动表空间中的数据文件

数据文件是存储于磁盘中的物理文件，其大小受到磁盘大小的限制。如果数据文件所在的磁盘空间不够，则需要将数据文件移动到其他磁盘中。

移动表空间中基本步骤如下：

① 把数据文件对应的表空间设置成脱机（Offline）状态，其命令的语法格式如下：

```
Alter Tablespace <表空间名称> Offline ;
```

② 将磁盘中的数据文件移动到其他磁盘或同一磁盘其他文件夹中，也可以修改该数据文件的名称。

③ 使用 alter tablespace 命令，将表空间中数据文件的原路径和名称更改为新路径和名称。其命令的语法格式如下：

```
Alter Tablespace <表空间名称>
Rename Datafile <数据文件路径和名称> To <数据文件新的路径和名称> ;
```

④ 将表空间设置为联机（Online）状态，其命令的语法格式如下：

```
Alter Tablespace <表空间名称> Online ;
```

（7）删除表空间的数据文件

对于表空间中一些没有用的数据文件可以删除，但数据文件处于以下情况时则不能删除：

① 数据文件中存在数据。

② 数据文件或数据文件所在的表空间为只读状态。

③ 数据文件是表空间中唯一或第一个数据文件。

删除表空间的数据文件的语法格式如下：

```
Alter Tablespace <表空间名称> Drop Datafile <数据文件名称> ;
```

3. 在【SQL Plus】中使用命令方式查看表空间的信息

（1）查看当前数据库中表空间的属性设置

创建表空间，许多属性采用了默认设置，可以通过数据字典 dba_tablespaces 可以查看数据库中表空间的属性设置。

（2）查看临时表空间的信息

在【SQL Plus】中使用数据字典 DBA_TEMP_FILES 可以查看临时表空间的信息，使用数据字典 DBA_USERS 可以查看临时表空间中用户的信息。

（3）查看表空间的空闲空间信息

通过数据字典 dba_free_space 可以查看表空间的空闲空间信息。

（4）查看表空间的数据文件信息

通过数据字典 dba_data_files 可以查看表空间的数据文件信息。

（5）查看当前数据库默认的表空间类型

通过数据字典 dtatbase_properties 可以查看当前数据库默认的表空间类型以及当前用户所

使用的永久性表空间和临时表空间的名称。

4．在【SQL Plus】中使用命令方式维护与删除撤消表空间

（1）修改撤消表空间的数据文件

为了更有效地对撤消表空间进行管理，Oracle 12c 默认采用自动撤消管理方式，这种方式需要使用撤消表空间。由于撤消表空间主要由 Oracle 系统自动进行管理，所以对撤消表空间的数据文件的修改主要限于以下几种形式：

① 为撤消表空间添加新的数据文件。

② 移动撤消表空间的数据文件。

③ 设置撤消表空间的数据文件的状态为 Online 或 Offline。

以上几种修改操作可以通过 Alter Tablespace 命令实现，与普通表空间的修改操作相似，这里不再重复说明。

（2）切换撤消表空间

一个数据库中可以有多个撤消表空间，但数据库一次只能使用一个撤消表空间。默认情况下，数据库使用的是系统自动创建 undotbs1 撤消表空间。如果要将数据库使用的撤消表空间切换成其他的撤消表空间，修改参数 undo_tablespace 的值即可，其命令的语法格式如下所示：

```
Alter System Set undo_tablespace=<表空间名称> ;
```

使用 show parameter 命令查看 undo_tablespace 的值，检查撤消表空间是否切换成功。如果切换时指定的表空间不是一个撤消表空间，或者该撤消表空间正在被其他数据库实例使用，切换操作将会失败。

切换撤消表空间后，数据库中新事务的撤消数据将保存在新的撤消表空间中。

（3）删除撤消表空间

删除撤消表空间同样使用 Drop Tablespace 命令，但删除的前提是该撤消表空间此时没有被数据库使用。如果需要删除正在被使用的撤消表空间，则应该先进行撤消表空间的切换操作。

【任务 3-4】 在【SQL Plus】中使用命令方式维护与删除表空间

【任务描述】

1．在【SQL Plus】中使用命令方式维护与删除基本表空间

（1）将表空间 user_commerce02 重命名为 user_commerce02_new。

（2）将表空间 user_commerce02_new 设置为只读状态。

（3）将表空间 user_commerce02_new 设置为临时的脱机状态。

（4）将表空间 user_commerce01 设置为默认的表空间，将临时表空间 user_commerce_temp 设置为默认的临时表空间。

（5）将表空间 user_commerce02_new 及其数据文件一并删除。

2．在【SQL Plus】中使用命令方式维护与删除表空间中的数据文件

（1）将表空间 user_commerce01 对应的数据文件 user_commerce01.dbf 的大小修改为 200MB。

（2）修改表空间 user_commerce01 中数据文件 commerce01.dbf 的自动扩展性，空间大小的增量为 10MB，最大文件的大小限制为 500MB。

（3）在表空间 user_commerce01 中增加一个数据文件 commerce03.dbf。

（4）将表空间 user_commerce01 中的数据文件 commerce03.dbf 从文件夹“D:\app\admin\oradata\orcl\”移动到另一个文件夹“D:\app\admin\oradata\demo\”中。

（5）删除表空间 user_commerce01 中的数据文件 commerce03.dbf。

3. 在【SQL Plus】中使用命令方式查看表空间的信息

（1）查看当前数据库 orcl 中表空间的名称、状态、盘区大小的分配方式和表空间类型。

（2）查看当前数据库 orcl 中临时表空间的名称。

（3）查看表空间 user_commerce01 的空闲空间信息。

（4）查看表空间 user_commerce01 的数据文件信息。

（5）查看当前数据库 orcl 默认的表空间类型。

【任务实施】

说 明

以下各项操作均在【SQL Plus】窗口中提示符“SQL>”后输入相应的命令，然后按【Enter】键执行，不再重复说明

1. 在【SQL Plus】中使用命令方式维护与删除基本表空间

（1）将表空间 user_commerce02 重命名为 user_commerce02_new 的命令如下所示：

```
Alter Tablespace user_commerce02 Rename To user_commerce02_new ;
```

（2）将表空间 user_commerce02_new 设置为读写状态的命令如下所示：

```
Alter Tablespace user_commerce02_new Read Write ;
```

（3）将表空间 user_commerce02_new 设置为临时的脱机状态的命令如下所示：

```
Alter Tablespace user_commerce02_new Offline Temporary ;
```

（4）设置默认的表空间

将表空间 user_commerce 设置为默认的表空间的命令如下所示：

```
Alter Database Default Tablespace user_commerce01 ;
```

将临时表空间 user_commerce_temp 设置为默认的临时表空间的命令如下所示：

```
Alter Database Default Temporary Tablespace user_commerce_temp ;
```

（5）将表空间 user_commerce02_new 及其数据文件一并删除的命令如下所示：

```
Drop Tablespace user_commerce02_new Including Contents And Datafiles ;
```

2. 在【SQL Plus】中使用命令方式维护与删除表空间中的数据文件

（1）将表空间 user_commerce01 对应的数据文件 user_commerce01.dbf 的大小修改为 200MB 的命令如下所示：

```
Alter Database Datafile 'D:\app\admin\oradata\orcl\user_commerce01.dbf' Resize 200M ;
```

（2）修改表空间中数据文件的自动扩展性

关闭表空间 user_commerce01 中数据文件 user_commerce01.dbf 的自动扩展性的命令如下所示：

```
alter database
    datafile 'D:\app\admin\oradata\orcl\user_commerce01.dbf'
    autoextend off ;
```

设置表空间 user_commerce01 中数据文件 user_commerce01.dbf 的自动扩展性，且将空间大小的增量设置为 10MB，最大文件的大小限制为 500MB，命令如下所示：

```
alter database
      datafile 'D:\app\admin\oradata\orcl\user_commerce01.dbf'
      autoextend on
      next 10M maxsize 500M ;
```

（3）在表空间 user_commerce01 中增加一个数据文件 commerce03.dbf 的命令如下所示：

```
alter tablespace user_commerce01
      add datafile
      'D:\app\admin\oradata\orcl\commerce03.dbf'
      size 50M
      autoextend on next 10M maxsize 100M ;
```

（4）移动表空间中的数据文件 commerce03.dbf 的基本步骤如下所示：

① 把数据文件对应的表空间 user_commerce01 设置成 Offline 状态

```
Alter Tablespace user_commerce01 Offline ;
```

② 将数据文件 commerce03.dbf 由文件夹“D:\App\admin\Oradata\orcl”移动到同一磁盘另一文件夹“D:\App\admin\Oradata\demo”中。

③ 将表空间中数据文件的原路径和名称更改为新路径和名称。

```
alter tablespace user_commerce01
      rename datafile 'D:\app\admin\oradata\orcl\commerce03.dbf'
      To
      'D:\app\admin\oradata\demo\commerce03.dbf' ;
```

④ 将表空间 user_commerce 设置为 Online 状态

```
Alter Tablespace user_commerce01 Online ;
```

⑤ 检查数据文件是否移动成功

查询数据字典 dba_data_files，了解 user_commerce 表空间的数据文件信息，命令如下：

```
select tablespace_name , file_name from dba_data_files
      where tablespace_name='USER_COMMERCE01' ;
```

查询结果如下：

```
TABLESPACE_NAME    FILE_NAME
------------------------------ ------------------------------------------------------------------------------------
USER_COMMERCE01 D:\APP\ADMIN\ORADATA\ORCL\USER_COMMERCE01.DBF
USER_COMMERCE01 D:\APP\ADMIN\ORADATA\DEMO\COMMERCE03.DBF
```

由以上查询结果可以看出，数据文件“COMMERCE03.DBF”已成功移动到文件夹“D:\APP\ADMIN\ORADATA\DEMO”中。

（5）删除表空间 user_commerce 中的数据文件 commerce03.dbf 的命令如下所示：

```
Alter Tablespace user_commerce01
      Drop Datafile 'D:\app\admin\oradata\demo\commerce03.dbf' ;
```

3．在【SQL Plus】中使用命令方式查看表空间的信息

（1）查看当前数据库 orcl 中表空间的名称、状态、盘区大小的分配方式和表空间类型的命令如下所示：

```
select tablespace_name, status, allocation_type, bigfile from dba_tablespaces ;
```

查询结果如下所示。

```
TABLESPACE_NAME          STATUS   ALLOCATIO   BIG
------------------------------------ ------------- ------------------ ------
SYSTEM                   ONLINE   SYSTEM      NO
SYSAUX                   ONLINE   SYSTEM      NO
UNDOTBS1                 ONLINE   SYSTEM      NO
```

```
TEMP                     ONLINE   UNIFORM    NO
USERS                    ONLINE   SYSTEM     NO
USER_COMMERCE01          ONLINE   SYSTEM     NO
USER_COMMERCE_TEMP       ONLINE   UNIFORM    NO
USER_COMMERCE_BIG        ONLINE   SYSTEM     YES
USER_COMMERCE_UNDO       ONLINE   SYSTEM     NO
```

其中,“STATUS”列的值表示表空间的状态,“ONLINE”表示在线且处于读写状态,“READ ONLY”表示在线且处于只读状态,“OFFLINE”表示处于离线状态。

“ALLOCATIO”列的值表示表空间中区大小的分配方式,“SYSTEM”表示由 Oracle 系统自动分配,即为 Autoallocate;“UNIFORM”表示指定表空间的盘区大小。

“BIG”列的值表示表空间的类型,如果 BIG 字段值为“NO”,即表示对应的表空间类型为 Smallfile;如果 BIG 字段值为“YES”,则表示对应的表空间类型为 BIGFILE。

(2)查看当前数据库 orcl 中临时表空间名称的命令如下所示:

```
select tablespace_name from dba_temp_files ;
```

查询结果如下所示。

```
TABLESPACE_NAME
------------------------------
TEMP
USER_COMMERCE_TEMP
```

(3)查看表空间 user_commerce 的空闲空间信息的命令如下所示:

```
select tablespace_name,bytes,blocks from dba_free_space
        where tablespace_name='USER_COMMERCE01' ;
```

查询结果如下所示。

```
TABLESPACE_NAME    BYTES          BLOCKS
------------------------------ -------------------- -------------
USER_COMMERCE01    208666624      25472
```

其中,“BYTES”字段以字节的形式表示表空间的空闲空间大小,“BLOCKS”字段以数据块数目的形式表示表空间空闲空间的大小。

(4)查看表空间 user_commerce 的数据文件信息的命令如下所示:

```
select tablespace_name,bytes,blocks,user_bytes,user_blocks
        from dba_data_files
        Where tablespace_name='USER_COMMERCE01' ;
```

查询结果如下所示。

```
TABLESPACE_NAME   BYTES       BLOCKS   USER_BYTES   USER_BLOCKS
------------------------------ ---------------- --------------- ------------------------- ----------------------
USER_COMMERCE01   209715200   25600    208666624    25472
```

其中,“BYTES”字段以字节的形式表示数据文件的大小,“BLOCKS”字段以数据块数目的形式表示数据文件的大小,“USER_BYTES”字段以字节的形式表示表空间的空闲空间大小,“USER_BLOCKS”字段以数据块数目的形式表示表空间空闲空间的大小。

(5)查看当前数据库 orcl 默认的表空间类型以及当前用户所使用的永久性表空间和临时表空间的名称

设置字段显示宽度的命令如下所示:

```
column property_name format A28 ;
column property_value format A14 ;
```

通过数据字典 property_name 查看当前数据库 orcl 默认的表空间类型以及其他默认表空间

的命令如下所示：

```
select property_name , property_value
    from database_properties
    where property_name like 'DEFAULT%' ;
```

查询结果如下所示。

```
PROPERTY_NAME                                  PROPERTY_VALUE
---------------------------------------------- --------------------------------
DEFAULT_TEMP_TABLESPACE                        USER_COMMERCE_TEMP
DEFAULT_PERMANENT_TABLESPACE                   USER_COMMERCE01
DEFAULT_EDITION                                ORA$BASE
DEFAULT_TBS_TYPE                               SMALLFILE
```

其中，“PROPERTY_NAME”字段表示属性名，“DEFAULT_TEMP_TABLESPACE”表示默认临时表空间，“DEFAULT_PERMANENT_TABLESPACE”表示默认永久性表空间，“DEFAULT_EDITION”表示默认版本，“DEFAULT_TBS_TYPE”表示默认表空间类型；“PROPERTY_VALUE”字段表示属性值，“SMALLFILE”表示普通表空间。

【任务 3-5】管理与使用 PDB 的表空间

【任务描述】

（1）进入 PDB，并且打开 PDB、显示连接名称。

（2）通过 v$pdbs 视图，查看 PDB 中对象的名称和状态。

（3）通过 dba_data_files 数据表，查看 PDB 表空间的数据表信息。

（4）查看 PDB 数据库默认创建的表空间。

（5）通过 v$datafile 数据字典查看 PDB 数据库默认创建表空间对应的数据文件。

（6）通过 dba_tables 视图，查看 HR 用户的所有数据表的信息。

（7）查看 EXAMPLE 表空间中隶属于 HR 用户的数据表“departments”的结构数据和记录数据。

（8）关闭 PDB，并且进入 CDB。

【任务实施】

（1）进入 PDB 并且打开 PDB

在【SQL Plus】窗口提示符“SQL>”后输入以下命令进入 PDB：

```
alter session set container=pdborcl ;
```

按【Enter】键，如果显示“会话已更改。”的提示信息，则表示成功进入 PDB。

因为 Oracle 12c 默认连接的是 CDB，所以必须先进入 PDB 才可以通过 sqlplus 命令来启动和关闭 PDB。

在提示符“SQL>”后输入以下命令打开 PDB：

```
alter pluggable database pdborcl open ;
```

按【Enter】键，如果显示“插拔式数据库已变更。”的提示信息，则表示成功打开 PDB。

在提示符“SQL>”后输入以下命令显示名称：

```
show con_name
```

结果如下所示。

```
CON_NAME
----------------------
PDBORCL
```

（2）查看 PDB 中对象的名称和状态。

在【SQL Plus】窗口提示符“SQL>”后输入以下命令：

```
select name,open_mode from v$pdbs ;
```

按【Enter】键，执行 SQL 语句，结果如下所示。

```
NAME              OPEN_MODE
------------------ --------------------
PDB$SEED          READ ONLY
PDBORCL           READ WRITE
```

（3）查看 PDB 中的数据表信息

在【SQL Plus】窗口提示符“SQL>”后输入以下命令：

```
select tablespace_name,file_id,file_name from dba_data_files;
```

按【Enter】键，执行 SQL 语句，结果如下所示。

```
TABLESPACE_NAME      FILE_ID   FILE_NAME
-------------------- --------- ----------------------------------------------------------------
SYSTEM                  7       D:\APP\ADMIN\ORADATA\ORCL\PDBORCL\SYSTEM01.DBF
SYSAUX                  8       D:\APP\ADMIN\ORADATA\ORCL\PDBORCL\SYSAUX01.DBF
USERS                   9       D:\APP\ADMIN\ORADATA\ORCL\PDBORCL\SAMPLE_
                                                             SCHEMA_USERS01.DBF
EXAMPLE                 10      D:\APP\ADMIN\ORADATA\ORCL\PDBORCL\EXAMPLE01.DBF
```

（4）查看 PDB 数据库默认创建的表空间

在提示符“SQL>”后输入以下命令：

```
select tablespace_name , status , contents from dba_tablespaces ;
```

按【Enter】键，查看数据库默认创建表空间的名称、状态和保存形式，结果如下所示。

```
TABLESPACE_NAME      STATUS      CONTENTS
-------------------- ----------- --------------------
SYSTEM               ONLINE      PERMANENT
SYSAUX               ONLINE      PERMANENT
TEMP                 ONLINE      TEMPORARY
USERS                ONLINE      PERMANENT
EXAMPLE              ONLINE      PERMANENT
```

（5）通过 v$datafile 数据字典查看 PDB 数据库默认创建表空间对应的数据文件

在提示符“SQL>”后输入以下命令：

```
select name from v$datafile ;
```

按【Enter】键，查看 PDB 数据库默认创建表空间对应的数据文件，结果如下所示。

```
NAME
--------------------------------------------------------------------------------
D:\APP\ADMIN\ORADATA\ORCL\UNDOTBS01.DBF
D:\APP\ADMIN\ORADATA\ORCL\PDBORCL\SYSTEM01.DBF
D:\APP\ADMIN\ORADATA\ORCL\PDBORCL\SYSAUX01.DBF
D:\APP\ADMIN\ORADATA\ORCL\PDBORCL\SAMPLE_SCHEMA_USERS01.DBF
D:\APP\ADMIN\ORADATA\ORCL\PDBORCL\EXAMPLE01.DBF
```

（6）查看 HR 用户所有数据表的信息

在提示符“SQL>”后输入以下命令：

```
Select owner , table_name , tablespace_name , status    From dba_tables
    Where owner='HR' ;
```

按【Enter】键，查看 HR 用户所有数据表的信息，结果如下所示。

```
OWNER        TABLE_NAME         TABLESPACE_NAME    STATUS
------------ ------------------ ------------------ --------
HR           REGIONS            EXAMPLE            VALID
HR           LOCATIONS          EXAMPLE            VALID
HR           DEPARTMENTS        EXAMPLE            VALID
HR           JOBS
HR           EMPLOYEES          EXAMPLE            VALID
HR           JOB_HISTORY        EXAMPLE            VALID
HR           COUNTRIES                             VALID
```

（7）查看数据表“departments”的结构数据和记录数据

查看数据表“departments”的结构数据的命令如下所示。

```
Desc hr.departments ;
```

该命令的查询结果如下所示。

```
名称                    是否为空?    类型
----------------------- ----------- ---------------
DEPARTMENT_ID           NOT NULL    NUMBER(4)
DEPARTMENT_NAME         NOT NULL    VARCHAR2(30)
MANAGER_ID                          NUMBER(6)
LOCATION_ID                         NUMBER(4)
```

查看数据表“departments”的记录数据的 SQL 语句如下所示。

```
Select * From hr.departments ;
```

该语句的部分查询结果如下所示。

```
DEPARTMENT_ID   DEPARTMENT_NAME      MANAGER_ID    LOCATION_ID
--------------- -------------------- ------------- -------------
10              Administration       200           1700
20              Marketing            201           1800
30              Purchasing           114           1700
40              Human Resources      203           2400
50              Shipping             121           1500
60              IT                   103           1400
70              Public Relations     204           2700
80              Sales                145           2500
90              Executive            100           1700
100             Finance              108           1700
…               …                    …             …
```

（8）关闭 PDB 并且进入 CDB

在【SQL Plus】窗口提示符“SQL>”后输入以下命令关闭 PDB：

```
alter pluggable database close immediate ;
```

按【Enter】键，如果显示“插拔式数据库已变更。”的提示信息，则表示成功关闭 PDB。

在提示符“SQL>”后输入以下命令：

```
alter session set container=cdb$root ;
```

按【Enter】键，如果显示“会话已更改。”的提示信息，则表示成功进入 CDB。

在提示符“SQL>”后输入以下命令显示名称：

```
show con_name
```

结果如下所示。

```
CON_NAME
----------------------
CDB$ROOT
```

3.4 使用 Oracle Enterprise Manager 创建用户

【知识必备】

在 Oracle 中创建用户必须拥有数据库管理员的权限才能创建，在创建用户时还需要注意的是创建的用户和密码必须以字母开头，创建用户可以在企业管理器（OEM）中完成，也可以在【SQL Plus】中使用命令方式实现，本单元只介绍在企业管理器（OEM）创建用户的方法，其他创建方法以及用户的修改与删除等方面的操作将在后面的单元 7 予以介绍。

【任务 3-6】 使用 Oracle Enterprise Manager 创建用户 commerce

【任务描述】

使用 Oracle Enterprise Manager 在表空间“SYSTEM”中创建用户“C##commerce”，口令为“Oracle_12C”,设置新创建用户具有 Create Table 系统权限。

【任务实施】

（1）在网页地址栏中输入“https://localhost:5500/em”，显示【Oracle Enterprise Manager Database Express】登录页面，然后以 SYS 用户作为 SYSDBA 身份登录数据库服务器。

（2）成功登录后，显示【Oracle Enterprise Manager Database Express 12c】的“数据库主目录”页面。单击【安全】菜单，在其下拉菜单中选择【用户】命令，如图 3-2 所示。打开“普通用户”页面，显示如图 3-3 所示的用户列表。

图 3-2 在【安全】下拉菜单选择【用户】命令

https://localhost:5500/em 证书错误 #/security/show_users

ORACLE Enterprise Manager Database Express 12c 帮助 SYS 注销

ORCL (12.1.0.2.0) 配置 存储 安全 性能 BETTER

普通用户 页刷新 17:43:19 GMT+0800

操作 创建用户 类似创建 删除用户 打开 名称

名称	帐户状态	失效日期	默认表空间	临时表空间	概要文件	已创建
SPATIAL_WFS_ADMIN_USR		2014年9月11日	USER_COMMERCE01	USER_COMMERCE_TEMP	DEFAULT	2014年9月11日
SYS		2016年11月16日	SYSTEM	USER_COMMERCE_TEMP	DEFAULT	2014年9月11日
SYSBACKUP		2014年9月11日	USER_COMMERCE01	USER_COMMERCE_TEMP	DEFAULT	2014年9月11日
SYSDG		2014年9月11日	USER_COMMERCE01	USER_COMMERCE_TEMP	DEFAULT	2014年9月11日
SYSKM		2014年9月11日	USER_COMMERCE01	USER_COMMERCE_TEMP	DEFAULT	2014年9月11日
SYSTEM		2016年11月16日	SYSTEM	USER_COMMERCE_TEMP	DEFAULT	2014年9月11日
WMSYS		2014年9月11日	SYSAUX	USER_COMMERCE_TEMP	DEFAULT	2014年9月11日
XDB		2014年9月11日	SYSAUX	USER_COMMERCE_TEMP	DEFAULT	2014年9月11日
XS$NULL		2014年9月11日	USER_COMMERCE01	USER_COMMERCE_TEMP	DEFAULT	2014年9月11日

图 3-3 “普通用户”界面的用户列表

（3）创建用户 commerce

在【用户】页面中单击【创建用户】按钮 创建用户 ，打开【创建用户】之“用户账户”页面，分别填入新用户的名称为“C##commerce”、口令和确认口令为“Oracle_12C”，概要文件选择“DEFAULT”，如图 3-4 所示。

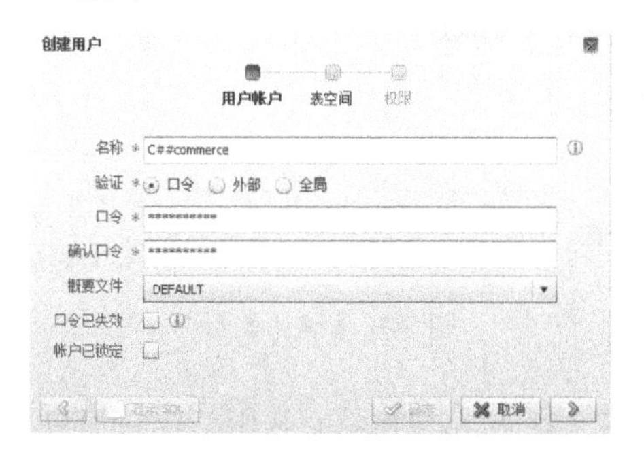

图 3-4 【创建用户】之“用户账户”页面

注 意

在 Oracle 12c 数据库中，创建用户默认的是 container=all，在 CDB 中只能创建全局用户（用户名必须以 C##或 c##开头），会在 CDB 和所有 open 的 PDB 中创建该用户。如果 PDB 是 mount 则不会被创建。在 PDB 中只能创建本地用户。

单击“用户账户”页面右下角的【下一个】按钮 ，切换到“表空间”页面，在该页面设置默认表空间和临时表空间，这里暂不能设置，取默认表空间为“SYSTEM”，如图 3-5 所示。

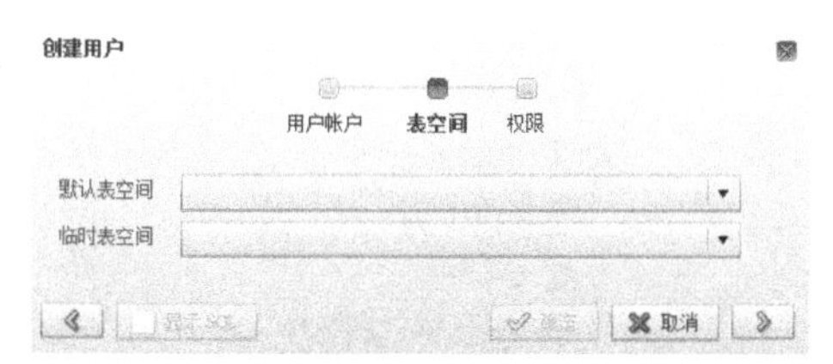

图 3-5 【创建用户】之“表空间”页面

单击“表空间”页面右下角的【下一个】按钮 ，切换到“权限”页面，在左侧权限列表中选择“CREATE TABLE”，然后单击【添加】按钮 > ，将“CREATE TABLE”添加到右侧列表中，如图 3-6 所示。

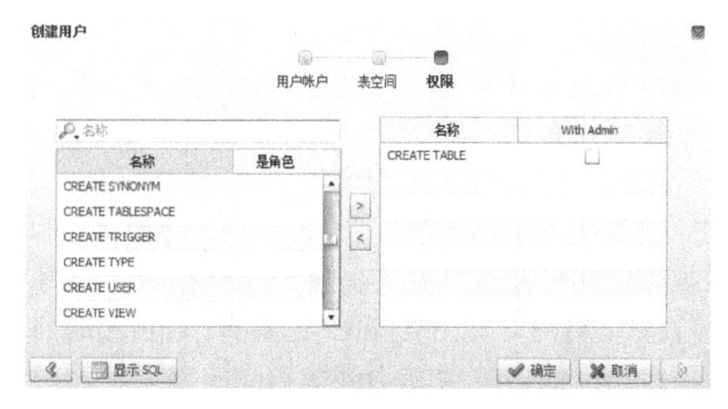

图 3-6 在“权限”页面添加所需权限

在“权限”页面单击【显示 SQL】按钮，显示的 SQL 语句如下所示。

```
create user "C##COMMERCE" identified by ******* profile "DEFAULT"
account unlock default tablespace    "SYSTEM";
alter user "C##COMMERCE" set container_data=all container=current;
grant CREATE TABLE to "C##COMMERCE" container=ALL;
```

在“权限”页面单击【确定】按钮，弹出如图 3-7 所示的【确认】页面，在该页面中单击【确定】按钮完成用户的创建。

图 3-7 【确认】页面

【普通用户】页面“用户”列表中所显示的新用户“C##commerce”如图 3-8 所示。

普通用户　　　　页刷新 17:43:19 GMT+0800

操作 ▾　创建用户　类似创建　删除用户　　打开　名称

名称	帐户状态	失效日期	默认表空间	临时表空间	概要文件	已创建
C##COMMERCE	✓	2016年11月17日	SYSTEM	USER_COMMERCE_TEMP	DEFAULT	2016年5月21日

图 3-8 “用户”列表中所显示的新用户“C##commerce”

（4）查看新用户 commerce 的详细信息

在【用户】页面选择新创建的用户 C##commerce，然后在【操作】下拉菜单选择【查看详细信息】命令，如图 3-9 所示。打开“查看用户：C##commerce”页面，在该页面可以看到该用户的详细信息，如图 3-10 所示。

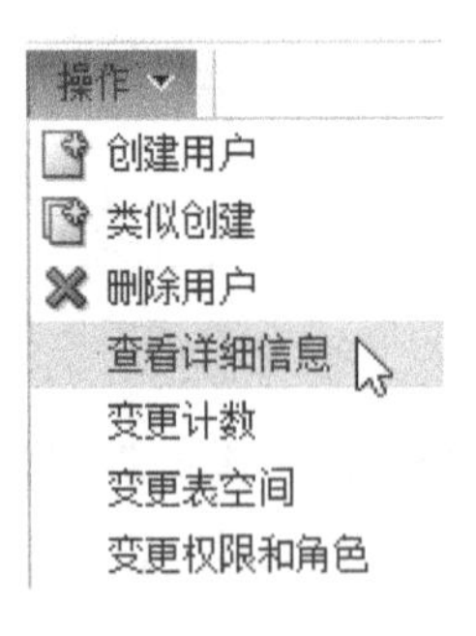

图 3-9 在【操作】下拉菜单选择【查看详细信息】命令

说 明

在【操作】下拉菜单中选择【变更表空间】命令可以更改表空间，选择【变更权限和角色】命令可以更改权限和角色。

由图 3-10 可知，用户 C##commerce 具有“CREATE TABLE”权限，可以在自己的方案 C##commerce 中创建数据表，如果要在其他方案中创建数据表，则用户 C##commerce 必须具有 Create Any Table 系统权限。用户 C##commerce 还具有“Unlimited Tablespace”的系统权限，表示在表空间中创建数据表时，能在表空间中创建相应的表段。

图 3-10　用户 C##commerce 的详细信息

【任务 3-7】 创建 Oracle 的表空间和用户

【任务描述】

（1）创建 user_book 永久性表空间，对应数据文件为“user_book.dbf”，其他选项保留默认值不变。

（2）使用命令方式创建 user_book_temp 临时表空间，对应数据文件为“user_book_temp.dbf”，文件大小为“20MB”，其他选项保留默认值不变。

（3）创建用户 book，并授予用户 book 具有创建、修改数据表的系统权限。

在 Oracle 中，除了基本表空间以外，还有临时表空间、撤消表空间和大文件表空间等，基本表空间一般指用户使用的永久性表空间，用于存储用户的永久性数据；临时性表空间用于存储排序或汇总过程中产生的临时数据；撤消表空间用于存储事务的撤消数据，在数据恢复时使用，大文件表空间用于存储大型数据（例如 LOB）。

本单元从认识 Oracle 系统创建的表空间入手，重点介绍了使用命令方式创建基本表空间、临时表空间、撤消表空间和大文件表空间的方法，还介绍了维护与删除表空间的方法和创建用户的方法。

（1）下面哪些不属于表空间的状态属性？（　　）

A．Online　　B．Offline　　C．Read　　D．Read Only

（2）将表空间的状态切换为 Offline 时，下面哪一个参数不可以指定为切换参数（　　）。

A．Normal　　B．Immediate　　C．Temporary　　D．For Recover

（3）在表空间 myspace 中没有存储任何数据，现在需要删除该表空间，并同时删除其对应的数据文件，可以使用下面哪一条语句（　　）。

A．Drop Tablespace myspace ;

B．Drop Tablespace myspace Including Datafiles ;

C．Drop Tablespace myspace Including Contents And Datafiles ;

D．Drop Tablespace myspace And Datafiles ;

（4）使用以下哪一个数据字典可以查看表空间的数据文件信息（　　）。

A．dba_tablespaces　　B．dba_free_space

C．dba_data_files　　D．dtatbase_properties

（5）在【SQL Plus】中针对表空间中的数据文件使用命令方式可以完成哪些操作（　　）?

A．修改表空间中数据文件的大小　　B．移动表空间中的数据文件

C．修改表空间中数据文件的状态　　D．以上 3 项均可以

（6）下列将临时表空间 mytemp 设置为默认临时表空间的语句，正确的是（　　）。

A．Alter Database Default Tablespace mytemp ;

B．Alter Database Default Temporary Tablespace mytemp ;

C．Alter Default Temporary Tablespace To mytemp ;

D．Alter Default Tablespace To mytemp ;

（7）下面对数据文件的描述中，正确的是（　　）。

A．一个表空间只能对应一个数据文件

B．一个数据文件可以对应多个表空间

C．一个表空间可以对应多个数据文件

D．数据文件存储了数据库中的所有日志信息

（8）在 SQL Plus 中，如果希望控制列的显示格式，可以使用（　　）命令。

A．Show　　B．Define　　C．Spool　　D．Column

单元 4

创建与维护 Oracle 数据表

数据表是数据库中最重要、最基本的操作对象，是数据存储的基本单位。数据表被定义为列的集合，数据在数据表中是按照行和列的格式来存储的、每一行代表一条记录，每一列代表记录中的一个域，称为字段。

Oracle 中的数据表不能单独存在，一定隶属于某一个用户，而某一用户的数据必定存在于某个表空间中。创建数据表的过程是规定数据列属性的过程，同时也是实施数据完整性约束的过程。

教学目标	（1）熟悉 Oracle 12c 的常用数据类型 （2）了解 Oracle 数据表的结构和记录 （3）学会使用 SQL Developer 创建与维护 Oracle 数据表 （4）学会使用命令方式创建与维护 Oracle 数据表 （5）学会使用命令方式操纵 Oracle 数据表的记录 （6）会创建与使用 Oracle 的序列 （7）能正确实施数据表的数据完整性约束 （8）会创建与使用 Oracle 的同义词
教学方法	任务驱动法、比较分析法、探究训练法等
课时建议	10 课时

1. Oracle 的数据类型

Oracle 数据表中的数据都有对应的数据类型，例如“姓名”、“性别”等数据为字符类型，“工资”、“购买数量”、“成绩”等数据为数值型，“出生日期”、“借出日期”等数据为日期型。而同一种数据类型的长度也可以不同，例如“姓名”一般是 4～8 字节，“性别”一般是 2 字节。

Oracle 数据库使用不同的数据类型存储不同类型的数据，数据类型的选择主要根据数据的内容、大小和精度来选择。

Oracle 的数据类型主要分为字符型、数值型、日期型和其他数据类型 4 类。

（1）字符型

Oracle 12c 中，字符型主要包括非 Unicode 字符和 Unicode 字符，根据数据长度是否可变又可以分为固定长度的数据类型和可变长度的数据类型，字符数据类型的具体说明见表 4-1 所示。

表 4-1　Oracle 12c 中字符数据类型的具体说明

<table>
<tr><th>Oracle 字符数据类型</th><th>固 定 长 度</th><th>可 变 长 度</th></tr>
<tr><td rowspan="2">非 Unicode 字符</td><td rowspan="2">char（n）：取值范围为 0～2000B，自动补齐插入数据的尾部空格</td><td>varchar2（n）：取值范围为 0～4000B</td></tr>
<tr><td>long：取值范围为 0～2GB</td></tr>
<tr><td>Unicode 字符</td><td>nchar（n）：取值范围为 0～1000B</td><td>nvarchar2（n）：取值范围为 0～1000B</td></tr>
<tr><td rowspan="2">使用说明</td><td colspan="2">n 用于指定字符串的最大长度，n 必须是正整数且不超过 32767</td></tr>
<tr><td>对于固定长度的字段，其默认值为 1B，如果某个数据比定义长度小，那么将使用空格在数据的右边补足到定义长度</td><td>使用 varchar2 类型定义变量时，必须指定 n 的值。例如 varchar2(9)表示字符串的最大长度为 9。对于可变长度的字段，如果某个数据比定义长度小，那么字段值的长度为存放数据的实际长度</td></tr>
</table>

实际应用中，char 的效率要比 varchar2 的效率稍高一些，但是要浪费更多的存储空间，一般以下情况适宜于选用 char 数据类型：

① 字段中的各行数据长度基本一致，长度变化不超过 50B。

② 数据变更频繁，数据检索的需求较少。

③ 字段的长度不会变化，并且修改 char 类型字段的宽度的代价比较大。

④ 字段中不会出现大量的 NULL 值。

⑤ 字段上不需要建立过多的索引，过多的索引对 char 字段的数据变更影响较大。

以下情况适宜于选用 varchar2 数据类型：

① 字段中的各行数据的长度差异较大。

② 字段中数据的更新非常少，但查询非常频繁。

③ 字段中经常没有数据，为 NULL 值或为空值。

（2）数值型

Oracle 12c 中，数值型主要包括 number 和 float 两种类型，可以用它们来表示整数和小数，常用的是 number 类型。number 类型用于定义固定长度的整数和浮点数，表现形式为 number(p,s)，其中 p 为“数字的总位数”，是小数点前后位数之和，表示数据的精度，最大可为 38；s 为小数点后的数字位数，其默认值为 0，即为整数。例如 number(4)表示数字的总位数为 4，没有小数位数，number(7,2)表示数字的总位数为 7（计数不包含小数点），小数位数最多为 2 位，整数部分最多为 5 位。

（3）日期型

Oracle 12c 中，日期型主要包括 date 和 timestamp 两种类型。

① date 用于定义日期时间类型的数据，并且只显示日期，其默认格式由 NLS_DATE_FORMAT 参数指定，可以使用以下语句查看当前数据库日期数据的默认显示格式：

```
SQL> select sysdate from dual ;
```

查看结果如下所示。

```
SYSDATE
-------------
22-9 月 -12
```

由查询结果可知，当前数据库日期数据的默认显示格式为“DD-MM 月-YY”。这种显示格式可以通过专门的函数和属性来转换为其他格式。

② timestamp 用于定义日期时间类型的数据，可以显示日期、时间和上下午标记。

（4）其他数据类型

Oracle 12c 中，使用 LOB（Large Object）数据类型存储非结构化数据，例如二进制文件、图形文件或其他外部分，其他数据类型的具体说明见表 4-2 所示。

表 4-2　Oracle 12c 中其他数据类型的具体说明

Oracle 其他数据类型	数据类型说明
clob	非 Unicode 字符，最多可存储 4GB
nclob	Unicode 字符，最多可存储 4GB
blob	二进制数据，最多可存储 4GB
long raw	二进制数据，最大长度为 2GB
bfile	存储指向外部文件的指针，外部文件本身不存储在数据库中

long 数据类型可由 clob 和 nclob 类型取代，long raw 可由 blob 取代，这两种数据类型当前仍然存在的原因是为了向后兼容的需要。

另外，rowID 数据类型是 Oracle 数据表中的一个伪列，它是数据表中每行数据内在的唯一标识。numbereger 是 number 的子类型，最多为 38 位整数。

2．Oracle 数据完整性约束概述

数据库中的数据必须是正确的、一致的、完整的和可靠的，为了防止数据库中存在不符合语义规定的数据和防止因输入错误数据造成的无效操作，有必要实施数据的完整性约束，约束就是 Oracle 保证数据库中数据的完整性和一致性的手段。从作用范围上来讲，Oracle 的约束分为字段级约束（只应用于表中的一字段）和表级约束（应用于表的多个字段）；从功能上来分，Oracle 中常用的约束类型有：主键（Primary Key）约束、外键（Foreign Key）约束、非空（Not Null）约束、唯一（Unique）约束和检查（Check）约束。

（1）主键约束

主键用于唯一标识数据表中的一行记录，主键约束在每一个数据表中只能有一个，主键可以是单个字段，也可以是多个字段的组合（即表级约束）。主键约束的字段或组合字段对应的数据都非空并且唯一。可以在创建数据表时一起创建主键约束，也可以在数据表创建完成后使用 Alter Table 语句创建主键约束。

（2）外键约束

外键约束也称为参照完整性约束，它保证数据的参照完整性并限定了一个字段的取值范围，即一个表的某字段取值必须是参照本表或另一个表的主键（或唯一键）字段值，这样可以保证使用外键约束的表字段与所引用的主键约束的表字段的数据一致性和完整性。在关系数据库中，一般使用外键来实现一对多的表间关系，外键约束为表中一字段或多字段数据提供引用完整性，它限制插入到表中的外键字段的值必须在被引用表中已经存在。

外键约束具有如下特点：

① 被引用的一个字段或多个字段的组合应该具有主键约束或唯一约束。

② 引用字段的取值只能为被引用字段的值或 NULL 值。

③ 可以为一个字段或多个字段定义外键约束。

④ 引用字段与被引用字段可以在同一个数据表中，这种情况称为“自引用”。

⑤ 如果引用字段中存储了被引用字段的某个值，则不能直接删除被引用字段中的这个值。如果一定要删除被引用字段中的值，则需要先删除引用字段中的这个值，然后再删除被引用字段中的这个值。

下面以“商品信息表”和“商品类型表”为例建立两个数据表之间的外键约束。“商品信息表”的示例数据如表 4-3 所示，“商品类型表”的示例数据如表 4-4 所示。

表 4-3　“商品信息表”的示例数据

商品编码	商品名称	类型编号	商品价格	库存数量	售出数量
2024551	联想(Lenovo)天逸 100	0301	¥3,800.00	10	2
1856588	Apple iPhone 6s(A1700)	010101	¥6,240.01	10	2
1912210	创维(Skyworth)55M5	0201	¥3,998.00	20	2
1509661	华为 P8	010101	¥2,058.00	10	2
1514801	小米 Note 白色	010101	¥1,898.00	10	2
2327134	佳能(Canon) HF R76	0102	¥3,570.00	10	2

表 4-4　“商品类型表”

类型编号	类型名称	父类编号
010101	手机	0101
0102	摄影机	01
0201	电视机	02
0301	笔记本	03

在“商品信息表”中“商品编号”是主键，而在“商品类型表”中“类型编号”是主键，当把“商品信息表”中的“类型编号”设置为外键约束后，在“商品信息表”中的“类型”数据就可以使用“商品类型表”的“类型编号”表示。设置完外键约束后，“商品信息表”中的“类型编号”字段值必须在“商品类型表”中存在，同时当在“商品类型表”中删除一个商品类型时，如果“商品信息表”已经使用了该类型，那么“商品类型表”中的数据就无法成功删除，这样就保证了数据库中数据的完整性。

通常将被引用表（例如“商品类型表”），即相关联字段中主键所在的那个数据表称为主表，相关联字段中外键所在的那个数据表（即引用表，例如“商品信息表”）称为从表。

说 明

关联指的是在关系型数据库中相关表之间的联系。它是通过相容或相同的属性或属性级来表示的。从表的外键必须关联主表的主键，且关联字段的数据类型必须匹配，如果数据类型不一致，则创建从表时，会出现错误。

（3）非空约束

非空约束限制表字段值不允许为空（即NULL），当插入或修改数据时，设置了非空约束的字段值不允许为空，必须为具体的值。默认情况下，Oracle允许字段值为NULL，如果要求某字段的值不能为NULL，例如“商品信息表”中的“商品编码”，“商品类型表”中的“类型编号”，就必须为该字段设置非空约束。

主键的字段默认为NOT NULL，不需要再指定，定义了非空约束的字段在添加数据时不能作为省略字段，除非有默认值设置。如果数据表中的某一字段有空值（NULL），那么就不能把该字段设置为主键字段，但可以设置成唯一约束。例如，在“商品类型表”中把“类型编号”字段设置为主键，如果要同时保证类型名称不重名，就可把“类型名称”字段设置为唯一约束。

（4）唯一约束

唯一约束可以保护数据表中的单个字段或多个字段的组合值任何两行（全部为NULL除外）都不相同，确保一个字段或多个字段不出现重复值。由于NULL是未知对象，所以Oracle数据库认为多个NULL值是非重复的。在一个数据表中可以存在多个唯一约束，但主键约束只允许存在一个。声明为主键的字段不允许有空值，但是声明为唯一约束的字段允许有空值（NULL）的存在。

（5）检查约束

检查约束用于规定表字段允许输入的值，以保证数据的正确性和有效性。检查约束实际上定义了一种输入验证规则，表示一个表字段的输入内容必须符合该字段的检查约束条件，如果输入的内容不符合规定条件，则输入的数据无效。例如如果成绩限制为0～100，那么在成绩数据表中输入的分数都必须符合此规则，否则输入的记录数据无法插入到成绩数据表中。

（6）默认值约束

默认值约束指定字段的默认值。可以创建数据表时为字段指定默认值，也可以在修改数据表时为字段指定默认值。默认值约束定义的默认值仅在执行Insert操作插入数据时生效，一个字段至多有一个默认值，其中包括NULL值。

4.1 查看Oracle数据表的结构和记录

【任务4-1】使用SQL Plus查看PDB中数据表EMPLOYEES

【任务描述】

在【SQL Plus】窗口中使用命令方式查看PDB的表空间EXAMPLE的方案HR中的数据表EMPLOYEES的结构和记录。

【任务实施】

（1）以SYS用户作为SYSDBA身份登录Oracle数据库服务器

打开【SQL Plus】窗口，在提示输入用户名的位置输入"SYS/Oracle_12C @orcl as sysdba"命令，按【Enter】键，执行该命令，以 SYS 用户作为 SYSDBA 身份登录数据库服务器。

（2）进入 PDB

在【SQL Plus】窗口提示符"SQL>"后输入以下命令进入 PDB：

```
alter session set container=pdborcl ;
```

按【Enter】键，如果显示"会话已更改。"的提示信息，则表示成功进入 PDB。

（3）查看数据表 EMPLOYEES 的结构信息

在提示符"SQL>"后输入以下命令：

```
Desc HR.EMPLOYEES
```

按【Enter】键查看数据表 EMPLOYEES 的结构信息，查询结果如下所示。

```
名称                          是否为空?          类型
----------------------------- ----------------- -------------------------
EMPLOYEE_ID                   NOT NULL          NUMBER(6)
FIRST_NAME                                      VARCHAR2(20)
LAST_NAME                     NOT NULL          VARCHAR2(25)
EMAIL                         NOT NULL          VARCHAR2(25)
PHONE_NUMBER                                    VARCHAR2(20)
HIRE_DATE                     NOT NULL          DATE
JOB_ID                        NOT NULL          VARCHAR2(10)
SALARY                                          NUMBER(8,2)
COMMISSION_PCT                                  NUMBER(2,2)
MANAGER_ID                                      NUMBER(6)
DEPARTMENT_ID                                   NUMBER(4)
```

（4）查看数据表 EMPLOYEES 的 记录信息

在提示符"SQL>"后输入以下命令：

```
Select Employee_Id, Last_Name, Hire_Date, Salary From Hr.Employees ;
```

按【Enter】键，查看 HR 方案中数据表 EMPLOYEES 的记录信息，部分查询结果如下所示。

```
EMPLOYEE_ID      LAST_NAME      HIRE_DATE       SALARY
---------------- -------------- --------------- -------------
        100      King           17-6 月 -03      24000
        101      Kochhar        21-9 月 -05      17000
        102      De Haan        13-1 月 -01      17000
        103      Hunold         03-1 月 -06      9000
        104      Ernst          21-5 月 -07      6000
        105      Austin         25-6 月 -05      4800
```

（5）设置 Oracle 12c 的默认日期格式

打开【注册表编辑器】窗口，在该窗口中定位到 HKEY_LOCAL_MACHINE\SOFTWARE\ORACLE\KEY_OraDB12Home1，然后新建一个"字符串值"，名称为"NLS_DATE_FORMAT"，类型为"REG_SZ"，值为"YYYY-MM-DD"，如图 4-1 所示。

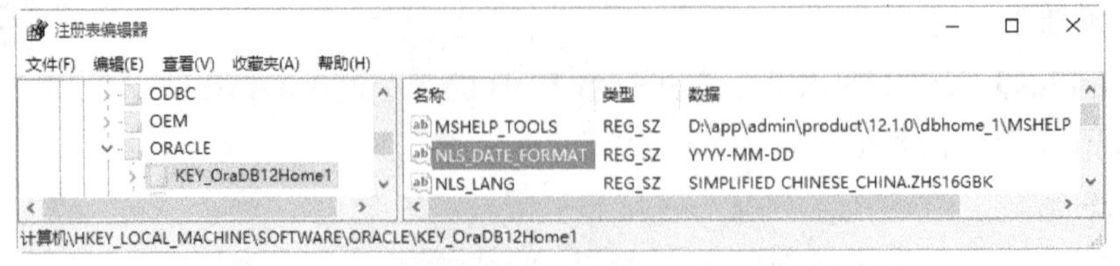

图 4-1　在【注册表编辑器】窗口新建"字符串值"

以 SYS 用户作为 SYSDBA 身份重新登录数据库服务器，且进入 PDB，再一次查看数据 Employees 的记录信息，部分查询结果如下所示。

```
EMPLOYEE_ID    LAST_NAME      HIRE_DATE     SALARY
-------------- -------------- ------------- ------------
        100    King           2003-06-17    24000
        101    Kochhar        2005-09-21    17000
        102    De Haan        2001-01-13    17000
        103    Hunold         2006-01-03    9000
        104    Ernst          2007-05-21    6000
        105    Austin         2005-06-25    4800
```

【任务 4-2】 使用 Oracle SQL Developer 查看方案 HR 中的数据表 DEPARTMENTS

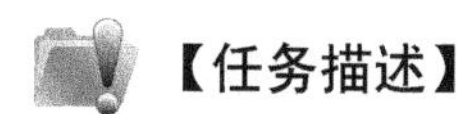

【任务描述】

（1）在【Oracle SQL Developer】中查看方案 HR 中所有的数据表名称。

（2）在【Oracle SQL Developer】中查看 PDB 的方案 HR 中的数据表 DEPARTMENTS 的结构数据和记录数据。

【任务实施】

（1）打开【Oracle SQL Developer】主窗口且选择所需连接

由于单元 1 已在【Oracle SQL Developer】成功创建了 2 个连接，这里直接打开【Oracle SQL Developer】主窗口，且在左侧窗格中选择已创建的连接“LuckyConn”，由单元 1 的【任务 1-5】可知该连接是以“SYSTEM”用户身份连接到 ORCL 数据库的。

（2）进入 PDB

在【Oracle SQL Developer】窗口中的脚本输入区域输入以下命令进入 PDB：

```
alter session set container=pdborcl ;
```

单击【运行语句】按钮▶，下方的【脚本输出】窗格中显示“session SET 已变更。”的信息，表示成功进入 PDB。

（3）打开“方案浏览器”

在【Oracle SQL Developer】的左侧窗格中右键单击连接“LuckyConn”，在弹出的快捷菜单中选择【方案浏览器】命令，如图 4-2 所示。然后打开【方案浏览器】。

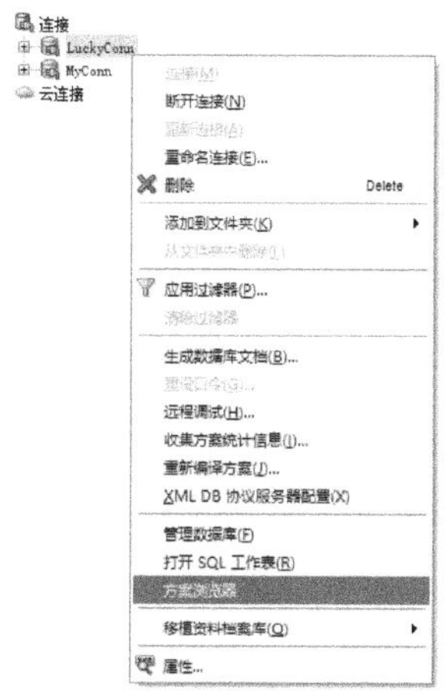

图 4-2　在快捷菜单中选择【方案浏览器】命令

（4）选择已有方案 HR 与查看该方案的数据表

在【方案浏览器】的“方案”列表框中选择已有方案“HR”，如图 4-3 所示。

选择方案 HR 后的【方案浏览器】如图 4-4 所示，可以浏览该方案中所有数据表的名称。

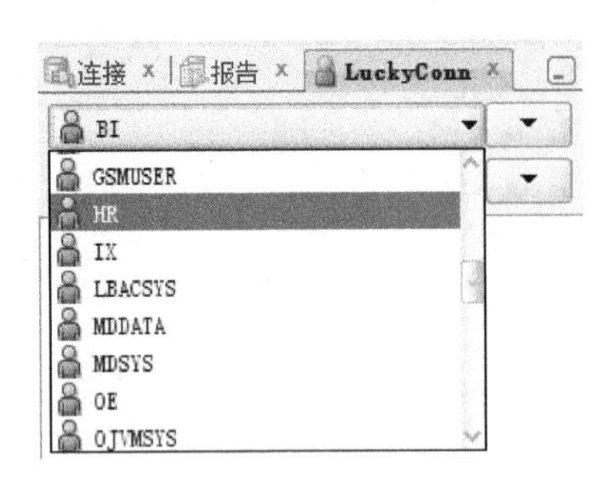

图 4-3　在“方案”列表框中选择已有方案“HR”

图 4-4　浏览方案 HR 中的所有数据表

（5）查看数据表 DEPARTMENTS 的结构数据

在【方案浏览器】的数据表列表框中双击“DEPARTMENTS”，在右侧窗格打开数据表“DEPARTMENTS”，默认显示其结构数据，如图 4-5 所示。

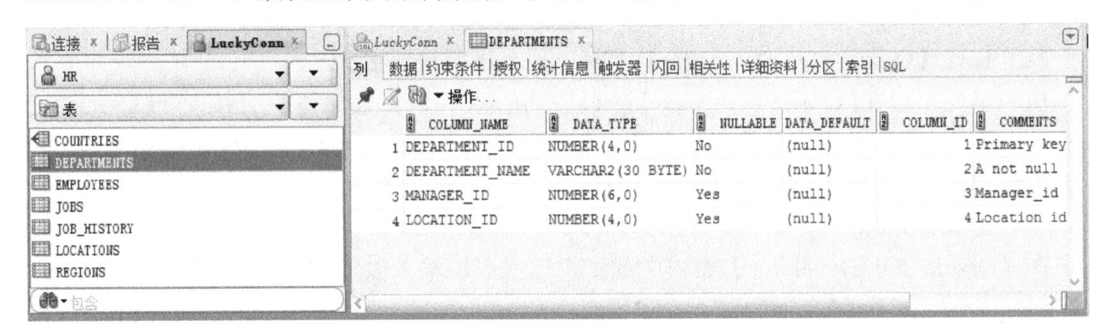

	COLUMN_NAME	DATA_TYPE	NULLABLE	DATA_DEFAULT	COLUMN_ID	COMMENTS
1	DEPARTMENT_ID	NUMBER(4,0)	No	(null)	1	Primary key
2	DEPARTMENT_NAME	VARCHAR2(30 BYTE)	No	(null)	2	A not null
3	MANAGER_ID	NUMBER(6,0)	Yes	(null)	3	Manager_id
4	LOCATION_ID	NUMBER(4,0)	Yes	(null)	4	Location id

图 4-5　查看数据表“DEPARTMENTS”的结构数据

（6）查看数据表 DEPARTMENTS 的记录数据

在右侧窗格中切换到“数据”选项卡，显示数据表“DEPARTMENTS”的记录数据，如图 4-6 所示。

	DEPARTMENT_ID	DEPARTMENT_NAME	MANAGER_ID	LOCATION_ID
1	10	Administration	200	1700
2	20	Marketing	201	1800
3	30	Purchasing	114	1700
4	40	Human Resources	203	2400
5	50	Shipping	121	1500
6	60	IT	103	1400

图 4-6　查看数据表“DEPARTMENTS”的记录数据

（7）进入 CDB

在【Oracle SQL Developer】窗口中的脚本输入区域输入以下命令进入 CDB：

```
alter session set container=cdb$root ;
```

单击【运行语句】按钮▶，下方的【脚本输出】窗格中显示“session SET 已变更。”的信息，表示成功进入 CDB。

4.2 使用 Oracle SQL Developer 创建与维护 Oracle 数据表

创建数据表实际上就是定义表的结构，表的结构主要包括数据表与字段的名称、字段的数据类型，以及建立在表或字段上的约束。可以使用【Oracle SQL Developer】通过图形化界面创建与维护数据表，也可以在【SQL Plus】中使用 Create Table 命令创建数据表。

【任务 4-3】使用 Oracle SQL Developer 创建“客户信息表”和“商品信息表”

【任务描述】

（1）使用【Oracle SQL Developer】在方案“SYSTEM”中创建数据表“客户信息表”。

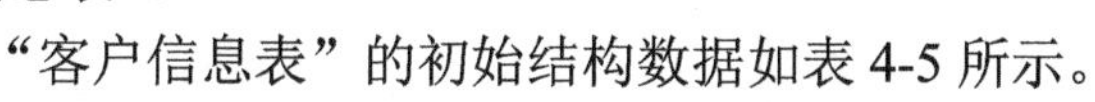

“客户信息表”的初始结构数据如表 4-5 所示。

表 4-5　“客户信息表”的初始结构数据

字 段 名 称	数据类型（字段长度）	是否允许为空	约　束
客户编号	char(6)	否	主键
客户名称	varchar2(20)	是	
收货地址	varchar2(50)	是	
手机号码	varchar2(20)	是	
固定电话	varchar2(20)	是	
Email	varchar2(20)	是	
邮政编码	char(6)	是	
身份证号	char(18)	是	

（2）使用【Oracle SQL Developer】在方案“C##commerce”中创建数据表“商品信息表”。“商品信息表”的初始结构数据如表 4-6 所示。

表 4-6　“商品信息表”的初始结构数据

字 段 名 称	数据类型（字段长度）	是否允许为空
商品编码	char(6)	否
商品名称	varchar2(30)	是
商品价格	number(8,2)	是
库存数量	number(6)	是
生产日期	date	是

【任务实施】

1. 创建数据表“客户信息表”

（1）启动【Oracle SQL Developer】

（2）在【Oracle SQL Developer】主窗口的左侧窗格中选择已有连接“LuckyConn”。

（3）创建“客户信息表”

在【Oracle SQL Developer】左侧窗格树型结构中右键单击“表”节点，在弹出的快捷菜单中选择【新建表】命令，如图4-7所示。

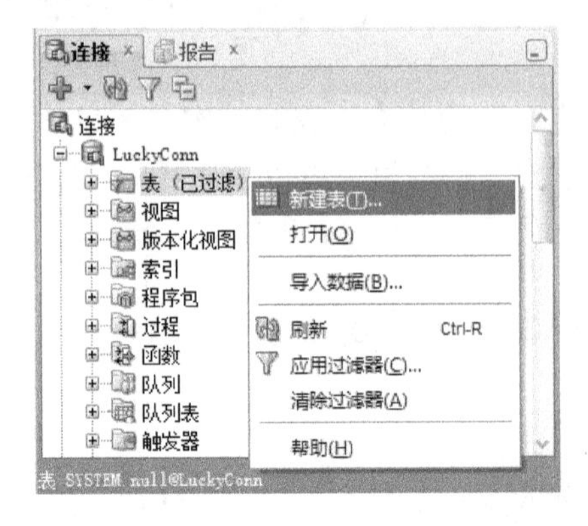

图4-7 在“表”节点的快捷菜单中选择【新建表】命令

打开如图4-8所示的【创建表】对话框，在该对话框中选择默认方案“SYSTEM”，“名称”文本框中输入“客户信息表”。

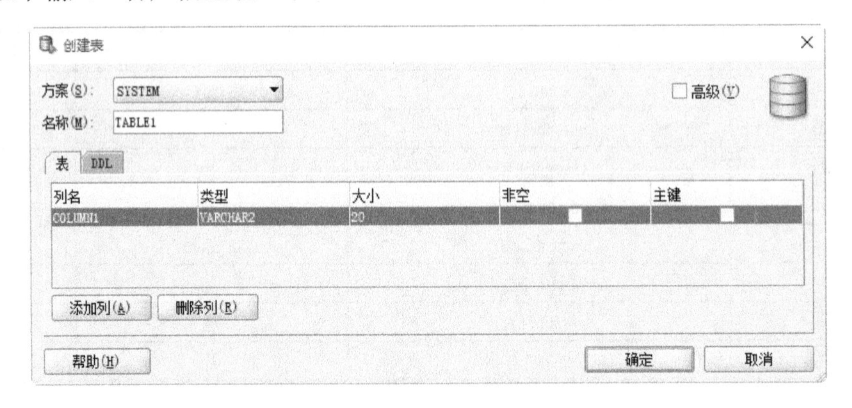

图4-8 【创建表】对话框的初始界面

（4）编辑与添加表字段

在第1行的“字段名”位置输入“客户编号”，“类型”保留“VARCHAR2”不变，在“大小”位置输入“6”，选中“非空”和“主键”复选框。

单击【添加列】按钮，增加新的空白字段，再依次输入“字段名”、“大小”，选择“类型，新增8个表字段的表结构如图4-9所示。

（5）设置表字段的数据类型

由图4-9可知，新添加的8个表字段都采用了VARCHAR2数据类型。在一般状态下，表字段的类型只能从“BLOB”、“CLOB”、“DATE”、“NUMBER”、“VARCHAR2”5种数据类型中选择一种，并没有“CHAR”这种数据，对于定长数据，则需要使用“CHAR”数据类型。

在【创建表】对话框中单击选择复选框“高级”，切换到“创建表”的高级方式，如图4-10所示。

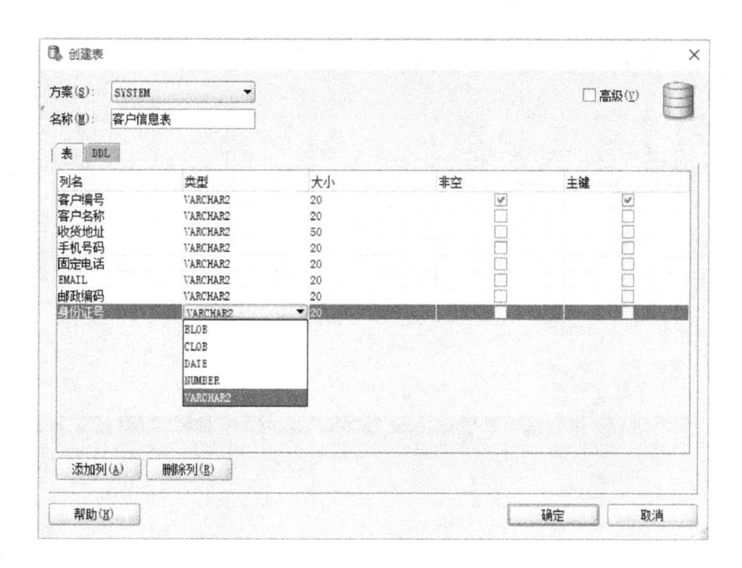

图 4-9　新增 8 个表字段的表结构

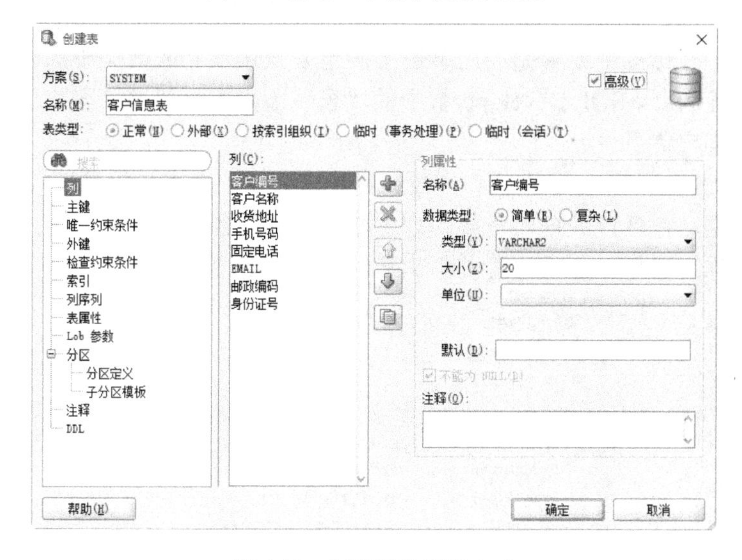

图 4-10　创建表的高级方式

在创建表的高级方式下，可以为表字段指定 Oracle 12c 支持的任何数据类型，当然也可以选择“CHAR”数据类型。在“高级”界面“列”中选择“客户编号”，然后打开“类型”列表框，在该数据类型列表中选择“CHAR”，如图 4-11 所示。在“单位”列表中选择“BYTE”。

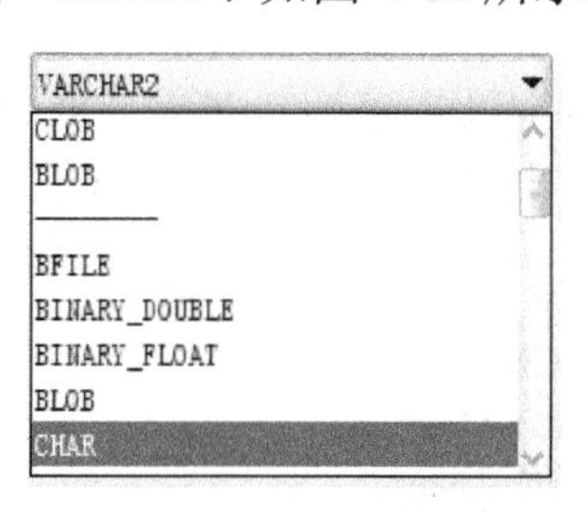

图 4-11　在 Oracle 12c 支持的数据类型列表中选择“CHAR”类型

以类似方法设置“邮政编码”和“身份证号”的类型为“CHAR”，3 个字段的数据类型设置为“CHAR”后，“客户信息表”的结构数据如图 4-12 所示。

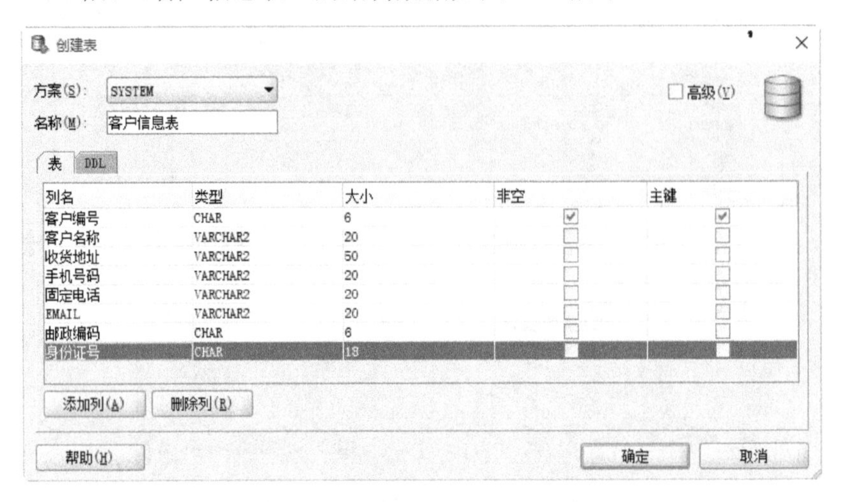

图 4-12　“客户信息表”的结构数据

在【创建表】对话框中设置完成后单击【确定】按钮，完成数据表的创建，关闭【创建表】对话框，在【Oracle SQL Developer】中的“表”节点下将新增“客户信息表”子节点。

（6）查看“客户信息表”

在【Oracle SQL Developer】主窗口左侧窗格中双击节点“客户信息表”，将在右侧显示该数据表的结构数据，包括该数据表所属的列、数据、约束条件、授权、统计信息、触发器、闪回、相关性、详细资料、分区、索引和 SQL，如图 4-13 所示。

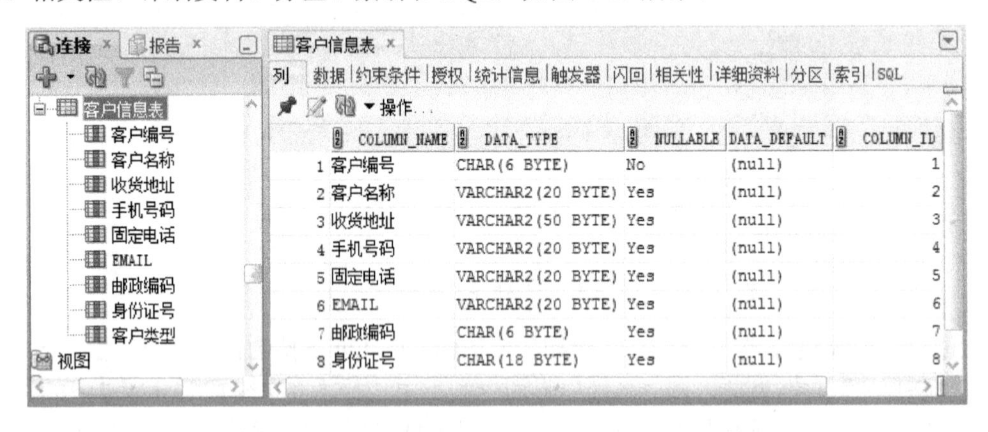

图 4-13　查看新创建数据表“客户信息表”的结构数据

切换到“SQL”选项卡，用户可以查看创建数据表的 SQL 语句，SQL 语句如下所示。

```
CREATE TABLE "SYSTEM"."客户信息表"
  (
    "客户编号" CHAR(6 BYTE) NOT NULL ENABLE,
    "客户名称" VARCHAR2(20 BYTE),
    "收货地址" VARCHAR2(50 BYTE),
    "手机号码" VARCHAR2(20 BYTE),
    "固定电话" VARCHAR2(20 BYTE),
    "EMAIL" VARCHAR2(20 BYTE),
    "邮政编码" CHAR(6 BYTE),
```

```
    "身份证号" CHAR(18 BYTE)
  ) PCTFREE 10 PCTUSED 40 INITRANS 1 MAXTRANS 255
NOCOMPRESS LOGGING
 STORAGE(INITIAL 65536 NEXT 1048576 MINEXTENTS 1 MAXEXTENTS 2147483645
 PCTINCREASE 0 FREELISTS 1 FREELIST GROUPS 1
 BUFFER_POOL DEFAULT FLASH_CACHE DEFAULT CELL_FLASH_CACHE DEFAULT)
 TABLESPACE "SYSTEM" ;
```

2. 创建数据表“商品信息表”

（1）打开“方案浏览器”

在【Oracle SQL Developer】的左侧窗格中右键单击连接“LuckyConn”，在弹出的快捷菜单中选择【方案浏览器】命令，然后打开【方案浏览器】。

（2）选择已有方案 C##COMMERCE

在【方案浏览器】的“方案”列表框中选择已有方案“C##COMMERCE”，如图 4-14 所示。

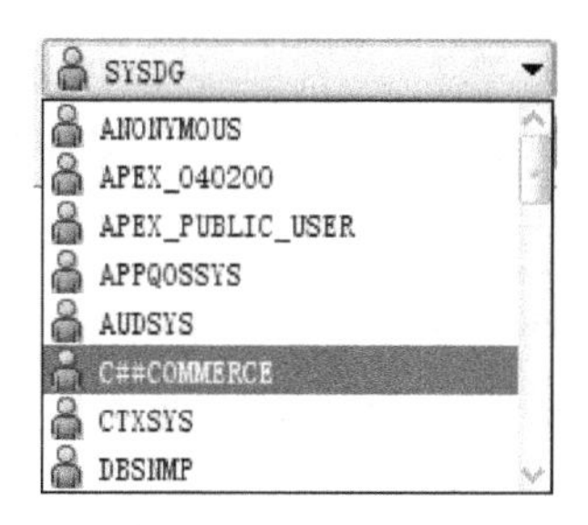

图 4-14　在“方案”列表框中选择已有方案“C##COMMERCE”

（3）新建数据表

选择方案“C##COMMERCE”后，在“表”右侧单击按钮▾，在弹出的下拉菜单中选择【新建表】命令，如图 4-15 所示。

图 4-15　在下拉菜单中选择【新建表】命令

打开【创建表】对话框，在该对话框中选择默认方案“C##COMMERCE”，“名称”文本框中输入“商品信息表”。

然后依次添加多个字段，分别输入各个字段的字段名，设置类型、大小和非空等，“商品信息表”数据表的结构数据如图 4-16 所示。

在【创建表】对话框中设置完成后单击【确定】按钮，完成数据表的创建，关闭【创建表】对话框，在“方案浏览器”的“表”列表框中将出现新增的“商品信息表”，如图 4-17 所示。

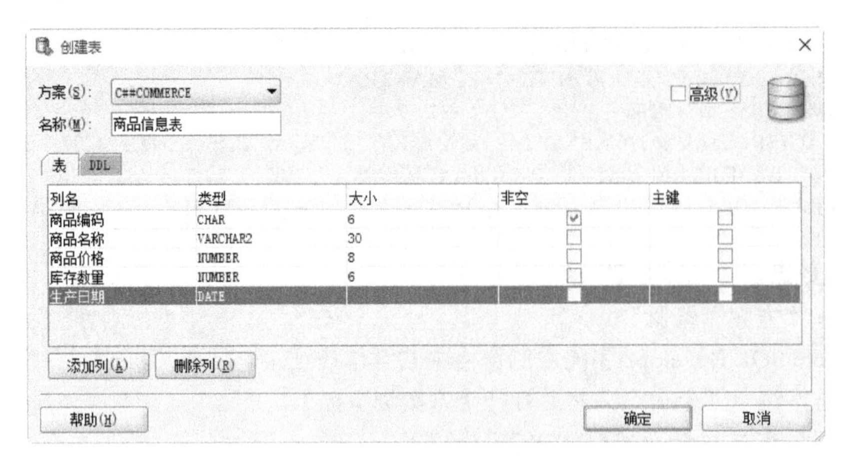

图 4-16 “商品信息表”数据表的结构数据

图 4-17 “方案浏览器”的“表”列表框中的“商品信息表”

在“方案浏览器”的“表”列表框中双击“商品信息表”，在右侧显示该数据表的结构数据。

在【Oracle SQL Developer】主窗口左侧窗格中依次展开连接“LuckyConn”→“其他用户”-“C##COMMERCE”→“表”，可以看到方案“C##COMMERCE”中的新建的数据表“商品信息表”，如图 4-18 所示。

图 4-18 查看方案“C##COMMERCE”中的“商品信息表”

【任务 4-4】使用 Oracle SQL Developer 修改“商品信息表”和“客户信息表”的结构

Oracle 数据表创建之后还可能对其进行必要的修改，可以修改数据表字段名称、数据类型、大小、默认值和 NOT NULL 约束等，也可以为数据表添加或删除表中的字段，添加、修改和删除表中的约束条件等。

【任务描述】

（1）在方案“C##COMMERCE”的数据表“商品信息表”中新增表 4-7 所示的 5 个字段。

表 4-7　“商品信息表”的结构数据

字段名称	数据类型（字段长度）	是否允许为空
类型编号	char(6)	否
优惠价格	number(8,2)	是
售出数量	number(6)	是
商品描述	varchar2(500)	是
图片地址	varchar2(100)	是

（2）在方案“SYSTEM”的数据表“客户信息表”中添加 1 个字段：字段名为“客户类型”，数据类型为“char”，长度为“1”。

【任务实施】

1. 修改数据表“商品信息表”

（1）在【Oracle SQL Developer】主窗口左侧依次展开节点“LuckyConn”→“其他用户”→“C##COMMERCE”→“表”，右键单击数据表“商品信息表”，在弹出的快捷菜单中选择【编辑】命令，如图 4-19 所示，打开【编辑表】对话框。

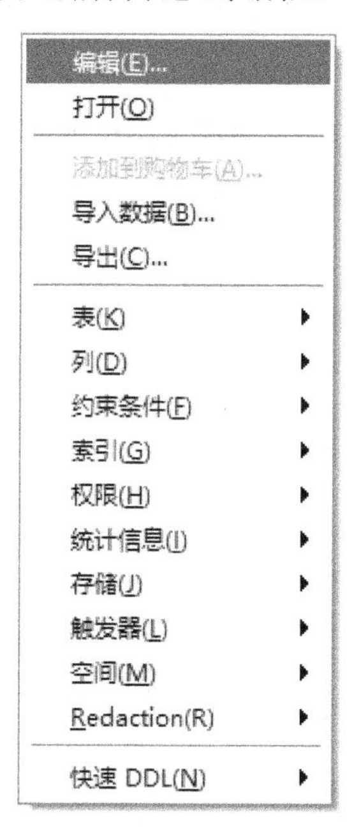

图 4-19　在快捷菜单中选择【编辑】命令

（2）在【编辑表】对话框中单击【添加列】按钮 ✚，然后在“列属性”区域分别输入字段名称“类型编号”、选择数据类型“CHAR”、在“大小”文本框中输入数字“6”，选择“不能为 NULL”复选框。在该对话框中可以根据需要修改其他表字段的属性，5 个字段都添加完成如图 4-20 所示，修改完成后单击【确定】按钮保存修改结果。

图 4-20 【编辑表】对话框中新增 5 个字段

2. 修改数据表“客户信息表”

(1) 打开【添加】对话框

在【Oracle SQL Developer】主窗口左侧窗格中右键单击数据表“客户信息表”，在弹出的快捷菜单中选择【列】→【添加】命令，如图 4-21 所示，打开如图 4-22 所示【添加】对话框，利用该对话框也可以添加表字段。

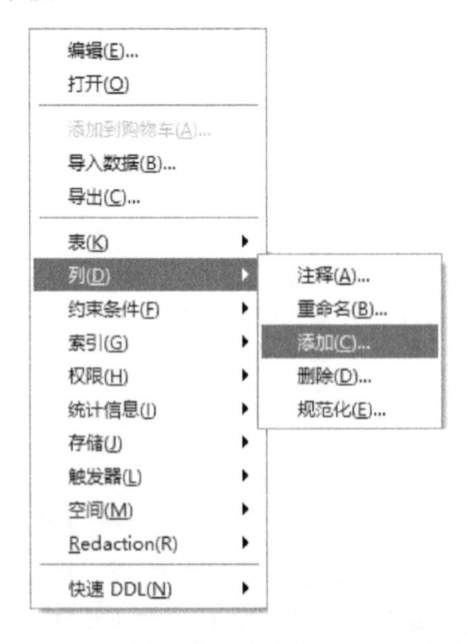

图 4-21 在快捷菜单中选择“添加”命令

图 4-22　【添加】对话框

（2）新增字段

在【添加】对话框的“显示”选项卡中分别输入字段名“客户类型”、选择数据类型“CHAR”、在“精度”文本框中输入“1”，如图 4-23 所示。属性数据输入完成后单击【应用】按钮保存修改结果，此时会弹出如图 4-24 所示的【确认】对话框，单击【确定】按钮即可。

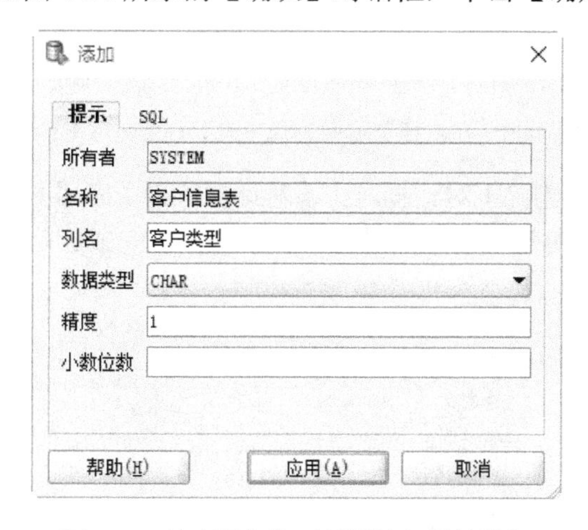

图 4-23　在【添加】对话框输入属性数据

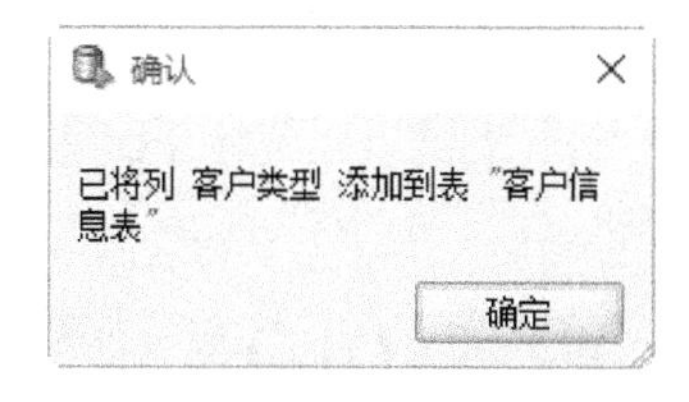

图 4-24　【确认】按钮

【任务 4-5】 在【Oracle SQL Developer】中删除 Oracle 数据表

【任务描述】

尝试在【Oracle SQL Developer】中删除方案“C##COMMERCE”中的数据表“商品信息表”。

【任务实施】

在【Oracle SQL Developer】主窗口左侧依次展开节点“LuckyConn”→“其他用户”→“C##COMMERCE”→“表”，右键单击数据表“商品信息表”，在弹出的快捷菜单中选择【表】→【删除】命令，如图 4-25 所示。

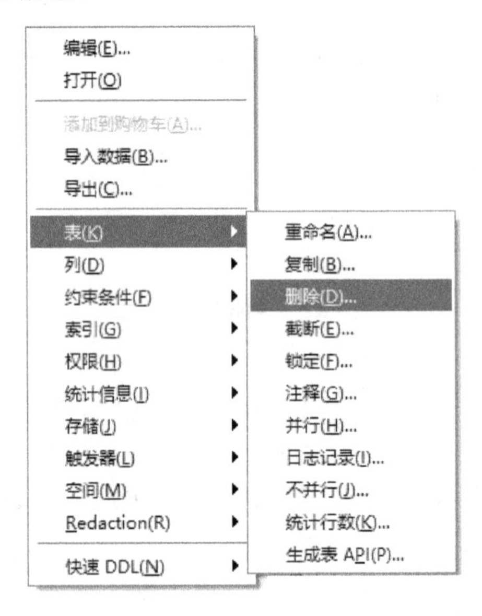

图 4-25　在快捷菜单中选择【表】→【删除】命令

打开如图 4-26 所示【删除】对话框，在该对话框单击【应用】按钮，弹出如图 4-27 所示的【确认】对话框，在该对话框中单击【确定】按钮即可完成删除数据表的操作。

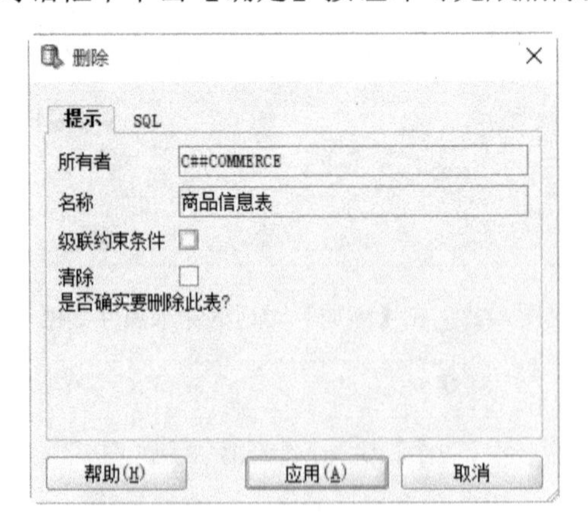

图 4-26　【删除】对话框

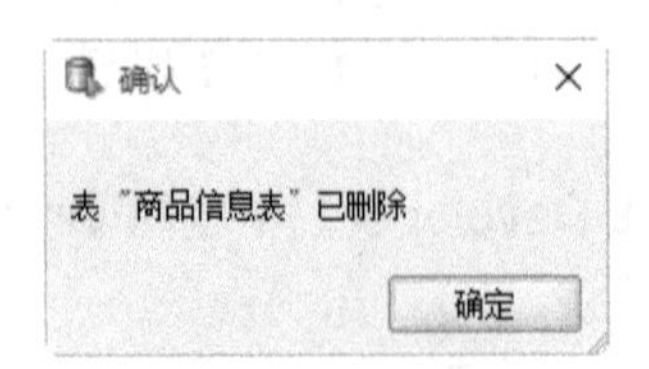

图 4-27　【确认】对话框

【任务 4-6】 在【Oracle SQL Developer】中新增与修改“客户信息表”的记录

Oracle 数据表创建完成后，就可以对数据表的数据记录进行新增、修改和删除操作。

【任务描述】

在“客户信息表”添加表 4-8 所示的记录数据。

表 4-8　在“客户信息表”新增的记录数据

客户编号	客户名称	收货地址	手机号码	固定电话
100001	胡南	湖南省株洲市	13054158668	22786868
100002	江北	湖南省株洲市	18956584566	22786668
Email	邮政编码	身份证号		客户类型
luck@126.com	412001	430224197512151227		1
good@163.com	412002	430204198405180024		2

【任务实施】

（1）在【Oracle SQL Developer】主窗口右侧窗格的“客户信息表”中切换到“数据”选项卡，如图 4-28 所示，在该选项卡中可以插入、修改和删除记录数据。

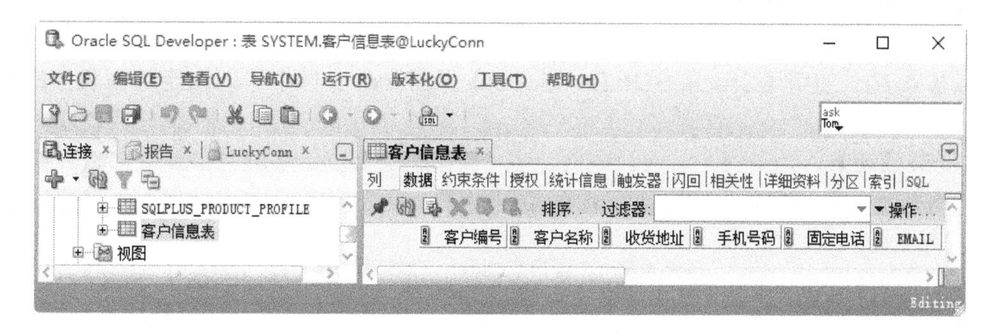

图 4-28　“客户信息表”的“数据”选项卡

（2）在“客户信息表”的工具按钮区域单击【插入行】按钮，在记录显示区域插入一个空白行，在空白行的“客户编号”列中双击，然后输入数据“100001”。依次双击其他输入数据的位置，完成数据的输入。

按同样的方法插入第 2 条记录数据，新增的记录数据输入完成后，单击工具按钮区域的【刷新】按钮，打开“保存更改”对话框，如图 4-29 所示，在该对话框中单击【是】按钮，完成新增记录数据的提交操作，此时，将会显示“消息-日志”子窗口。

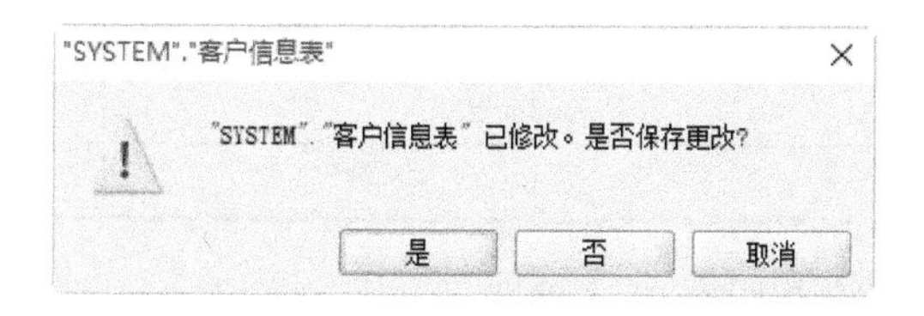

图 4-29　“保存更改”对话框

注 意

也可以通过单击工具按钮区的【提交】按钮提交新增的记录数据，此时将不会弹出如图4-29所示的“保存更改”对话框

“客户信息表”中新插入的2条记录数据如图4-30所示，在【Oracle SQL Developer】主窗口工具栏中单击【保存】按钮保存新增的数据记录。

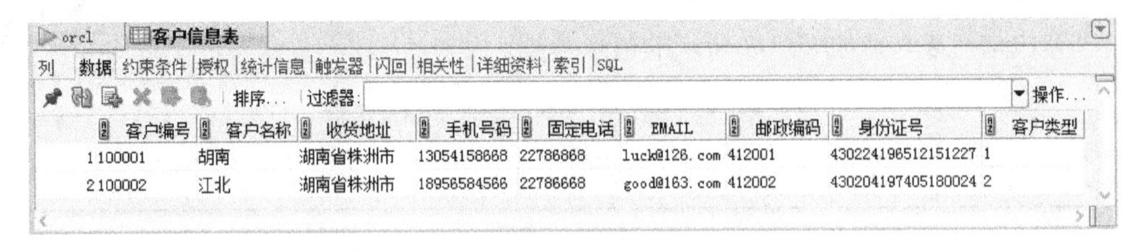

图4-30 “客户信息表”中新插入的2条记录数据

（3）如果需要修改记录数据，直接双击要修改的数据内容区域，进入编辑状态，在数据编辑栏内直接修改数据内容，数据修改完成后单击【刷新】按钮或者【提交】按钮，即可完成记录数据的更新操作。

（4）如果需要删除记录，先选中待删除的记录行，然后单击【删除所选行】按钮进行删除，接着单击【刷新】按钮或者【提交】按钮，完成记录的删除操作。

4.3 导入与导出数据

【任务4-7】 使用【Oracle SQL Developer】从Excel文件中导入指定数据表中的数据

【任务描述】

“客户类型表”的结构数据如表4-9所示。

表4-9 “客户类型表”的结构数据

字段名称	数据类型（字段长度）	是否允许为空
客户类型ID	char(1)	否
客户类型	varchar2(20)	是
客户类型说明	varchar2(50)	是

“商品类型表”的结构数据如表4-10所示。

表4-10 “商品类型表”的结构数据

字段名称	数据类型（字段长度）	是否允许为空
类型编号	char(6)	否
类型名称	varchar2(20)	是
父类编号	char(6)	是

“商品信息表”的结构数据如表4-11所示。

表 4-11　“商品信息表”的结构数据

字 段 名 称	数据类型（字段长度）	是否允许 Null 值
商品编码	char(7)	否
商品名称	varchar2(50)	是
类型编号	char(6)	否
商品价格	number(10,2)	是
优惠价格	number(10,2)	是
折扣	number(6,2)	是
库存数量	number(6,0)	是
售出数量	number(6,0)	是
商品描述	varchar2(500)	是
图片地址	varchar2(100)	是
生产日期	date	是

使用【Oracle SQL Developer】将 Excel 文件“eCommerce.xls”的工作表“客户类型表”、“商品类型表”和“商品信息表”中的全部数据分别导入到方案“SYSTEM”的数据表“客户类型表”、“商品类型表”和“商品信息表”中，且根据表 4-9～表 4-11 所描述的结构数据修改各个数据表相应的结构数据。

【任务实施】

（1）在【Oracle SQL Developer】主窗口左侧展开连接节点“LuckyConn”，右键单击节点“表”，在弹出的快捷菜单中选择【导入数据】命令，弹出【打开】对话框。

（2）在【打开】对话框中选择导入数据源“eCommerce.xls”，如图 4-31 所示，单击【打开】按钮。

图 4-31　在【打开】对话框中选择导入数据源“eCommerce.xls”

（3）打开【数据导入向导】之“数据预览”对话框，在“工作表”下拉列表中选择“客户类型表”，选择复选框“标题”，结果如图 4-32 所示。单击【下一步】按钮。

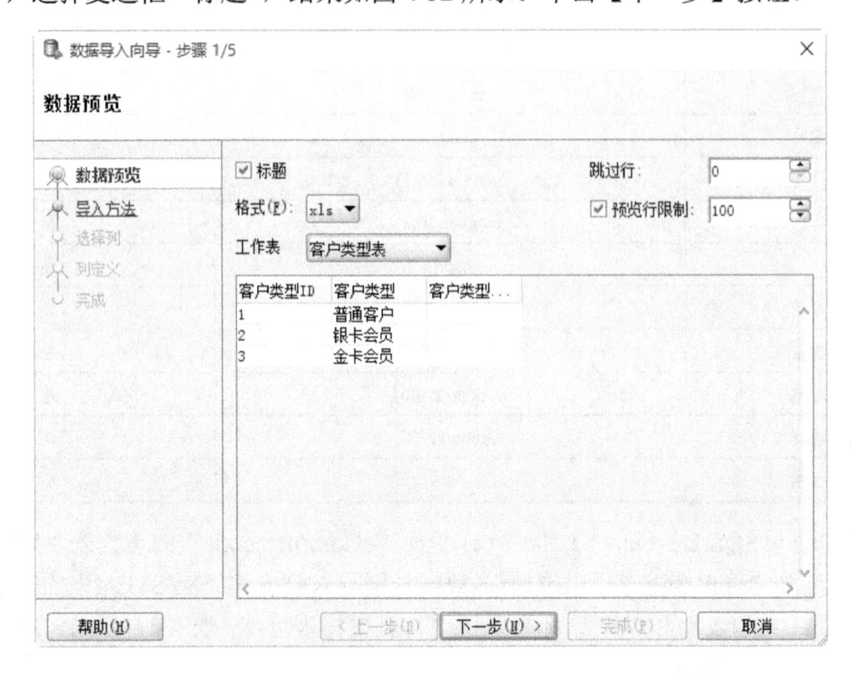

图 4-32　【数据导入向导】之“数据预览”对话框

（4）打开【数据导入向导】之“导入方法”对话框，在“导入方法”列表中选择“插入”选项，在“表名”文本框中输入“客户类型表”，“导入行限制”设置为“100”，结果如图 4-33 所示。单击【下一步】按钮。

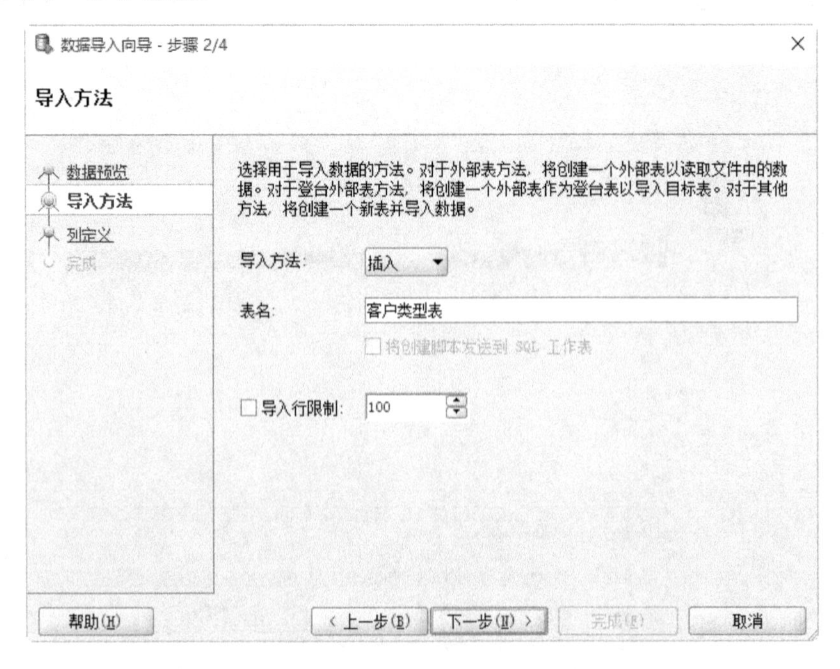

图 4-33　【数据导入向导】之“导入方法”对话框

（5）打开【数据导入向导】之“选择列”对话框，单击【全部添加】按钮»，将“可用列”列表中的全部字段添加到“所选列”中，如图 4-34 所示。单击【下一步】按钮。

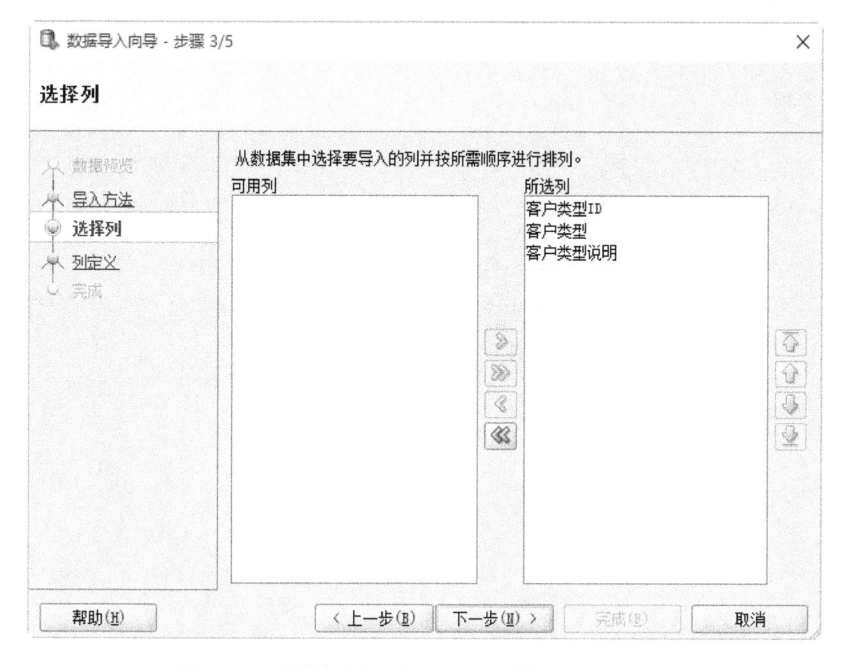

图 4-34 【数据导入向导】之“选择列”对话框

（6）打开【数据导入向导】之“列定义”对话框，在该对话框分别设置好字段的名称、数据类型、大小及精度、是否可为空值、默认值，如图 4-35 所示。单击【下一步】按钮。

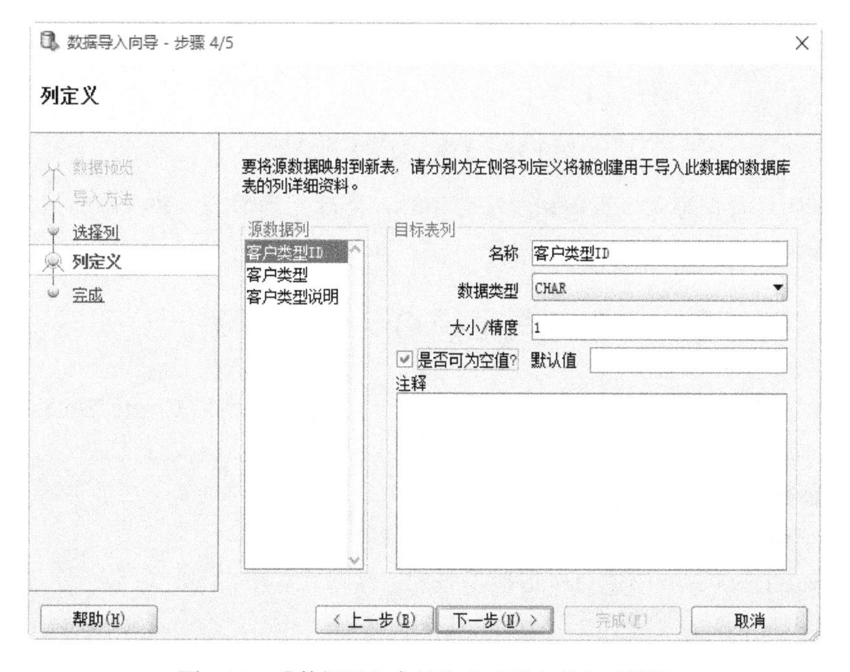

图 4-35 【数据导入向导】之“列定义”对话框

（6）打开【数据导入向导】之“完成”对话框，单击【验证】按钮，验证结果如图 4-36

所示。单击【完成】按钮完成“客户类型表”的数据导入，弹出如图 4-37 所示的【导入数据】对话框，在该对话框中单击【确定】按钮即可。

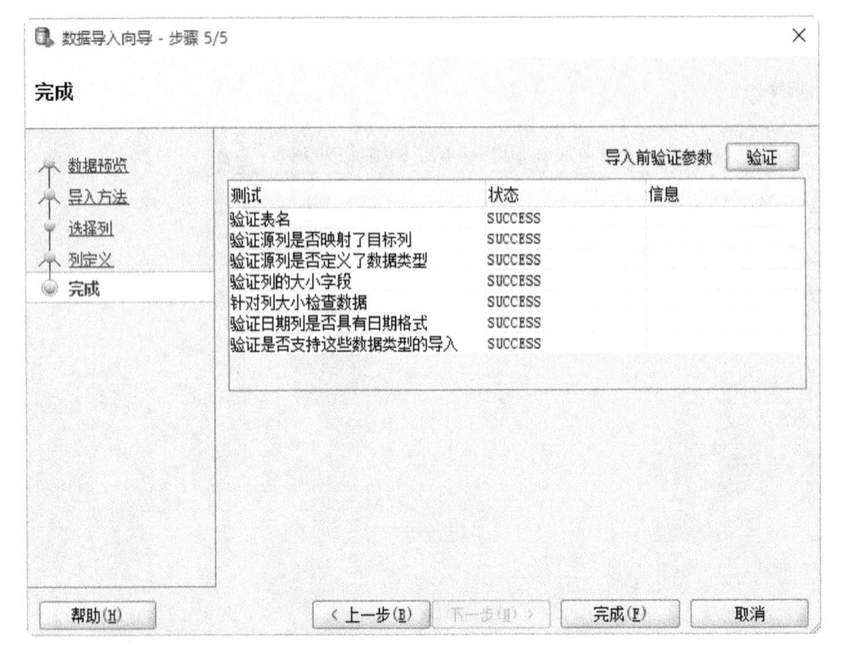

图 4-36 【数据导入向导】之“完成”对话框

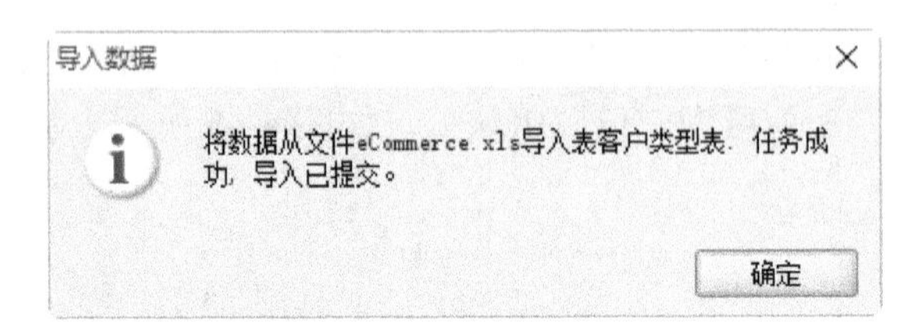

图 4-37 【导入数据】对话框

按照同样的“数据导入”过程和方法分别导入“商品类型表”和“商品信息表”中全部数据，且在导入过程修改数据表的结构。

4.4 使用命令方式创建与维护 Oracle 数据表

在 SQL Plus 中或者【Oracle SQL Developer】中，都可以使用 Create Table 命令创建数据表。

【知识必备】

1. 使用 Create Table 命令创建 Oracle 数据表

使用 Create Table 命令创建 Oracle 数据表的语法格式如下：

```
Create Table [ <方案名>.]<表名>
(
  <字段名 1> <数据类型> [ <字段级别约束条件> ] [ Default <默认值> ] ,
  <字段名 2> <数据类型> [ <字段级别约束条件> ] [ Default <默认值> ]
  …
```

```
    [ <表级别约束条件> ]
);
```

各参数说明如下：

① 方案是指新表所属的用户方案，例如“SYSTEM”。

② 表名必须符合 PL/SQL 标识符的命名规则，在同一个方案中数据表的名称不能重复。

③ 在同一个数据表中不能有重复相同的字段名。

④ 数据类型可以是 PL/SQL 支持的任何数据类型，常用的数据类型有 varchar2、char、number、date 等。

⑤ 约束是指对表字段实施主键约束、外键约束、非空约束、唯一约束、检查约束等。

⑥ 如果创建的数据表有多个字段，则使用半角逗号分隔。

在 Oracle 中，可以使用“Create Table <表名> As”语句来创建一个数据表并且向数据表中添加记录数据。这时 As 后面需要跟一个 Select 子句，这条语句的功能是创建一个数据表，其表结构和 Select 子句的字段列表相同，同时将该 Select 子句所选择的记录插入到新创建的数据表中。

3．使用 Alter Table 命令修改 Oracle 数据表

如果需要对已经创建好的数据表进行修改，可以使用 Alter Table 命令完成。修改数据表的语法格式如下所示：

```
Alter Table [ <方案名>.]<数据表名>
    [ Add <字段名> <数据类型> [ <字段级别约束条件> ] [ Default <默认值> ]]
    [ Modify <字段名> <数据类型> [<字段级别约束条件>] [ Default <默认值> ]]
    [ Drop Column <字段名> ] ;
```

各参数说明如下：

① Add 表示向数据表中添加字段，新添加字段位于数据表的末尾。

② Modify 表示修改数据表中已有的字段。

③ Drop Column 表示删除数据表中已有的字段，在删除数据表的字段时经常加“Constraint 字段名”子句删除字段名对应的完整性约束，加“Cascade”子句删除字段名对应的其他所有的完整性约束。

修改数据表的名称的语法格式如下：

```
Alter Table [ <方案名>.]<原数据表名> To [ <方案名>.]<新数据表名> ;
```

修改数据表字段名的语法格式如下：

```
Alter Table [ <方案名>.]<数据表名> Rename Column <原字段名> To <新字段名> ;
```

2．使用 Drop Table 命令删除 Oracle 数据表

删除数据表就是将数据库中已经存在的数据表从数据库中删除。在删除数据表的同时，数据表的定义和所有记录都将被删除。

使用 Drop Table 命令删除没有被其他数据表关联的数据表的语法格式如下所示。

```
Drop Table [ <方案名>.]<表名> ;
```

数据表之间存在外键关联的情况下，如果直接删除主表，则不能成功。其原因是直接删除，将破坏数据表的参照完整性。如果必须要删除，可以先删除与它关联的从表，再删除主表，但这样会同时删除两个数据表中的数据。有的情况下可能要保留从表，这时如果单独删除主表，只需将关联的表外键条件取消，然后就可以删除主表。

如果数据表包含外键约束，删除数据表的同时删除所有外键约束的语法格式如下所示。

```
Drop Table [ <方案名>.]<表名> [ Cascade Constrains ] ;
```

【任务 4-8】在 SQL Plus 中使用命令方式创建“用户类型表”

【任务描述】

在 SQL Plus 中使用命令方式在方案“SYSTEM”中创建“用户类型表”，该表的初始结构数据如表 4-12 所示。

表 4-12 “用户类型表”的结构数据

字 段 名 称	数据类型（字段长度）	是否允许为空
用户类型 ID	char	否
类型名称	varchar2(20)	是

【任务实施】

（1）以 SYSTEM 用户作为 SYSDBA 身份登录数据库服务器

打开【SQL Plus】窗口，在提示输入用户名位置输入以下命令：

```
SYSTEM/Oracle_12C @orcl as sysdba
```

按【Enter】键，执行该命令，以 SYSTEM 用户作为 SYSDBA 身份登录数据库服务器。

（2）输入创建数据表的命令

在提示符“SQL>”后输入创建数据表的命令：

```
Create Table SYSTEM.用户类型表
    (
        用户类型 ID char NOT NULL ,
        类型名称  varchar2(20) NULL
    );
```

按【Enter】键，显示“表已创建。”的提示信息，成功创建“用户类型表”。

（3）在【SQL Plus】窗口查看“用户类型表”的结构数据

在提示符“SQL>”后输入创建以下命令：

```
Desc SYSTEM.用户类型表 ;
```

按【Enter】键，该数据表的结构数据如下所示。

```
名称                是否为空?      类型
---------------------- ------------------ ----------------------
 用户类型 ID         NOT NULL      CHAR(1)
 类型名称                          VARCHAR2(20)
```

【任务 4-9】在 SQL Plus 中执行 SQL 脚本创建“用户表”

在 SQL Plus 中使用命令方式在方案“SYSTEM”中创建“用户表”，该表的初始结构数据如表 4-13 所示。

表 4-13 “用户表”的结构数据

字 段 名 称	数据类型（字段长度）	是否允许为空
用户 ID	char(6)	否
用户名	char(10)	是

续表

字 段 名 称	数据类型（字段长度）	是否允许为空
密码	varchar2(10)	是
Email	varchar2(50)	是
用户类型	char	是

【任务实施】

（1）使用 Windows 操作系统自带的【记事本】创建一个脚本文件 createUser.sql，该脚本文件的代码如下所示：

```
Create Table SYSTEM.用户表
(
  用户 ID     char(6)  NOT NULL ,
  用户名     char(10) ,
  密码       varchar2(10) ,
  Email      varchar2(50) ,
  用户类型   char
);
```

该脚本文件保存位置为“D:\app\admin\admin\orcl”。

（2）在【SQL Plus】窗口提示符“SQL>”后输入以下命令：

```
Start D:\app\admin\admin\orcl\createUser.sql
```

按【Enter】键，执行相应的脚本文件，出现“表已创建。”的提示信息，结果如图 4-38 所示。

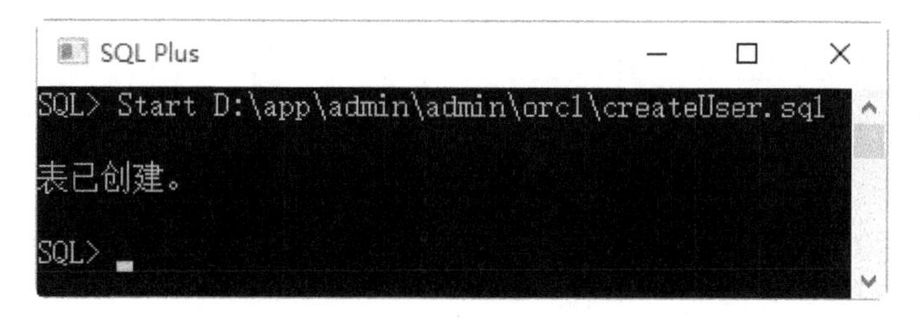

图 4-38　在【SQL Plus】窗口执行 sql 脚本文件

（3）在【SQL Plus】窗口查看“用户表”的结构数据

在提示符“SQL>”后输入以下命令：

```
Desc SYSTEM.用户表 ;
```

然后按【Enter】键，该数据表的结构数据如下所示。

```
名称            是否为空?      类型
----------------- ----------------- -----------------------
用户 ID         NOT NULL       CHAR(6)
用户名                         CHAR(10)
密码                           VARCHAR2(10)
EMAIL                          VARCHAR2(50)
用户类型                       CHAR(1)
```

【任务 4-10】 在 Oracle SQL Developer 中使用命令方式创建“购物车商品表”

【任务描述】

在【Oracle SQL Developer】中运行脚本文件在方案“SYSTEM”中创建“购物车商品表”，该表的初始结构数据如表 4-14 所示。

表 4-14　“购物车商品表”的结构数据

字 段 名 称	数据类型（字段长度）	是否允许为空
购物车编号	varchar2(30)	否
商品编码	char(7)	是
购买数量	number（6）	是
购买日期	date	是

【任务实施】

（1）启动【Oracle SQL Developer】。

（2）连接已有连接 LuckyConn。

（3）编写 SQL 脚本

在【Oracle SQL Developer】主窗口右侧窗格工作表的脚本输入区域，输入如下所示的创建“购物车商品表”的脚本。

```
Create Table SYSTEM.购物车商品表
  (
    购物车编号  varchar2(30) NOT NULL ,
    商品编码    char(7) ,
    购买数量    number(6) ,
    购买日期    date
  );
```

（4）运行脚本

在工作表的工具按钮区域单击【运行脚本】按钮，在下方的“脚本输出”窗格出现“table SYSTEM.购物车商品表 已创建。”的提示信息，表示创建数据表成功，如图 4-39 所示。

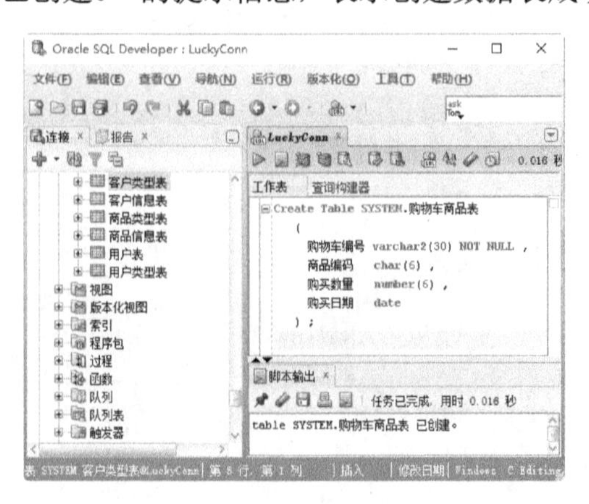

图 4-39　在【Oracle SQL Developer】中运行脚本文件创建“购物车商品表”

【任务 4-11】在 Oracle SQL Developer 中使用命令方式修改“用户表”的结构

【任务描述】

（1）在“用户表”中新增一个字段，字段名为“性别”，数据类型为“char”，大小为“4”。要求一次只新增一个字段。

（2）使用一条命令完成以下新增字段和修改字段的操作：

① 在方案“SYSTEM”的“用户表”中新增一个字段，字段名为“注册日期”，数据类型为“date”。

② 将“用户表”已有的字段“用户名”的数据类型修改为“varchar2”，大小修改为“30”。

（3）删除“用户表”中新增的“性别”字段。

【任务实施】

（1）使用一条命令只完成新增字段的操作

在【Oracle SQL Developer】主窗口右侧工作表的脚本输入区域，输入如下所示的新增字段的命令。

```
Alter Table SYSTEM.用户表  Add  性别  char(4) ;
```

在工作表的工具按钮区域单击【运行脚本】按钮，在下方的“脚本输出”窗格出现“table SYSTEM.用户表已变更。”的提示信息，表示在数据表中添加字段成功。

（2）使用一条命令完成新增字段和修改字段属性等多项操作

在工作表的脚本输入区域，输入如下所示的新增字段和修改字段的命令。

```
Alter Table SYSTEM.用户表
  Add  注册日期  date
  Modify  用户名  varchar2(30) ;
```

单击【运行脚本】按钮，在下方的“脚本输出”窗格出现“table SYSTEM.用户表已变更。”的提示信息，表示在数据表中添加字段与修改字段成功。

（3）删除“用户表”已有的字段

在工作表的脚本输入区域，输入如下所示的删除字段的命令。

```
Alter Table SYSTEM.用户表  Drop Column  性别  ;
```

单击【运行脚本】按钮，在下方的“脚本输出”窗格出现“table SYSTEM.用户表已变更。”的提示信息，表示在数据表中删除字段成功。

（4）查看“用户表”的结构数据

在工作表的脚本输入区域，输入如下所示的查看表结构的命令。

```
Desc SYSTEM.用户表 ;
```

单击【执行语句】按钮，在下方的“脚本输出”窗格出现如图 4-40 所示的数据表结构数据。

由图 4-40 可知，“用户表”的“用户名”的类型已修改为“VARCHAR2(30)”，增加了一个表字段“注册日期”，字段“性别”已被删除。

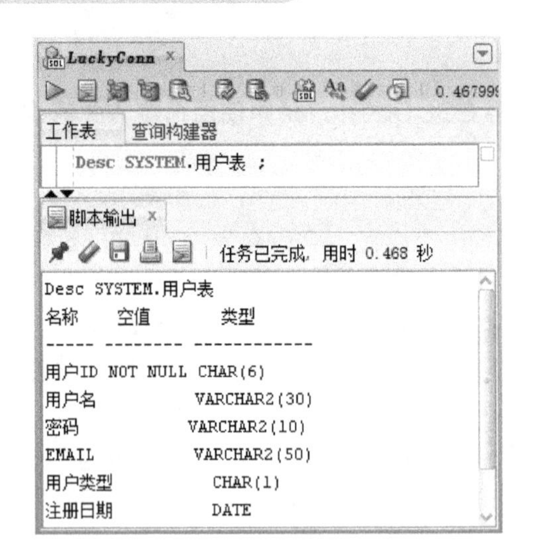

图 4-40　查看“用户表”的结构数据

【任务 4-12】 在 Oracle SQL Developer 中使用命令方式删除 Oracle 数据表

【任务描述】

使用 Drop Table 命令删除方案“SYSTEM”中的“用户类型表”。

【任务实施】

在工作表的脚本输入区域，输入如下所示的删除数据的命令。

```
Drop Table SYSTEM.用户类型表 ;
```

单击【运行脚本】按钮，在下方的“脚本输出”窗格出现“table SYSTEM.用户类型表已删除。”的提示信息，表示删除数据表成功

如果删除数据表“用户类型表”的同时要删除所有的外键约束，则使用以下命令即可。

```
Drop Table SYSTEM.用户类型表  Cascade Constrains ;
```

4.5 使用命令方式操纵 Oracle 数据表的记录

【知识必备】

1．使用 Insert Into 语句向数据表中添加记录数据

数据表创建完成后，可以使用 Insert Into 语句向数据表中添加记录数据。

Insert Into 语句基本的语法格式有以下两种：

（1）Insert Into [<方案名>.]<表名> Values (<值 1>,<值 2>,…,<值 n>) ;

采用这种方式添加记录数据适合按照数据表结构的定义提供字段值，即字段值的个数、顺序以及数据类型等都必须与表结构的定义完全一致。如果某些值没有提供，可以使用 NULL 来表示，这种方式适合对数据表中所有的字段进行赋值。

（2）Insert Into [<方案名>.]<表名>(<字段 1>,<字段 2>,…,<字段 n>)
　　　　Values(<值 1> , <值 2> , …,<值 n>) ;

采用这种方法添加记录数据在表名后面列出要赋值的字段名，字段的顺序与表定义时的

顺序可以不一致。以这种方式添加记录字段的顺序和数据类型必须与值的顺序和数据类型相匹配。对于允许为 NULL 的字段，如果没有赋值，则该字段的值为 NULL，如果设置了默认值，则该字段的值为默认值。对于设置为 NOT NULL 的字段必须提供非空值。

> **注 意**
>
> 对于字符型数据必须使用单引号“' '”标识，对于字符串形式的日期数据可以使用 to_date 函数将其转换为 Oracle 允许的合法日期型数据，例如 to_date('2017-06-28', 'yyyy-mm-dd')

Oracle 中，可以直接将其他数据表中的数据添加到新创建的数据表中，这样操作能减少添加数据的工作量，具体语法格式如下所示：

```
Insert Into <表名 1> ( <字段名 11>,<字段名 12> [,<字段名 1n> ]
                    Select <字段名 21>,<字段名 22> [,<字段名 2n> From <表名 2>
```

使用源表向目标表插入数据时，一定要确保两个数据表的字段的个数和数据类型都一致，否则会出现错误。

2．使用 Update 语句修改数据表中的记录数据

可以使用 Update 语句修改数据表中的记录数据，其语法格式如下所示。

```
Update [ <方案名>.]<表名> Set <字段名 1>=<值 1> , <字段名 2>=<值 2> …
        [ Where  条件表达式 ] ;
```

各参数说明如下：

① 一条 Update 语句根据设置的条件可以对数据表中的多个字段进行修改，各字段使用逗号“,”分隔，字段值可以为常量、表达式及子查询等。

② 字段值的数据类型必须与对应字段保持一致，否则会出错。字段值的长度不能超过对应字段定义的长度，否则也会出错。

③ 如果修改的字段没有赋值，则将原来的记录数据赋 NULL。

④ Where 子句用于对数据记录进行过滤，指明需要进行修改的记录行，如果不提供 Where 子句，则修改数据表中所有的记录。

3．使用 Delete 删除数据表中的数据

可以使用 Delete 删除数据表中的数据，也可以使用 Truncate Table 语句删除数据表中的所有数据记录。

（1）删除数据表中全部记录

语法格式如下所示：

方法一：Delete From [<方案名>.]<表名>

方法二：Truncate Table [<方案名>.]<表名>

这种删除方式只是删除数据表中的全部记录，但数据表的结构和约束仍然存在。当数据表中拥有大量的数据记录，需要删除该表中所有记录时，使用 Truncate Table 的效率更高，可以释放占用的数据块空间。如果数据表中有外键约束存在，不能使用 Truncate Table 语句删除表中的记录，同时如果数据表应用了视图和索引，也不能使用 Truncate Table 语句删除表中的记录。

（2）删除数据中符合指定条件的部分记录

语法格式如下所示：

```
Delete From   [ <方案名>.]<表名> Where <条件表达式>
```

【任务 4-13】 在 Oracle SQL Developer 中使用命令方式新增“用户表”的记录

【任务描述】

向“用户表”中添加如表 4-15 所示的记录数据。

表 4-15　添加到“用户表”的记录数据

用户 ID	用　户　名	密　　码	Email	用 户 类 型	注 册 日 期
100001	admin	123	admin@163.com	1	2016-6-28
100002	江南	NULL	NULL	2	2016-5-22

【任务实施】

（1）插入第 1 条记录数据

插入第 1 条记录数据的语句如下所示。

```
Insert Into SYSTEM.用户表  values('100001' , 'admin' , '123' ,
                    'admin@163.com' , '1' , to_date('2016-06-28','yyyy-mm-dd')) ;
```

（2）插入第 2 条记录数据

插入第 2 条记录数据的语句如下所示。

```
Insert Into SYSTEM.用户表(用户 ID,用户名,用户类型,注册日期)
   values('100002','江南','2',to_date('2016-05-22','yyyy-mm-dd')) ;
```

【任务 4-14】 在 Oracle SQL Developer 中使用命令方式修改“商品信息表”和“用户表”的记录

【任务描述】

（1）清空“SYSTEM”方案中的“商品信息表”的“商品描述”内容。

（2）修改“SYSTEM”方案的“用户表”中“用户编号”为“100002”的用户数据，要求“密码”修改为“666”，“Email”修改为 jiangnan@126.com，“注册日期”修改为“2016-08-06”。

【任务实施】

（1）修改“商品信息表”的“商品描述”字段的内容

修改商品数据的语句如下所示。

```
Update SYSTEM.商品信息表  Set  商品描述=NULL ;
```

（2）修改“用户表”中“用户编号”为“100002”的用户数据

修改用户数据的语句如下所示。

```
Update SYSTEM.用户表  Set  密码='666' , email='jiangnan@126.com' ,
          注册日期=to_date('2016-08-06','yyyy-mm-dd') Where  用户 ID='100002' ;
```

【任务 4-15】 在 Oracle SQL Developer 中使用命令方式删除 Oracle 数据表的记录

【任务描述】

（1）向“SYSTEM”方案的“用户表”中插入一条记录，用户 ID 为“100003”，用户名为“沙丽”，用户类型为“3”。

（3）在“用户表”中删除用户 ID 为“100003”的记录。

【任务实施】

（1）插入记录的语句如下所示。

```
Insert Into SYSTEM.用户表(用户 ID,用户名,用户类型)
                values('100003' , '沙丽' , '3') ;
```

（2）删除符合指定条件记录的语句如下所示。

```
Delete From SYSTEM.用户表  Where  用户 ID='100003' ;
```

4.6 创建与使用 Oracle 的序列

【知识必备】

本单元所创建的“用户表”中包含了“用户 ID”字段，“用户类型表”中包含了“用户类型 ID”字段，“客户类型表”中包含了“客户类型 ID”字段，“购物车商品表”包含了“购物车编号”，“订单主表”包含了“订单编号”，这些字段有一个共同特点，都定义为主键，其值是一个整数序列，并且不允许出现重复值，例如，如果“订单主表”中的“订单编号”出现重复值，就无法区别两个订单。另外对这些整数序列的主键，如果由手工方式确定主键值，要求操作人员输入的主键值不会出现重复值，难度较大。本单元所创建的“订单明细表”使用了“订单编号”和“商品编码”2 个字段组合为主键，这里可以增加一个字段“订单明细 ID”做主键，该字段的值是一个序列值。有时创建的数据表可能很难找到确定记录唯一性的字段或字段组合，此时也可以增加序列做主键。

序列是一数据库对象，利用它可生成一个有规律且不重复的整数序列，一般使用序列自动地为数据表中数字类型的主键字段生成有序的唯一值，这样可以避免在向数据表中添加数据时，手工指定主键值。Oracle 的序列不占用实际的存储空间，只是在数据字典中存储序列的定义描述。

（1）使用 Create Sequence 创建序列

使用 Create Sequence 创建序列的语法格式如下：

```
Create Sequence [ <方案名>.]<序列名>
        [ Start    With <序列的起始值> ]
        [ Increment By <序列的增量> ]
        [ MinValue <最小整数值> | NoMinvalue ]
        [ MaxValue <最大整数值> | NoMaxvalue ]
        [ Cache       <序列号个数> | NoCache       ]
        [ Cycle | NoCycle ]
        [ Order | NoOrder ] ;
```

各参数说明如下所示：

① Start With <序列的起始值>：指定生成的第一个序列号。如果序列是递增时，序列可从比最小值大的值开始，缺省值为序列的最小值。如果序列是递减的，序列可由比最大值小的值开始，缺省值为序列的最大值。

② Increment By <序列的增量>：指定序列号之间的间隔，该值可为正的或负的整数，但不可为 0，并且其绝对值必须小于最大整数值与最小整数值之差。如果为正整数，则表示创建递增序列；如果为负整数，则表示创建递减序列。省略该子句时，其默认值为 1。

③ MinValue <最小整数值> | NoMinvalue：指定序列可生成的最小整数值，最小整数值必

须小于等于序列的起始值，并且小于最大整数值。如果指定为NoMinvalue，则表示递增序列的最小值为1，递减序列的最小值为-10^{-26}。默认为NoMinvalue。

④ MaxValue <最大整数值> | NoMaxvalue：指定序列可生成的最大整数值，最大整数值必须大于等于序列的起始值，并且大于最小整数值。如果指定为NoMaxvalue，则表示递增序列的最大值为10^{27}，递减序列的最大值为-1。默认为NoMaxvalue。

⑤ Cache <序列号个数> | NoCache：指定在内存中预存储的序列号个数，默认为20个，最少为2个，最多可以为Cell(序列的最大整数值-序列的最小整数值)/Abs(序列的起始值)。如果指定为 NoCache，则表示内存中不缓存序列号，这样可以阻止数据库为序列预分配值，从而避免序列出现不连续的情况。

⑥ Cycle | NoCycle：指定是否循环生成序号。如果指定为Cycle，则表示循环，当递增序列达到最大值后，重新从最小值开始生成序列号，当递减序列达到最小值后，重新从最大值开始生成序列号；如果指定为NoCycle则表示不循环。默认为NoCycle。

由于序列通常用于生成主键值，而主键值不允许重复，所以这里一般使用默认值NoCycle。

⑦ Order | NoOrder：指定是否按照请求顺序生成序列号，Order表示是，NoOrder表示否。默认为NoOrder。

（2）使用 Alter Sequence 修改序列

使用 Alter Sequence 修改序列的参数与 Create Sequence 语句一样，可以对序列中的参数进行修改，但要注意以下事项：

① 不能修改序列的起始值。

② 序列的最小整数值不能大于当前值。

③ 序列的最大整数值不能小于当前值。

（3）使用 Drop Sequence 删除序列

使用 Drop Sequence 删除序列的语法格式如下：

```
Drop Sequence [<方案名>.]<序列名> ;
```

（4）认知序列的2个伪列

序列的2个伪列 currval 和 nextval 的简介如下所示。

① currval：用于获取序列的当前值，必须在使用过一次 nextval 之后才可能使用该伪列，使用形式为<序字段名>.currval。

② nextval：用于获取序列的下一个值，使用序列向数据表中的字段自动赋值时，就是使用此伪列，使用形式为<序字段名>.nextval。

【任务4-16】 在 Oracle SQL Developer 中使用命令方式创建与维护“用户ID”序列

【任务描述】

（1）在【Oracle SQL Developer】中使用命令方式创建与维护方案“SYSTEM”的“用户 ID”序列，该序列用于为“用户表”生成“用户 ID”的主键值。

（2）在【Oracle SQL Developer】中使用命令方式创建与维护方案“SYSTEM”的“客户类型ID”序列，该序列用于为“客户类型表”生成“客户类型ID”的主键值。

【任务实施】

1. 创建与维护方案“SYSTEM”的“用户 ID”序列

（1）在【Oracle SQL Developer】主窗口右侧工作表的脚本输入区域输入如下所示的创建序列的脚本。

```
Create Sequence SYSTEM.userID_seq
        Start With 100001 Increment By 1
        NoCache NoCycle Order ;
```

在工作表的工具按钮区域单击【运行脚本】按钮，在下方的“脚本输出”窗格出现“sequence SYSTEM.USERID_SEQ 已创建。”的提示信息，表示成功创建序列 userID_seq。

（2）在【Oracle SQL Developer】主窗口的脚本输入区域，输入如下所示的修改序列的脚本。

```
Alter Sequence SYSTEM.userID_seq
        MinValue 100000
        MaxValue 999999 ;
```

在工作表的工具按钮区域单击【运行脚本】按钮，在下方的“脚本输出”窗格出现“sequence SYSTEM.USERID_SEQ 已变更。”的提示信息，表示修改序列成功。

（3）查看序列 userID_seq 的下一个值

查看序列 userID_seq 的下一个值的语句如下所示。

```
Select SYSTEM.userID_seq.nextval From dual ;
```

脚本输出结果如下所示。

```
 NEXTVAL
----------------
 100002
```

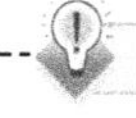提 示

dual 是 Oracle 系统提供的数据表，包含一行记录，一般用于临时显示单行的查询结果

2. 创建与维护方案“SYSTEM”的“客户类型 ID”序列

（1）创建“客户类型 ID”序列

在【Oracle SQL Developer】主窗口右侧工作表的脚本输入区域输入如下所示的创建序列的脚本。

```
Create Sequence SYSTEM.customeraId_Seq
        Start With 1 Increment By 1
        Nocycle Noorder Cache 20
        Maxvalue 100 Minvalue 1 ;
```

在工作表的工具按钮区域单击【运行脚本】按钮，在下方的“脚本输出”窗格出现“sequence SYSTEM.CUSTOMERAID_SEQ 已创建。”的提示信息，表示成功创建序列 customerAId_Seq。

（2）删除序列“userID_seq”语句如下所示。

```
Drop Sequence SYSTEM.customeraId_Seq ;
```

在工作表的工具按钮区域单击【运行脚本】按钮，在下方的“脚本输出”窗格出现“sequence SYSTEM.USERID_SEQ 已删除。”的提示信息，表示删除序列成功。

【任务 4-17】向“用户表”添加记录时应用“用户 ID”序列生成自动编号

【任务描述】

（1）修改“用户表”第 1 条记录（用户名为“admin”）的“用户 ID”和“密码”，用户 ID 为“100001”，要求用户 ID 使用序列的伪列 nextval 获取，密码为“161”。

（2）向“用户表”中新增 1 条记录，“用户 ID”的值使用序列的伪列 nextval 获取，用户名为“苏宁”，密码为“312”，用户类型为“3”，注册日期为系统当前日期。

【任务实施】

（1）修改第 1 条记录数据

修改第 1 条记录数据的语句如下所示。

```
Update SYSTEM.用户表  Set  用户 ID=SYSTEM.userID_seq.nextval , 密码='161' ,
                              注册日期=sysdate Where  用户名='admin' ;
```

（2 新增 1 条记录数据

新增 1 条记录数据的语句如下所示。

```
Insert Into SYSTEM.用户表(用户 ID,用户名,密码,用户类型,注册日期)
            values( SYSTEM.userID_seq.nextval , '苏宁','312' , '3', sysdate ) ;
```

4.7 实施数据表的数据完整性约束

【知识必备】

1．使用命令方式创建与删除主键约束（Primary Key）

（1）创建数据表时为字段添加主键约束

使用命令方式创建数据表时为字段添加主键约束的语法格式如下所示。

① 在定义字段的同时指定主键

```
Create Table   [ <方案名>.]<表名>
 (
 <字段名> <数据类型> [Constraint <主键约束名>] Primary Key [default <默认值>]
 …
 );
```

② 在定义完所有字段之后指定主键

```
Create Table [ <方案名>.]<表名>
 (
  <字段名 1> <数据类型>   [ 字段级别约束条件 ] [ default <默认值> ] ,
  <字段名 2> <数据类型>   [ 字段级别约束条件 ] [ default <默认值> ] ,
  …
  [ Constraint <主键约束名> ] Primary Key(<字段名 1> [,<字段名 2> ])
 );
```

说 明

如果主键由一个字段组成，则关键字 Primary Key 后的括号中只有一个字段名；如果主键由多个字段联合组成，则关键字 Primary Key 后的括号中会有多个字段名，各个字段名之间使用半角逗号分隔。

（2）为已创建数据表的字段添加主键约束

使用命令方式修改数据表时为字段添加主键约束的语法格式如下所示。

```
Alter Table   [ <方案名>.]<表名>
Add [ Constraint <主键约束名> ] Primary Key(<字段名 1> [,<字段名 2> ]) ;
```

（3）删除数据表中的主键约束

使用 Alter Table…Drop 语句删除字段上的主键约束，只能采取指定约束名的方式，其语法格式如下所示。

Alter Table　[<方案名>.]<表名> Drop Constrain <主键约束名> ;

为数据表的字段添加主键约束时如果使用 Constraint 子句为其指定了约束名，那么删除主键约束时可以直接指定该约束名称。如果添加主键约束时没有使用 Constraint 子句为其指定约束名，则约束名由 Oracle 管理系统自动创建，此时可以通过数据字典 user_cons_columns 和 user_constraints 查看指定字段上指定约束类型的约束名称。数据字典 user_cons_columns 中包含 constrint_name（约束名）、table_name（表名）和 column_name（字段名）3 列，通过这 3 列可以查询指定数据表中的指定字段上的所有约束名，但是无法确定字段上某个类型的约束对应的是哪个约束名称。数据字典 user_constraints 包含 constraint_name（约束名）、table_name（表名）和 constraint_type（约束类型）3 列，通过这 3 列可以查询指定数据表中指定约束类型的所有约束名，但是无法确定约束名是属于哪个字段上的。

2．使用命令方式创建与删除外键约束（Foreign Key）

（1）创建数据表时为字段添加外键约束

使用命令方式创建数据表时为字段添加外键约束的语法格式如下所示。

① 在定义字段的同时指定外键

```
Create Table   [ <方案名>.]<表名>
 (
  <字段名> <数据类型> [ Constraint <外键约束名> ]
                              References <表名>( <字段名 1> ,<字段名 2> ,… ) ,
  …
 ) ;
```

② 在定义完所有字段之后指定外键

```
Create Table [ <方案名>.]<表名>
 (
  <字段名 1> <数据类型>   [ 字段级别约束条件 ] [ default <默认值> ] ,
  <字段名 2> <数据类型>   [ 字段级别约束条件 ] [ default <默认值> ] ,
  …
  [ Constraint <外键约束名> ] Foreign Key( <字段名 1> , <字段名 2> ,… )
              References <主表名>( <主键名 1> , <主键名 2> ,…)
            [ On Delete Cascade | Set NULL | No Action ]
 ) ;
```

在添加外键约束时，还可以指定级联操作的类型，主要用于确定当删除（On Delete）主表中的一条记录时，如何处理从表中对应的外键字段。有以下 3 种类型：

① Cascade：表示当删除主表中被引用字段的数据时，级联删除从表中相应的数据行。

② Set NULL：表示当删除主表中被引用字段的数据时，将从表中相应引用字段的值设置为 NULL 值，这种情况要求从表中的引用字段支持 NULL 值。

③ No Action：表示当删除主表中被引用字段的数据时，如果从表的引用字段中包含该值，

则禁止该操作执行，默认为此选项。

在定义外键时，可以根据实际需要，选择以上 3 种类型之一。

（2）为已创建数据表的字段添加外键约束

使用命令方式修改数据表时为字段添加外键约束的语法格式如下所示。

```
Alter Table    [ <方案名>.]<表名>
   Add [ Constraint <外键约束名> ]
                 Foreign Key( <字段名> )
                 References <表名>( <字段名> )
              [ On Delete Cascade | Set NULL | No Action ]   ;
```

（3）删除数据表中的外键约束

与删除主键约束一样，可以使用 Alter Table…Drop 语句删除字段上的外键约束，并且只能采取指定约束名的方式，其语法格式如下所示。

```
Alter Table [ <方案名>.]<表名> Drop Constrain <外键约束名> ;
```

3．使用命令方式创建与删除唯一约束（Unique）

（1）创建数据表时为字段添加唯一约束

使用命令方式创建数据表时为字段添加唯一约束的语法格式如下所示。

① 在定义字段的同时指定唯一约束

```
Create Table [ <方案名>.]<表名>
 (
  <字段名> <数据类型> [ Constraint <唯一约束名> ] Unique    ,
  …
 );
```

② 在定义完所有字段之后指定唯一约束

```
Create Table [ <方案名>.]<表名>
 (
   <字段名> <数据类型>   ,
   …
   [ Constraint <唯一约束名> ]   Unique(<字段名>)
   …
 );
```

（2）为已创建数据表的字段添加唯一约束

使用命令方式修改数据表时为字段添加唯一约束的语法格式如下所示。

```
Alter Table    [ <方案名>.]<表名>
        Add [ Constraint <唯一约束名> ] Unique(<字段名>) ;
```

（3）删除数据表中的唯一约束

使用 Alter Table…Drop 语句删除字段上的唯一约束，其语法格式如下所示。

```
Alter Table [ <方案名>.]<表名> Drop Unique(<字段名>) ;
```

如果添加唯一约束时指定了约束名称，也可以使用指定约束名称的方式删除该约束，其语法格式如下所示。

```
Alter Table [ <方案名>.]<表名> Drop Constraint <唯一约束名>   ;
```

4．使用命令方式创建与删除检查约束（Check）

（1）创建数据表时为字段添加检查约束

使用命令方式创建数据表时为字段添加检查约束的语法格式如下所示。

① 在定义字段的同时指定检查约束

```
Create Table [ <方案名>.]<表名>
```

```
(
    <字段名> <数据类型> [ Constraint <检查约束名> ] Check(<条件表达式>) ,
    …
);
```

② 在定义完所有字段之后指定检查约束

```
Create Table [ <方案名>.]<表名>
(
    <字段名> <数据类型>   ,
    …
    [ Constraint <检查约束名> ] Check(<条件表达式>)
    …
);
```

（2）为已创建数据表的字段添加检查约束

使用命令方式修改数据表时为字段添加检查约束的语法格式如下所示。

```
Alter Table [<方案名>.]<表名>
        Add [ Constraint <检查约束名> ] Check (<条件表达式>) ;
```

（3）删除数据表中的检查约束

使用 Alter Table…Drop 语句删除字段上的检查约束，只能采取指定约束名的方式，其语法格式如下所示。

```
Alter Table [ <方案名>.]<表名> Drop Constraint <检查约束名> ;
```

5．使用命令方式创建与删除非空约束（Not NULL）

（1）创建数据表时为字段添加非空约束

使用命令方式创建数据表时为字段添加非空约束的语法格式如下所示。

```
Create Table [ <方案名>.]<表名>
(
   <字段名>   <数据类型> [ Constraint <非空约束名> ] Not NULL
   …
);
```

NOT NULL 用于设置表字段不允许为空，创建数据表时默认为允许表字段为空。

（2）为已创建数据表的字段添加非空约束

在创建数据表时如果没有添加非空约束，可以在修改数据表时为数据表添加非空约束。使用命令方式修改数据表时为字段添加非空约束的语法格式如下所示。

```
Alter Table    [ <方案名>.]<表名>
        Modify <字段名> [ Constraint <非空约束名> ] Not NULL ;
```

（3）删除数据表中的非空约束

对于不需要的非空约束，可以使用 Alter Table…Modify 语句删除字段上的非空约束，其语法格式如下所示。

```
Alter Table [ <方案名>.]<表名> Modify <字段名> NULL ;
```

6．使用命令方式创建默认值约束

使用命令方式创建默认值约束的语法格式如下：

```
Create Table [ <方案名>.]<表名>
(
    <字段名 1> <数据类型> [ Default <默认值> ] ,
    <字段名 2> <数据类型> [ Default <默认值> ]
   …
);
```

7. 使用命令方式设置数据表的字段值自动增加

在向数据表中插入新记录时，可以通过为数据表的字段添加 Generated By Default As Identity 关键字来实现自动生成字段的值。默认情况下，在 Oracle 数据表中自增值的初始值是 1，每新增一条记录，字段值自动加 1。一个数据表只能有一个字段使用自增约束，且该字段必须为主键的一部分。

设置自增约束的语法格式如下：

```
Create Table [ <方案名>.]<表名>
(
    <字段名> <数据类型> Generated By Default As Identity
    …
);
```

数据表创建完成后，设置了自增约束的字段值在添加记录时会自动增加的，在插入记录的时候，默认的自增字段的值从 1 开始，每次添加一条新记录，该值自动加 1。

【任务 4-18】 在 SQL Plus 中创建数据表并实施数据表的数据完整性

【任务描述】

（1）在 SQL Plus 中创建“订单主表”，该数据表的结构数据以及约束如表 4-16 所示。

表 4-16 “订单主表”的结构数据

字 段 名 称	数据类型（字段长度）	是否允许为空	约　束
订单编号	char(10)	否	主键
客户	char(6)	是	
收货人姓名	varchar2(30)	是	
订单总金额	number(8,2)	是	
下单时间	date	是	
订单状态	varchar2(20)	是	
操作员	char(6)	否	

（2）在 SQL Plus 中创建“订单明细表”，该数据表的结构数据以及约束如表 4-17 所示。

表 4-17 “订单明细表”的结构数据

字 段 名 称	数据类型（字段长度）	是否允许为空	约　束
订单编号	char(6)	是	组合主键
商品编码	char(6)	是	组合主键
购物车编号	varchar2(30)	是	
购买数量	number(6)	是	

（3）在 SQL Plus 中修改“用户表”，设置如表 4-18 所示的约束。

表 4-18　“用户表”的结构数据

字 段 名 称	是否允许为空	约　　束
用户 ID	否	主键
用户名	是	唯一约束
密码	是	
Email	是	
用户类型	是	
注册日期	是	

（4）为“商品类型表”、“商品信息表”、“客户类型表”、“客户信息表”创建主键约束。

【任务实施】

（1）以 SYSTEM 用户作为 SYSDBA 身份登录数据库服务器

打开【SQL Plus】窗口，在提示输入用户名位置输入以下命令：

```
SYSTEM/Oracle_12C @orcl as sysdba
```

按【Enter】键，执行该命令，以 SYSTEM 用户作为 SYSDBA 身份登录数据库服务器。

（2）创建“订单主表”数据表

在提示符“SQL>”后输入创建“订单主表”数据表的命令:

```
Create Table SYSTEM.订单主表
  (
        订单编号  char(10) Primary Key ,
        客户  char(6) ,
        收货人姓名  varchar2(30) ,
        订单总金额  number(8,2) ,
        下单时间  date ,
        订单状态  varchar2(20) ,
        操作员  char(6)
  );
```

按【Enter】键，显示“表已创建。”的提示信息，成功创建“订单主表”。

（3）创建“订单明细表”数据表

在提示符“SQL>”后输入创建“订单明细表”数据表的命令:

```
Create Table SYSTEM.订单明细表
(
    订单编号  Char(6),
    商品编码  Char(6),
    购物车编号  Varchar2(30),
    购买数量  Number(6),
    Constraint  订单明细表_Pk Primary Key(订单编号,商品编码)
);
```

按【Enter】键，显示“表已创建。”的提示信息，成功创建“订单明细表”。

（4）修改“用户表”设置约束

在提示符“SQL>”后输入以下命令设置“用户表”的约束：

```
Alter Table SYSTEM.用户表  Add Constraints pk_用户 ID Primary Key(用户 ID) ;
Alter Table SYSTEM.用户表  Add Constraints unq_用户名  Unique(用户名) ;
```

（5）为“商品类型表”创建主键约束

在提示符“SQL>”后输入以下命令为“商品类型表”创建主键约束：

```
Alter Table SYSTEM.商品类型表
        Add Constraints pk_类型编号 Primary Key(类型编号) ;
```

（6）为“商品信息表”创建主键约束

在提示符“SQL>”后输入以下命令为“商品信息表”创建主键约束：

```
Alter Table SYSTEM.商品信息表
        Add Constraints pk_商品编码 Primary Key(商品编码) ;
```

（7）为“客户类型表”创建主键约束

在提示符“SQL>”后输入以下命令为“客户类型表”创建主键约束：

```
Alter Table SYSTEM.客户类型表
        Add Constraints pk_客户类型 ID Primary Key(客户类型 ID) ;
```

（8）为“客户信息表”创建主键约束

在提示符“SQL>”后输入以下命令为“客户信息表”创建主键约束：

```
Alter Table SYSTEM. 客户信息表
        Add Constraints pk_客户编号 Primary Key(客户编号) ;
```

【任务 4-19】 在 Oracle SQL Developer 中创建“部门信息表”并实施数据完整性约束

【任务描述】

在【Oracle SQL Developer】中使用图形交互方式创建 “部门信息表”，该数据表的结构数据以及约束如表 4-19 所示。

表 4-19　“部门信息表”的结构数据

字 段 名 称	数据类型（字段长度）	是否允许为空	约　束
部门编号	char(3)	否	主键
部门名称	varchar2(20)	是	唯一约束
部门负责人	varchar2(20)	是	
联系电话	varchar2(20)	是	检查约束
办公地点	varchar2(30)	是	

【任务实施】

（1）启动【Oracle SQL Developer】。

（2）在【Oracle SQL Developer】的左侧窗格中选择已有连接“LuckyConn”。

（3）在【创建表】对话框中添加表字段“部门编号”

在【Oracle SQL Developer】左侧窗格的树型结构中右键单击“表”节点，在弹出的快捷菜单中选择【新建表】命令，打开【创建表】对话框，在该对话框中选择默认方案“SYSTEM”，“名称”文本框中输入“部门信息表”。

选择“高级”复选框，切换到添加表字段的“高级”状态，在“列属性”区域的“名称”文本框中输入“部门编号”，在“类型”下拉列表框中选择“CHAR”，在“大小”文本框中输入“3”，“单位”选择“BYTE”，如图 4-41 所示。

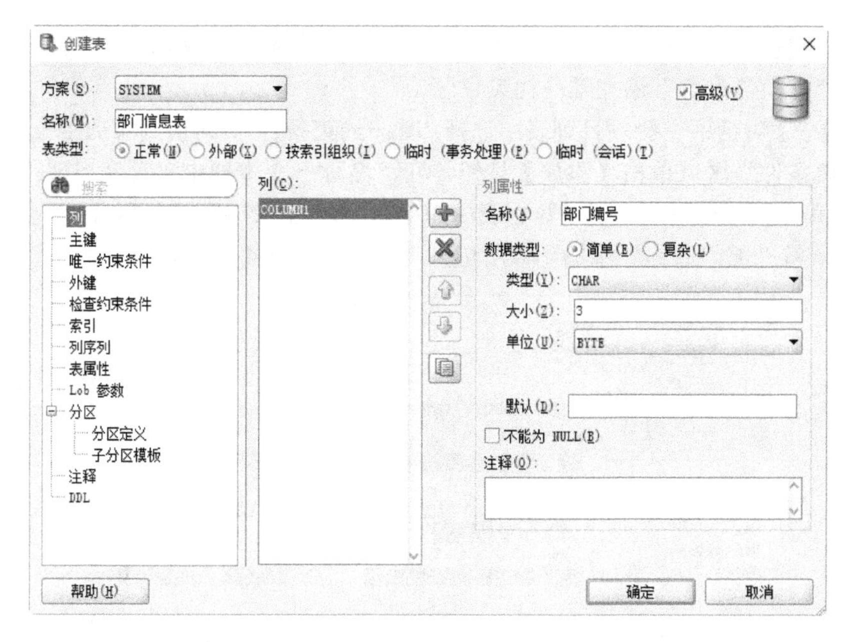

图 4-41　在【创建表】对话框中添加表列“部门编号”

（4）为“部门信息表”添加主键约束

在【创建表】对话框左侧项目列表中选择“主键”，切换到添加主键约束的界面，“名称”文本框中自动出现主键约束名称“部门信息表_PK”，在“可用列”列表框中选择“部门编号”，单击【添加】按钮 ，将“部门编号”添加到“所选列”中，如图 4-42 所示。

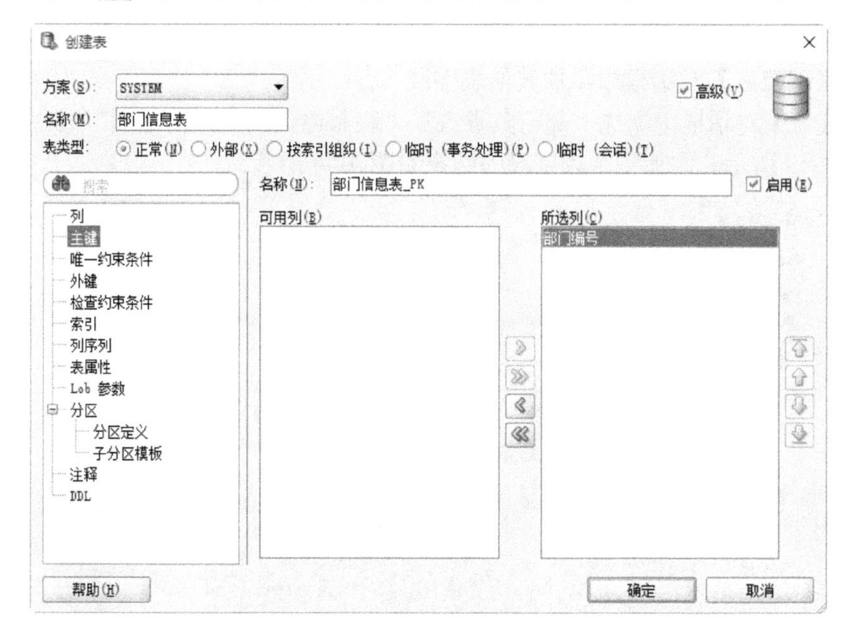

图 4-42　在【创建表】对话框中添加主键约束

（5）在【创建表】对话框中添加表字段“部门名称”

在【创建表】对话框左侧项目列表中选择“列”，切换到添加列的界面，单击【添加列】按钮 ，添加新的字段。然后在“列属性”区域的“名称”文本框中输入“部门名称”，在

“类型”下拉列表框中选择“VARCHAR2”，在“大小”文本框中输入“20”。

（6）为“部门信息表”添加唯一约束

在【创建表】对话框左侧项目列表中选择“唯一约束条件”，切换到添加唯一约束的界面，在“唯一约束条件”区域单击【添加】按钮，在“名称”文本框中自动会出现“部门信息表-UK1”，在“可用列”自动会出现该数据表中的已有字段名，选择“部门名称”，然后单击【添加】按钮 ，将“部门名称”添加到“所选列”中，如图4-43所示。

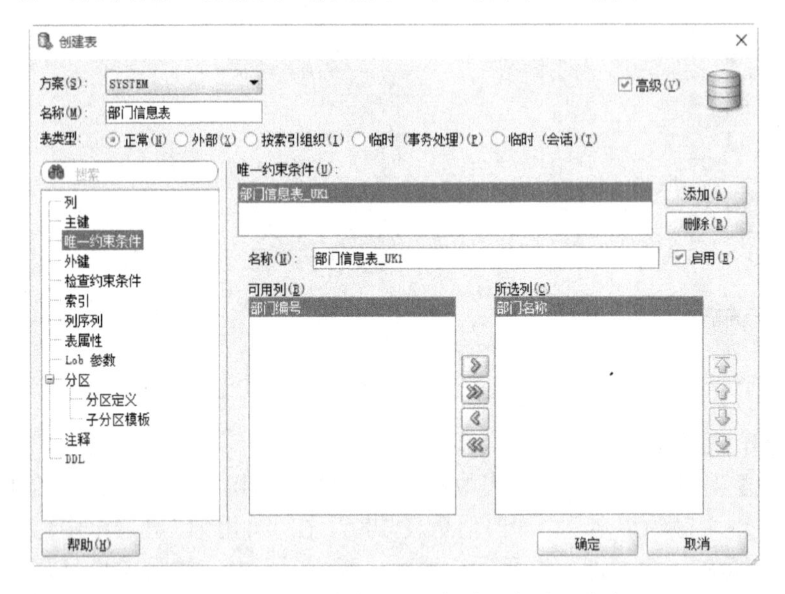

图 4-43　在【创建表】对话框中添加唯一约束

（7）在【创建表】对话框中添加其他表字段

在【创建表】对话框中添加“部门负责人”、“联系电话”、“办公地点”，表字段名称、数据类型如表4-19所示。添加多个表字段的结果如图4-44所示。

图 4-44　在【创建表】对话框中添加“部门信息表”的多个表字段

（8）为“部门信息表”添加检查约束

在【创建表】对话框左侧项目列表中选择“检查约束条件”，切换到添加检查约束的界面，在“检查约束条件”区域单击【添加】按钮，在“名称”文本框中自动会出现“部门信息表_CHK1”，在“条件”文本框中输入约束条件“Length(联系电话)=7 or Length(联系电话)=8”，如图 4-45 所示。

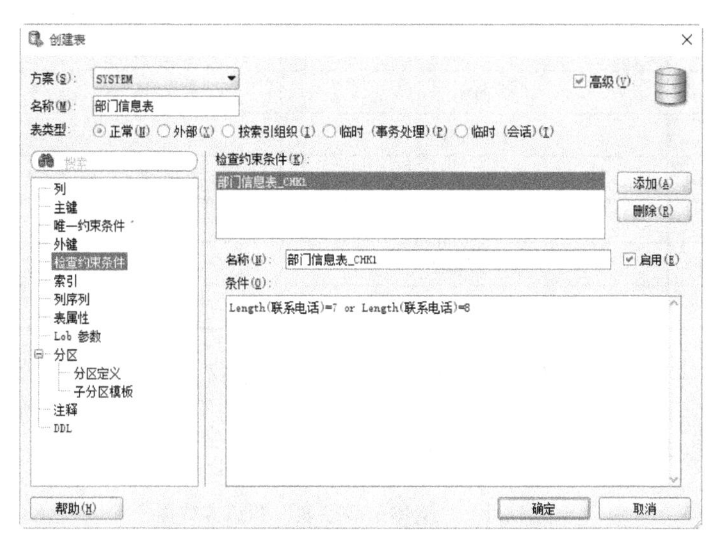

图 4-45　在【创建表】对话框添加检查约束

单击【确定】按钮，返回【Oracle SQL Developer】主窗口。

（9）查看数据表“部门信息表”的约束条件

在【Oracle SQL Developer】左侧树型结构中展开节点“LuckyConn”→“表”，然后双击“部门信息表”节点，在右侧窗格中显示该数据表结构信息，切换到“约束条件”选项卡，如图 4-46 所示。

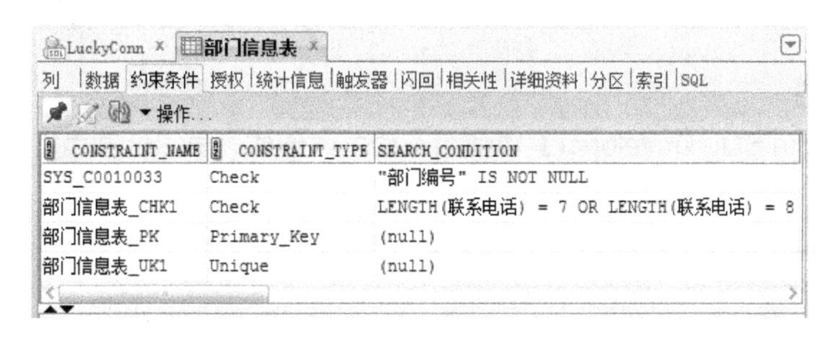

图 4-46　查看数据表“部门信息表”的约束条件

【任务 4-20】 在 Oracle SQL Developer 中使用命令方式创建数据表并实施数据表的数据完整性

【任务描述】

（1）在【Oracle SQL Developer】中使用命令方式创建“员工信息表”，该数据表的结构数据以及约束如表 4-20 所示。

表 4-20 “员工信息表”的结构数据

字段名称	数据类型（字段长度）	是否允许为空	约束
员工编号	char(6)	否	主键
员工姓名	varchar2(20)	否	
性别	char(2)	是	检查约束
部门	char(3)	是	外键
出生日期	date	是	
身份证号码	char(18)	是	唯一约束
手机号码	varchar2(15)	是	检查约束
固定电话	varchar2(15)	是	
Email	varchar2(20)	是	
住址	varchar2(50)	是	

（2）在【Oracle SQL Developer】中使用命令方式修改“购物车商品表”，设置如表 4-21 所示的约束，将字段“购物车编号”和“商品编码”定义为组合主键，“购物车商品表”的“商品编码”参照“商品信息表”的“商品编码”。

表 4-21 “购物车商品表”的结构数据

字段名称	是否允许为空	约束
购物车编号	否	主键
商品编码	否	主键、外键
购买数量	是	
购买日期	是	

（3）为“商品信息表”和“客户信息表”创建外键约束，关联字段分别为“类型编号”和“客户类型”。

【任务实施】

1. 在【Oracle SQL Developer】中使用命令方式创建“员工信息表”

（1）启动【Oracle SQL Developer】。

（2）在【Oracle SQL Developer】的左侧窗格中选择已有连接“LuckyConn”。

（3）编写 SQL 脚本

在【Oracle SQL Developer】主窗口右侧工作表的脚本输入区域，输入如下所示的创建“员工信息表”以及约束的脚本。

```
Create Table SYSTEM.员工信息表
(
   员工编号     char(6)   Constraint 员工信息表_PK Primary Key ,
   员工姓名    varchar2(20)   NOT NULL ,
   性别        char(2) Constraint 员工信息表_CHK1
                    Check(性别='男' or 性别='女') ,
   部门         char(3) Constraint 员工信息表_FK1
                    References 部门信息表(部门编号) ,
   出生日期     date      ,
```

```
    身份证号码    char(18) Constraint  员工信息表_UK1 Unique ,
    手机号码      varchar2(15) Constraint  员工信息表_CHK2
                                 Check(Length(手机号码)>=11) ,
    固定电话      varchar2(15) ,
    Email         varchar2(20) ,
    住址          varchar2(50)
  ) ;
```

以上创建数据表及约束的语句也可以写成以下形式：

```
Create Table SYSTEM.员工信息表
(
    员工编号      char(6)    ,
    员工姓名      varchar2(20) NOT NULL ,
    性别          char(2) ,
    部门          char(3) ,
    出生日期      date       ,
    身份证号码    char(18) ,
    手机号码      varchar2(15),
    固定电话      varchar2(15) ,
    Email         varchar2(20) ,
    住址          varchar2(50) ,
    Constraint  员工信息表_PK Primary Key(员工编号) ,
    Constraint  员工信息表_FK1 Foreign Key(部门)
                               References  部门信息表(部门编号) ,
    Constraint  员工信息表_UK1 Unique(身份证号码) ,
    Constraint  员工信息表_CHK1 Check(性别='男' or  性别='女') ,
    Constraint  员工信息表_CHK2    Check(Length(手机号码)>=11)
) ;
```

（4）运行脚本

在工作表的工具按钮区域单击【运行脚本】按钮，在下方的“脚本输出”窗格出现“table SYSTEM.员工信息表已创建。”的提示信息，表示创建数据表成功。

（5）查看“员工信息表”包含的约束

先在【Oracle SQL Developer】主窗口右侧工作表的工具按钮区域单击【清除】按钮，清除脚本输入区域中的已有代码，然后在脚本输入区域输入以下代码：

```
Select A.constraint_name , A.constraint_type , A.table_name,B.column_name
   From user_constraints A,user_cons_columns B
   Where A.table_name='员工信息表' And A.constraint_name=B.constraint_name ;
```

在工作表的工具按钮区域单击【运行脚本】按钮，在下方的“脚本输出”窗格将会显示“员工信息表”所包含约束的名称、类型、表名、字段名，如下所示。

CONSTRAINT_NAME	CONSTRAINT_TYPE	TABLE_NAME	COLUMN_NAME
员工信息表_PK	P	员工信息表	员工编号
员工信息表_UK1	U	员工信息表	身份证号码
员工信息表_FK1	R	员工信息表	部门
SYS_C0010037	C	员工信息表	员工姓名
员工信息表_CHK1	C	员工信息表	性别
员工信息表_CHK2	C	员工信息表	手机号码

其中，约束名“SYS_C0011230”由系统自动指定的非空约束的名称，其他名称是在创建约束时指定的名称。

2．在【Oracle SQL Developer】中使用命令方式设置“购物车商品表”的约束

（1）为“购物车商品表”添加主键约束

为“购物车商品表”添加主键约束的语句如下所示：

```
Alter Table 购物车商品表
    Add Constraint 购物车商品表_PK Primary Key(购物车编号,商品编码);
```

（2）为“购物车商品表”添加外键约束

为“购物车商品表”添加外键约束的语句如下所示：

```
Alter Table 购物车商品表
    Add Constraint 购物车商品表_FK1 Foreign Key(商品编码)
    References 商品信息表(商品编码) ;
```

（3）为“购物车商品表”添加非空约束

为“购物车商品表”添加非空约束的语句如下所示：

```
Alter Table 购物车商品表 Modify 商品编码 NOT NULL ;
```

（4）查看“购物车商品表”的约束

在【Oracle SQL Developer】中打开“购物车商品表”，查看其约束如图4-47所示。

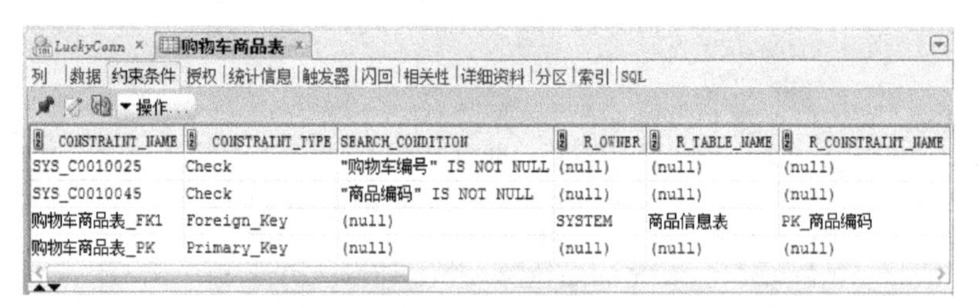

CONSTRAINT_NAME	CONSTRAINT_TYPE	SEARCH_CONDITION	R_OWNER	R_TABLE_NAME	R_CONSTRAINT_NAME
SYS_C0010025	Check	"购物车编号" IS NOT NULL	(null)	(null)	(null)
SYS_C0010045	Check	"商品编码" IS NOT NULL	(null)	(null)	(null)
购物车商品表_FK1	Foreign_Key	(null)	SYSTEM	商品信息表	PK_商品编码
购物车商品表_PK	Primary_Key	(null)	(null)	(null)	(null)

图4-47　“购物车商品表”的约束

（6）为“商品信息表”添加外键约束

为“商品信息表”添加外键约束的语句如下：

```
Alter Table SYSTEM.商品信息表
    Add   Constraint 商品信息表_FK Foreign Key(类型编号)
        References 商品类型表(类型编号) On Delete Cascade ;
```

在【Oracle SQL Developer】中打开【编辑表】对话框，查看“商品信息表”的外键约束如图4-48所示。

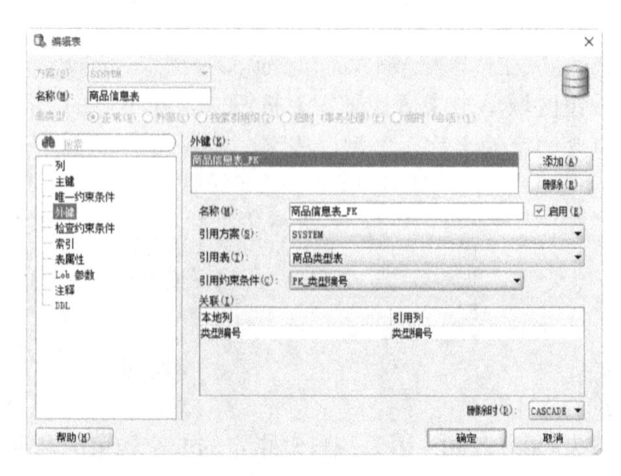

图4-48　在【编辑表】对话框中查看“商品信息表”中的外键约束

（7）为“客户信息表”添加外键约束

为“客户信息表”添加外键约束的语句如下：

```
Alter Table SYSTEM.客户信息表
        Add Constraint 客户信息表_FK Foreign Key(客户类型)
            References 客户类型表(客户类型 ID) On Delete Cascade ;
```

在【Oracle SQL Developer】中打开【编辑表】对话框，查看“客户信息表”的外键约束如图 4-49 所示。

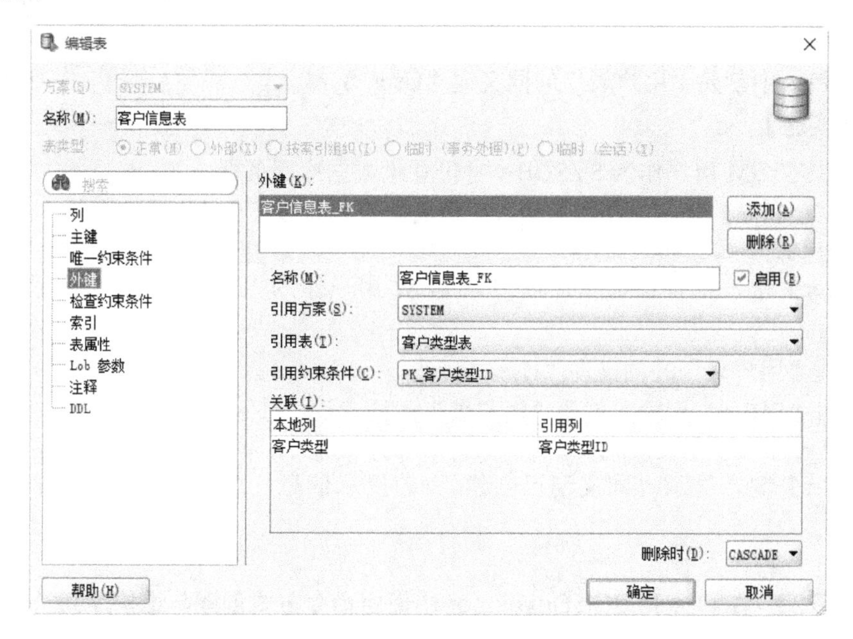

图 4-49　在【编辑表】对话框中查看“客户信息表”中的外键约束

4.8 创建与使用 Oracle 的同义词

【知识必备】

Oracle 的同义词是数据库中数据表、视图、索引、序列、存储过程、函数、包、快照或其他同义词的别名。利用同义词，一方面为数据库对象提供一定的安全性保证，通常用于对最终用户隐藏特定信息，例如对象的所有权和位置等信息；另一方面是简化对象访问，此外，当数据库对象改变时，只需要修改同义词而不需要修改应用程序。开发数据库应用程序时，应尽量避免直接引用数据、视图或其他对象名称。

同义词分为公有同义词和私有同义词，其中公有同义词被用户组 Public 拥有，数据库所有用户都可以使用公有同义词。私有同义词也称为方案同义词，只能被创建它的用户所拥有，该用户可以控制其他用户是否有权使用该同义词。

具有 Create Synonym 权限的用户可以创建私有同义词，其语法格式如下所示：

```
Create [ Or Replace ] Synonym [ <方案名>.]<同义词名>
                    For [ <方案名>.]<对象名> ;
```

具有 Create Public Synonym 权限的用户可以创建公有同义词，其语法格式为：

```
Create [ Or Replace ] Public Synonym  [ <方案名>.]<同义词名>
                                For [ <方案名>.]<对象名> ;
```

如果在当前用户方案中创建同义词，则可以省略“<方案名>.”。

可以使用 Drop Synonym 语句删除同义词，如果删除公有同义词，则还需要指定 Public 关键字，其语法格式如下：

```
Drop [ Public ] Synonym [ <方案名>.]<同义词名> ;
```

【任务 4-21】 在 SQL Plus 中创建“用户表”的同义词

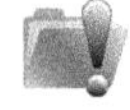【任务描述】

在 SQL Plus 中创建“用户表”的同义词“User_Syn”。

【任务实施】

（1）以 SYSTEM 用户作为 SYSDBA 身份登录数据库服务器

打开【SQL Plus】窗口，在提示输入用户名位置输入以下命令：

```
SYSTEM/Oracle_12C @orcl as sysdba
```

按【Enter】键，执行该命令，以 SYSTEM 用户作为 SYSDBA 身份登录数据库服务器。

（2）创建“用户表”的同义词“User_Syn”

在提示符“SQL>”后输入创建“用户表”的同义词“User_Syn”的命令:

```
Create Synonym SYSTEM.User_Syn For SYSTEM.用户表 ;
```

按【Enter】键，显示“同义词已创建。”的提示信息，成功创建“用户表”的同义词“User_Syn”。

【任务 4-22】 在 Oracle SQL Developer 中使用命令方式创建与维护序列“userID_seq”的同义词

【任务描述】

在【Oracle SQL Developer】中使用命令方式创建与维护序列“userID_seq”的同义词“UserID_seq_Syn”。

【任务实施】

（1）在【Oracle SQL Developer】主窗口右侧工作表的脚本输入区域，输入如下所示的创建同义词的脚本。

```
Create Synonym SYSTEM.UserID_seq_Syn For SYSTEM.userID_seq ;
```

在工作表的工具按钮区域单击【运行脚本】按钮，在下方的“脚本输出”窗格出现“synonym SYSTEM.USERID_SEQ_SYN 已创建。”的提示信息，表示成功创建同义词“UserID_seq_Syn”。

（2）利用同义词“SYSTEM.UserID_seq_Syn”查看序列 userID_seq 的下一个值的语句如下所示。

```
Select SYSTEM.UserID_seq_Syn.nextval From dual ;
```

（3）删除同义词“SYSTEM.userID_seq”语句如下所示。

```
Drop Synonym SYSTEM.UserID_seq_Syn ;
```

【任务 4-23】 在 SQL Plus 中利用同义词查询指定用户信息

方案用户可以使用自己的私有同义词，而其他用户不能使用私有同义词，除非在方案同义词前面加上方案对象名来访问其他方案中的对象。

通过在用户的方案中创建指向其他方案中对象的私有同义词，在被授予了访问该对象的对象权限后，就可以按对象权限访问该对象。如果使用公有同义词访问其他方案中的对象，就不需要在该公有同义词前面添加方案名。但是，如果用户没有被授予相应的对象权限，仍然不能使用该公用同义词。

【任务描述】

在 SQL Plus 中使用命令方式利用同义词“User_Syn”查询“用户表”中用户名为“admin”的“注册日期”。

【任务实施】

（1）以 SYSTEM 用户作为 SYSDBA 身份登录数据库服务器

打开【SQL Plus】窗口，在提示输入用户名位置输入以下命令：

```
SYSTEM/Oracle_12C @orcl as sysdba
```

按【Enter】键，执行该命令，以 SYSTEM 用户作为 SYSDBA 身份登录数据库服务器。

（2）利用同义词查询“用户表”中指定用户的信息

在提示符“SQL>”后输入以下 SQL 语句：

```
Select 注册日期 From SYSTEM.User_Syn Where 用户名='admin';
```

按【Enter】键，成功执行语句后，显示的结果如下所示。

```
注册日期
----------
2016-05-22
```

在【Oracle SQL Developer】的工作表的脚本输入区域中输入相应的 SQL 语句，也能实现利用同义词查询“用户表”中指定用户的信息。

【任务 4-24】 在数据库 myBook 中创建与维护 Oracle 数据表

【任务描述】

在数据库 myBook 中创建以下多个 Oracle 数据表，并实施数据完整性约束：

（1）创建“图书类型表”

“图书类型表”的结构数据如下：图书类型编号（char,3,Not Null）、图书类型代号（char,2,Not Null）、图书类型名称（varchar2,50）、描述信息（varchar2,100）。图书类型的示例数据如图 4-50 所示，将这些数据添加到“图书类型表”中。

	A	B	C	D
1	图书类型编号	图书类型代号	图书类型名称	描述信息
2	01	A	马克思主义、列宁主义、毛泽东思想	
3	02	B	哲学	
4	03	C	社会科学总论	
5	04	D	政治、法律	
6	05	E	军事	
7	06	F	经济	
8	07	G	文化、科学、教育、体育	
9	08	H	语言、文字	
10	09	I	文学	
11	10	J	艺术	
12	11	K	历史、地理	
13	12	N	自然科学总论	
14	13	O	数理科学和化学术	
15	14	P	天文学、地球	
16	15	R	医药、卫生	
17	16	S	农业技术（科学）	
18	17	T	工业技术	
19	18	U	交通、运输	
20	19	V	航空、航天	
21	20	X	环境科学、劳动保护科学	
22	21	Z	综合性图书	
23	22	M	期刊杂志	
24	23	W	电子图书	

图 4-50　图书类型的示例数据

（2）创建“图书信息表”

“图书信息表”的结构数据如下：ISBN 编号（char,20,Not Null,主键）、图书名称（varchar2,100）、作者（varchar2,40）、价格（number）、版次（number）、页数（number）、出版社（varchar2,4,Not Null,外键）、开本（number）、图书类型（varchar2,2,Not Null,外键），出版日期（date）；在“图书信息表”中输入 6 条记录数据，示例数据如表 4-51 所示。

表 4-51　图书的示例数据

序　号	ISBN 编号	图 书 名 称	图 书 类 型	价格	作　者
1	9787121201478	Oracle 11g 数据库应用、设计与管理	图书	37.50	陈承欢
2	9787121052347	数据库应用基础实例教程	图书	29.00	陈承欢
3	9787302393221	数据结构分析与应用实用教程	图书	36.20	陈承欢
4	9787302383178	软件工程项目驱动式教程	图书	34.20	陈承欢
5	9787115374035	跨平台的移动 Web 开发实战	图书	47.30	陈承欢
6	9787040393293	实用工具软件任务驱动式教程	图书	26.10	陈承欢
序号	出版社	出版日期	版次	页数	开本
1	电子工业出版社	2016/7/1	1	348	16 开
2	电子工业出版社	2016/11/1	1	321	16 开
3	清华大学出版社	2015/8/1	1	350	16 开
4	清华大学出版社	2015/3/1	1	316	16 开
5	人民邮电出版社	2015/3/1	2	319	16 开
6	高等教育出版社	2015/12/31	1	272	16 开

（3）创建“出版社信息表”

“出版社信息表”的结构数据如下：出版社 ID（int,Not Null,主键）、出版社名称（varchar2,50）、出版社简称（varchar2,16）、出版社地址（varchar2,50）、邮政编码（char,6）；在“出版社信息表”中输入 5 条记录数据，示例数据如表 4-52 所示。

表 4-52　“出版社”的示例数据

出版社 ID	出版社名称	出版社简称	出版社地址	邮政编码
1	高等教育出版社	高教	北京西城区德外大街 4 号	100011
2	人民邮电出版社	人邮	北京市崇文区夕照寺街 14 号	100061
3	清华大学出版社	清华	北京清华大学学研大厦	100084
4	电子工业出版社	电子	北京市海淀区万寿路 173 信箱	100036
5	机械工业出版社	机工	北京市西城区百万庄大街 22 号	100037

（4）创建“借阅者信息表”

“借阅者信息表” 的结构数据如下：借阅者编号（varchar2,20,Not Null,主键）、姓名（varchar2,20）、性别（char,2）、出生日期（date）、联系电话（varchar2,15）、部门（char,2）；在“借阅者信息表”中输入 5 条记录数据，示例数据如表 4-53 所示。

表 4-53　“借阅者信息”的示例数据

借阅者编号	姓　名	性　别	出 生 日 期	联 系 电 话	部　门
A4488	吉林	男			网络中心
201607320110	安徽	男			软件 1601
A4505	河南	女			计算机系
A4491	黄山	女			图书馆
A4492	张家界	男			计算机系

（5）创建“借阅者类型表”

“借阅者类型表”的结构数据如下：借阅者类型编号（char,2,Not Null,主键）、借阅者类型名称（varchar,30）、限借数量（number）、限借期限（number）、续借次数（number）、借书证有效期（number）、超期日罚金（number）；在“借阅者类型表”中输入 6 条记录数据，示例数据如表 4-54 所示。

表 4-54　“借阅者类型”的示例数据

借阅者类型编号	借阅者类型名称	限借数量	限借期限	续借次数	借书证有效期	超期日罚金
01	系统管理员	30	360	5	5	1.00
02	图书管理员	20	180	5	5	1.00
03	特殊读者	30	360	5	5	1.00
04	一般读者	20	180	3	3	1.00
05	教师	20	180	5	5	1.00
06	学生	10	180	2	3	0.50

（6）创建“借书证信息表”

“借书证信息表”的结构数据如下：借书证编号（varchar2,7,Not Null,主键）、借阅者编号（varchar2,20,Not Null,外键）、姓名（varchar2,20）、办证日期（date）、借阅者类型（char,2）、借书证状态（char,1）、证件类型（varchar2,20）、证件编号（varchar2,20）、操作员（varchar2,20）；在“借书证信息表”中输入7条记录数据，示例数据如表4-55所示。

表4-55　“借书证信息表”的示例数据

借书证编号	借阅者编号	姓名	办证日期	借阅者类型	借书证状态	证件类型	操作员
0016584	A4488	吉林	2015/9/21	01	1	身份证	夏天
0016585	201407320110	安徽	2015/10/21	06	1	身份证	夏天
0016586	A4505	河南	2015/9/21	05	1	工作证	夏天
0016587	A4491	黄山	2015/9/21	02	1	身份证	夏天
0016588	A4492	张家界	2015/9/21	05	1	工作证	夏天
0016589	201507310113	宁夏	2015/10/21	06	1	学生证	夏天
0016590	A4495	苏州	2015/9/21	02	1	身份证	夏天

（7）创建“图书借阅表”

“图书借阅表”的结构数据如下：借阅ID（int,Not Null,主键）、借书证编号（char,7,Not Null,外键）、图书条形码（char,15,Not Null,外键）、借出数量（number）、借出日期（date）、应还日期（date）、借阅操作员（varchar2,20）、归还操作员（varchar2,20）、图书状态（char,1）；在“图书借阅表”中输入10条记录数据，示例数据如表4-56所示。

表4-56　“图书借阅”的示例数据

借阅ID	借书证编号	图书条形码	借出数量	借出日期	应还日期	借阅操作员	归还操作员	图书状态
1	201507310113	TP7040273144	1	2015/12/20	2011/6/18	吴云	吴云	0
2	201507310113	TP7040281286	1	2015/12/20	2011/6/18	吴云	吴云	1
4	201407320158	TP7040302363	1	2015/12/20	2011/6/18	吴云	吴云	0
5	201507310102	TP7115217806	1	2015/12/20	2011/6/18	吴云	吴云	0
7	201407320111	TP7115189579	1	2015/12/20	2011/6/18	向海	向海	0
8	201407320114	TP7121052347	1	2015/9/21	2011/3/20	向海	向海	0
9	201407320152	TP7302187363	1	2015/9/21	2011/3/20	向海	向海	0
10	201407320152	TP7111229827	1	2015/12/20	2011/6/18	向海	向海	3

（8）实施数据完整性约束

在【Oracle SQL Developer】中实施“图书信息表”和“出版社信息表”、“图书信息表”和“图书类型表”的数据完整性约束

（9）创建与使用Oracle的序列

创建与维护方案“book”的“借阅ID”序列，该序列用于为“图书借阅表”生成“借阅ID”的主键值。

本单元分别介绍了在两种环境（SQL Plus 和 Oracle SQL Developer）中，以两种方式（命令方式和图形界面交互）创建数据表的方法，对数据表结构和数据记录进行了分析，对实施数据表的数据完整性约束进行了详细说明，还介绍了序列和同义词的创建与使用。

（1）下列哪一种约束可以定义表字段中既不允许出现 NULL 值，也不允许出现重复值。（　　）

A．Unique 约束　　B．Primary Key 约束
C．Check 约束　　D．Foreign Key 约束

（2）如果数据表的某字段定义为 Unique 约束，则（　　）。

A．该字段允许出现重复值　　B．该字段不允许出现 NULL 值
C．该字段内允许出现一个 NULL 值　　D．该字段允许出现多个 NULL 值

（3）如果要保证在“员工信息表”输入的“性别”只能为“男”或“女”，可以通过（　　）约束来实现。

A．Unique 约束　　B．Primary Key 约束
C．Check 约束　　D．Foreign Key 约束

（4）如果创建一个序列，用于为数据表的主键字段生成主键值，则创建该序列时不应该指定以下哪一种参数？（　　）

A．Maxvalue 1000　　B．Minvalue 10
C．Cache 10　　D．Cycle

（5）要存储数据 123.45，可以使用下面哪种数据类型？（　　）

A．Number(5)　　B．Number(6)
C．Number(6,2)　　D．Number(5,2)

单元 5

检索与操作 Oracle 数据表的数据

使用数据库和数据表的主要目的是存储数据，以便在需要时进行检索、统计数据或输出数据。使用 SQL 语句可以从数据表或视图中迅速、方便地检索数据。在 Oracle 中，使用 Select 语句实现数据查询，按照用户要求从数据表中检索特定信息，并将查询结果以表格形式返回，还可以为查询结果排序、分组和统计运算。

对数据库的访问，不仅仅是从数据表中检索数据，还需要向数据表中添加数据、更新数据和删除数据，这些操作分别使用 Insert、Update 和 Delete 语句完成，这些语句已在单元 4 予以介绍，本单元主要探讨从数据表中检索数据的方法。

在检索数据时，为了获取完整的信息，需要将多个数据表连接起来进行查询，将多个数据表的连接操作是根据数据表之间的关系进行的。在进行多表查询时，常进行的操作是连接查询、子查询和联合查询。其中连接查询可以指定多个数据表的连接方式；子查询可以实现从另外一个数据表获取数据，从而限制当前查询语句的返回查询结果；联合查询可以将两个或者多个查询返回的行组合起来。

视图是由 Select 查询语句定义的一个逻辑表，在创建视图时，只是将视图的定义信息保存到数据字典中，并不是将实际的数据重新复制到其他对象中，即在视图中并不保存任何数据，通过视图而操作的数据仍然保存在数据表中，所以不需要在表空间中为视图分配存储空间。视图的使用和管理在许多方面与数据表相似，如都可以被创建、修改和删除，都可以操作数据表中的数据，但除了 Select 之外，视图在 Insert、Update 和 Delete 方面会受到某些限制的。

在 Oracle 数据库中，索引的功能是提高对数据表检索效率。在创建索引时，Oracle 首先对将要建立索引的字段进行排序，然后将排序后的字段值和该值对应记录的物理地址（ROWID）存储在索引段中，并需要占用额外的存储空间来存放。由于索引占用的存储空间远小于数据表所占用的实际空间，在系统通过索引进行数据检索时，可先将索引调入内存，通过索引对记录进行定位，大大减少了磁盘 I/O 操作次数，提高了检索效率。

教学目标	（1）熟悉 Select 语句的基本结构与使用方法 （2）学会创建与使用基本查询 （3）学会创建与使用连接查询 （4）学会创建与使用子查询 （5）学会创建与使用联合查询 （6）学会创建与使用视图 （7）学会创建与维护索引

续表

教学方法	任务驱动法、类比法、探究训练法、讲授法等
课时建议	12 课时

1. Select 语句的基本结构

Select 语句的一般格式如下：

```
Select      [ All | Distinct ]   * | <字段名或表达式列表 >
From        [ <方案名>.]<数据表名或视图名>
Where       <条件表达式>
Group By    < 分组的字段名或表达式 >
Having      < 筛选条件 >
Order By    <排序的字段名或表达式>   [ ASC | DESC ]
```

Select 语句的功能是根据 Where 子句的检索条件表达式，从 From 子句指定的数据表或视图中找出满足条件的记录，再按 Select 子句选出记录中的字段值，把查询结果以表格的形式返回。

Select 关键字后面跟随的是要检索的字段列表或表达式列表，并且指定字段的顺序。SQL 查询子句顺序为 Select、Into、From、Where、Group By、Having 和 Order By 等。其中 Select 子句和 From 子句是必需的，其余的子句均可省略，而 Having 子句只能和 Group By 子句搭配起来使用。From 子句返回初始查询结果集，Where 子句排除不满足搜索条件的行，Group By 子句将选定的行进行分组，Having 子句排除分组聚合后不满足搜索条件的行。

2. Select 语句的使用方法

（1）Select 是查询语句必需的关键字；All 表示选取数据表的所有行，不管字段值是否存在重复值；Distinct 用于去掉字段值重复的记录；“*”表示选取数据表的全部字段。默认值为 All，All 允许省略不写。

Select 语句中 Select 关键字后面可以使用表达式作为检索对象，表达式可以出现在检索的字段列表的任何位置，如果表达式是数学表达式，则显示的查询结果是数学表达式的计算结果。例如计算每一种商品的总金额，可以使用表达式“价格*数量”计算，并且使用“金额”作为输出查询结果的列标题。如果没有为计算字段指定列名，则返回的查询结果看不到列标题的。

注 意

SQL 查询语句中尽量避免使用“*”表示输出所有的字段，其原因是使用“*”输出所有的字段，不利于代码的维护，该语句并没有表明，哪些字段正在实际使用，这样当数据库的模式发生改变时，不容易知道已编写的代码将会怎样改变。所以明确地指出要在查询中使用的字段可以增加代码的可读性，并且代码更易维护。当对表的结构不太清楚时，或要快速查看表中的记录时，使用“*”表示输出所有字段是很方便的。

（2）From 子句是 Select 语句所必需的子句，用于标识从中检索数据的一个或多个数据表或视图。

（3）Where 子句用于设定检索条件以返回需要的记录。

（4）Group By 子句用于将查询结果按指定的一个字段或多个字段的值进行分组统计，分组字段或表达式的值相等的被分为同一组。

（5）Having 子句与 Group By 子句配合使用，用于对由 Group By 子句分组的查询结果进一步限定搜索条件。

（6）Order By 子句用于将查询结果按指定的字段进行排序。排序包括升序和降序，其中 ASC 表示记录数据按升序排序，DESC 表示记录数据按降序排序，默认状态下，记录数据按升序方式排列。

Select 关键字与第一个字段名之间使用半角空格分隔，可以使用多个半角空格，其效果等效于一个空格。SQL 语句中各部分之间必须使用空格分隔，SQL 语句中的空格必须是半角空格，如果输入全角空格，则会出现错误提示信息。

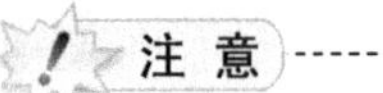

为了本单元能成功完成各项查询操作，必须先创建好各个数据表的主键和外键

5.1 创建与使用基本查询

5.1.1 查询时选择与设置字段

【任务 5-1】选择数据表所有的字段

【任务描述】

从方案“SYSTEM”的“商品类型表”中查询所有的商品类型。

【任务实施】

（1）启动【Oracle SQL Developer】。

（2）在【Oracle SQL Developer】的左侧窗格中选择已有连接“LuckyConn”

（3）输入 SQL 语句

在【Oracle SQL Developer】主窗口右侧工作表的脚本输入区域，输入如下所示的 SQL 查询语句。

```
Select * From SYSTEM.商品类型表 ;
```

（4）运行语句

在工作表的工具按钮区域单击【运行语句】按钮▷，在下方的“查询结果”窗格显示 SQL 语句的查询结果，部分查询结果如图 5-1 所示。

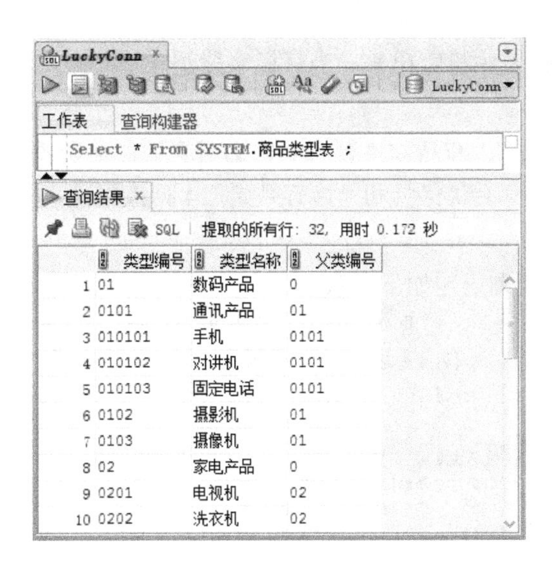

图 5-1　查询“商品类型表”的查询结果

也可以在工作表的工具按钮区域单击【运行脚本】按钮，在下方的“脚本输出”窗格将会显示查询结果，部分查询结果如下所示。

```
类型编号        类型名称        父类编号
--------------- ------------------ -------------
01              数码产品        0
0101            通讯产品        01
010101          手机            0101
010102          对讲机          0101
010103          固定电话        0101
0102            摄影机          01
0103            摄像机          01
02              家电产品        0
0201            电视机          02
0202            洗衣机          02
```

说 明

本单元所有的操作都是在【Oracle SQL Developer】主窗口中完成的，其操作过程基本一致，由于教材篇幅的限制，后面不再重复说明，只给出 SQL 语句，请读者参考本任务介绍的操作过程完成，自行查看查询结果。

在 Oracle SQL Developer 或 SQL Plus 中，如果是以指定方案登录，例如 SYSTEM，引用该方案下的对象，可以省略方案名，但在其他方案中引用指定方案中的对象，则必须加上方案名称。本单元的所有查询操作都是在【Oracle SQL Developer】主窗口中完成的，并且是以用户 SYSTEM 连接数据，以后各任务中都省略了方案名 SYSTEM 和连接标识“.”

【任务 5-2】 选择数据表指定的字段

要查询指定的字段时，只需要在 Select 子句后面输入相应的字段名，就可

以把指定的字段值从数据表中检索出来。当目标字段不止一个时，使用半角“,”隔开。

【任务描述】

从方案“SYSTEM”的“商品信息表”中查询所有的商品数据，查询结果只需包含“商品编码”、“商品名称”、“商品价格”和“库存数量”4列数据。

【任务实施】

实现本任务的SQL查询语句如下所示。

```
Select 商品编码 , 商品名称 , 商品价格 , 库存数量 From 商品信息表 ;
```

在工作表的工具按钮区域单击【运行语句】按钮▶，在下方的“查询结果”窗格显示SQL语句的查询结果，部分查询结果如图5-2所示。

	商品编码	商品名称	商品价格	库存数量
1	2024551	联想(Lenovo)天逸100	3800	10
2	2365929	索尼(SONY)数码摄相机AXP55	9860	10
3	1856588	Apple iPhone 6s(A1700)	6240	10
4	1912210	创维(Skyworth)55M5	3998	10
5	1509661	华为 P8	2058	20
6	1514801	小米 Note 白色	1898	10
7	2327134	佳能(Canon) HF R76	3570	10
8	2381431	联想(Lenovo)扬天A8000f	8988	10
9	2571148	小米(MI)L60M4-AA	5975	15
10	1440305	松下(Panasonic)HC-V270GK-K	3170	10

图5-2 【任务5-2】的部分查询结果

【任务5-3】查询时更改列标题

使用Select语句查询时，返回查询结果中的字段标题与表或视图中的字段名相同。查询时可以使用“As”关键字来为查询中的字段或表达式指定标题名称，这些名称既可以用来改善查询输出的外观，也可以用来为一般情况下没有标题名称的表达式分配名称，称为别名。使用As为字段或表达式分配标题名称，只是改变输出查询结果中的字段标题的名称，对该字段显示的内容没有影响。使用As为字段和表达式分配标题名称相当于实际的字段名，是可以再被其他的SQL语句使用的。

【任务描述】

从方案“SYSTEM”的“商品信息表”中查询所有的商品数据，查询结果只需包含“商品编码”、“商品名称”、“商品价格”和“库存数量”4列数据，要求这4列数据输出时分别以“goods_code”、“goods_name”、“goods_price”和“stock_number”英文名称作为其标题。

【任务实施】

实现本任务的SQL查询语句如下所示。

```
Select   商品编码 As goods_code , 商品名称 As goods_name ,
         商品价格 As goods_price , 库存数量 As stock_number
From     商品信息表 ;
```

在工作表的工具按钮区域单击【运行语句】按钮▶，在下方的“查询结果”窗格显示SQL语句的查询结果，部分查询结果如图5-3所示。

	GOODS_CODE	GOODS_NAME	GOODS_PRICE	STOCK_NUMBER
1	2024551	联想(Lenovo)天逸100	3800	10
2	2365929	索尼(SONY)数码摄相机AXP55	9860	10
3	1856588	Apple iPhone 6s(A1700)	6240	10
4	1912210	创维(Skyworth)55M5	3998	10
5	1509661	华为 P8	2058	20
6	1514801	小米 Note 白色	1898	10
7	2327134	佳能(Canon) HF R76	3570	10
8	2381431	联想(Lenovo)扬天A8000f	8988	10
9	2571148	小米(MI)L60M4-AA	5975	15
10	1440305	松下(Panasonic)HC-V270GK-K	3170	10

图 5-3　【任务 5-3】的部分查询结果

查询语句中的“As”也可以省略不写，即 SQL 查询语句写成如下形式，查询结果相同。

```
Select  商品编码  goods_code , 商品名称  goods_name ,
        商品价格  goods_price , 库存数量  stock_number
From    商品信息表 ;
```

【任务 5-4】 查询时使用计算字段

在查询中经常需要对查询结果数据进行再次计算处理，在 Oracle 中允许直接在 Select 子句中对列值进行计算。运算符主要包括+（加）、-（减）、×（乘）、/（除）等。计算列并不存在于数据表中，它是通过对某些字段的数据进行计算得到的。

【任务描述】

从方案“SYSTEM”的“商品信息表”中查询商品的金额，查询结果包含“商品编码”、“商品名称”、“商品价格”、“库存数量”和“金额”5 列数据。

【任务实施】

实现本任务的 SQL 查询语句如下所示。

```
Select  商品编码 , 商品名称 , 商品价格 , 库存数量 ,
        商品价格*库存数量 As 金额
From    商品信息表 ;
```

在工作表的工具按钮区域单击【运行语句】按钮▶，在下方的“查询结果”窗格显示 SQL 语句的查询结果，部分查询结果如图 5-4 所示。

	商品编码	商品名称	商品价格	库存数量	金额
1	2024551	联想(Lenovo)天逸100	3800	23	87400
2	2365929	索尼(SONY)数码摄相机AXP55	9860	20	197200
3	1856588	Apple iPhone 6s(A1700)	6240	16	99840
4	1912210	创维(Skyworth)55M5	3998	30	119940
5	1509661	华为 P8	2058	20	41160
6	1514801	小米 Note 白色	1898	10	18980
7	2327134	佳能(Canon) HF R76	3570	45	160650
8	2381431	联想(Lenovo)扬天A8000f	8988	15	134820
9	2571148	小米(MI)L60M4-AA	5975	15	89625

图 5-4　【任务 5-4】的部分查询结果

【任务 5-5】 使用 dual 表查询系统变量或表达式值

在 Oracle 的 SQL 语句中，要求必须有 From 子句，在实际应用中，经常会涉及查询一些系统变量（例如 sysdate）或者表达式的值，这些数据并没有存放在用户的数据表中，为了构造完整的 Select 语句，Oracle 数据库中创建了 dual 这个特殊的数据表。dual 表只有一个字段 Dummy Varchar2(1)，也只有一个值 X，实际上这个值也是一个没有实际意义的值，但是我们不要删除该数据表或表中数据，也不要添加数据。dual 表是给我们在数据查询中填充 From 子句使用的。

【任务描述】

【任务 5-5-1】：查询 dual 表的记录数据。

【任务 5-5-2】：通过系统变量 sysdate 显示系统当前日期。

【任务 5-5-3】：通过系统变量 sysdate 显示当前年份。

【任务 5-5-4】：查询当前用户的名称。

【任务实施】

（1）实现【任务 5-5-1】的 SQL 查询语句如下所示。

```
Select * From dual ;
```

查询结果如下所示。

```
DUMMY
--------------
X
```

（2）实现【任务 5-5-2】的 SQL 查询语句如下所示。

```
Select sysdate From dual ;
```

查询结果如下所示。

```
SYSDATE
--------------
24-5 月 -16
```

（3）实现【任务 5-5-3】的 SQL 查询语句如下所示。

```
Select Extract(Year From sysdate ) 当前年份  From Dual ;
```

查询结果如下所示。

```
    当前年份
----------------
         2016
```

（4）实现【任务 5-5-4】的 SQL 查询语句如下所示。

```
Select user From dual ;
```

查询结果如下所示。

```
USER
-------------
SYSTEM
```

5.1.2 查询时选择记录行

使用 Select 语句查询时，有多种方法可以选择行，去掉查询结果中重复出现的行使用 Distinct 关键字，获取数据表中前 n 行记录使用 Rownum 关键字，检索符合特定条件的记录则使用 Where 子句。

【任务 5-6】使用 Distinct 选择不重复的记录行

由于“商品信息表”中“商品类型”字段包括了大量的重复值，一种商品类型包含了多种商品，为了剔除查询结果中的重复记录，值相同的记录的只返回其中的第一条记录，可以使用 Distinct 关键字实现本查询要求。使用 Distinct 关键字时，如果数据表中存在多个字段值为 NULL 的记录，它们将作为重复值处理。

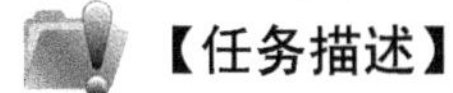

【任务描述】

从方案“SYSTEM”的“商品信息表”中检查所有商品的类型编号，并去除重复数据。

【任务实施】

实现本任务的 SQL 查询语句如下所示。

```
Select Distinct 类型编号 From 商品信息表 ;
```

查询结果如下所示。

```
类型编号
-------------------------
0201
0102
0202
010101
0301
0302
 选定了 6 行
```

【任务 5-7】使用 Rownum 获取数据表中前面若干行

从数据表查询数据时，有时需要获取数据表中的前 n 行记录，这就需要使用 Rownum 关键字实现。

【任务描述】

从方案“SYSTEM”的“商品类型表”检索前 7 个商品类型数据，查询结果只包含“类型编号”和“类型名称”2 列数据。

【任务实施】

实现本任务的 SQL 查询语句如下所示。

```
Select 类型编号 , 类型名称 From 商品类型表 Where rownum<8 ;
```

查询结果如下所示。

```
类型编号        类型名称
----------- ------------------------
01              数码产品
0101            通讯产品
010101          手机
010102          对讲机
010103          固定电话
0102            摄影机
0103            摄像机
 选定了 7       行
```

【任务 5-8】 使用 Where 子句实现条件查询

Where 子句后面是一个逻辑表达式表示的条件，用来限制 Select 语句检索的记录，即查询结果中的记录都应该是满足该条件的记录。使用 Where 子句并不会影响所要检索的字段，Select 语句要检索的字段由 Select 关键字后面的字段列表决定。数据表中所有的字段都可以出现在 Where 子句的表达式中，不管它是否出现在要检索的字段列表中。

Where 子句后面的逻辑表达式中可以使用比较运算符（=、<>、!=、>、<、<=、>=等）、逻辑运算符（And 、Or、Not）、范围运算符（Between、Not Between、In、Not In）、模糊匹配（Like、Not Like）、Is Null、Is Not Null、Any 和 All 等。对于比较运算符“=”就是比较两个值是否相等，若相等，则表达式的计算查询结果为“逻辑真”。

Where 子句后面的逻辑表达式中可以包含数字、字符/字符串、日期等类型的字段和常量。对于日期类型的常量必须使用单引号（' '）引起来，然后使用 to_date 函数进行转换，例如 to_date('2016-12-16','YYYY-MM-DD')。对于字符/字符串类型的常量（即字符串）必须使用单引号（''）作为标记，例如'0103'。

【任务描述】

【任务 5-8-1】：从方案“SYSTEM”的“商品信息表”中查询类型编号为“0102”的商品信息，查询结果仅包括商品名称和类型编号字段。

【任务 5-8-2】：从方案“SYSTEM”的“商品信息表”中查询生产日期在 2016 年 1 月 16 日之前的商品信息，查询结果仅包括商品名称和生产日期字段。

【任务 5-8-3】：从方案“SYSTEM”的“商品信息表”中查询生产日期在 2016 年以及 2016 之后的商品信息，查询结果仅包括商品名称和生产日期字段。

【任务 5-8-4】：从方案“SYSTEM”的“商品信息表”中查询价格低于 2000 元，库存数量高于 15 的商品信息，查询结果仅包括商品名称、商品价格和库存数量字段。

【任务 5-8-5】：从方案“SYSTEM”的“商品信息表”中查询生产日期在“2015-6-1”和“2016-1-1”之间的商品信息，查询结果仅包括商品名称和生产日期字段。

【任务 5-8-6】：从方案“SYSTEM”的“商品信息表”中查询商品价格分别为“950”元、“2800”元和“3800”元的商品信息，查询结果仅包括商品名称和商品价格字段。

【任务 5-8-7】：从方案“SYSTEM”的“商品信息表”中查询商品名称“三星”开头的商品信息，查询结果仅包括商品名称字段。

【任务 5-8-8】：从方案“SYSTEM”的“商品信息表”中查询商品描述为空的商品信息，查询结果仅包括商品名称和商品描述字段。

【任务实施】

1. 使用比较运算符构成查询条件

当比较运算符连接的数据类型不是数值类型时，要用单引号把比较运行符后面的数据引起来，并且运算符两边表达式的数据类型必须保持一致。

（1）实现【任务 5-8-1】的 SQL 查询语句如下所示。

```
Select 商品名称 , 类型编号 From 商品信息表 Where 类型编号='0102' ;
```

查询结果如下所示。

```
商品名称                                    类型编号
------------------------------------------ ------------------------------------------------
索尼(SONY)数码摄像机 AXP55                  0102
佳能(Canon) HF R76                          0102
松下(Panasonic)HC-V270GK-K                  0102
```

（2）实现【任务 5-8-2】的 SQL 查询语句如下所示。

```
Select 商品名称 , 生产日期 From 商品信息表
       Where 生产日期<to_date('2016-1-16','YYYY-MM-DD') ;
```

查询结果如下所示。

```
商品名称                                    生产日期
----------------------------------------------- -----------------------------------------------------
创维(Skyworth)55M5                          14-1 月 -16
松下(Panasonic)HC-V270GK-K                  08-1 月 -16
小天鹅(Little Swan)TG70-1229EDS             14-11 月-15
魅族 MX5                                    15-9 月 -15
三星 Galaxy Note4(N9100)                    28-12 月-15
小米 红米 Note 增强版                       28-12 月-15
 选定了 6 行
```

（3）实现【任务 5-8-3】的 SQL 查询语句如下所示。

```
Select 商品名称 , 生产日期 From 商品信息表
       Where Extract(Year From 生产日期)>=2016 ;
```

其中 Extract(Year From 生产日期)函数用于从“生产日期”字段中获取年份，从给定的日期获取当前的月份则使用 Extract(Month From sysdate)，从给定的日期获取当前的日期则使用 Extract(Day From sysdate)。

查询结果如下所示。

```
商品名称                                    生产日期
----------------------------------------------- -----------------------------------------------------
联想(Lenovo)天逸 100                        24-3 月 -16
索尼(SONY)数码摄像机 AXP55                  02-4 月 -16
Apple iPhone 6s(A1700)                      02-5 月 -16
创维(Skyworth)55M5                          14-1 月 -16
华为 P8                                     18-5 月 -16
小米 Note 白色                              26-2 月 -16
佳能(Canon) HF R76                          08-3 月 -16
联想(Lenovo)扬天 A8000f                     16-5 月 -16
小米(MI)L60M4-AA                            01-4 月 -16
松下(Panasonic)HC-V270GK-K                  08-1 月 -16
戴尔(DELL)Vostro 3800-R6198M                19-4 月 -16
OPPO A33                                    15-4 月 -16
华硕(ASUS)FL5900U                           04-5 月 -16
 选定了 13 行
```

也可以使用以下 SQL 查询语句实现【任务 5-8-3】。

```
Select 商品名称 , 生产日期 From 商品信息表
       Where  to_char(生产日期 ,'YYYY')>=2016 ;
```

其中 to_char(生产日期,'YYYY')函数用于从“生产日期”字段中获取年份。

2．使用逻辑运算符构成查询条件

逻辑运算符包括逻辑与 And、逻辑或 Or 和逻辑非 Not，其中逻辑与 And 表示多个条件都为真时才返回查询结果，逻辑或 Or 表示多个条件中有一个条件为真就返回查询结果，逻辑非

Not 表示当表达式不成立时才返回查询结果。

实现【任务 5-8-4】的 SQL 查询语句如下所示。

```
Select 商品名称 , 商品价格 , 库存数量 From 商品信息表
      Where 商品价格<2000 And 库存数量>15 ;
```

查询结果如下所示。

```
商品名称                        商品价格     库存数量
------------------------------ ---------- --------------------
魅族 MX5                           1840       27
OPPO A33                           1280       25
```

3. 使用范围运算符构成查询条件

Where 子句中可以使用范围运算符指定查询范围，范围运算符主要有 2 个：Between…And（查询介于两个值之间的所有记录）和 Not Between…And（查询不在指定范围内的所有记录）。

Between…And 的语法格式为：<表达式> Between <下限值> And <上限值>，查询范围包含两个边界值，相当于“表达式>=下限值 And 表达式<=上限值”的形式，要求下限值必须小于等于上限值。

Not Between…And 的语法格式为：<表达式> Not Between <下限值> And <上限值>，相当于“表达式<下限值 Or 表达式>上限值”的形式。

实现【任务 5-8-5】的 SQL 查询语句如下所示。

```
Select 商品名称 , 生产日期 From 商品信息表 Where 生产日期
Between   to_date('2015-6-1','YYYY-MM-DD')
     And   to_date('2016-1-1','YYYY-MM-DD') ;
```

查询条件中的表达式“Between to_date('2015-6-1','YYYY-MM-DD') And to_date('2016-1-1','YYYY-MM-DD')”也可以用表达式“生产日期>= to_date('2015-6-1','YYYY-MM-DD') And 生产日期<= to_date('2016-1-1','YYYY-MM-DD')”代替。

查询结果如下所示。

```
商品名称                                    生产日期
---------------------------------------- ----------------------------------------
小天鹅(Little Swan)TG70-1229EDS             14-11 月-15
魅族 MX5                                    15-9 月 -15
三星 Galaxy Note4(N9100)                    28-12 月-15
小米 红米 Note 增强版                        28-12 月-15
```

4. 使用 In 关键字构成查询条件

在 Where 子句中，使用 In 关键字可以方便地限制检查数据的范围，灵活使用 In 关键字，可以使用简洁的语句实现结构复杂的查询。使用 In 关键字可以确定表达式的取值是否属于某一值列表，同样，如果查询表达式不属于某一值列表时可使用 Not In 关键字。

在 Where 子句中使用 In 关键字时，如果值列表有多个，使用半角逗号分隔，并且值列表中不允许出现 Null 值。

实现【任务 5-8-6】的 SQL 查询语句如下所示。

```
Select 商品名称 , 商品价格 From 商品信息表
      Where 商品价格 In(950 , 2800 , 3800) ;
```

表达式“商品价格 In(950,2800,3800)”相当于一个复合表达式“商品价格=950 Or 商品价格=2800 Or 商品价格=3800”。使用 In 关键字时表达式简单且可读性更好。

查询结果如下所示。

```
商品名称                                        商品价格
----------------------------------------------- ---------------------------------------
联想(Lenovo)天逸 100                            3800
小天鹅(Little Swan)TG70-1229EDS                 2800
小米 红米 Note 增强版                           950
```

5. 使用通配符构成查询条件

在 Where 子句中，使用字符匹配符 Like 或 Not Like 可以把表达式与字符串进行比较，从而实现模糊查询。所谓模糊查询就是查找数据表中与用户输入关键字相近或相似的记录信息。模糊匹配通常与通配符一起使用，使用通配符时必须将字符串和通配符都用单引号引起来。Oracle 提供了如表 5-1 所示的通配符。

表 5-1　模糊匹配的通配符

通 配 符	含 义	示 例
%	表示 0～n 个任意字符	'XY%'：匹配以 XY 开始的任意字符串，'%X'：匹配以 X 结束的任意字符，'X%Y'：匹配包含 XY 的任意字符串
_	表示单个任意字符	'_X'：匹配以 X 结束的 2 个字符的字符串
[ ]	表示方括号内列出的任意一个字符	'[X-Y]_'：匹配 2 个字符的字符串，首字符的范围为 X 到 Y，第 2 个字符为任意字符
[^]	表示不在方括号内列出的任意一个字符	'X [^ A]%'：匹配以“X”开始，第 2 个字符不是 A 的任意长度的字符串

如果需要对一个字符串中的下划线（_）和百分号（%）进行匹配，可以使用 Escape 选项标识这些字符。Escape 后面指定一个字符，该字符用来表示要搜索的内容，从而区分要搜索的字符和通配符。例如：'%\%' Escape '\'用于匹配包含百分号（%）的字符串，在 Escape 后面指定反斜杠（\）字符，那么在前面的字符串'%\%'中，反斜杠后面的字符（也就是第 2 个%）则表示要搜索的实际字符，第 1 个%表示通配符，可以匹配任意个字符。例如：'A_B' Escape '\'表示首字符为 A，第 2 个字符为_，第 3 个字符为 B。

实现【任务 5-8-7】的 SQL 查询语句如下所示。

```
Select 商品名称 From 商品信息表 Where 商品名称 Like '三星%' ;
```

其中'三星%'表示商品名称的开头两个汉字为“三星”，其后包含有任意多个（也可以没有）字符，以下商品名称都可以匹配：三星、三星 W799、三星 i7500、三星 SGH-M628、三星 Galaxy。

查询结果如下所示。

```
商品名称
-----------------------------------------------
三星 Galaxy Note4(N9100)
```

6. 使用 Is Null 构成查询条件

在 Where 子句中使用 Is Null 条件可以查询数据表中为 Null 的值，使用 Is Not Null 可以查询数据表中不为 Null 的值。

实现【任务 5-8-8】的 SQL 查询语句如下所示。

```
Select 商品名称 , 商品描述 From 商品信息表 Where 商品描述 Is Null ;
```

查询结果如下所示。

```
商品名称                                商品描述
```

```
---------------------------------------- ---------------------------
联想(Lenovo)扬天 A8000f
松下(Panasonic)HC-V270GK-K
华硕(ASUS)FL5900U
```

【任务 5-9】 使用聚合函数实现查询

聚合函数对一组数据值进行计算并返回单一值，所以也被称为组合函数。Select 子句中可以使用聚合函数进行计算，计算查询结果作为新字段出现在查询结果集中。在聚合运算的表达式中，可以包括字段名、常量以及由运算符连接起来的函数。SQL 语句中常用的聚合函数如表 5-2 所示。

表 5-2 SQL 语句中常用的聚合函数

函数名	功能	函数名	功能
Count(*)	统计数据表中的总行数	Count	统计满足条件的记录数
Avg	计算各值的平均值	Sum	计算所有值的总和
Max	计算表达式的最大值	Min	计算表达式的最小值

在使用聚合函数时，Count、Sum、Avg 可以使用 Distinct 关键字，以保证计算时不包含重复的行。

【任务描述】

【任务 5-9-1】：从方案“SYSTEM”的“商品信息表”中查询商品价格在“1000”元至“3000”元之间的商品种数。

【任务 5-9-2】：从方案“SYSTEM”的“商品信息表”中查询商品的总库存数量。

【任务 5-9-3】：从方案“SYSTEM”的“商品信息表”中查询不重复的商品类型数量。

【任务 5-9-4】：从方案“SYSTEM”的“商品信息表”中查询商品的最高价、最低价和平均价格。

【任务实施】

（1）实现【任务 5-9-1】的 SQL 查询语句如下所示。

```
Select Count(*) As 商品种数 From 商品信息表
       Where 商品价格 Between 1000 And 3000 ;
```

查询语句中使用 COUNT(*)统计数据表中符合条件的记录数。

查询结果如下所示。

```
商品种数
-------------
     5
```

（2）实现【任务 5-9-2】的 SQL 查询语句如下所示。

```
Select Sum(库存数量) As 总库存数量 From 商品信息表 ;
```

查询语句中使用函数 SUM(库存数量)计算总库存数量。

查询结果如下所示。

```
总库存数量
-------------------
          330
```

（3）实现【任务 5-9-3】的 SQL 查询语句如下所示。

```
Select Count(Distinct(类型编号)) As 商品类型数量 From 商品信息表 ;
```

查询语句中使用函数 Count()计算数据表特定字段中的记录数量，还利用 Distinct 关键字控制计算查询结果不包含重复的行。

查询结果如下所示。

```
商品类型数量
-----------------------
          6
```

（4）实现【任务 5-9-4】的 SQL 查询语句如下所示。

```
Select Max(商品价格) As 商品最高价 , Min(商品价格) As 商品最低价 ,
       Round(Avg(商品价格)) As 商品平均价格 From 商品信息表 ;
```

查询语句中使用 MAX()函数计算最高价，使用 MIN()函数计算最低价，使用 AVG()函数计算平均价格。

查询结果如下所示。

```
商品最高价   商品最低价   商品平均价格
---------------- ----------------- -------------------------------
  9860          950          4004
```

5.1.3　对查询结果排序

从数据表中查询数据，查询结果是按照数据被添加到数据表时的顺序显示的，在实际编程时，需要按照指定的字段进行排序显示，这就需要对查询结果进行排序。

使用 Order By 子句可以对查询结果集的相应字段进行排序，排序方式分为升序和降序，ASC 关键字表示升序，DESC 关键字表示降序，默认情况下为 ASC，即按升序排列。Order By 子句可以同时对多个表字段进行排序，当有多个排序字段时，每个排序字段之间用半角逗号“,”分隔，而且每个排序字段后可以跟一个排序方式关键字。多列进行排序时，会先按第 1 列进行排序，然后使用第 2 列对前面的排序查询结果中相同的值再进行排序。

使用 Order By 子句查询时，若存在 NULL 值，按照升序排序时包含 NULL 值的记录在最后显示，按照降序排序时则在最前面显示。

【任务 5-10】使用 Order By 子句对查询结果排序

【任务描述】

【任务 5-10-1】：从方案“SYSTEM”的“商品信息表”中查询商品价格在 5000 元以上的商品数据，要求按商品价格的升序输出，查询结果只包含“商品名称”和“商品价格”2 列数据。

【任务 5-10-2】：从方案“SYSTEM”的“商品信息表”中查询商品价格高于 5000 的商品数据，要求按商品名称的降序输出，查询结果只包含“商品名称”和“商品价格”2 列数据。

【任务 5-10-3】：从方案“SYSTEM”的“商品信息表”中查询商品价格在 3000 元以下的商品数据，要求按生产日期的升序输出，生产日期相同的按商品价格的降序输出，查询结果只包含“商品名称”、“生产日期”和“商品价格”3 列数据。

【任务实施】

（1）实现【任务 5-10-1】的 SQL 查询语句如下所示。

```
Select 商品名称 , 商品价格 From 商品信息表 Where 商品价格>5000  Order By 商品价格 ;
```

该 Order By 子句省略了排序关键字，表示按升序排列，也就是价格低的商品数据排在前面，价格高的商品数据排在后面。

查询结果如下所示。

```
商品名称                              商品价格
------------------------------------ -------------------------
华硕(ASUS)FL5900U                    5330
小米(MI)L60M4-AA                     5975
Apple iPhone 6s(A1700)               6240
联想(Lenovo)扬天 A8000f              8988
索尼(SONY)数码摄像机 AXP55           9860
```

（2）实现【任务 5-10-2】的 SQL 查询语句如下所示。

```
Select 商品名称 , 商品价格 From 商品信息表 Where 商品价格>5000
        Order By 商品名称 DESC ;
```

该 Order By 子句中排序关键字为 DESC，也就是按商品名称拼音字母的降序排列，例如以下商品名称的降序排列为：小米(MI)L60M4-AA、索尼(SONY)数码摄像机 AXP55、联想(Lenovo)扬天 A8000f、华硕(ASUS)FL5900U、Apple iPhone 6s(A1700)，并且汉字排在英文字母之前。

查询结果如下所示。

```
商品名称                              商品价格
------------------------------------ -----------------------------------------------------------------
小米(MI)L60M4-AA                     5975
索尼(SONY)数码摄像机 AXP55           9860
联想(Lenovo)扬天 A8000f              8988
华硕(ASUS)FL5900U                    5330
Apple iPhone 6s(A1700)               6240
```

（3）实现【任务 5-10-3】的 SQL 查询语句如下所示。

```
Select 商品名称 , 生产日期 , 商品价格 From 商品信息表
        Where 商品价格<=3000 Order By 生产日期 ASC , 商品价格 DESC ;
```

该 Order By 子句中第 1 个排序关键字为 ASC，第 2 个排序关键字为 DESC，表示先按“生产日期”的升序排列（先出现的日期在前，后出现的日期在后），当生产日期相同时，价格高的商品数据排在前面，价格低的商品数据排在后面。

查询结果如下所示。

```
商品名称                                  生产日期          商品价格
-----------------------------------------------------------------------------------------------------
魅族 MX5                                  15-9 月 -15       1840
小天鹅(Little Swan)TG70-1229EDS           14-11 月-15       2800
小米 红米 Note 增强版                      28-12 月-15       950
小米 Note 白色                             26-2 月 -16       1898
OPPO A33                                  26-2 月 -16       1280
华为 P8                                    18-5 月 -16       2058
```

5.1.4　查询时数据的分组与汇总

一般情况下，使用统计函数返回的是所有记录数据的统计查询结果，如果需要按某一字段数据值进行分类，在分类的基础上再进行查询，就要使用 Group By 子句。如果要对分组或聚合指定查询条件，则可以使用 Having 子句，该子句用于限定对统计组的查询。一般与 Group By 子句一起使用，对分组数据进行过滤。

【任务 5-11】 查询时使用 Group By 子句进行分组

【任务描述】

从方案“SYSTEM”的“商品信息表”中统计各类商品的平均价格和商品种数。

【任务实施】

实现本任务的 SQL 查询语句如下所示。

```
Select 类型编号 ,Round(Avg(商品价格),2) As 平均价格 ,Count(*) As 商品种数
From 商品信息表
Group By 类型编号 ;
```

该查询语句先对商品按商品类型进行分组，然后计算各组的平均价格和统计各组的商品种数。

查询结果如下所示。

```
类型编号  平均价格      商品种数
---------- ---------------- -------------------------
0201       4986.5        2
0102       5533.33       3
0202       2800          1
010101     2470.14       7
0301       4565          2
0302       6139          2
```

【任务 5-12】 查询时使用 Having 子句进行分组统计

【任务描述】

从方案“SYSTEM”的“商品信息表”中查询 2016 年生产的价格高于 3000 元的商品数据，同时统计平均价格在 2000 元以上的各类商品的总金额，并按总金额的降序排列。查询结果包括“类型编号”、“平均价格”和“金额”3 列数据

【任务实施】

实现本任务的 SQL 查询语句如下所示。

```
Select 类型编号, Round(Avg(商品价格),2) As 平均价格,
              Sum(商品价格*库存数量) As 金额
From 商品信息表
Where 商品价格>3000 And to_char(生产日期 ,'YYYY')=2016
Group By 类型编号
Having Avg(商品价格)>2000
Order By 金额 Desc ;
```

从逻辑上来看，该查询语句的执行顺序如下：

第 1 步，执行“From 商品信息表”子句，把“商品信息表”中的数据全部检索出来。

第 2 步，执行“商品价格>3000 And to_char(生产日期 ,'YYYY')=2016”子句，从“商品信息表”中检索符合限定条件的记录。

第 3 步，执行“Group By 类型编号”子句，对从“商品信息表”中检索符合限定条件的记录按“类型编号”进行分组，并分组计算每一组的平均价格和金额。

第 4 步，执行“Having Avg(商品价格)>2000”子句，对上一步中的分组数据进行过滤，只有平均价格大小 2000 的数据才能出现在最终的查询结果集中。

第 5 步，对上一步获得的查询结果按金额的降序进行排列。

第 6 步，按照 Select 子句指定的字段输出查询结果。

查询结果如下所示。

```
类型编号      平均价格       金额
------------- -------------- ---------------------------------------------
0102          5533.33        389550
0201          4986.5         209565
0302          6139           187460
0301          4565           172680
010101        6240           99840
```

5.2 创建与使用连接查询

前面主要介绍了在一个数据表中进行查询的情况，而在实际查询中通常需要在 2 个或 2 个以上的数据表之间进行查询。例如，查询商品信息，包括商品编码、商品名称、商品类型、商品价格、库存数量等数据，就需要在 2 个数据表之间进行查询，因为“商品信息表”中只有“类型编号”，不包括“类型名称”，“类型名称”在“商品类型表”中。在 2 个或 2 个以上的数据表之间进行查询可以使用连接查询予以实现。

【知识必备】

实现从 2 个或 2 个以上数据表中查询数据且查询结果集中出现的字段来自于 2 个或 2 个以上数据表的查询操作称为连接查询。连接查询实际上是通过各个数据表之间的共同字段的相关性来查询数据，首先要在这些数据表中建立连接，然后再从数据表中查询数据。

连接查询分为内连接查询、外连接查询和交叉连接查询。其中外连接查询包括左外连接查询、右外连接查询和全外连接查询 3 种。

交叉连接又称为笛卡儿积，返回的查询结果集的行数等于第 1 个数据表的行数乘以第 2 个数据表的行数。例如，“商品类型表”有 23 条记录，“商品信息表”数据表有 100 条记录，那么交叉连接的查询结果集会有 2300（23×100）条记录。交叉连接使用 Cross Join 关键字来创建。交叉连接只用于测试一个数据库的执行效率，在实际应用中使用机会较少。

连接的格式有如下 2 种：

格式一：

```
Select <输出字段或表达式列表>
From [ <方案名>.]<表 1 或视图 1> [<别名 1>] , [ <方案名>.]<表 2 或视图 2> [<别名 2>]
[ Where <表 1.字段名>   <连接操作符>   <表 2.字段名> ]
```

连接操作符可以是：=、<>、!=、>、<、<=、>=，当操作符是“=”时表示等值连接。

格式二：

Select <输出字段或表达式列表>

From [<方案名>.]<表 1 或视图 1> [<别名 1>]

<连接类型>　[<方案名>.]<表 2 或视图 2> [<别名 2>]

On <连接条件>

其中“连接类型”用于指定所执行的连接查询的类型，内连接为 Inner Join，外连接为 Out Join，交叉连接为 Cross Join，左外连接为 Left Join，右外连接为 Right Join，完整外联系为 Full Join。

在<输出字段或表达式列表>中使用多个数据表来源且有同名字段时，就必须明确定义字段所在的数据表名称，这里可以使用别名，即以一种更为简便的名称表示对应的数据表或视图。

5.2.1　创建基本连接查询

基本连接操作就是在 Select 语句的字段名或表达式列表中引用多个数据表的字段，其 From 子句用半角“,”将多个数据表的名称分隔。使用基本连接操作时，一般使主表中的主键字段与从表中的外键字段保持一致，以保持数据的参照完整性。

【任务 5-13】创建两个数据表之间的连接查询

【任务描述】

从方案“SYSTEM”的“商品信息表”和“商品类型表”查询商品的详细信息，查询结果包含商品编码、商品名称、类型名称、商品价格、库存数量等字段，且按商品编码的升序排列。

【任务实施】

实现本任务的 SQL 查询语句如下所示。

```
Select    商品编码 , 商品名称 , 类型名称 , 商品价格 , 库存数量
From      商品信息表 , 商品类型表
Where     商品信息表.类型编号=商品类型表.类型编号
Order By  商品编码 ;
```

部分查询结果如下所示。

商品编码	商品名称	类型名称	商品价格	库存数量
1220064	三星 Galaxy Note4(N9100)	手机	3025	16
1353858	小天鹅(Little Swan)TG70-1229EDS	洗衣机	2800	14
1440305	松下(Panasonic)HC-V270GK-K	摄影机	3170	10
1509661	华为 P8	手机	2058	20
1514801	小米 Note 白色	手机	1898	10

由于“商品信息表”和“商品类型表”2 个数据表通过“类型编号”关联，其他字段都不相同，上述查询语句中各个字段名之前的表名被省略了，不会产生歧义，也不会影响查询结果。但为了增强 SQL 查询语句的可读性，避免产生歧义，多表查询时要在字段名称前面加上对应的表名。各个字段名称前面加上对应表名的 SQL 查询语句如下所示，其查询结果与前

一条查询语句完成相同。

```
Select     商品信息表.商品编码 , 商品信息表.商品名称 , 商品类型表.类型名称 ,
           商品信息表.商品价格 , 商品信息表.库存数量
From       商品信息表 , 商品类型表
Where      商品信息表.类型编号=商品类型表.类型编号
Order By  商品编码 ;
```

在上述的 Select 语句中，Select 子句列表中的每个字段名前都指定了源表的名称，以确定每个字段的来源。在 From 子句中列出了两个源表的名称“商品信息表”和“商品类型表”，且使用半角“,”隔开，Where 子句中创建了一个等值连接。

为了简化 SQL 查询语句，增强可读性，在上述 Select 语句中可以为数据表指定别名，例如，“商品信息表”的别名指定为“g”，“商品类型表”的别名指定为“t”，使用别名的 SQL 查询语句如下所示，其查询结果与前一条查询语句完全相同。

```
Select      g.商品编码 , g.商品名称 , t.类型名称 ,  g.商品价格 , g.库存数量
From        商品信息表  g , 商品类型表  t
Where       g.类型编号=t.类型编号 ;
Order By    商品编码 ;
```

【任务 5-14】 创建多个数据表之间的连接查询

在多个数据表之间创建连接查询与两个数据表之间创建连接查询相似，只是在 Where 子句中需要使用 And 关键字连接多个连接条件。

【任务描述】

【任务 5-14-1】：从“订单主表”、“订单明细表”、“商品信息表”、“商品类型表”4 个数据表中查询所有客户订购商品的详细信息，要求查询结果包括订单编号、购买数量、商品名称、类型名称等字段。

【任务 5-14-2】：从“订单主表”、“订单明细表”、“商品信息表”、“客户信息表”4 个数据表查询客户“江北”所订购商品的详细信息，要求查询结果包括订单编号、客户名称、商品名称、购买数量等字段。

【任务实施】

（1）实现【任务 5-14-1】的 SQL 查询语句如下所示。

```
Select    m.订单编号 , d.购买数量 , g.商品名称 , t.类型名称
From      订单主表  m , 订单明细表  d , 商品信息表  g , 商品类型表  t
Where          m.订单编号= d.订单编号
          And d.商品编码= g.商品编码
          And g.类型编号= t.类型编号 ;
```

上述的 Select 语句中，From 子句中列出了 4 个源表，Where 子句中包含了 3 个等值连接条件，当这 3 个连接条件都为 True 时，才返回查询结果。

部分查询结果如下所示。

订单编号	购买数量	商品名称	类型名称
100009	1	OPPO A33	手机
100008	1	三星 Galaxy Note4(N9100)	手机
100007	1	魅族 MX5	手机
100001	1	小米 Note 白色	手机

```
100000      1           华为 P8                          手机
```

（2）实现【任务 5-14-2】的 SQL 查询语句如下所示。

```
Select   m.订单编号 ,c.客户名称 ,g.商品名称 ,d.购买数量
From     订单主表 m，订单明细表 d，商品信息表 g，客户信息表 c
Where        m.订单编号 =d.订单编号
         And d.商品编码 =g.商品编码
         And m.客户 =c.客户编号
         And c.客户名称='江北' ;
```

上述的 Select 语句中，Where 子句中包含了 3 个等值连接条件和 1 个查询条件。

部分查询结果如下所示。

```
订单编号  客户名称    商品名称                          购买数量
--- ---------------------------------------------- ----------------------------------------------
100001   江北       小米 Note 白色                       1
100002   江北       联想(Lenovo)扬天 A8000f               1
100002   江北       佳能(Canon) HF R76                   1
100003   江北       小米(MI)L60M4-AA                     1
100006   江北       小天鹅(Little Swan)TG70-1229EDS      1
100007   江北       魅族 MX5                             1
```

5.2.2 创建内连接查询

内连接也称为简单连接，它会把两个或多个数据表进行连接，只能查询出那些满足连接条件的记录，不满足连接条件的记录将无法查询出来。这种连接查询是最常用的查询。

内连接查询的语法格式如下所示：

Select <输出字段或表达式列表>

From [<方案名>.]<表 1 或视图 1> [<别名 1>]

Inner Join [<方案名>.]<表 2 或视图 2> [<别名 2>]

On <连接条件>

内连接查询语句中的关键字“Inner Join”可以简化为“Join”，但是“On”关键字不能省略。

根据连接条件中关系运算符是否使用“=”（等号），内连接可以分为等值连接和非等值连接。如果用于连接的两个数据表或视图来自于同一个数据表或视图，这样的内连接被称为自连接。

【任务 5-15】 创建等值内连接查询

连接条件中的关系运算符使用“=”（等号）时，这样的内连接称为等值内连接。

【任务描述】

从方案“SYSTEM”的“客户信息表”中查询在“订单主表”已有订单的客户数据，包括客户名称、收货地址和邮政编码，且要求不出现重复的客户。

【任务实施】

实现本任务的 SQL 查询语句如下所示。

```
Select   Distinct c.客户名称 ,c.客户编号
From     客户信息表 c   Inner Join   订单主表 m
```

```
On       c.客户编号 = m.客户 ;
```

查询结果如下所示。

```
客户名称    客户编号
---------- ------------------------
江北        100002
胡南        100001
```

以上的内连接查询语句与以下语句等价，查询结果完全一致。

```
Select   Distinct c.客户名称 , c.客户编号
From     客户信息表 c  ,  订单主表 m
Where    c.客户编号 = m.客户 ;
```

【任务 5-16】创建非等值连接查询和自连接查询

非等值连接是指连接条件中的关系运算符使用“>”、“>=”、“<”、“<=”、“<>”、“!=”、“Between…And”、“In”的连接。实际应用中很少单独使用非等值连接查询，它一般和自连接查询一起使用。

所谓自连接，就是把数据表的一个引用作为另一个数据表来处理，这样可以获取一些特殊的数据。为了区别数据表自身及其引用，需要引用表的别名。

【任务描述】

从方案“SYSTEM”的“商品信息表”中获取库存数量相等的不同商品，要求查询结果不能出现重复商品，只包括商品名称为“Apple iPhone 6s(A1700)”的记录，且包括商品编码、商品名称、商品价格和库存数量等列的数据。

【任务实施】

实现本任务的SQL查询语句如下所示。

```
Select   g.商品编码 , g.商品名称 , p.商品编码 , p.商品名称 , p.库存数量
From     商品信息表 g Inner Join  商品信息表 p
On           g.商品编码 != p.商品编码
         And g.库存数量 = p.库存数量
         And g.rowid < p.rowid
         And g.商品名称='Apple iPhone 6s(A1700)' ;
```

上述SQL查询语句中使用了多个连接条件，包括等值连接和不等值连接。其中查询条件“g.商品编码 != p.商品编码”表示查询2个数据表中商品编码不相等的数据，避免查询结果中出现两个商品编码一样的数据；查询条件“g.库存数量 = p.库存数量”表示查询数量相等的数据；查询条件“g.rowid < p.rowid”表示去除重复的记录，只取rowid较小的那一条记录；查询条件“g.商品名称='Apple iPhone 6s(A1700)'”表示查询结果只包括商品名称为“Apple iPhone 6s(A1700)”的记录。

查询结果如下所示。

```
商品编码   商品名称                  商品编码   商品名称                          库存数量
---------- ------------------------- ---------- --------------------------------- ----------
1856588    Apple iPhone 6s(A1700)    1812690    戴尔(DELL)Vostro 3800-R6198M        16
1856588    Apple iPhone 6s(A1700)    1220064    三星 Galaxy Note4(N9100)            16
1856588    Apple iPhone 6s(A1700)    2783426    华硕(ASUS)FL5900U                   16
```

5.2.3　创建外连接查询

在内连接中，只有在两个数据表中匹配的记录才能在查询结果集中出现。而在外连接中可以只限制一个数据表，而对另一数据表不加限制（即所有的行都出现在查询结果集中）。参与外连接查询的数据表有主表和从表之分，主表的每行数据去匹配从表中的数据行，如果符合连接条件，则直接返回到查询结果中。如果主表中的行在从表中没有找到匹配的行，那么主表的行仍然保留，相应的，从表中的行被填入 NULL 值并返回到查询结果中。

外连接分为左外连接、右外连接和全外连接。只包括左表的所有行，不包括右表的不匹配行的外连接称为左外连接；只包括右表的所有行，不包括左表的不匹配行的外连接称为右外连接；既包括左表不匹配的行，也包括右表不匹配的行的连接称为完整外连接。

【任务 5-17】 创建左外连接查询

在左外连接查询中左表就是主表，右表就是从表。左外连接返回关键字 Left Join 左边的表中所有的行，但是这些行必须符合查询条件。如果左表的某些数据行没有在右表中找到相应的匹配数据行，则查询结果集中右表的对应位置填入 NULL 值。

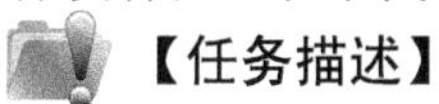
【任务描述】

从方案“SYSTEM”的“客户类型表”中查询所有的客户类型及其在“客户信息表”中对应的客户信息，如果客户类型在“客户信息表”中没有对应的客户信息也需要显示其类型信息。

【任务实施】

实现本任务的 SQL 查询语句如下所示。

```
Select  t.客户类型  ,c.客户编号  ,c.客户名称
From  客户类型表  t   Left Join  客户信息表  c
  On   t.客户类型 ID = c.客户类型  ;
```

该 SQL 查询语句的运行查询结果如图 5-5 所示。

	客户类型	客户编号	客户名称
1	普通客户	100001	胡南
2	银卡会员	100002	江北
3	普通客户	100003	林美丽
4	银卡会员	100004	高兴
5	普通客户	100005	肖家宝
6	金卡会员	(null)	(null)

图 5-5　左外连接查询的查询结果

在上面的 Select 语句中，“客户类型表”为主表，即左表，“客户信息表”为从表，即右表，On 关键字后面是左外连接的条件。由于要查询所有的客户类型，所以所有客户类型都会出现查询结果集中。由于同一种客户类型在“客户信息表”中有多条记录的，所以客户类型会重复出现多次。

【任务 5-18】 创建右外连接查询

在右外连接查询中右表就是主表，左表就是从表。右外连接返回关键字 Right Join 右边表

中所有的行，但是这些行必须符合查询条件。右外连接是左外连接的反向，如果右表的某些数据行没有在左表中找到相应匹配的数据行，则查询结果集中左表的对应位置填入 NULL 值。

【任务描述】

从方案“SYSTEM”的“用户类型表”中查看哪些用户类型在“用户表”中还没有对应的用户，没有对应用户的类型也要求显示。

【任务实施】

实现本任务的 SQL 查询语句如下所示。

```
Select  u.用户名 , u.注册日期 , t.类型名称
From  用户表 u Right Join 用户类型表 t
On  u.用户类型 = t.用户类型 ID ;
```

该 SQL 查询语句的运行查询结果如图 5-6 所示。

	用户名	注册日期	类型名称
1	admin	22-5月 -16	系统管理员
2	江南	28-6月 -16	商品管理员
3	苏宁	22-5月 -16	订单管理员
4	(null)	(null)	VIP客户
5	(null)	(null)	普通客户

图 5-6　右外连接查询的查询结果

在上面的 Select 语句中，“用户类型表”是主表，“用户表”是从表，On 关键字后面的是右外链接的条件。由于要查询所有用户类型的用户信息，所以采用右外接。

【任务 5-19】 创建完全外连接查询

完全外连接查询返回左表和右表中所有行的数据。当一个表中某些行在另一个表中没有匹配行时，则另一个表与之对应的字段值填入 NULL 值。如果表之间没有匹配行时，则整个查询结果集包含基表的数据值。

【任务描述】

从方案“SYSTEM”的“客户信息表”、“订单主表”、“订单明细表”和“商品信息表”4 个数据表中查询所有客户订购商品的情况和所有商品被订购的情况，查询结果包括客户名称、订单编号、商品名称、购买数量 4 列数据。

【任务实施】

在“订单主表”存放了已订购商品的客户数据，没有订购商品的客户数据则没有。同时“订单明细表”存放了已被购买的商品数据，没有被订购的商品数据则没有。如果需要在查询结果中显示没有订购商品的客户数据和没有被订购的商品数据，使用全外连接可以实现。

实现本任务的 SQL 查询语句如下所示。

```
Select  c.客户名称 , m.订单编号 , d.购买数量 , p.商品名称
From  客户信息表 c
        Full Join 订单主表 m
            On c.客户编号 = m.客户
        Full Join 订单明细表 d
```

```
        On m.订单编号 = d.订单编号
    Full Join 商品信息表 p
        On d.商品编码 = p.商品编码 ;
```

该 SQL 查询语句的运行查询结果的部分数据如图 5-7 所示。

	客户名称	订单编号	购买数量	商品名称
1	胡南	100000	1	联想(Lenovo)天逸100
2	胡南	100000	2	索尼(SONY)数码摄相机AXP55
3	胡南	100000	2	Apple iPhone 6s(A1700)
4	胡南	100000	3	创维(Skyworth)55M5
5	胡南	100000	1	华为 P8
6	江北	100001	1	小米 Note 白色
7	江北	100002	1	佳能(Canon) HF R76
8	江北	100002	1	联想(Lenovo)扬天A8000f
9	江北	100003	1	小米(MI)L60M4-AA
10	胡南	100004	1	松下(Panasonic)HC-V270GK-K
11	胡南	100005	1	戴尔(DELL)Vostro 3800-R6198M
12	江北	100006	1	小天鹅(Little Swan)TG70-1229EDS
13	江北	100007	1	魅族 MX5
14	胡南	100008	1	三星 Galaxy Note4(N9100)
15	胡南	100009	1	OPPO A33
16	肖家宝	(null)	(null)	(null)
17	高兴	(null)	(null)	(null)
18	林美丽	(null)	(null)	(null)
19	(null)	(null)	(null)	小米 红米Note 增强版
20	(null)	(null)	(null)	华硕(ASUS)FL5900U

图 5-7　全外连接查询的运行查询结果的部分数据

在查询结果中对于没有订购商品的客户对应的“订单编号”、“购买数量”和“商品名称”3 列都显示为 NULL；对于没被订购的商品对应的“客户名称”、“订单编号”和“购买数量”3 列都显示为 NULL；只有客户所订购商品的数据中不会出现 NULL。

由于只有部分客户订购了商品，如果利用内连接，就会去掉值为 NULL 的行，无法显示出所有客户的订购商品情况。利用全外连接可以显示出所有客户的订购商品情况，包括没有订购商品的客户。

5.3 创建与使用子查询

在实际应用中，经常要用到多层查询，在 SQL 语句中，将一条 Select 语句作为另一条 Select 语句的一部分称为子查询，也称嵌套查询。外层的 Select 语句称为外查询，内层的 Select 语句称为内查询。

嵌套查询是按照逻辑顺序由里向外执行的，即先处理内部查询，然后将查询结果用于外部查询的查询条件。SQL 允许使用多层嵌套查询，即在子查询中还可以嵌套其他子查询。

子查询不仅仅可以出现在 Select 语句中，也可以出现在 Update 和 Delete 语句中，本质上是 Where 后的一个条件表达式。

【任务 5-20】 创建单值子查询

单值子查询就是通过子查询返回单一的数据值。当子查询返回的查询结果是单个值时，可以使用比较运算符（包括<、>、<=、>=、!=和<>等）参加相关表达式的运算。但如果子查询返回值不止一个，整个查询语句将会产生错误。

单值子查询的 Where 条件的语法格式如下所示：

```
Where      <表达式 1> <关系运算符 1> ( <子查询 1> )
  [ And | Or <表达式 2> <关系运算符 2> ( <子查询 2> ) ]
```

【任务描述】

【任务 5-20-1】：从方案“SYSTEM”的“商品信息表”中查询商品“华为 P8”的类型名称。

【任务 5-20-2】：从方案“SYSTEM”的“商品信息表”中查询价格最高并且库存数量高于 10 的商品，查询结果中包含商品名称、商品价格和库存数量数据。

【任务实施】

（1）由于“商品信息表”中只存储了“商品名称”和“类型编号”，没有存储“类型名称”，类型名称的数据存储在“商品类型表”中。

我们先分两步完成查询：

第 1 步，从“商品信息表”中查询“华为 P8”对应的类型编号，并记下其值，查询语句如下所示。

```
Select 商品名称 , 类型编号 From 商品信息表 Where 商品名称='华为 P8' ;
```

执行该查询语句，其查询结果如下所示，由查询结果可知，商品“华为 P8”对应的类型编号为“010101”。

```
商品名称        类型编号
---------------- ----------------
华为 P8         010101
```

第 2 步，从“商品类型表”中查询类型编号为“010101”的类型名称，查询语句如下所示。

```
Select 类型编号 , 类型名称 From 商品类型表 Where 类型编号='010101' ;
```

执行该查询语句，其查询结果如下所示，由查询结果可知，商品“华为 P8 ”对应的类型名称为“手机”。

```
类型编号     类型名称
-------------- --------------
010101       手机
```

利用子查询，将以上两个步骤的查询语句组合成一条查询语句，将步骤 1 的查询语句作为步骤 2 的查询语句的子查询，实现【任务 5-20-1】的 SQL 查询语句如下所示。

```
Select 类型编号 , 类型名称
From   商品类型表
Where 类型编号=(Select 类型编号 From 商品信息表 Where 商品名称='华为 P8') ;
```

（2）实现【任务 5-20-2】的 SQL 查询语句如下所示。

```
Select 商品名称 , 商品价格 , 库存数量
From   商品信息表
Where 商品价格=(Select Max(商品价格) From 商品信息表)
        And 库存数量>10 ;
```

查询结果如下所示。

```
商品名称                                商品价格     库存数量
---------------------------------------- -------------- ------------------------
索尼(SONY)数码摄像机 AXP55          9860           20
```

【任务 5-21】 创建多值子查询

子查询的返回查询结果是多个字段值的嵌套查询称为多值嵌套查询。多值嵌套查询经常使用 In 操作符，In 操作符可以测试表达式的值是否与子查询返回查询结果集中的某一个值相等，如果字段值与子查询的查询结果一致或存在与匹配的数据行，则查询结果集中就包含该数据行。

多值子查询的 Where 条件的语法格式如下所示：

```
Where        <表达式 1> [ Not ] In ( <子查询 1> )
   [ And | Or <表达式 2> [ Not ] In ( <子查询 2> ) ]
```

也可以使用 Some、Any、All 关键字实现多值子查询，这些关键字需要配合<、<=、=、>、>=使用，由于教材篇幅的限制，这里只介绍使用 In 操作符实现多值子查询。

【任务描述】

【任务 5-21-1】：查询所有已订购商品的客户信息，查询结果包含客户编号和客户名称 2 个字段。

【任务 5-21-2】：查询所有手机的订购信息，查询结果包含商品编码、商品名称、商品价格、库存数量 4 个字段。

【任务实施】

（1）实现【任务 5-21-1】的 SQL 查询语句如下所示。

```
Select  客户编号 , 客户名称
From  客户信息表
Where 客户编号 In (Select 客户 From 订单主表 );
```

由于“订单主表”中存放了有关商品订购的信息，若客户订购了商品，则该客户的编号就会出现在“订单主表”中。利用子查询，在“订单主表”中查询所有已经订购了商品的客户编号，然后通过客户编号到“客户信息表”查询对应的客户信息。

查询结果如下所示。

```
客户编号   客户名称
------------ -------------------------
100001     胡南
100002     江北
```

（2）实现【任务 5-21-2】的 SQL 查询语句如下所示。

```
Select  商品编码 , 商品名称 , 商品价格 , 库存数量
From  商品信息表
Where 类型编号 In (Select 类型编号 From 商品类型表 Where 类型名称='手机' )
      And 商品编码 In (Select 商品编码 From 订单明细表 );
```

由于商品类型数据存放在“商品类型表”中，商品数据存放在“商品信息表”中，利用 2 层子查询获取由“手机”的类型编号。由于已被订购的商品编号存放在“订单明细表”中，同样利用 2 层子查询获取已被订购商品的商品编码。使用内层子查询获取已被订购商品的商品编号和商品类型是“手机”的类型编号，外层子查询获取已被订购并且商品类型是“手机”的商品。

查询结果如下所示。

```
商品编码   商品名称                        商品价格      库存数量
------------ ---------------------------------- ---------------- -----------------
```

```
1856588   Apple iPhone 6s(A1700)      6240    16
1509661   华为 P8                     2058    20
1514801   小米 Note 白色              1898    10
1822038   魅族 MX5                    1840    27
1220064   三星 Galaxy Note4(N9100)    3025    16
2022008   OPPO A33                    1280    25
```

【任务 5-22】 创建相关子查询

相关子查询的查询条件依赖于外层查询的某个值，在相关子查询中会用到关键字 Exists 引出子查询，Exists 用于在 Where 子句中测试子查询返回的数据行是否存在。如果使用 Exists 操作符查询的结果集不为空，则返回逻辑真，否则返回逻辑假。

相关子查询的 Where 条件的语法格式如下所示：

```
Where [ Not ] Exists ( <子查询 1> )
```

【任务描述】

【任务 5-22-1】：利用相关子查询，查询所有订购了商品的客户信息，查询结果包含客户编号和客户名称 2 个字段。

【任务 5-22-2】：利用相关子查询，查询没有订购商品的客户信息，查询结果包含客户编号和客户名称 2 个字。

【任务实施】

（1）实现【任务 5-22-1】的 SQL 查询语句如下所示。

```
Select 客户编号 , 客户名称 , 收货地址
From 客户信息表
Where Exists ( Select 客户 From 订单主表
            Where 订单主表.客户=客户信息表.客户编号 );
```

由于“订单主表”中存放了商品订购的数据，若客户订购了商品，则该客户编号就会出现在“订单主表”中。利用相关子查询，在“订单主表”中查询所有已订购商品的客户编号，然后根据客户编号到“客户信息表”中查询对应信息。上面的查询语句中使用了 Exists 关键字，如果子查询中能够返回数据行，即查询成功，则子查询外围的查询也能成功；如果子查询失败，那么外围的查询也会失败，这里 Exists 连接的子查询可以理解为外围查询的触发条件。

查询结果如下所示。

```
客户编号    客户名称
----------- -------------------------
100001      胡南
100002      江北
```

（2）实现【任务 5-22-2】的 SQL 查询语句如下所示。

```
Select 客户编号 , 客户名称
From 客户信息表
Where Not Exists ( Select 客户 From 订单主表
              Where 订单主表.客户=客户信息表.客户编号 );
```

上述 SQL 查询语句使用了 Not Exists，当子查询返回空行或查询失败时，外围查询成功；而子查询成功或返回非空时，则外围查询失败。

查询结果如下所示。

```
客户编号  客户名称
-------------  -------------------------
100003      林美丽
100004      高兴
100005      肖家宝
```

5.4 创建与使用联合查询

联合查询是指将多个不同的查询结果连接在一起组成一组数据的查询方式。联合查询使用 Union 关键字连接各个 Select 子句，联合查询不同于对两个数据表中的字段进行连接查询，而是组合两个数据表中的行。使用 Union 关键字进行联合查询时，应保证每个联合查询语句的选择列表中具有相同数量的字段，并且对应的字段应具有相同的数据类型，或者可以自动将其转换为相同的数据类型。

查询语句中除了可以使用 Union 关键字实现联合查询之外，还可以使用 Minus 运算符实现差集运算，即从左查询中返回右查询不存在的所有非重复值。使用 Intersect 运算符实现交集运算，即返回左右两个查询都包含的所有非重复值，也称为获取查询结果集的交集。由于教材篇幅的限制，这里只介绍使用 Union 关键字实现联合查询。

【任务 5-23】 创建联合查询

【任务描述】

利用联合查询从方案“SYSTEM”的“商品信息表”中筛选出“华为”产品和“联想”产品，并且“华为”产品排列在前面，查询结果包含商品编码、商品名称、商品价格。

【任务实施】

实现本任务的 SQL 查询语句如下所示。

```
Select   商品编码 , 商品名称 , 商品价格
From   商品信息表
Where 商品名称 Like '华为%'
Union All
Select   商品编码 , 商品名称 , 商品价格
From   商品信息表
Where 商品名称 Like '联想%'
```

使用 Union 运算符将两个或多个 Select 语句的查询结果组合一个查询结果集时，可以使用关键字“All”，指定查询结果集中将包含所有行而不删除重复的行。如果省略 All，将从查询结果集中删除重复的行，即对重复的行只保留一行。使用 Union 联合查询时，查询结果集的字段名与 Union 运算符中第 1 个 Select 语句的查询结果集中的字段名相同，另一个 Select 语句的查询结果集字段名将被忽略。

查询结果如下所示。

```
商品编码     商品名称                          商品价格
------------- ----------------------------------- -----------------------------------
1509661     华为 P8                            2058
2024551     联想(Lenovo)天逸 100               3800
2381431     联想(Lenovo)扬天 A8000f            8988
```

5.5 在 SQL Developer 中创建与维护视图

视图是一种常用的数据库对象，可以把它看成是从一个或几个基本表导出的虚表或存储在数据库中的查询，对于视图所引用的源表来说，视图的作用类似于筛选。定义视图的筛选可以来自当前或其他数据库的一个或多个表，或者其他视图。

【知识必备】

1．视图的概念和作用

视图可以看成是一个虚拟表，从一个或几个基本表导出的虚拟表或存储在数据库中的查询。视图可以建立在一个或多个数据表（或者其他视图）上，它不占用实际的存储空间，只是在数据字典中保存了它的定义信息。数据库中并没有存放视图对应的数据，数据存放在源表中，当源表中的数据发生变化时，从视图中查询出的数据也会随之改变。

视图一经定义后，就可以像基本表一样被查询和删除。视图为查看和存取数据提供了另外一种途径，对于查询完成的大多数操作，使用视图一样可以完成；使用视图还可以简化数据操作；当通过视图修改数据时，相应的基本表的数据也会发生变化；同时，若基本表的数据发生变化，则这种变化也可以自动地同步反映到视图中。视图具有以下作用。

（1）简化操作

视图大大简化了用户对数据的操作，如果一个查询非常复杂，跨越多个数据表，那么通过将这个复杂查询定义为视图，这样在每一次执行相同的查询时，只要一条简单的查询视图语句即可。可见视图向用户隐藏了表与表之间复杂的连接操作。

（2）提高数据安全性

视图创建一种可以控制的环境，为不同的用户定义不同的视图，使每个用户只能看到他有权看到的部分数据。那些没有必要的、敏感的或不适合的数据都从视图中排除了，用户只能查询和修改视图中显示的数据。

（3）屏蔽数据库的复杂性

用户不必了解数据库中复杂的表结构，视图将数据库设计的复杂性和用户的使用方式屏蔽了。数据库管理员可以在视图中将那些难以理解的字段替换成数据库用户容易理解和接受的名称，从而为用户使用提供极大便利，并且数据库中表的更改也不会影响用户对数据库的使用。

（4）数据即时更新

当视图所基于的数据表发生变化时，视图能够即时更新，提供了与数据表一致的数据。

2．创建与维护视图的基本语法格式

（1）创建视图

创建需要使用 Create View 语句，其基本语法格式如下所示。

```
Create   [ Or Replace ]   [ Force | NoForce ] View [ <方案名>.]<视图名称>
         [ (<查询语句中字段或表达式的别名列表>) ]
As   <Select 查询语句>
     [ With { Check Option | Read Only } Constraint <约束名称> ] ;
```

各参数的含义说明如下：

① Or Replace：在创建视图时，如果存在同名视图，则替换为现有视图。

② Force | NoForce：Force 表示即使基表不存在或没有权限也要强制创建视图；NoForce 表示如果基表不存在则不创建视图。默认为 NoForce。

③ 视图名称必须符合标识符的命名规则，而且在同一个方案中视图名不能出现重复。

④ 查询语句中字段或表达式的别名个数与查询语句字段或表达式的个数必须一致。

⑤ 获取源表数据的 Select 查询语句可以基于一个或多个基表或视图。

⑥ With Check Option 表示只能对视图中查询语句能够检索的数据行进行 Insert、Update 和 Delete 等 DML 操作，默认情况下，可以通过视图对基表中的所有数据行进行 Insert、Update 和 Delete 等 DML 操作，包括视图的查询语句无法检索到的数据行。

⑦ With Read Only 表示通过视图只能读取基表中的数据行，不允许通过视图进行插入、更新和删除等 DML 操作。

⑧ Constraint：指定约束名称，如果没有指定约束名称，系统会自动赋予约束名称。

（2）修改视图

由于视图只是一个虚表，对视图的修改只是改变数据字典中对该视图的定义信息，视图的基表不会受到影响。

① 重命名视图

重命名视图语句的语法格式如下所示：

```
Rename 旧视图名 To 新视图名 ;
```

② 修改视图的定义

可以使用 Create Or Replace View 命令修改视图的定义，修改视图而不是先删除视图再重新定义视图的优势是所有与视图相关的权限等安全性内容仍然存在，如果删除视图后再重新定义相同名称的视图，Oracle 将新定义的同名视图作为不同的视图来对待的。

可以使用 Alter View 命令修改已有的视图。

（3）删除视图

可以使用 Drop View 命令来删除视图，当然必须拥有 Drop Any View 的系统权限才能删除视图，删除视图的基本语法格式如下所示。

```
Drop View [ <方案名>.]<视图名称> ;
```

【任务 5-24】 创建基于多个数据表的视图

【任务描述】

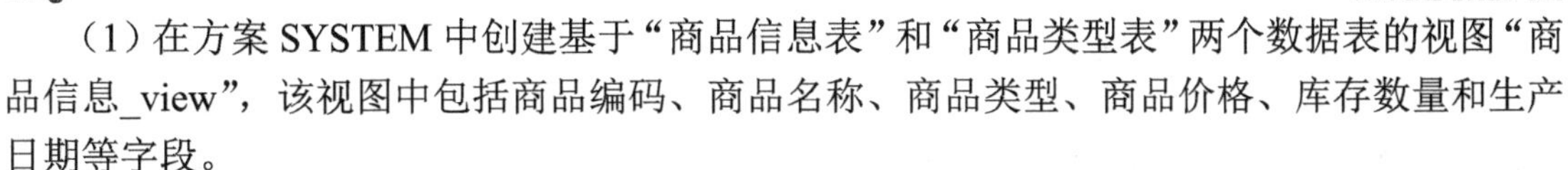

（1）在方案 SYSTEM 中创建基于“商品信息表”和“商品类型表”两个数据表的视图“商品信息_view”，该视图中包括商品编码、商品名称、商品类型、商品价格、库存数量和生产日期等字段。

（2）在方案 SYSTEM 中创建基于“客户信息表”和“客户类型表”两个数据表的视图“客户信息_view”，该视图包括“客户编号”、“客户名称”、“收货地址”和“客户类型”等字段。

【任务实施】

（1）创建视图“商品信息_view”

创建视图“商品信息_view”的 SQL 语句如下所示。

```
Create View SYSTEM.商品信息_view
As
Select   g.商品编码 , g.商品名称 , t.类型名称 As 商品类型 ,
```

```
          g.商品价格 , g.库存数量 , g.生产日期
    From   商品信息表 g , 商品类型表 t
    Where g.类型编号 = t.类型编号 ;
```

在工作表的工具按钮区域单击【运行脚本】按钮，在下方的“脚本输出”窗格出现“view SYSTEM.商品信息_VIEW 已创建。”的提示信息，表示视图创建成功。

（2）创建视图“客户信息_view”

创建视图“客户信息_view”的 SQL 语句如下所示。

```
Create Or Replace Force View    客户信息_view
        ( 客户编号 , 客户名称 , 收货地址 , 客户类型 )
AS
   Select  c.客户编号 , c.客户名称 , c.收货地址 , t.客户类型
   From    客户信息表 c , 客户类型表 t
   Where   c.客户类型 = t.客户类型 id
With Check Option ;
```

在工作表的工具按钮区域单击【运行脚本】按钮，在下方的“脚本输出”窗格出现“force view 客户信息_VIEW 已创建。”的提示信息，表示视图创建成功。

（3）查看视图“客户信息_view”的定义信息

视图创建完成后，可以通过查询数据字典 user_views 查看该视图的定义信息，查询语句如下所示。

```
Select view_name , text , read_only From user_views
     Where view_name='客户信息_VIEW' ;
```

查询结果如下所示：

```
VIEW_NAME       TEXT                                                    READ_ONLY
------------------------------------------------- -----------------------------------------------------------
客户信息_VIEW   Select c.客户编号, c.客户名称, c.收货地址, t.客户类型     N
                 From    客户信息表 c , 客户类型表 t
                 Where c.客户类型 = t.客户类型 id
                 With Check Option
```

其中，view_name 为视图名称，text 为创建视图的查询语句的内容，read_only 表示视图是否为只读，Y 表示是，N 表示否。

【任务 5-25】 创建包含计算字段的视图“商品金额_view”

【任务描述】

在方案 SYSTEM 中创建基于“商品信息表”的视图“商品金额_view”，该视图包括“商品编码”、“商品名称”、“商品价格”、“库存数量”、“类型编号”和“金额”等字段，其“金额”为计算字段，计算公式为“商品价格*库存数量”。

【任务实施】

实现本任务的 SQL 查询语句如下所示。

```
Create View 商品金额_view
AS
  Select 商品编码 , 商品名称 , 商品价格 , 库存数量 , 类型编号 ,
          商品价格*库存数量 金额
  From  商品信息表 ;
```

在工作表的工具按钮区域单击【运行脚本】按钮，在下方的“脚本输出”窗格出现“view

商品金额_VIEW 已创建。”的提示信息，表示视图创建成功。

5.5.3　使用视图实现数据查询和新增数据的操作

视图具有和数据表一样的结构，当定义视图以后，可以像对基表一样对视图进行相关操作，如对视图进行查询、插入、修改和删除等操作。

【任务 5-26】通过视图“商品金额_view”获取符合指定条件的商品数据

Oracle 中使用 Select 语句查询视图所包含的数据，操作方法与查询基表相同，与直接通过基表进行查询不同的是，通过视图查询数据简化了查询语句的复杂性，不需要对多个数据表进行连接操作。

【任务描述】

通过视图“商品金额_view”获取库存商品占用金额超过 120000 元的商品信息。

【任务实施】

实现本任务的 SQL 查询语句如下所示。

```
Select 商品编码 , 商品名称 , 商品价格 , 库存数量 , 类型编号 , 金额
From  商品金额_view Where 金额>120000 ;
```

上述 SQL 查询语句中的字段名为创建视图时指定的字段名，而不是源表中的字段名，由于在创建视图时为计算字段指定了“金额”字段名，所以利用视图进行查询操作时，直接使用字段名“金额”即可。

查询结果如下所示：

商品编码	商品名称	商品价格	库存数量	类型编号	金额
2365929	索尼(SONY)数码摄像机 AXP55	9860	20	0102	197200
2327134	佳能(Canon) HF R76	3570	45	0102	160650
2381431	联想(Lenovo)扬天 A8000f	8988	15	0302	134820

【任务 5-27】通过视图“商品信息_view”插入与修改商品数据

当向视图中插入、修改或删除数据时，实际上是对视图所引用的基表执行数据的插入、修改或者删除操作，对于这些操作，Oracle 有如下的一些限制：

① 应具有操作视图权限，同时要具有操作该视图所引用的基表或其他视图权限。

② 在一个语句中，一次不能修改一个以上的视图基表。

③ 对视图中所有字段的修改必须遵守基表中所定义的各种约束条件。

④ 不允许对视图中的计算字段或包含有统计函数的字段进行修改，

⑤ 如果视图定义时指定了 With Read Only 选项，那么对只读视图执行的 DML 操作将会受到限制。

⑥ 通过视图向基表中插入数据时，通常情况下只提供了表中部分字段的数据，而表中其他字段的数据则会使用默认值，如果没有设置默认值则会使用 NULL 值，如果该字段不支持 NULL 值，则 Oracle 禁止执行此插入操作。

【任务描述】

【任务 5-27-1】：通过视图“商品金额_view”向数据表“商品信息表”插入一条商品数据，商品编码为“1018355”，商品名称为“vivo X6SPlus”，商品价格为“2798”，类型编号为“010101”。

【任务 5-27-2】：将刚才新插入的商品数据的价格修改为“2600”，库存数量修改为“6”。

【任务实施】

（1）实现【任务 5-28-1】的 SQL 语句如下所示。

```
Insert Into 商品金额_view(商品编码 , 商品名称 , 商品价格 , 类型编号)
                    values('1018355' , ' vivo X6SPlus ' , 2798 , '010101' )  ;
```

在【SQL Developer】工作表的工具按钮区域单击【运行脚本】按钮，在下方的“脚本输出”窗格出现“1 行已插入。”的提示信息，表示通过视图“商品金额_view”向数据表“商品信息表”成功插入一条商品数据。

（2）实现【任务 5-28-2】的 SQL 语句如下所示。

```
Update 商品金额_view Set 商品价格=2600 , 库存数量=6
       Where 商品编码='1018355' ;
```

通过视图修改数据时，也必须使用视图中的字段名。

在【SQL Developer】工作表的工具按钮区域单击【运行脚本】按钮，在下方的“脚本输出”窗格出现“1 行已更新。”的提示信息，表示成功修改数据表记录数据。

5.6 创建与维护索引

如果要在一本书中快速地查找所需的内容，可以利用目录中给出的章节页码快速地查找到其对应的内容，而不是一页一页地查找。数据库中的索引与书籍中的目录类似，也允许数据库应用程序利用索引迅速找到表中特定的数据，而不必扫描整个数据表。在图书中，目录是章节名称和相应页码的列表清单。在数据库中，索引就是数据表中数据和相应存储位置的列表。

【知识必备】

1. 索引的概念与类型

索引是一种重要的数据对象，它由一行行记录组成，而每一行记录都包括数据表中一列或若干列值以及指向数据表中物理标识这些值的数据页的逻辑指针的集合，而不是数据表中的所有记录，因而能够提高数据的查询效率。此外，使用索引还可以确保字段的唯一性，从而保证数据的完整性。

索引提供了数据库中编排数据表中数据的内部方法。索引依赖于数据表，作为数据表的一个组成部分，一旦创建后，由数据库系统自身进行维护。当进行数据检索时，系统首先搜索数据表的索引，从中找到所需数据的指针，再通过指针从数据表中读取数据。

对数据表字段定义主键约束（Primary Key）和唯一约束(Unique)时，Oracle 会自动创建对应的索引。

Oracle 数据库支持 B 树索引、反向索引、降序索引、位图索引、函数索引和全文索引等多种索引类型，应用这些索引可以有效提高数据库的性能。B 树索引是最常见的索引结构，也是默认的索引类型。B 树索引在检索拥有很多不同的值的字段时提供了最好的性能，当取出的行数占总行数比例较小时，B 树索引比全表检索提供了更有效的方法。

由于教材篇幅的限制本节只介绍 B 树索引的创建与维护方法，其他类型的索引请参见相关书籍。

2．创建与维护索引的基本语法格式

（1）创建索引

使用 Create Index 语句创建 B 树索引的基本语法格式如下所示。

```
Create [ Unique ] Index [ <方案名>.]<索引名>
    On [ <方案名>.]{<表名> | <视图名>}(<字段名> ASC | DESC   [ , … ])
        [ Initrans n ]
        [ Maxtrans n ]
        [ Pctfree n ]
        [ Storage <存储参数> ]
        [ Tablespace <表空间名> ] ;
```

各参数说明如下：

① Unique：要求索引字段中的值必须是唯一的。如果在该字段上定义了 Unique 约束，则不需要再为该创建唯一索引，因为 Oracle 会自动为其创建唯一索引。

② 索引名必须符合标识符的命名规则。

③ 可以为一个或多个字段创建索引，为多个字段创建的索引通常也称为复合索引。

④ ASC 指定创建升序索引，为默认设置，DESC 指定创建降序索引。

⑤ Initrans n：指定一个数据块内可同时访问的初始事务数。

⑥ Maxtrans n：指定一个数据块内可同时访问的最大事务数。

⑦ Pctfree n：指定索引数据块空闲空间的百分比。

⑧ Storage <存储参数>：用于设置存储参数。

⑨ Tablespace <表空间名>：指定索引所在的表空间，如果不使用此选项，则索引会被保存到默认的表空间中。

（2）修改索引

修改索引的基本语法格式为：

```
Alter Index [ <方案名>.]<索引名>
      [ Initrans n ]
      [ Maxtrans n ]
      [ Pctfree n ]
      [ Storage <存储参数> ]
      [ Tablespace <表空间名> ] ;
```

各个参数的含义与 Create Index 命令相同。

（3）删除索引

使用 Drop Index 命令可以删除一个或多个当前数据库中的索引，删除索引的基本语法格式为：

```
Drop Index [ <方案名>.]<索引名>   ;
```

注 意

Drop Index 命令不能删除由 Create Table 或 Alter Table 命令创建数据表时所创建主键约束索引和唯一约束索引，也不能删除系统表的索引

【任务 5-28】 在 SQL Developer 中使用命令方式创建与维护索引

创建索引时，必须具有 Create Index 的系统权限。

【任务描述】

在“商品信息表”中创建基于“商品名称”字段的索引“商品名称_IX”。

【任务实施】

实现本任务的命令如下所示。

```
Create Index  商品名称_IX
      On SYSTEM.商品信息表(商品名称) ;
```

在【SQL Developer】工作表的工具按钮区域单击【运行脚本】按钮，在下方的“脚本输出”窗格出现“index 商品名称_IX 已创建。”的提示信息，表示成功创建索引。

在 SQL Developer 主窗口的左侧列表中展开“索引”节点，右键单击索引名称“商品名称_IX”，在弹出的快捷菜单中选择【编辑】命令，打开如图 5-8 所示的【编辑索引】对话框，在该对话框中可以对索引进行必要的修改，修改完成后单击【确定】按钮即可。

图 5-8 【编辑索引】对话框

【任务 5-29】 检查与操作 myBook 数据库中各个数据表的数据

【任务描述】

（1）创建与使用基本查询

① 查询“图书类型表”中所有的图书类型。

② 查询“出版社信息表”中所有的出版社，查询结果只包含“出版社名称”、“出版社简称”和“出版社地址”3 列数据。

③ 检索“图书信息”数据表中全部图书，查询结果只包含“ISBN 编号”、“图书名称”和“出版社”3 列数据，要求这 3 个字段输出时分别以“ISBN”、“bookName”和“publishingHouse”英文名称作为其标题。

④ 从“图书信息表”中检索前 3 条图书数据。

⑤ 从“图书信息表”中检索出版日期在“2016”年之后的图书信息。

⑥ 从“图书信息表”中检索出作者姓“李”的图书信息。

⑦ 从“图书信息表”中查询图书的最高价、最低价和平均价格。

⑧ 从“图书信息表”中检索所有的图书信息，要求按出版日期的升序输出，出版日期相同的按价格的降序输出。

⑨ 从“图书信息表”中统计各个出版社出版的图书的平均定价和图书种数。

（2）创建与使用连接查询

① 从“图书信息表”和“出版社信息表”两个数据表，查询图书的详细信息。要求查询结果中包含 ISBN 编号、图书名称、作者、价格、出版社名称、出版日期等字段。

② 从“借书证信息表”和“图书借阅表”两个数据表中查询已办理了借书证，并且使用借书证借阅了图书的借阅者信息，要求查询结果显示姓名、借书证编号、图书编号、借出数量

③ 从“图书信息表”和“图书类型表”两个数据表中查询 2016 年 1 月 1 日到 2017 年 1 月 1 日之间出版的价格在 40 元以上的“工业技术”类型的图书信息，要求查询结果显示图书名称、价格、出版日期和图书类型名称 4 列数据。

④ 从“图书借阅表”和“借书证信息表”两个数据表中查询所有借书证的借书情况，查询结果显示借书证编号、姓名、图书编号和借出数量 4 列数据。

（3）创建与使用子查询

查询所有借阅了图书的借书证信息。

（4）创建与使用视图

创建一个名称为“电子社 2013_view”，该视图包括“电子工业出版社”出版的所有图书信息，包括 ISBN 编号、图书名称、作者、价格、出版社名称、图书类型名称等数据。

（5）创建与维护索引

在“图书信息表”中创建基于“图书名称”列的索引“图书名称_IX”。

使用数据库和数据表的主要目的是存储数据，以便在需要时进行检索、统计数据或输出数据。使用 Select 语句可以从数据表或视图中迅速、方便地检索数据。在进行多表查询时，常使用的操作是连接查询、子查询和联合查询。Oracle 数据库中，视图是由 Select 子查询语句定义的一个逻辑表，是一个不保存任何数据的“虚表”。索引的功能是提高对数据表的检索效率。

本单元主要通过实例介绍了使用基本查询、连接查询、子查询和联合查询从数据表中检索数据的语句和方法，还介绍了视图的索引。

(1) 为了去除查询结果集中的重复行，可以在 Select 语句中使用下列哪一个关键字？( )

A. All　　B. Distinct　　C. Update　　D. Meger

(2) 在 Select 语句中，Having 子句的作用是（ ）。

A. 查询结果的分组条件　　B. 分组的筛选条件

C. 限定返回行的判断条件　　D. 对查询结果集进行排序

(3) 如果要统计数据表中有多少行记录，应该使用下列哪个聚合函数？（ ）

A. Sum　　B. Avg　　C. Count　　D. Max

(4) 使用（ ）关键字进行子查询时，该关键字只注重子查询是否返回行。如果子查询返回一个或多个行，那么将返回逻辑真，否则为逻辑假。

A. In　　B. Any　　C. All　　D. Exists

(5) 如果只需要返回匹配的列，则应当使用哪一种类型的连接？（ ）

A. 内连接　　B. 左连接　　C. 全连接　　D. 交叉连接

(6) 以下关于视图的描述错误的是（ ）。

A. 视图是由 Select 查询语句定义的一个逻辑表

B. 视图中保存有数据

C. 通过视图而操作的数据仍然保存在数据表中

D. 可以通过视图操作数据库中的数据

单元 6

编写 PL/SQL 程序处理 Oracle 数据库的数据

PL/SQL 是 Oracle 对标准数据库语言 SQL 的扩展，是一种高性能的基于事务处理的语言，能运行在任何 Oracle 环境中，支持所有的数据处理命令，支持所有的 SQL 数据类型和所有 SQL 函数，同时支持所有 Oracle 对象类型。PL/SQL 程序块可以被命名和存储在 Oracle 服务器中，同时也能被其他的 PL/SQL 程序或 SQL 命令调用，它具有较强的可重用性。

对于匿名的程序块，需要再次使用时，只能重新编写程序块的内容，然后重新进行编译和执行，为了提高系统的应用性能，Oracle 提供了一系列“命名程序块”，包括函数、存储过程、触发器和程序包。这些命名程序块在创建时由 Oracle 系统编译并保存，需要时可以通过其名称调用它们，并且不需要重新编译。

存储过程是一组为了完成特定功能的 SQL 语句集合，它大大提高了 SQL 语句的功能和灵活性，存储过程经编译后存储在数据库中，所以执行存储过程要比执行存储过程中封装的 SQL 语句效率更高。函数与存储过程很相似，它可以接受用户的输入值，也可以向用户返回值，但函数必须返回一个值。触发器是一种特殊的存储过程，它在发生某种数据库事件时由 Oracle 系统自动触发。使用程序包主要是为了实现程序模块化，程序包可以将相关的存储过程、函数、变量、常量和游标等 PL/SQL 程序组合在一起，通过这种方式可以构建供程序员重用的代码库。事务是由一系列相关的 SQL 语句组成的逻辑处理单元，Oracle 系统以事务为单位来处理数据，用来保证数据的一致性。

教学目标	（1）熟悉 PL/SQL 的基本结构和基本规则 （2）掌握 PL/SQL 的数据类型、常量、变量、表达式等基础语法 （3）掌握 PL/SQL 的条件控制语句和循环控制语句 （4）一般掌握 PL/SQL 的异常处理方法 （5）学会应用 Oracle 的系统函数编写 PL/SQL 程序 （6）学会创建与操作游标 （7）学会创建与使用自定义函数 （8）学会创建与使用存储过程 （9）学会创建与执行触发器 （10）学会创建与使用程序包 （11）了解事务与锁
教学方法	任务驱动法、分析比较法、探究训练法、讲授法等
课时建议	12 课时

1. 初识 PL/SQL

结构化查询语言(Structured Query Language，SQL)是用来访问和操作关系型数据库的一种标准化通用语言，使用它可以方便地调用相应语句来取得结果，该语言是非过程化的，使用的时候不用指明执行的具体方法和途径，不用关注实现的细节，但在某些情况下无法满足复杂业务流程的需求。PL/SQL（Procedural Language/Structured Query Language）是 Oracle 公司在标准 SQL 语言基础上进行扩展而形成的一种可以在数据库上进行编程的语言，是过程化的语言，同 Java、C#一样可以关注细节，可以实现复杂的业务逻辑，是数据库程序开发的利器。PL/SQL 具有以下特点：

（1）支持事务控制和 SQL 数据操作命令。

（2）支持 SQL 的所有数据类型，并且在此基础上扩展了新的数据类型，也支持 SQL 的函数以及运算符。

（3）PL/SQL 可以存储在 Oracle 服务器中，服务器上的 PL/SQL 程序可以使用权限进行控制。

（4）Oracle 有自己的 DBMS 包，可以处理数据的控制和定义命令。

2. PL/SQL 的优势

与传统的 SQL 语言相比 PL/SQL 有以下优势：

（1）可以有效提高程序的运行性能

标准的 SQL 被执行时，只能一条一条地向 Oracle 服务器发送，如果完成一个业务逻辑需要几条甚至几十条 SQL 语句，那么在这个执行过程中，客户端会几次甚至几十次地连接数据库服务器，而连接数据库本身也是一个很耗费系统资源的过程，当该业务被完成时，在网络连接上会浪费大量的资源。

如果使用 PL/SQL 语句块的效果就不一样了，由于 PL/SQL 语句块可以包含多条 SQL 语句，而语句块可以嵌入到程序中，甚至可以存储到 Oracle 服务器上。这样用户只需要连接一次数据库服务器就可以把需要的参数传递过去，其他部分将在 Oracle 服务器内部执行完成，然后返回最终的执行结果。这样会大大地节省了网络资源的开销，有效提高程序的运行性能。

（2）可以使程序模块化

对于需要涉及多张数据表的某项业务处理，如果使用标准的 SQL 完成该功能需要多条语句，而如果使用 PL/SQL 语句块，则可以把对多张表的操作都放到一个语句块内，而对外只需要给出参数并调用一次 PL/SQL 语句块就可以，因为在程序块中可以实现一个或几个功能。使用语句块也可以把数据库数据同客户程序隔离开来，使得数据表结构发生变化时，对调用者的影响减小到最低程度。

（3）可以采用逻辑控制语句来控制程序结构

PL/SQL 可以利用条件语句或循环语句来控制程序的流程，大大增强了 PL/SQL 的实用性，可以利用逻辑控制语句完成复杂的业务流程，但 SQL 语句无法完成这些复杂的业务流程。例如商品有多种类型，在“商品信息表”中需要存储“类型编号”，而不是“类型名称”，这样当输入商品类型数据时就需要把“类型名称”转换为“类型编号”，在 PL/SQL 语句中就可以利用 Case 语句进行判断分类，并把“类型名称”转换为“类型编号”。

（4）可以处理语句运行时的错误信息

标准 SQL 在遇到错误时会出现异常，一旦发生异常就会终止语句的执行，但是调用者却很难快速发现错误位置，即使能发现出问题的地方也只能告诉开发人员该语句本身有问题，而无法发现逻辑上的问题。而利用 PL/SQL 就可以避免类似的问题，可以利用流程控制避免出现逻辑错误。

（5）良好的可移植性

PL/SQL 可以成功地运行到不同的服务器中，例如，可以把 PL/SQL 程序从 Windows 的数据库服务器中移植到 Linux 的数据库服务器中，也可以把 PL/SQL 程序从一个 Oracle 版本移植到其他版本的 Oracle 中。

3. PL/SQL 的基本结构

PL/SQL 块的基本结构如下所示：

```
[ Declare ]  --声明部分开始标识
              /*这里是声明部分，用于定义常量、变量、游标以及复杂数据类型等*/
Begin        --执行部分开始标识
              /*这里是执行部分，是整个 PL/SQL 块的主体部分，可以包含 SQL 语句
               或者用于流程控制 PL/SQL 语句，该部分在 PL/SQL 块中必须存在*/
[ Exception ]  --异常处理部分的标识
              /*这里是异常处理部分，当执行部分出现异常时程序流程可以进入此处*/
End ;        --执行部分结束标识，也是整个 PL/SQL 块的结束标识
```

PL/SQL 程序的基本单位是块（block），PL/SQL 块由 3 个部分组成：声明部分、执行部分和异常处理部分，其中声明部分以 Declare 作为开始标识，执行部分以 Begin 作为开始标识，异常处理部分以 Exception 作为开始标识。其中执行部分是必需的，而其余两个部分是可选的。

注 意

PL/SQL 程序块的结束标识 End 后面必须带“;”，PL/SQL 程序块中的语句都用分号“;”结束，在“SQL Plus”中编写 PL/SQL 程序时最后要加上正斜杠“/”表示程序代码结束，开始执行 PL/SQL 程序块

提高代码可读性最有效的方法就是添加注释，有注释的程序能使阅读者快速地了解代码的功能及其实现的业务逻辑，并能理解程序的编写思路。

Oracle 提供了以下两种注释方式：

① 单行注释：使用“--”两个短划线，在语句后添加必要的单行注释文本，其注释范围从“--”开始，到该行的末尾。

② 多行注释：使用“/*　*/”，在程序中合适位置添加必要的一行或多行注释文本。

注释对程序的正确运行没有任何的影响，只是提高了程序的可读性，在编写程序时应添加适当的注释，方便自己或他人阅读程序。

计算金额的 PL/SQL 示例程序如下所示：

```
Declare
  price Number(8,2) := 25.8 ;        --声明变量，用于存储商品价格
  quantity Number(4) := 42 ;         --声明变量，用于存储购买数量
  money Number(10,2) := 0 ;          --声明变量，用于存储金额，初始值为 0
  unit Constant Char(2) := '元' ;    --声明常量，用于存储货币单位
Begin
```

```
    money := price * quantity ;                       --计算金额
    DBMS_Output.Put_Line('金额：' || money || unit ) ;     --输出金额
End ;
```

该 PL/SQL 程序的声明部分声明了 3 个变量分别用于存储商品价格、购买数量和金额，声明了一个常量用于存储货币单位。执行部分包含 2 条语句，分别用于计算金额和输出金额。程序中还添加了必要的注释，该程序中不包含异常处理部分。

该 PL/SQL 程序中包含的 DBMS_Output 是 Oracle 所提供的系统包名称，Put_Line 是该系统包中所包含的存储过程名称，用于输出字符串信息。当使用该包输出数据或消息时，需要将系统变量 Serveroutput 设置为 On，而且在同一个 PL/SQL 运行环境中，只需要设置一次即可。另外，Oracle 中可以使用双竖线“||”来连接多个字符串。

PL/SQL 程序可以使用脚本文本的形式在【SQL Plus】窗口中运行，也可以在【Oracle SQL Developer】窗口中。在 SQL Plus 窗口中运行 PL/SQL 程序时，为了能够看到输出结果，首先应执行“Set Serveroutput On”命令

在【Oracle SQL Developer】主窗口的【查看】菜单中选择【DBMS 输出】命令，打开【DBMS 输出】窗口，然后在【DBMS 输出】窗口的工具栏按钮区域单击【启用连接的 DBMS_OUTPUT】按钮，如图 6-1 所示。打开【选择连接】对话框，如图 6-2 所示，单击【确定】按钮即可启用 DBMS 输出，将会执行“Set Serveroutput On”命令，设置完成后运行 PL/SQL 程序时，能在“DBMS 输出”窗口查看程序输出结果。

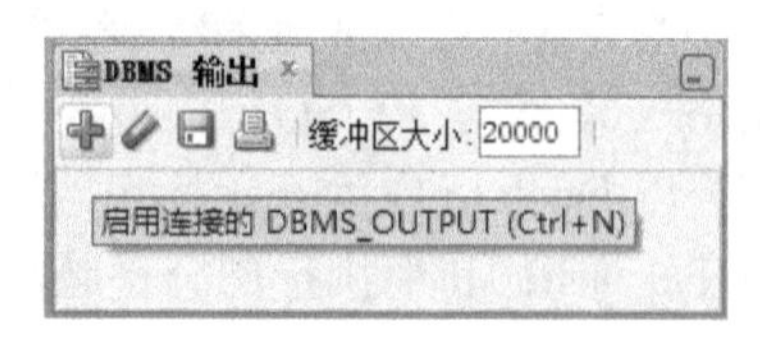

图 6-1　在【DBMS 输出】窗口“启用连接的 DBMS_OUTPUT”

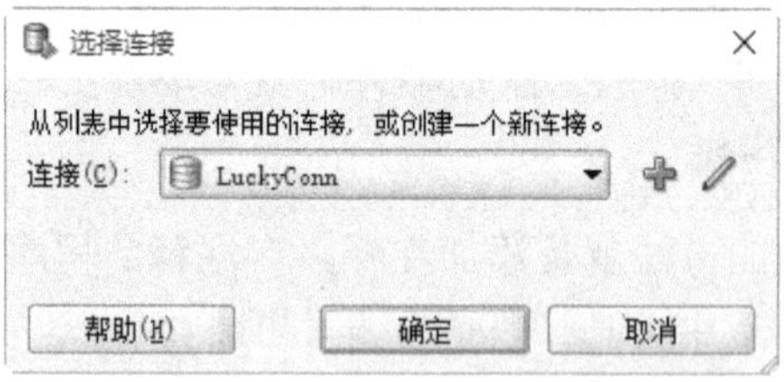

图 6-2　【选择连接】对话框

在【Oracle SQL Developer】主窗口右侧工作表的工具按钮区域单击【运行脚本】按钮或直接按 F5 键，将在下方的“脚本输出”区域显示“匿名块已完成”提示信息，在“DBMS 输出”窗口显示“金额：1083.6 元”的输出结果，如图 6-3 所示。

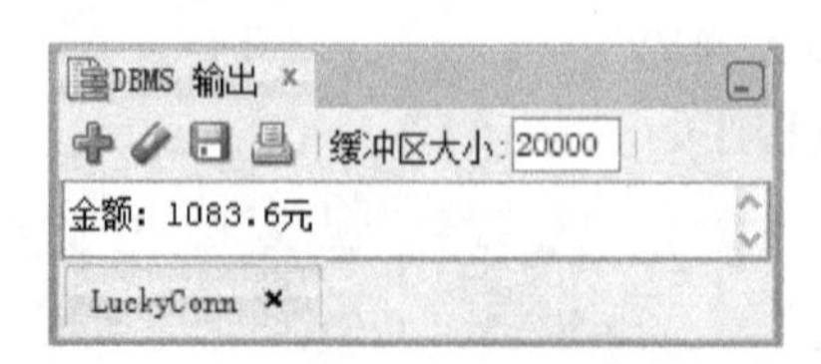

图 6-3　在【DBMS 输出】窗口中输出结果

4. PL/SQL 的基本规则

做任何事情都应遵守规则或规范，编写程序也一样，规范的程序会达到事半功倍的效果，不规范的程序可读性差，会影响工作效率。在编写 PL/SQL 程序之前有必要熟悉其基本的规范。

（1）PL/SQL 编程的基本规范

PL/SQL 编程的基本规范如下：

① 标识符中只允许出现字母、数字、下划线，并且以字母开头。

② 标识符最多不超过 30 个字符。

③ 标识符不能使用保留字，如与保留字同名则必须使用双引号引起来。

④ 标识符不区分大小写，为了方便阅读，程序中的标识符可以使用小写字母或者是首字母为大写后面字母小写，这些标识符存储时都会被更改为全部大写字母。

⑤ 语句使用半角分号“;”结束，即使多条语句在同一行，只要它们都正常结束，就不会出现问题。在语句块的结束标识 End 后面同样需要使用半角分号。

⑥ 语句中的关键词、标识符、字段的名称以及数据表的名称等都需要使用空格进行分隔。

⑦ 字符类型的数据需要使用半角单引号（' '）引起来。

⑧ 日期格式的数据一般使用 to_date('2016-12-16','YYYY-MM-DD')形式进行转换。

（2）增强代码可读性的规则

为了增强代码的可读性，还应遵守以下规则：

① 每行只写一条语句。

② 全部的保留字、Oracle 的系统函数、数据类型等名称一般采用首字母大写或全部字母大写。

③ 自定义变量、游标、函数、存储过程、触发器名称能“见名知义”。建议采用 Camel 命名规范，即如果标识符只有 1 个单词，则全部字母为小写；如果标识符由多个单词组成，则第 1 个单词的首字母小写，而每个后面连接的单词的首字母都大写，即大小写混合。

④ 变量定义或重要程序段都加上注释。

⑤ 逗号后面以及操作符的前后都加空格。

5. PL/SQL 支持的数据类型

前面单元在创建数据表时，使用过 Oracle SQL 的数据类型，PL/SQL 不但支持这些数据类型，并且在此基础上扩展了新的数据类型。Oracle 的数据类型可以分为 4 种类型，分别是标量数据类型，复合数据类型，引用数据类型和 LOB 数据类型。

（1）PL/SQL 支持的常用标量数据类型

标量数据类型的变量只有一个值，且没有内部分量。标量数据类型包括数字型，字符型，日期型和布尔型。这些类型有的是 Oracle SQL 中定义的数据类型，有的是 PL/SQL 自身附加的数据类型。字符型和数字型又有子类型，子类型只与限定的范围有关，例如 Number 类型可以表示整数，也可以表示小数，而其子类型 Positive 只表示正整数。还有一种比较特殊的类型声明方式，就是利用%TYPE 确定数据类型。

复合类型包含了能够被单独操作的内部分量；引用类型类似于 C 语言中的指针，能够引用一个值；LOB 类型的值就是一个 lob 定位器，能够指示出文本、图像、视频、声音等非结构化的大数据类型的存储位置。

PL/SQL 支持的常用标量数据类型如表 6-1 所示。

表 6-1　PL/SQL 支持的常用标量数据类型

数据类型的种类	类型的名称	数据类型的说明
数值类型：用于存储数字型数据	Number(精度，小数点后的位数)	Oracle SQL 定义的数据类型，可以为整数和浮点数，该类型以十进制存储，精度表示数字的位数（这里的位数不包含小数点和正负号），可以达 38 位，例如 Number(3,1)表示数字位数为 3 位，小数点后的位数为 1，可以存储-99.9～99.9 之间的数值。也可以定义为 Number(精度)或 Number 的形式
	PLS_Integer	PL/SQL 附加的数据类型，为介于-2^{31}和2^{31}之间的整数，存储的数据发生溢出时会触发异常，运行速度比 Binary_Integer 更快
	Binary_Integer	PL/SQL 附加的数据类型，为介于-2^{31}和2^{31}之间的整数，存储的数据发生溢出时能为其指派一个 Number 类型而不至于触发异常
	Simple_Integer	PL/SQL 附加的数据类型，是 PLS_Integer 的子类型，其取值范围与 PLS_Integer 一样，只是该类型不允许为空，其性能比 PLS_Integer 高
	Natural	PL/SQL 附加的数据类型，是 Binary_Integer 子类型，表示从 0 开始的自然数。
	Naturaln	与 Natural 一样，只是要求 naturaln 类型变量值不能为 NULL
	Positive	PL/SQL 附加的数据类型，是 Binary_Integer 子类型，存储正整数
	Positiven	与 Positive 一样，只是要求 Positive 的变量值不能为 NULL
	Real	Oracle SQL 定义的数据类型，用于存储 18 位精度的浮点数
	Int、Integer、Smallint	Oracle SQL 定义的数据类型，是 Numberde 的子类型，用于存储 38 位精度的整数
	Signtype	PL/SQL 附加的数据类型，是 Binary_Integer 的子类型。其取值分别为：1、-1、0
字符类型：用于存储单个字符或字符串	Char(长度)	Oracle SQL 定义的字符类型，用来表示固定长度字符，最长为 32767 字节，默认长度是 1 字节，如果该类型的字符值的长度达不到定义的长度，则用空格补齐
	Varchar2(长度)	表示可变长度字符串，Oracle SQL 定义的数据类型，在 PL/SQL 中使用时最长为 32767 字节。在 PL/SQL 中使用没有默认长度，因此必须指定，当值的长度达不到定义的长度时，不用空格补齐，这样可以节省一定的存储空间
	String	与 Varchar2 相同
	Long	Oracle SQL 定义的数据类型，表示变长字符串，作为 PL/SQL 中的变量最长可达 32760 字节。在 Oracle SQL 中作为存储字段则可达 2GB
日期类型	Date	Oracle SQL 定义的日期类型，可以存储世纪、年、月、日、时、分和秒
	Timestamp	Oracle SQL 定义的日期类型，由 Date 演变而来，可以存储世纪、年、月、日、时、分、秒以及小数的秒
布尔类型	Boolean	PL/SQL 附加的数据类型，其取值分别为 TRUE、FALSE、NULL，它不能用作定义数据表中的数据类型，但 PL/SQL 中该类型可以用来存储逻辑值

（2）%TYPE 类型

使用%TYPE 方式定义变量类型，是利用已经存在的数据类型来定义新变量的数据类型，例如，当定义了多个变量或常量时，只要前面使用过的数据类型，后面的变量就可以利用%TYPE 引用，最常用的就是将数据表列的数据类型作为变量或常量的数据类型。

在 PL/SQL 程序中，如果使用数据列的数据为变量赋值，这时需要事先知道对应列的数据类型，否则用户无法确定变量的数据类型，而使用%TYPE 类型就可以解决这类问题，%TYPE 类型指定为对应列的数据类型，从而保证变量的数据类型和数据表中列类型一致，不至于出现数据溢出或不匹配的问题，当数据表列类型发生变化时，PL/SQL 程序的数据类型也会同步变化，不需要进行修改。

使用%TYPE 类型定义变量的基本语法格式如下：

```
<变量名>  <表名>.<列名>%TYPE  ;
```

应用%TYPE 类型查看“用户表”中“用户 ID”为“100002”的用户信息的 PL/SQL 程序如下所示。

```
Declare
  user_name 用户表.用户名%Type ;
  user_password 用户表.密码%Type ;
  register_date 用户表.注册日期%Type ;
Begin
  Select 用户名 , 密码 , 注册日期
        Into user_name , user_password , register_date
        From 用户表
        Where 用户 ID='100002' ;
  DBMS_Output.Put_Line('用户信息如下：') ;
  DBMS_Output.Put_Line('用 户 名：' || user_name) ;
  DBMS_Output.Put_Line('密      码：' || user_password ) ;
  DBMS_Output.Put_Line('注册日期：' || register_date ) ;
End ;
```

上述 PL/SQL 程序中利用%Type 声明变量类型，使用 Select…Into 语句为变量赋值，在【DBMS 输出】窗口显示的运行结果如下所示。

```
用户信息如下：
用 户 名：江南
密      码：666
注册日期：28-6 月 -16
```

（3）%ROWTYPE 类型

%TYPE 类型只是针对数据表中的某一列，而%ROWTYPE 类型则针对数据表中的某一行，使用%ROWTYPE 类型定义的变量可以存储数据表中的一行数据。

使用%ROWTYPE 类型定义变量的基本语法格式如下所示：

```
<变量名> <表名>%ROWTYPE
```

应用%ROWTYPE 类型查看“用户表”中“用户 ID”为“100002”的用户信息的 PL/SQL 程序如下所示。

```
Declare
  userID Constant 用户表.用户 ID%Type := '100002' ;
  userInfo 用户表%RowType ;
Begin
  Select * Into userInfo From 用户表 Where 用户 ID=userID ;
  DBMS_Output.Put_Line('用户信息如下：') ;
  DBMS_Output.Put_Line('用 户 名：' || userInfo.用户名) ;
  DBMS_Output.Put_Line('密      码：' || userInfo.密码 ) ;
  DBMS_Output.Put_Line('注册日期：' || userInfo.注册日期 ) ;
End ;
```

在【DBMS 输出】窗口显示的运行结果如下所示。

```
用户信息如下：
```

```
用 户 名：江南
密    码：666
注册日期：28-6 月 -16
```

上述 PL/SQL 程序中使用%RowType 类型定义一个变量 userInfo，其类型为“用户表”的一行，向该变量赋予一行数据后，使用“userInfo.用户名”的形式读取该行数据中的“用户名”。注意 Select 语句中必须使用“*”表示读取所有列的值，而不能列举部分表列名称。

（4）自定义复合数据类型

Oracle 中，允许用户使用 Type 关键字自行定义所需要的复合数据类型，就像 C 语言中的 struct 一样，可以定义 Record（记录类型）和 Table（表类型）两种数据类型，记录类型可以存储多个列表值，类似于数据表中的一行数据，表类型可以存储多行数据。

① 定义记录类型

记录类型与数据表中的行结构非常相似，使用记录类型定义的变量可以存储由一个或多个列组成的一行数据。

定义记录类型的基本语法格式如下所示：

```
Type  <自定义数据类型名>  is  Record (
        <变量名 1>  <数据类型 1>  [ :=<初始值 1> ] ,
        <变量名 2>  <数据类型 2>  [ :=<初始值 2> ]
        [ , … ]
);
```

定义与使用记录类型的示例代码如下所示。

```
Declare
  Type user_type is Record
  (
     user_name varchar2(30) ,
     user_password varchar2(10) ,
     register_date date
   );
  userID Constant  用户表.用户 ID%Type := '100002' ;
  userInfo user_type ;
Begin
  Select  用户名 ，密码 ，注册日期  Into userInfo From  用户表
        Where  用户 ID＝userID ;
  DBMS_Output.Put_Line('用户信息如下：' ) ;
  DBMS_Output.Put_Line('用  户  名：' || userInfo.user_name) ;
  DBMS_Output.Put_Line('密        码：' || userInfo.user_password ) ;
  DBMS_Output.Put_Line('注册日期：' || userInfo.register_date ) ;
End ;
```

上述代码中定义一个名为“user_type”的记录类型，该类型有 4 个成员，然后使用该类型定义一个变量 userInfo，并在程序执行部分向该变量赋予“用户 ID”为“100002”的员工的“用户名”、“密码”和“注册日期”列的值，在 Select 语句中可以根据需要选择所需的列，而不像%RowType 类型一样限制只能使用“*”。

上述代码中的记录类型定义成以下形式更合理一些，可以保证自定义类型中各个成员的数据类型与数据表中对应列的数据类型一致。

```
Type user_type Is Record (
    user_name  用户表.用户名%Type   ,
    user_password  用户表.密码%Type ,
```

```
    register_date 用户表.注册日期%Type
);
```

② 定义表类型

使用记录类型变量只能保存一行数据，这限制了 Select 语句的返回行数，如果 Select 语句返回多行记录就会出现错误。而表类型是对记录类型的扩展，允许处理多行记录数据。

Oracle 中定义表类型的基本语法格式如下所示：

```
Type <自定义数据类型名> is Table Of
    <数据类型> | <变量名>%Type | <表名.列名>%Type | <表名>%RowType
    Index By Binary_Integer | Pls_Integer | Varchar2(<大小>) ;
```

定义表类型时使用“Index By”创建一个索引，用于引用表类型变量的特定行，引用方法如“表类型变量(1)”的形式。

定义与使用表类型的示例代码如下所示。

```
Declare
  Type user_type Is Table Of 用户表%RowType Index By Binary_Integer;
  userInfo user_type ;
Begin
  Select * Into userInfo(1) From 用户表 Where 用户 ID='100002' ;
  Select * Into userInfo(2) From 用户表 Where 用户 ID='100002' ;
  Select * Into userInfo(3) From 用户表 Where 用户 ID='100003' ;
  DBMS_Output.Put_Line('表类型变量中的记录数：' || userInfo.Count) ;
  DBMS_Output.Put_Line('用户信息如下：') ;
  DBMS_Output.Put_Line('用 户 名：' || userInfo(2).用户名) ;
  DBMS_Output.Put_Line('密    码：' || userInfo(2).密码 )  ;
  DBMS_Output.Put_Line('注册日期：' || userInfo(2).注册日期 ) ;
  DBMS_Output.Put_Line('部分用户信息如下：')  ;
  DBMS_Output.Put_Line('第' || userInfo.First || '条记录的用户名：'
                           || userInfo(userInfo.First).用户名 ) ;
  DBMS_Output.Put_Line('第' || userInfo.Last || '条记录的注册日期：'
                           || userInfo(userInfo.Last).注册日期 ) ;
End ;
```

上述示例代码中，通过表类型变量存取值时使用的是索引值，例如 userInfo(2)、userInfo(userInfo.First)、userInfo(userInfo.Last)分别表示该表类型变量 userInfo 的第 2 行数据、首行数据和最后一行数据。其中方法 Count 返回表类型变量的记录数，First 返回表类型变量的第 1 行的索引值，Last 返回表类型变量的最后一行的索引值，Next 返回表类型变量的下一行的索引值。

上述 PL/SQL 程序的运行结果如下所示。

```
表类型变量中的记录数：3
用户信息如下：
用 户 名：江南
密    码：666
注册日期：28-6 月 -16
部分用户信息如下：
第 1 条记录的用户名：江南
第 3 条记录的注册日期：22-5 月 -16
```

如果要删除表类型变量中的记录，可以使用 Delete 方法，其语法格式如下所示。

```
<变量名> Delete  [ ( <索引值> ) ] ;
```

如果不指定索引值，则表示删除变量中的所有记录。

6. PL/SQL 常量和变量的声明

（1）常量的定义

常量是指在程序运行期间其值不能改变的量。定义常量的语法格式如下：

```
<常量名> Constant <数据类型> := <值> ;
```

其中，关键字 Constant 表示定义常量，定义常量时，必须为常量指定值，常量一旦定义，在以后的使用中其值将不再改变。“:=”是 PL/SQL 程序块中的赋值符号，书写时在冒号与等号之间没有空格。

例如，定义常量 PI 表示圆周率 3.14159，定义语句如下所示。

```
PI Constant Number(6,5) := 3.14159 ;
```

（2）变量的定义

变量是指由程序读取或赋值的存储单元，用于临时存储数据，变量中的数据可以随着程序的运行而发生变化。每个变量都必须有一个特定的数据类型，可以是系统的数据类型，也可以是自定的数据类型。定义变量的语法格式如下所示。

```
<变量名>   <数据类型>[(数据大小)]   [ := <初始值> ] ;
```

定义变量时没有关键字，但要指定数据类型，数据大小和初始值可以指定也可以不指定，根据需要灵活使用。

例如，定义一个有关姓名的变量，它是变长字符型，最大长度为 20 个字符：

```
name Varchar2(20) := '夏天' ;
```

（3）变量的初始化

程序设计语言一般都没有规定未经初始化的变量中默认存放什么数据，因此在程序运行时，未初始化的变量就可能包含随机的或者未知的取值。在一种编程语言中，允许使用未初始化变量并不是一种良好的编程风格。一般而言，如果变量的取值可以被确定，那么最好为其初始化一个数据。

PL/SQL 语言定义一个未初始化的变量时，默认存储的值为 NULL。NULL 意味着“空值，即未知或是不确定的取值”。换句话说，NULL 可以被默认地赋给任何未经过初始化的变量。这是 PL/SQL 的一个独到之处。

7. PL/SQL 表达式及其类型

PL/SQL 编程时经常使用表达式作为赋值语句的一部分，出现在赋值运算符的右边，或者作为函数的参数等，

表达式通常由运算符、常量、变量、函数组成，表达式根据操作数据类型的不同可以分为以下几类：

（1）数值表达式

数值表达式就是由数值类型的常量、变量、函数以及算术运算符组成的表达式，常用的算术运算符有：+、-、*、/、**（平方）等。

（2）关系表达式

关系表达式就是由字符或数值、关系运算符组成的表达式，常用的关系运算符有：=、<、<=、>、>=、!= （不等于）、<>（不等于）等。关系表达式常用于 PL/SQL 的条件语句中，作为条件表达式，其运算结果是一个布尔类型的值。

（3）逻辑表达式

逻辑表达式就是由常量或变量、逻辑运算符组成的表达式，逻辑运算符主要有：And（逻辑与）、Or（逻辑或）、Not（逻辑非），逻辑表达式的运算结果也是一个布尔类型的值。

此外 Between 操作符用于划定一个范围，在范围内则为逻辑真，否则为逻辑假。In 操作符判断某一个元素是否属于某个集合。

（4）连接表达式

连接表达式使用运算符“||”将几个字符串连接为一个字符串。

8．PL/SQL 的条件控制语句

条件控制语句是指程序根据具体条件表达式来执行一组命令的结构。

PL/SQL 条件控制语句的语法格式与使用示例如表 6-2 所示。

表 6-2　PL/SQL 条件控制语句的语法格式与使用示例

语句名称	语法格式与使用说明	使 用 示 例

If…Then 语句	If <条件表达式> Then
	<语句块>
	End If ;
	【说明】:
	if 后面条件表达式的值为 True 时执行 then 后面的语句块，为 False 时则跳过这一条件控制语句
		示例代码如下：
		Declare
		result Number := 50 ;
		Begin
		If result<60 Then
		DBMS_Output.Put_Line('不及格，成绩为：' || result) ;
		End If ;
		End ;
		示例代码的输出结果如下：
		不及格，成绩为：50

If … Then … Else 语句	If <条件表达式> Then
	<语句块 1>
	Else
	<语句块 2>
	End If ;
	【说明】:
	if 后面条件表达式的值为 True 时执行 then 后面的语句块 1，为 False 时则执行 Else 后面的语句块 2
		示例代码如下：
		Declare
		result Number := 70 ;
		Begin
		If result<60 Then
		DBMS_Output.Put_Line('不及格，成绩为：' || result) ;
		Else
		DBMS_Output.Put_Line('及格，成绩为：' || result) ;
		End If ;
		End ;
		示例代码的输出结果如下：
		及格，成绩为：70

续表

语句名称	语法格式与使用说明	使用示例

If… Then… ELsIf 语句	If <条件表达式 1> Then
	  <语句块 1>
	ElsIf <条件表达式 2> Then
	  <语句块 2>
	  …
	Else
	  <语句块 n>
	End If ;
	【说明】:
	if 后面条件表达式 1 的值为 True 时执行 then 后面的语句块 1，条件表达式 1 为 False 时则判断 ElsIf 后面的条件表达式 2; 如果 ElsIf 后面的条件表达式 2 的值为 True 时执行对应语句块 2，依次类推，如果所有的条件表达式都为 False，则执行 Else 后面的语句块 n
		示例代码如下：
		Declare
		  result Number := 75 ;
		Begin
		  If result>=90 Then
		   DBMS_Output.Put_Line('优秀，成绩为：' || result) ;
		  ElsIf result>=80 Then
		   DBMS_Output.Put_Line('良好，成绩为：' || result) ;
		  ElsIf result>=70 Then
		   DBMS_Output.Put_Line('中等，成绩为：' || result) ;
		  ElsIf result>=60 Then
		   DBMS_Output.Put_Line('及格，成绩为：' || result) ;
		  Else
		   DBMS_Output.Put_Line('不及格，成绩为：' || result) ;
		  End If ;
		End ;
		示例代码的输出结果如下：
		中等，成绩为：75

简单 Case 语句	Case 表达式 0
	  When <表达式 1>
	     Then <语句块 1> ;
	  When <表达式 2>
	     Then <语句块 2> ;
	  …
	  When <表达式 n>
	     Then <语句块 n> ;
	  [Else
	    <语句块 n +1> ;]
	End Case ;
	【说明】:
	表达式 0 为待求值的表达式，表达式 0 要依次与表达式 1 至表达式 n 进行比较，如果二者的值相等，则执行对应的语句块，否则继续下一次比较；如果表达式与表达式 1 至表达式 n 都不匹配，如果有 else 子句，则执行语句块 n+1，也就是默认值。如果没有 else 子句，且没有找到匹配的表达式，则会出现预定义错误 Case_Not_Found。
	注意这里的表达式 1 至表达式 n 的数据类型必须与表达式 0 的数据类型相匹配
		示例代码如下：
		Declare
		  score Number := 45 ;
		  result Integer ;
		Begin
		  result:=Floor(score/10);
		  Case result
		   When 10 Then
		    DBMS_Output.Put_Line('优秀，成绩为：' || score) ;
		   When 9 Then
		    DBMS_Output.Put_Line('优秀，成绩为：' || score) ;
		   When 8 Then
		    DBMS_Output.Put_Line('良好，成绩为：' || score) ;
		   When 7 Then
		    DBMS_Output.Put_Line('中等，成绩为：' || score) ;
		   When 6 Then
		    DBMS_Output.Put_Line('及格，成绩为：' || score) ;
		   else
		    DBMS_Output.Put_Line('不及格，成绩为：' || score) ;
		  End Case ;
		End ;
		示例代码的输出结果如下：
		不及格，成绩为：45

续表

<table>
<tr><th>语句名称</th><th>语法格式与使用说明</th><th>使 用 示 例</th></tr>
<tr><td>搜索 Case 语句</td><td>Case
  When　<条件表达式 1>
      Then　<语句块 1> ;
  When　<条件表达式 2>
      Then　<语句块 2> ;
  …
  When　<条件表达式 n>
      Then　<语句块 n> ;
  [Else
      <语句块 n +1> ;]
End Case ;
【说明】:
这里 Case 关键字后面不再跟随待求表达式，而 When 子句中的表达式也换成了条件表达式，其值为布尔类型，根据条件表达式是否为 True 决定执行哪一个语句块</td><td>示例代码如下：
Declare
  result Number := 75 ;
Begin
 Case
  When　result>=90 Then
   DBMS_Output.Put_Line('优秀，成绩为：' || result) ;
  When　result>=80 Then
   DBMS_Output.Put_Line('良好，成绩为：' || result) ;
  When　result>=70 Then
   DBMS_Output.Put_Line('中等，成绩为：' || result) ;
  When　result>=60 Then
   DBMS_Output.Put_Line('及格，成绩为：' || result) ;
  Else
   DBMS_Output.Put_Line('不及格，成绩为：' || result) ;
 End Case ;
End ;
示例代码的输出结果如下：
中等，成绩为：75</td></tr>
</table>

9．PL/SQL 的循环控制语句

PL/SQL 循环控制语句的语法格式与使用示例如表 6-3 所示。

表 6-3　PL/SQL 循环控制语句的语法格式与使用示例

<table>
<tr><th>语句名称及功能</th><th>语 法 格 式</th><th>使 用 示 例</th></tr>
<tr><td>Loop … Exit … End 语句</td><td>Loop
  If　<条件表达式> Then
     Exit ;
  End If ;
     <循环语句块>
End Loop ;
【说明】:
其中，关键字 Loop 与 End Loop 之间表示循环执行的语句。Exit 关键字表示退出循环，放入在一个 If 判断语句中</td><td>示例代码如下：
Declare
  i Number := 1 ;
  result Integer :=0 ;
Begin
  Loop
    If i>10 Then
      Exit ;
    End If ;
    result:=result+i ;
    i:=i+1 ;
  End Loop ;
  DBMS_Output.Put_Line('i=' || i || '，result=' || result) ;
End ;
示例代码的输出结果如下：
i=11，result=55</td></tr>
</table>

续表

语句名称及功能	语 法 格 式	使 用 示 例

Loop … Exit When…End 语句	Loop
	<循环语句块>
	Exit When <条件表达式>
	End Loop ;
	【说明】:
	其中，使用 When 子句实现有条件退出，即当 When 后面的条件表达式的值为 True 时退出循环
		示例代码如下：
		Declare
		i Number := 1 ;
		result Integer :=0 ;
		Begin
		Loop
		result:=result+i ;
		i:=i+1 ;
		Exit When i>10 ;
		End Loop ;
		DBMS_Output.Put_Line('i=' || i || '，result=' || result) ;
		End ;
		示例代码的输出结果如下：
		i=11，result=55

While…Loop…End 语句	While <条件表达式>
	Loop
	<循环语句块>
	End Loop ;
	【说明】:
	While 循环是在 Loop 循环的基础上增加循环条件，也就是说先判断 While 后面的条件表达式，如果其值为 True 才会执行循环体的内容。如果 While 后面的条件表达式的值永远为 True，则会陷入死循环；如果该条件表达式的值永远为 False，则循环一次也不会被执行
		示例代码如下：
		Declare
		i Number := 1 ;
		result Integer :=0 ;
		Begin
		While i<11
		Loop
		result:=result+i ;
		i:=i+1 ;
		End Loop ;
		DBMS_Output.Put_Line('i=' || i || '，result=' || result) ;
		End ;
		示例代码的输出结果如下：
		i=11，result=55

For … In … Loop…End 语句	For 循环变量 In [Reverse]
	下限值 .. 上限值
	Loop
	<循环语句块>
	End Loop ;
	【说明】:
	For 循环语句在 Loop 循环的基础上增加循环次数控制，循环变量不需要事先创建，该变量的作用域仅限于循环内部，也就是说只可以在循环内部使用或修改该变量的值。In 指定取值范围，下限值与上限值之间的双点号（..）为 PL/SQL 中的范围符号。如果没有使用 Reverse 关键字，则循环变量的初始值为下限值，每循环一次，循环变量的值自动加 1。关键字 Reverse 表示“逆向”，每一次循环中循环变量的值递减，其初始值默认为上限值，每循环一次，循环变量的值自动减 1
		示例代码如下：
		Declare
		result Integer :=0 ;
		Begin
		For i In 1 .. 10
		Loop
		result:=result+i ;
		End Loop ;
		DBMS_Output.Put_Line('result=' || result) ;
		End ;
		示例代码的输出结果如下：
		result=55
		由于 For 循环中的循环变量可以由循环语句自动创建并赋值，并且循环变量的值在循环过程中自动递增或递减，所以使用 For 循环语句时，不需要再使用 Declare 语句定义循环变量，即“i Number := 1 ;”语句不需要，也不需要在循环体中手动控制循环变量的值，即“i:=i+1 ;”语句也不需要

10. PL/SQL 编程时常用的系统函数

PL/SQL 编程时经常使用的函数主要有数学函数、字符串函数、日期函数、转换函数和统计函数。

（1）数学函数

PL/SQL 数学函数的输入参数和返回值均为数值类型，这些函数可以直接在 PL/SQL 语句块中使用，常用的 PL/SQL 数学函数如表 6-4 所示。

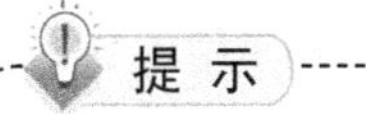

以下各个函数的结果可以在【SQL Plus】中查看，也可以在【Oracle SQL Developer】中查看，语句形式如“Select Abs(-100) From Dual ; ”所示，其他函数输出结果时只需将“Abs(-100)”替换为其他函数即可。

表 6-4　常用的 PL/SQL 数学函数

函数声明	使用示例及结果	函数说明
Abs(x)	Abs(-100) → 100	返回指定数值的绝对值
Acos(x)	Acos(-1) → 3.1415927	返回反余弦值
Asin(x)	Asin(0.5) → 0.5235988	返回反正弦值
Atan(x)	Atan(1) → 0.78539816	返回一个数字的反正切值
Ceil(x)	Ceil(3.1415927) → 4	返回大于或等于给出数字的最小整数
Cos(x)	Cos(-3.1415927) → -1	返回一个给定数字的余弦，x 表示角度，单位为弧度
Cosh(x)	Cosh(20) → 242582598	返回一个数字的反余弦值
Exp(x)	Exp(2) → 7.3890561	返回 E 的 x 次方根，E 为数学常量，其值为 2.71828…
Floor(x)	Floor(2345.67) → 2345	对给定的数字取整数，返回小于或等于参数的最大整数
Ln(x)	Ln(1) → 0	返回一个数字的对数值
Log(m , n)	Log(2,1)) → 0	返回一个以 m 为底的数值 n 的对数
Mod(m , n)	Mod(10,3) → 1	返回一个 m 除以 n 的余数，参数为任意数值或可以隐式转换数值的数据，如果 n 为 0，那么该函数将返回 m
Power(m , n)	Power(3,3) → 27	返回 m 的 n 次方根
Round(m,[n])	Round(55.236,2) → 55.24 Round(55.236,-1) → 60 Round(55.5) → 56	返回 m 四舍五入到第 2 个参数 n 指定的十进制数。n 为正整数，表示被四舍五入到小数点右侧 n 位的值；n 为负数，则被四舍五入至小数点左侧 n 位；若省略 n，则四舍五入到整数位
Sign(x)	Sign(123) → 1 Sign(-100) → -1 Sign(0) → 0	返回参数 x 的符号，大于 0 返回 1，小于 0 返回-1，等于 0 返回 0
Sin(x)	Sin(1.57079) → 1	返回一个数字的正弦值
Sigh(x)	Sinh(20) → 242582597.7	返回双曲正弦的值
Sqrt(x)	Sqrt(64) → 8	返回数字 x 的平方根
Tan(x)	Tan(20) → 2.2371609	返回数字的正切值
Tanh(x)	Tanh(20) → 1	返回数字 x 的双曲正切值

续表

函数声明	使用示例及结果	函数说明
Trunc(m,[n])	Trunc(124.166,2) → 124.16 Trunc(124.1666,-2) → 100 Trunc(-55.5) → -55	返回m截取到指定n位的值：若n>0，截取到小数点右侧的n位处，小数不会执行四舍五入操作；若n<0，截取到小数点左侧的n位处；若n=0，截取到小数处。被截取部分用0替代

（2）字符串函数

字符串函数用于对字符串进行处理，这些函数也可以直接在 PL/SQL 中使用，常用的 PL/SQL 字符串函数如表6-5所示。

表6-5　常用的PL/SQL字符串函数

函数声明	使用示例	函数说明
ASCII(c)	ASCII('A') → 65 ASCII('a') → 97 ASCII('0') → 48 ASCII(' ') → 32	返回参数首字符对应的ASCII码值
Chr(n)	Chr(54730) → 帐 Chr(65) → A	将指定的整数转换为相应的字符
Concat(s1,s2)	Concat('010-','88888888') → 010-88888888	连接两个字符串，其作用与“||”相同
Initcap(s)	Initcap('smith') → Smith	返回字符串并将字符串的第一个字母转换为大写
Instr(s,c,[,m[,n]])	Instr('Oracle Traning','ra',1,2) → 9	返回字符串c在字符串s中出现的位置，其中m为搜索的起始位置，n为出现的次数，若m<0，则从尾部开始搜索，n必须为正整数，m和n的默认值均为1
Length(s)	Length('长沙市') → 3 Length('123.45') → 6 Length('字符串 good') → 7	返回指定字符串的长度，半角字符、英文字母、数字、小数点、汉字、全角字符的长度均为1
Lower(s)	Lower('Good') → good	返回字符串，并将指定参数的全部字符转换为小写
Upper(s)	Upper('Good') → GOOD	返回字符串，并将指定参数的全部字符转换为大写
Rpad(s,n[,c])	Rpad('X',2,'*') → X*	在字符串s右侧填充字符c直到整个字符串的长度达到n，若未指定字符，则默认填充空格
Lpad(s,n[,c])	Lpad('X',3,'*') → **X	在字符串s左侧填充字符c直到整个字符串的长度达到n，若未指定字符，则默认填充空格
Ltrim(str,s)	Ltrim('Good',' Go') → d Ltrim(' Good') → Good	将str字符串左边出现在s中的字符删除，如果没有设置s则默认删除指定字符串左侧的空格
Rtrim(str,s)	Rtrim('Good',' od') → G Rtrim('Good ') → Good	将str字符串右边出现在s中的字符删除，如果没有设置s则默认删除指定字符串右侧的空格
Trim([f] [c From] s)	Trim('d' From 'Good') → Goo Trim(' Good ') → Good Trim(Leading 'G' From 'Good') → ood Trim(Trailing 'd' From 'Good') → Goo	从字符串s中删除两侧的字符c，如果c没指定，默认删除字符串s左右两侧的空格。f为可选项，如果为Leading则表示删除s的前缀字符，如果为Trailing则表示删除s的后缀字符，如果为Both则表示删除s的前缀和后缀字符

续表

函 数 声 明	使 用 示 例	函 数 说 明
Substr(s,start,len)	Substr('123456',2,3) → 234	取字符串 s 中，从 start 位置开始，截取 len 个子字符串
Replace(s,s1,s2)	Replace('126645','66','3') → 12345	将字符串 s 中与 s1 相同的字符替换为 s2

（3）日期函数

日期函数用于处理 Date 和 Timestamp 数据类型的数据，这些函数可以直接在 PL/SQL 中直接使用，常用 PL/SQL 日期函数如表 6-6 所示。

表 6-6　常用的 PL/SQL 日期函数

函 数 声 明	使 用 示 例	函 数 说 明
Add_Months(d,n)	Add_Months(To_Date('2016-10-1','YYYY-MM-DD'),2) → 01-12 月-16	返回指定日期 d 之前（n<0）或之后（n>0）的 n 个月对应的日期
Current_date	类似于 03-10 月-16 的日期	返回当前会话时区的当前日期
Current_timestamp	类似于 03-10 月-16 11.15.57.395000000 上午 ASIA/SHANGHAI 的日期时间	返回当前会话时区的当前日期时间
Extract(f From d)	Extract(Year From Sysdate) → 2016	从指定日期 d 中获取指定格式 f 所要求的数据，例如从给定日期数据中获取年、月、日，f 可以为 year、month 和 day 等
Last_Day(d)	Last_Day(To_Date('2016-10-1','YYYY-MM-DD')) → 31-10 月-16	返回参数指定日期对应月份的最后一天的日期
Months_Between(d2,d1)	Months_Between('1-12 月 -2016','1-8 月 -2016') → 4 Months_Between('1-8 月 -2016','1-12 月 -2016') → -4	返回两个日期之间相差的月数，d2 和 d1 都为日期型数据。在当 d2>d1 时，如果 2 个参数表示日期是某月中的同一天，或都是某月中的最后一天，则返回正整数，否则返回小数；当 d2<d1 时，则返回负数
Next_Day(d,s)	Next_Day('18-11 月 -2016','星期二') → 20-11 月-16	返回指定日期 d 之后的下一周的第一个由 s 指定的日期
Rount(d [,f])	Round(To_Date('2016-10-03 22:12:08','YYYY-MM-DD HH24:MI:SS')) → 04-10 月-16	将指定日期 d 舍入到 f 指定的形式，如果省略 f，则 d 将被处理到最近的一天
Sysdate	类似于 03-10 月-16 的当前日期	返回系统的当前日期
Systimestamp	类似于 03-10 月-16 11.13.06.812000000 上午 +08:00 的当前日期时间	返回系统的当前日期时间，该时间包含时区信息，精确到微秒
Trunc(d [,f])	Trunc(To_Date('2016-10-06 22:12:08','YYYY-MM-DD HH24:MI:SS')) → 06-10 月-16	将指定日期 d 截取到 f 指定的形式，如果省略 f，则截取到最近的日期

（4）转换函数

转换函数用于将数据从一种数据类型转换为另一种数据类型，常用的 PL/SQL 转换函数如表 6-7 所示。

表 6-7　常用的 PL/SQL 转换函数

函数声明	使用示例	函数说明
ASCIIstr(s)	ASCIIstr('长沙') → \957F\6C99 ASCIIstr('《X》') → \300AX\300B	将任意字符集的字符串转换为数据库字符集对应的 ASCII 字符串
Cast(s As type)	Cast(Sysdate As Varchar2(10)) Cast('123' As Integer) → 123 Cast(456 As varchar2(3)) → 456	将一种数据类型或集合类型的数据 s 转换为另一种 type 数据类型或集合类型，一般用于数字与字符之间以及字符与日期类型数据之间的转换
Convert(str,s1,s2)	Convert('Oracle','US7ASCII','ZHS16GBK') →Oracle	将源字符串 str 从一个字符集 s1 转换到另一个字符集 s2
HextoRaw(s)	Hextoraw('456') → 0456	将十六进制字符串转换为 Raw 类型的数据
Nls_Charset_Id(s)	Nls_Charset_Id('US7ASCII') → 1	返回字符集名称对应的 ID
Nls_Charset_Name(n)	Nls_Charset_Name(1) → US7ASCII	返回字符集 ID 对应的名称
RawtoHex(r)	RawtoHex(01010) → C20B0B	将 Raw 数值转换为十六进制字符串
To_Char(n,f)	To_char(16.789,'99.9') → 16.8 To_Char(Sysdate,'YYYY/MM/DD HH24:MM:SS') → 2016/10/03 11:10:06	将指定的数据值型数据或日期 n 按指定格式符 f 转换为字符型数据
To_Date(s,f)	To_Date('2016-10-1','YYYY-MM-DD')	将指定字符串 s 按照 f 指定的格式转化为 Oracle 中的一个日期
To_Timestamp(s,f)	To_Timestamp('2016-10-1','YYYY-MM-DD')	将指定字符串 s 按照 f 指定的格式转换为日期时间型数据
To_Number(s[,f])	To_Number('2016') → 2016 To_Number('16.7','99.9') → 16.7	将符合特定数值格式的字符串 s 转换为指定格式 f 所要求的数值
To_Single_Byte(s)	To_Single_Byte('１２３')	将全角字符串转换为半角字符串

（5）其他函数

PL/SQL 的其他常用函数如表 6-8 所示。

表 6-8　常用的 PL/SQL 其他函数

函数声明	使用示例	函数说明
Bfilename(Dir,File)	Insert Into File_Tb1 Values(Bfilename('dir','Image1.gif'));	指定一个外部二进制文件
Greatest(一组表达式)	Greatest('Aa','Ab','Ac') → Ac	返回一组表达式中的最大值，即比较字符的编码大小
Least(一组表达式)	Least('天','安','门') → 安	返回一组表达式中的最小值
Uid	Select Username,User_Id From Dba_Users Where Username=SYSTEM' ;	返回标识当前用户的唯一整数
User	Select User From Dual ;	返回当前用户的名字

续表

函数声明	使用示例	函数说明
Userevn(opt)	① 返回当前用户是否为 dba：Userenv('Isdba') ② 返回会话标志：Userenv('Sessionid') ③ 返回会话入口标志：Userenv('Entryid') ④ 返回当前 Instance 的标志：Userenv('Instance') ⑤ 返回当前环境变量：Userenv('Language') ⑥ 返回当前环境的语言的缩写：Userenv('Lang') ⑦ 返回用户终端的标志：Userenv('Terminal') ⑧ 返回当前用户名的大小(字节)数：Vsize(User)	返回当前用户环境的信息，opt 可以是 Entryid、Sessionid、erminal、Isdba、Lable、Language、Client_Info、Lang、Vsize，其中 Isdba 用于查看当前用户是否为 dba，如果是则返回 True
Sys_Context(n , p)	Sys_Context('Userenv','Session_user')	获取 Oracle 已经创建的 context，名为 Userenv 的属性对应值
Decode（exp,s,r [,d]）	Decode(1-1,0,0.9,1,0.95,0.8) → 0.9 Decode(1-0,0,0.9,1,0.95,0.8) → 0.95 Decode(2-0,0,0.9,1,0.95,0.8) → 0.8	执行过程为：当 exp 表达式的值符合条件 s 时就返回 r 的值，该过程可以重复多个，如果最后没有匹配的结果，就返回默认值 d

11．PL/SQL 编程时使用异常处理

异常是指 PL/SQL 程序在执行时出现的错误，实际应用中，导致 PL/SQL 程序出现异常的原因较多，例如除数为 0、变量长度不够、内存溢出等。程序运行产生异常时，如果程序中没有对该异常进行处理的语句，则整个程序将停止执行。为了使程序有更好的健壮性，PL/SQL 采用统一的异常处理方法，异常处理程序将进行异常匹配，程序会跳转到异常语句块，将控制权转给异常处理程序。

异常处理使用 Exception 语句块，其基本的语法格式如下所示。

```
Exception
    When < 异常名称 1 > Then < 异常 1 相应的处理语句 1 ; >
    When < 异常名称 2 > Then < 异常 2 相应的处理语句 2 ; >
    [ … ]
    When  Others  Then  < 其他异常相应的处理语句 ; >
```

异常处理部分从关键字 Exception 开始，在异常处理部分使用 When 子句捕捉各种异常，如果有其他未预定义的异常，则使用 When Others Then 子句捕捉与处理，该子句类似 Else，需要加在 Exception 语句块的最后。

（1）处理 Oracle 预定义异常

预定义异常是指 Oracle 系统为一些常见错误预先定义好的异常，例如数据表中的主键值重复，除数为 0 等。使用 Oracle 的 SQLCODE 函数可以获取异常错误编号，使用 SQLERRM 函数可以获取异常的具体描述信息。Oracle 中的预定义异常如表 6-9 所示。

表 6-9　Oracle 预定义的异常

异常名称	错误代码	异常说明
Access_Into_Null	ORA-06530	试图给未初始化的对象属性赋值
Case_Not_Found	ORA-06592	Case 语句未找到匹配的 When 子句，也没有默认的 Else 子句
Cursor_Already_Open	ORA-06511	试图打开一个已经打开的游标

续表

异 常 名 称	错 误 代 码	异 常 说 明
Dup_Val_On_Index	ORA-00001	试图向具有唯一约束的列中插入重复值
Invalid_Cursor	ORA-01001	试图进行非法游标操作，如关闭一个尚未打开的游标等
Invalid_Number	ORA-01722	试图将一个无法代表有效数字的字符串转换成数字。如果是在 PL/SQL 程序中，则引发的异常是 value_Error
Login_Denied	ORA-01017	试图用错误的用户或密码连接数据库
No_Data_Found	ORA-01403	数据不存在
Not_Logged_On	ORA-01012	试图在连接数据库之前访问数据库中的数据
Program_Error	ORA-06501	PL/SQL 内部错误
Rowtype_Mismatch	ORA-06504	宿主游标变量与 PL/SQL 游标变量返回的类型不兼容
Self_Is_Null	ORA-30625	试图在空对象中调用 Member 方法
Storage_Error	ORA-06500	内存出现错误，或内存已用完
Subscript_Beyond_Count	ORA-06533	试图通过大于集合元素个数的索引值引用嵌套表或变长数组元素
Subscript_Outside_Limit	ORA-06532	试图通过合法范围之外的索引值引用嵌套表或变长数组元素
Sys_Invalid_Rowid	ORA-01410	将字符串转换成通过记录号 Rowid 的操作失败
Timeout_On_Resource	ORA-00051	等待资源时发生超时
Too_Many_Rows	ORA-01422	Select Into 语句返回多条记录
Value_Error	ORA-06502	发生算术、转换、截断或大小约束错误
Zero_Divide	ORA-01476	试图将 0 作为除数

以下 PL/SQL 程序中出现了除数为 0 的异常：

```
Declare
    result Number(4) :=100 ;
    num Number(2) := 0 ;
Begin
    result := result/num ;
    DBMS_Output.Put_Line('以下为系统捕捉到的异常信息：');
    DBMS_Output.Put_Line('num：' || num ) ;
End   ;
```

该 PL/SQL 程序运行会出现如下所示的错误信息。

```
错误报告:
ORA-01476: 除数为 0
ORA-06512: 在 line 5
01476. 00000 -   "divisor is equal to zero"
```

对上述出现错误的 PL/SQL 程序进行完善，添加必要的异常处理代码，修改后的代码如下所示。

```
Declare
    result Number(4) :=100 ;
    num Number(2) := 0 ;
Begin
    result := result/num ;
    DBMS_Output.Put_Line('以下为系统捕捉到的异常信息：');
    DBMS_Output.Put_Line('num：' || num ) ;
```

```
    Exception
      When Zero_Divide Then
         DBMS_Output.Put_Line('程序运行出现异常:除数不能为零！'  );
End ;
```

修改后的 PL/SQL 运行结果如下所示。

```
程序运行出现异常:除数不能为零！
```

（2）处理非预定义异常

除了 Oracle 预定义好的异常以外，还有一些其他异常也属于程序本身的逻辑错误，例如违反数据表的外键约束、检查约束等，Oracle 只为这些异常提供了错误代码，而这些异常同样需要进行处理，可以在 PL/SQL 程序中使用 Pragma Execption_Init 语句为这些异常设置名称，其基本步骤如下所示。

① 在 PL/SQL 程序的定义部分使用 Exception 关键字申明异常名称。

② 在异常和 Oracle 错误编号之间建立联系，其基本语法格式如下所示。

Pragma Execption_Init　(<自定义的异常名称> , <Oracle 错误编号>) ;

③ 在异常处理部分通过“自定义的异常名称”捕捉并处理异常。

（3）处理自定义异常

实际应用中程序员还可以根据需要为实现具体的业务逻辑自定义相关异常。处理自定义异常的可以使用 Raise_Application_Error 语句，其基本语法如下所示。

Raise_Application_Error (<错误编号> , <自定义错误提示信息>)

其中“错误编号”可以使用 20000～20999 之间的整数，“错误提示信息”的字符串长度要小于 512 字节。

6.1 应用 Oracle 的系统函数编写 PL/SQL 程序

【任务 6-1】 编写 PL/SQL 程序计算商品优惠价格

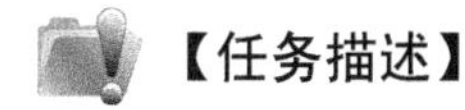

【任务描述】

根据商品促销策略，本月拟将所有价格超过 2000 元的商品进行打折销售，折扣为 95%，试计算价格为 2350 元的优惠价格为多少？

【任务实施】

（1）启动【Oracle SQL Developer】。

（2）在【Oracle SQL Developer】左侧窗格中选择已有连接“LuckyConn”。

（3）编写 SQL 语句。

在【Oracle SQL Developer】主窗口右侧工作表的脚本输入区域，编辑代码 6-1 所示的 PL/SQL 程序。

代码 6-1

```
Declare
```

```
    unit Constant char(2) := '元' ;      -- 声明常量存储货币单位“元”
    discount_price Number(8,2) ;        -- 声明变量存储打折后的优惠价格
    price Number(8,2) ;                 -- 声明变量存储商品原价格
    discount Number(3,2) ;              -- 声明变量存储折扣率
  Begin
    price := 2350 ;
    discount := 0.95 ;
    If price>=2000 Then
        discount_price :=   Round(price* discount , 2) ;   -- 计算打折后的优惠价格
    End If ;
    DBMS_Output.Put_Line('优惠价格为：' || discount_price || unit ) ;   --输出优惠价格
  End ;
```

（4）启用 DBMS 输出

在【Oracle SQL Developer】主窗口的【查看】菜单中选择【DBMS 输出】命令，打开【DBMS 输出】窗口，然后在【DBMS 输出】窗口的工具栏按钮区域单击【启用连接的 DBMS_OUTPUT】按钮，如图 6-1 所示。打开【选择连接】对话框，如图 6-2 所示，单击【确定】按钮即可启用 DBMS 输出，将会执行“Set Serveroutput On”命令

（5）运行脚本

在工作表的工具按钮区域单击【运行脚本】按钮，在下方的“脚本输出”窗格将会显示查询的结果如下所示。

```
优惠价格为：2232.5 元
```

提 示

本单元后面的各项任务只给出程序代码和运行结果，不再重复介绍程序编写与运行过程，另外为了使程序简洁明了，以后程序根据需要只添加适当的注释。

【任务 6-2】编写 PL/SQL 程序限制密码长度不得少于 6 个字符

【任务描述】

通过替换变量输入“用户名”和“密码”，要求密码长度不得少于 6 个字符，如果密码长度少于 6 个字符，要求进行异常处理，并输出“输入的密码长度不够！”的提示信息。

【任务实施】

实现本任务的 PL/SQL 程序如代码 6-2 所示。

代码 6-2

```
Declare
    user_name 用户表.用户名%Type := '&用户名' ;     --声明变量，存储用户名
    user_password 用户表.密码%Type := '&密码' ;     --声明变量，存储密码
    password_error Exception ;              --声明异常名称
Begin
    If Length(user_password)<6 Then
        Raise password_error ;              --显式抛出 password_error 异常
    End If ;
    DBMS_Output.Put_Line('用户名为：' || user_name );
    DBMS_Output.Put_Line('密    码为：' || user_password );
    Exception
```

```
        When password_error Then      --处理异常
          DBMS_Output.Put_Line('程序运行出现异常：输入的密码长度不够！'  );
End ;
```

运行上述程序，首先打开输入"用户名"的对话框，在"用户名"文本框中输入用户名"admin"，如图 6-4 所示，单击【确定】按钮。接着弹出输入"密码"的对话框，在"密码"文本框中输入密码"123"，如图 6-5 所示，单击【确定】按钮。

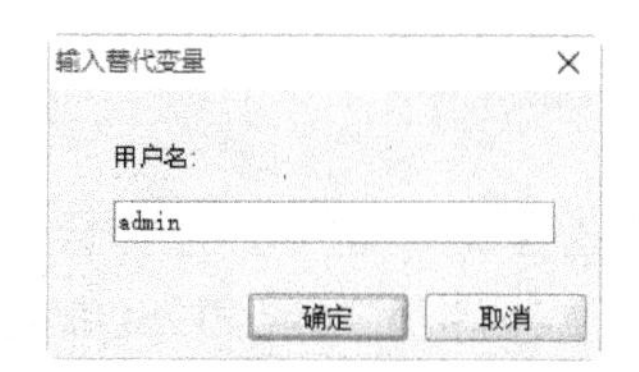

图 6-4　输入"用户名"的对话框图

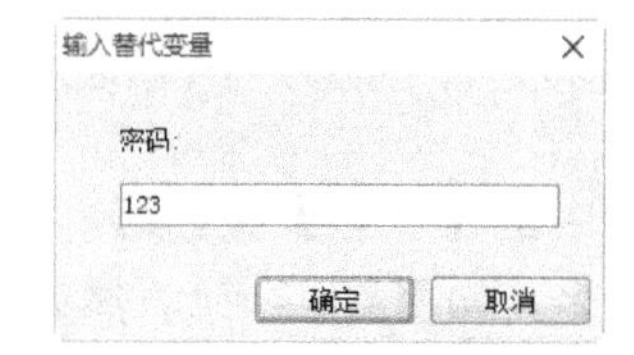

图 6-5　输入"密码"的对话框

将在【Oracle SQL Developer】主窗口的【DBMS 输出】窗口看到如下所示的提示信息。

```
程序运行出现异常：输入的密码长度不够！
```

上述代码中变量 user_name 的值由替换变量"&用户名"决定，变量 user_password 的值由替换变量"&密码"决定。利用替换变量可以达到创建通用脚本的目的，当程序执行时会提示出现一个对话框，提示输入替换数据，程序的变量中存储的数据是通过对话框实时输入的动态数据。

代码中采用了自定义异常，其基本过程如下所示。

① 在 PL/SQL 程序的声明部分使用 Exception 关键字声明异常名称。

② 在执行部分使用 Raise 关键字显式抛出自定义异常。

③ 在异常处理部分（Exception 之后）使用 When…Then 子句捕捉并处理异常。

【任务 6-3】 删除用户名字符串中多余的空格

【任务描述】

用户登录时，有可能会输入多余的空格，编写 PL/SQL 程序删除这些多余空格，并输出不包含多余空格的用户名。

【任务实施】

在【Oracle SQL Developer】主窗口右侧工作表的脚本输入区域，编辑代码 6-3 所示的 PL/SQL 程序。

代码 6-3

```
Declare
   name_old Varchar2(30) := ' a dminis    tr ator    ';
   name1 Varchar2(30) ;
   name_new Varchar2(30) := '';
   len number(3) ;
   i number := 1 ;
Begin
   DBMS_Output.Put_Line('用户名原始内容：' || name_old ) ;
   name_old :=Trim(name_old) ;
   len := Length(name_old) ;
   While i<len+1
```

```
        Loop
            name1 := Substr(name_old , i , 1) ;
            -- DBMS_Output.Put_Line('截取的字符为：' || name1 );
            If Length(Trim(name1)) != 0 Then
               name_new := name_new || name1 ;
            End If ;
            i := i+1 ;
        End Loop ;
        DBMS_Output.Put_Line('去掉空格的用户名：' || name_new );
    End ;
```

单击工具栏中的【保存】按钮，在弹出的【保存】对话框中，选择合适的保存位置，输入合适的文件名，如图6-6所示，然后单击【保存】按钮将编写的PL/SQL程序保存为脚本文件。

图6-6　保存脚本文件

先关闭刚才保存的脚本文件，然后在脚本输入区域输入以下命令运行刚才保存的脚本文件：@'D:\Oracle的脚本文件\06_03.sql' ;

运行结果如下所示：

```
用户名原始内容：  a dminis    tr ator
去掉空格的用户名：administrator
```

提 示

运行脚本文件的命令为：@'路径\脚本文件名'；

6.2 创建与操作游标

【知识必备】

在PL/SQL程序中，可以使用查询语句给变量赋值，但要确保该查询语句的返回结果集中只包含一条数据记录，否则将会引发错误。查询结果集中记录数的不确定性导致了预先声明的变量个数的不确定性，为了便于处理包含多行记录的结果集，PL/SQL中引入了游标（Cursor）的概念。

1. 游标的概述

在 PL/SQL 程序中执行查询操作时，Oracle 会在内存中为其分配一个缓冲区，用以存放 SQL 语句的查询结果。该结果集可以包含零条数据记录或者一条数据记录，也可以包含多条数据记录。游标就是指向该缓冲区的一个指针，它为应用程序提供一种对包含多条记录的结果集中的每一行数据分别进行单独处理的方法。用户可以通过游标逐一获取记录，并赋给变量。在初始状态下，游标指针指向查询结果集的第一条记录的位置，当执行 Fetch 语句提取数据后，游标指将向下一条记录的位置。

游标并不一个数据库对象，只是驻留在内存中。游标分为显式游标和隐式游标两种。显式游标由用户声明和操作，隐式游标是 Oracle 为所有数据操纵语句（包括只返回单行数据的查询语句）自动声明和操作的一种游标。当查询返回的记录超过一条记录时，就需要使用显式游标操作结果集中的各行记录，此时不能使用 Select Into 语句。隐式游标在查询开始时自动打开，查询结束时隐式自动关闭。

2. 显式游标的基本操作

显式游标的基本操作主要包括声明游标、打开游标、提取数据、关闭游标，显式游标在 PL/SQL 的声明部分声明，在执行部分或异常处理部分打开、提取或关闭。

（1）声明游标

声明游标就是使一个游标与一条查询语句建立关联，显式游标在 PL/SQL 程序的声明部分进行声明.

① 声明最简单游标的基本语法格式如下所示。

```
Cursor < 游标名 > Is < Select 语句 > ;
```

② 声明带参数游标的基本语法格式如下所示。

```
Cursor < 游标名 > ( <参数名 1> , [ In ] < 数据类型 1> [ := <初始值> ] … )
        Is < Select 语句 > ;
```

为游标定义输入参数，In 关键字可以省略。使用输入参数可以使游标的应用变得更加灵活。用户需要在打开游标时为输入参数赋值，也可使用参数的默认值。输入参数可以有多个，多个参数之间使用半角逗号“,”隔开。

为参数指定数据类型时，不能指定精度或长度，例如字符串类型可以使用 Varchar2 指定数据类型，但不能使用 Varchar2(8)。

③ 声明可更新数据的游标的基本语法格式如下所示。

```
Cursor < 游标名 > Is < Select 语句 >
        For Update [ Of [ <方案名>.]<表名>.< 列名 > [ , … ]] [ Nowait ] ;
```

For Update 子句用于使用游标更新数据，如果不使用 Of 子句，则表示锁定游标结果集与数据表中对应数据行的所有列。如果指定 Of 子句，则只锁定指定数据表的指定列。

如果数据表的数据行被某用户锁定，那么其他用户的 For Update 操作将会一直等到该用户释放这些数据行的锁定后才会执行。如果使用 Nowait 关键字，则其他用户在使用 Open 命令打开游标时会立即返回错误信息。

（2）打开游标

在声明游标时只为游标关联了查询语句，但此时该查询语句并不会被 Oracle 执行。只有打开游标后，Oracle 才会执行查询语句。打开游标就是执行游标定义时所对应的查询语句，并把查询返回的结果集存储在游标对应的缓冲区中。

打开游标的基本语法格式如下所示。

```
Open < 游标名 >[ < 参数值 1 > ，… ， < 参数值 n > ];
```

游标必须先声明后打开，游标打开后，如果没有关闭就不能重复打开；如果声明游标时使用了参数，打开游标时需要为输入参数赋值，否则将会出现错误（输入参数设置了默认值时除外），为参数赋值的顺序与定义游标时的参数顺序应一致。

（3）检索数据

打开游标后，游标所对应的 Select 语句也就被执行了，如果想要获取结果集中的数据，就需要检索游标。检索游标，实际上就是从结果集中获取单行记录数据并保存到定义的变量中。检索游标的基本语法格式如下所示。

```
Fetch < 游标名 > Into <变量 1> [ ,<变量 n> ] ;
```

变量用于存储查询结果中的数据，可以使用多个普通类型的变量，一对一地接受数据行的字段值，也可以使用一个%RowType 类型的记录变量，或者自定义的记录类型变量，接受记录行中的所有字段值。但这些变量必须事先已声明。

使用 Fetch 语句的应注意以下方面：

① 在使用 Fetch 语句之前，必须先打开游标，这样才能确保将结果集保存在游标对应的缓冲区中。

② Into 子句中的变量个数、顺序和数据类型必须和定义游标时 Select 子句中列的个数、顺序和数据类型一致。

③ 对游标第 1 次执行 Fetch 命令时，它将游标对应的结果集中的第 1 条记录数据赋值给变量，同时使游标指针自动指向下一条记录。

④ 游标指标只能向前移动，不能回退，如果查询完某一条记录后想回退到上一条记录，则只能先关闭游标后重新打开游标。

（4）关闭游标

关闭游标就是释放游标相关的系统资源，这些资源包括用来存储结果集的存储空间和临时空间，其基本的语法格式如下所示。

```
Close < 游标名 >;
```

游标被关闭后，不允许直接提取记录数据，但可以重新打开游标，再执行相应的操作。

3．游标的属性

无论是显式游标还是隐式游标，都使用%IsOpen、%Found、%NotFound 和%RowCount 这 4 个属性来描述游标操作语句的执行情况。游标属性只能在 PL/SQL 的流程控制语句中使用，不能在 SQL 语句内使用。

（1）%IsOpen

该属性表示游标是否处于打开状态。实际应用中，使用一个游标前，第 1 步往往是先检查它的%IsOpen 属性值，看游标是否已打开。如果已经打开则返回 True；如果没有打开，则返回 False，此时则要先打开游标再进行检查数据等操作。

隐式游标引用该属性的形式为 SQL%IsOpen，其值总为 False，因此隐式游标使用中不用打开和关闭，也不用检查其打开状态。

（2）%Found

该属性用于判断当前游标是否指向有效的行，最近一次读取记录时是否有数据行返回，如果有则返回 True，否则返回 False。隐式游标引用该属性的形式为 SQL%Found。

（3）%NotFound

该属性与%Found 属性类似，返回布尔类型的值，但其值正好相反。隐式游标引用该属性的形式为 SQL%NotFound。

（4）%RowCount

该属性返回数字类型的值，用于记录游标从结果集中已经读取的记录行数。也可以理解为当前游标所在的行号，这个属性在循环判断中很有效。隐式游标引用该属性的形式为 SQL% RowCount。

> **注 意**
>
> 使用游标属性时，必须在属性名前面添加游标名称，例如 employee_cursor%NotFound

【任务 6-4】 使用游标从“员工信息表”中读取指定部门的员工信息

【任务描述】

声明一个带参数的游标 employee_cursor，参数用于指定部门编号，使用该游标和 Loop 循环语句从“员工信息表”中读取指定部门编号的所有员工信息，并以类似表格的形式输出这些员工信息。

【任务实施】

实现本任务功能的 PL/SQL 程序如代码 6-4 所示。

代码 6-4

```
Declare
  Cursor employee_cursor (dept_num char := '101' ) --声明游标
  Is
  Select 员工编号 , 员工姓名 , 性别 , 部门
  From 员工信息表 Where 部门=dept_num ;
  Type employee_type Is Record (                     --创建记录类型
       employee_num 员工信息表.员工编号%Type ,
       employee_name 员工信息表.员工姓名%Type ,
       employee_sex 员工信息表.性别%Type ,
       employee_dept 员工信息表.部门%Type
     ) ;
  employee_info employee_type ;                    --声明记录类型的变量
Begin
  Open employee_cursor ('105') ;                    --打开游标
  DBMS_Output.Put_Line('行数 员工编号   员工姓名 性别   部门');
  Loop
     Fetch employee_cursor Into employee_info ;         --检索数据
     Exit When employee_cursor%NotFound ;    --当所有记录检索完成后退出循环
     DBMS_Output.Put_Line(employee_cursor%RowCount || '    '
           ||  employee_info.employee_num    || '      '
           ||  employee_info.employee_name   || '    '
           ||  employee_info.employee_sex      || '    '
           ||  employee_info.employee_dept )   ;
  End Loop ;
  Close employee_cursor ;                             --关闭游标
  Exception
```

```
            When No_Data_Found Then
                DBMS_Output.Put_Line('没有获取数据')  ;
    End ;
```

该 PL/SQL 程序使用 Loop 循环语句循环读取记录数据，其运行结果如下所示。

```
行数  员工编号   员工姓名  性别   部门
1     18259      聂秋      男     105
2     84576      潘荣平    男     105
```

【任务 6-5】使用游标从“用户表”中读取全部用户信息

【任务描述】

使用游标和 For 循环从“用户表”中读取所有用户的部分信息，并以类似表格的形式输出这些用户信息。

【任务实施】

实现本任务的 PL/SQL 程序如代码 6-5 所示。

代码 6-5

```
Declare
   Cursor user_cursor       --声明游标
   Is
   Select 用户 ID , 用户名 , 密码 , 注册日期 From 用户表 ;
Begin
   DBMS_Output.Put_Line('行数 用户 ID   用户名 密码   注册日期');
   For current_cursor In user_cursor
   Loop
       DBMS_Output.Put_Line(user_cursor%RowCount || '     '
              || current_cursor.用户 ID   || '     '
              || current_cursor.用户名    || '   '
              || current_cursor.密码      || '   '
              || current_cursor.注册日期  ) ;
   End Loop ;
End ;
```

上述 PL/SQL 程序的运行结果如下所示。

```
行数  用户 ID   用户名  密码   注册日期
1     100001    admin   161    22-5 月 -16
2     100002    江南    666    28-6 月 -16
3     100003    苏宁    312    22-5 月 -16
```

本程序使用 For 语句控制游标的循环操作，大大简化游标的循环操作，不需要手动打开和关闭游标，也不需要手动判断游标是否还有返回记录，而且在 For 语句中设置的循环变量本身就存储了当前检索记录的所有字段值，因此也不再需要定义变量接受记录值。

使用 For 循环时，不能对游标进行打开、检索和关闭操作，如果游标有输入参数，则只能使用该参数的默认值。

> **注 意**
>
> 代码中使用“user_cursor%RowCount”返回当前游标所在的行号是使用游标“user_cursor”，后面返回的字段值则使用变量“current_cursor”。

6.3 创建与使用自定义函数

【知识必备】

函数一般用于计算和返回一个值，利用函数可以把各类复杂的计算过程封装起来，方便开发人员调用。函数必须有一个返回值，函数的调用可以作为表达式的一部分在 SQL 语句中使用，也可以在 PL/SQL 程序中使用，但不能独立运行。

1．定义函数

定义函数的基本语法格式如下所示。

```
Create [ Or Replace ] Function   [ <方案名>.]<函数名>
        [ ( <参数 1>   [ In | Out | In Out ]   <数据类型>   [ , … ]   ) ]
    Return   <返回值的数据类型>
    Is | As
      [ <内部变量 1> <内部变量的数据类型> [ , … ] ]
    Begin
        < 函数体 >
    End   [ < 函数名 > ]   ;
```

语法说明如下：

① Or Replace 表示覆盖同名函数，如果存在同名函数，则替换已有的同名函数。

② Function 表示创建的是函数，函数名必须符合命名规则。

③ 可以为函数设置多个参数，各参数之间使用半角逗号（,）隔开。

④ In 表示输入参数，在调用函数时需要为输入参数赋值，而且其值在函数体内部不能修改；Out 表示输出参数，函数可以通过输出参数返回多个值；In Out 表示输入输出参数，这种类型的参数既可以接受传递值，也允许在函数体内部修改其值，并且可以返回其值。默认情况下参数为 In，使用 In 参数时，还可以使用 Default 关键字为该参数设置默认值，设置形式如下：<参数名> [In] <数据类型> Default <参数值> ;

参数也可以通过“:=”赋值运算符赋初值。

⑤ 参数和返回值的数据类型（Return 后的数据类型），不能指定精度或长度，例如字符串类型可以使用 Varchar2 指定数据类型，但不能使用 Varchar2(20)等。

⑥ Is 和 As 两个关键字二选一，只需使用一个即可。

⑦ 函数的内部变量在 Is 或 As 之后申明，这些变量在函数体中使用，不能使用 Declare 语句声明。

⑧ 函数体通常包括函数的逻辑运算语句和异常处理语句。

⑨ 在 End 关键字后面添加函数名后，可以提高程序的可读性，但这不是必需的。

2．调用函数

函数创建成功后，可以在表达式中调用函数，也可以将函数的返回值赋给变量。

3．删除函数

可以使用 Drop 命令删除函数，其基本语法格式如下所示。

```
Drop   Function   [ <方案名>.]<函数名> ;
```

【任务 6-6】 创建且调用计算密码已使用天数的函数 getGap

【任务描述】

用户登录 QQ 之类的应用程序时，如果在规定的天数之内登录，则可以使用默认的密码，如果超过规定天数没有登录程序，则必须重新输入密码，否则无法登录成功。创建且调用计算密码已使用天数的函数 getGap。

【任务实施】

（1）编写代码定义函数

在【Oracle SQL Developer】主窗口右侧工作表的脚本输入区域，编辑如代码 6-6 的 PL/SQL 程序，定义一个名称为“getGap”的函数。

代码 6-6

```
Create Function SYSTEM.getGap (ole_date in char )
Return number
As
   gap_days number ;
Begin
   gap_days := Round(sysdate-to_date(ole_date,'YYYY-MM-DD')) ;
   Return gap_days ;
End getGap ;
```

（2）编译生成函数的程序代码

在工作表的工具按钮区域单击【运行脚本】按钮，在下方的“脚本输出”窗格将会显示“FUNCTION GETGAP 已编译”的提示信息。

（3）调用函数显示计算结果

在【Oracle SQL Developer】主窗口右侧工作表的脚本输入区域输入如下 SQL 语句。

```
Select SYSTEM.getGap('2016-10-1') From Dual ;
```

然后单击【运行脚本】按钮，在下方的“脚本输出”窗格中输出函数的返回值。

（4）在【Oracle SQL Developer】主窗口查看函数的属性及其源代码

函数一旦创建成功，就会存储在 Oracle 服务器中，随时可以调用，也可以查看其源代码。对于当前用户所在方案，可以在数据字典 User_Procedures 或 Dba_Procedures 中查看函数的属性，在数据字典 User_Source 或 Dba_Source 查看函数的源脚本。

在“脚本输入”区输入以下查看函数属性的语句，然后单击【运行脚本】按钮。

```
Select object_name , object_id , object_type From User_Procedures
                                        Where object_name='GETGAP';
```

脚本输出结果如下所示。

```
OBJECT_NAME            OBJECT_ID     OBJECT_TYPE
---------------------------- ------------------ --------------------
GETGAP                  92241          FUNCTION
```

在“脚本输入”区输入以下查看函数属性的语句，然后单击【运行脚本】按钮，就可以查看该函数的源代码。

```
Select name , line , text From User_Source Where name='GETGAP' ;
```

> **注 意**
>
> 由于 Oracle 的数据字典中表列名为大写字母，所以在查询函数时，函数名称需要使用大写字母，否则无法找到对应的数据

【任务 6-7】 创建并调用返回登录提示信息的函数 out_info

【任务描述】

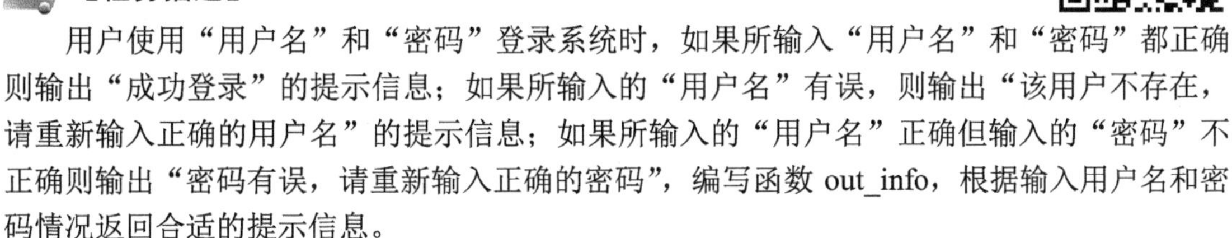

用户使用“用户名”和“密码”登录系统时，如果所输入“用户名”和“密码”都正确则输出“成功登录”的提示信息；如果所输入的“用户名”有误，则输出“该用户不存在，请重新输入正确的用户名”的提示信息；如果所输入的“用户名”正确但输入的“密码”不正确则输出“密码有误，请重新输入正确的密码”，编写函数 out_info，根据输入用户名和密码情况返回合适的提示信息。

【任务实施】

（1）在【Oracle SQL Developer】主窗口左侧的“连接”窗格中展开连接节点“LuckyConn”，右键单击节点“函数”，在弹出的快捷菜单中选择【新建函数】命令，如图 6-7 所示。

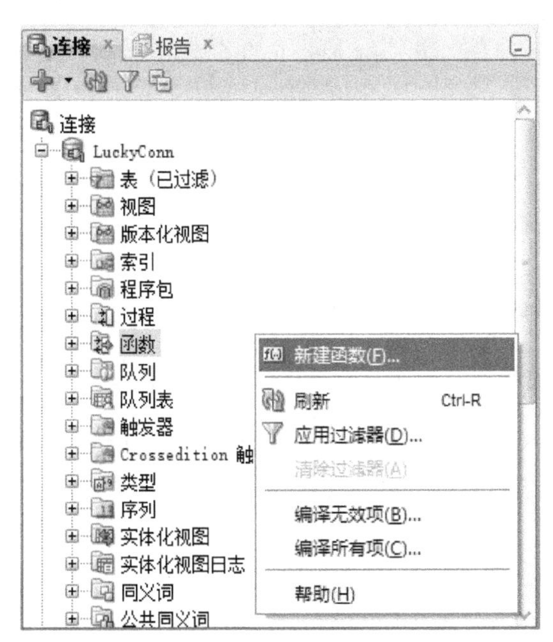

图 6-7　在快捷菜单中选择【新建函数】命令

（2）打开的【创建 PL/SQL 函数】对话框，在该对话框的“方案”下拉列表框中选择方案“SYSTEM”，在“名称”文本框中输入函数名“out_info”，单击【添加列】按钮 ✚，添加两个输入参数“user_name”和“user_password”，如图 6-8 所示。

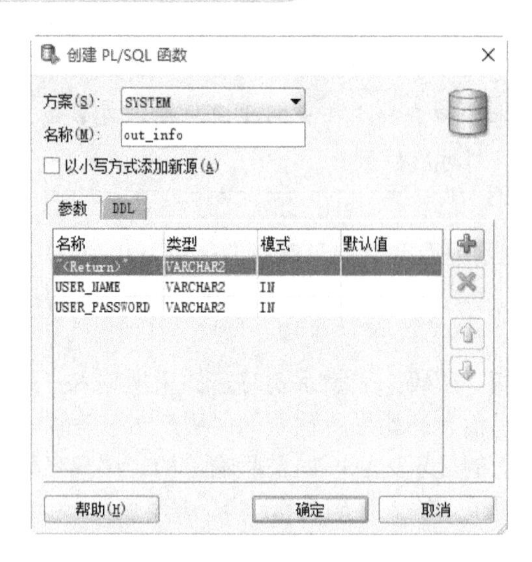

图 6-8 【创建 PL/SQL 函数】对话框

（3）单击【确定】按钮，创建一个自定义函数“out_info”，打开函数代码编辑区，在代码编辑框中输入代码 6-7 所示的代码。

代码 6-7

```
Create Or Replace Function out_info (user_name In 用户表.用户名%Type,
                                     user_password In 用户表.密码%Type)
Return Varchar2
As
  num number := 0 ;
  prompt Varchar2(50) ;
Begin
 Select count(*) Into num From SYSTEM.用户表
      Where 用户名=user_name And 密码=user_password ;
 If num>0 Then
    prompt := '成功登录！' ;
 Else
  Select count(*) Into num From SYSTEM.用户表 Where 用户名=user_name ;
  If num>0 Then
     prompt := '输入的密码有误，请重新输入正确的密码！' ;
  Else
     prompt := '该用户不存在，请重新输入正确的用户名！' ;
  End If ;
 End If ;
 Return prompt ;
 Exception
   When Others Then
     DBMS_Output.Put_Line(SQLERRM) ;
     Return Null;
End ;
```

单击【保存】按钮保存输入的函数代码。

（4）编译与调试函数代码

在函数代码编辑区的工具按钮区域单击【编译】按钮，如果函数代码编译成功，在该代码编辑区下方的“消息 – 日志”区域会显示“已编译”提示信息。

（5）调用函数

在【Oracle SQL Developer】主窗口右侧工作表的脚本输入区域输入如下SQL语句。

```
Select out_info('江南','666') From dual ;
```

然后单击【运行脚本】按钮，在下方的“脚本输出”窗格中输出函数的返回值，即“成功登录！”。

6.4 创建与使用存储过程

【知识必备】

1．存储过程的概念与优势

存储过程就是一段存储在数据库中执行某种功能的PL/SQL程序，其中封装了一段或多段SQL语句的PL/SQL程序块。数据库中有一些是系统默认的存储过程，可以直接通过存储过程的名称进行调用。存储过程还可在应用C#、Java之类的编程语言开发的程序中调用。

使用存储过程具有以下优势：

（1）提高程序的执行效率和开发者的工作效率

存储过程是事先已经编译成功并保存在Oracle服务器中，不仅可以让用户反复使用，而且还具有较高的执行效率。存储过程可以把需要执行的多条SQL语句封装到一个独立单元中，用户只需调用存储过程就能实现其功能，这样实现了一人编写多人共享，缩短了平均开发周期，有效地提高工作效率，节省了开发成本。

（2）简化客户端的程序代码

将复杂的数据库操作集成在单个存储过程中，有效简化了客户端的程序代码。并且使用存储过程时，程序只需一次连接数据库的过程。

（3）增加数据的独立性

利用存储过程可以把数据库基础数据和应用程序隔离开来，当基础数据的结构发生变化时，可以修改存储过程，这样对程序来说基础数据的变化是不可见的，也就不需要修改程序代码了。

（4）提高安全性

使用存储过程有效地降低出错率，如果不使用存储过程要想实现某项操作可能需要执行多条单独的SQL语句，而过多的执行步骤很可能造成更高的出错率。另外，由于存储过程是一个数据库对象，可以通过Oracle的安全性机制来加以管理，可以获得更好的安全性。

2．创建存储过程的基本语法格式

创建存储过程的基本语法格式如下所示：

```
Create [ Or Replace ] Procedure   [ <方案名>.]<存储过程名>
      [ ( <参数 1> [ In | Out | In Out ] <数据类型> [ , … ] ) ]
  Is | As
     [ <内部变量 1>   <内部变量的数据类型> [ , … ] ]
  Begin
       <存储过程体>
  End   [ <存储过程名> ]   ;
```

其中，Procedure表示创建的是存储过程，存储过程名必须符合命名规则。其他各项的含义与创建函数中各项含义相同。但存储过程没有返回值，所以不包含“Return <返回值的数据

类型>”的语法成分，注意与创建函数的区别。

这里重点介绍一下参数模式，参数模式有 3 种：In、Out、In Out，其功能与使用方法介绍如下：

（1）In

In 用于指定存储过程的参数为输入参数，由存储过程的调用者为其赋值，也可以使用默认值。如果没有显式指定参数模式，则其模式默认为 In。

（2）Out

Out 用于指定存储过程的参数为输出参数，由存储过程内部的语句为其赋值，并返回给用户。使用这种模式的参数，必须在参数后面添加 Out 关键字。

调用带输出参数的存储过程时，如果需要显示该存储过程中 Out 参数的返回值，需要先使用 Variable 语句声明对应的变量接受返回值，并在调用过程时绑定该变量，使用形式如下：

```
Variable <变量名> <数据类型>  ;
Exec[ute] <存储过程名>(:<变量名> ) ;
```

注意，在 Execute 语句中绑定变量时，需要在变量名前添加半角冒号（:）。

另外可以使用 Print 命令查看该绑定变量的值，调用形式如下所示：

```
Print <变量名>  ;
```

也可以使用 Select 语句查看该绑定变量的值，调用形式如下所示：

```
Select  :<变量名> From Dual ;
```

（3）In Out

In Out 指定参数同时拥有 In 和 Out 参数特性，它既能接受用户的传值，又允许在存储过程中修改其值，并可以将值返回。使用这种模式的参数需要在参数后面添加 In Out 关键字。不过，In Out 参数不接受常量值，只能使用变量为其传值。

可以先使用“Variable <变量名> <数据类型> ; ”语句声明传值变量，且使用“Exec : <变量名> :=<变量值> ; ”语句为变量赋值，然后使用“Exec[ute] < 存储过程名 >(:<变量名>) ; ”语句调用存储过程且传递值。

3．执行存储过程

执行存储过程有以下两种形式：

① Call <存储过程名>([<参数 1>] [, <参数 2>]) ;

② Exec[ute] <存储过程名>([<参数 1>] [, <参数 2>]) ;

注意，如果调用不带参数的存储过程，也需要加括号“()”。

调用带输入参数的存储过程时，需要为存储过程的输入参数赋值，赋值的形式主要有以下两种：

① 不指定参数名

不指定参数名是指调用存储过程时只提供参数值，而不指定该值赋予哪一个参数，Oracle 会自动按存储过程中参数的先后顺序为参数赋值，如果值的个数或数据类型与参数的个数或数据类型不匹配，则会出现错误。

不指定参数名时，参数的形式为：(<参数 1> , <参数 2>)

各个参数的顺序和数据类型必须与存储过程定义的顺序和数据类型一致。

② 指定参数名

指定参数名是指在调用存储过程时不仅提供参数值，还指定该值所赋予的参数。在这种情况下，可以不按参数顺序赋值。指定参数名的赋值形式为：<参数名> => <参数值>。

这种方式只需知道存储过程的参数名称，无需知道参数的顺序，增强了程序的可读性。

```
指定参数名时，参数的形式为：(<参数名 1>=><参数值 1> , <参数名 2>=><参数值 2>,…)
```

4. 修改存储过程

修改存储过程是在 Create Procedure 语句中添加 Or Replace 关键字，其他内容与创建存储过程一样，其实质是删除原有存储过程，然后重新创建一个新的存储过程，只不过前后两个存储过程的名称相同而已。

5. 删除存储过程

删除存储过程需要使用 Drop Procedure 语句，其基本语法格式如下所示。

```
Drop Procedure <存储过程> ;
```

【任务 6-8】 创建通过类型名称获取商品数据的存储过程

【任务描述】

由于“商品信息表”中只存储了“类型编号”，没有“类型名称”，用户通过“商品信息管理”界面输入商品数据时，一般只能选择“类型名称”，无法直接输入“类型编号”，请编写一个存储过程“productByCategory”，能通过“类型名称”直接从“商品信息表”中获取对应类型的商品数据。

【任务实施】

（1）编写代码定义存储过程

在【Oracle SQL Developer】主窗口右侧工作表的脚本输入区域，编辑如代码 6-8 的 PL/SQL 程序，定义一个名称为“productByCategory”的存储过程。

代码 6-8

```
create or replace Procedure productByCategory
   ( category_name In Varchar2 Default '手机' )
As
  category_code  商品类型表.类型编号%Type  ;
Begin
    Select 类型编号 Into category_code  From 商品类型表
           Where 类型名称=category_name ;
    --根据类型名称得到类型编号
    If SQL%Found Then
         DBMS_Output.Put_Line('类型编号为：' || category_code ) ;
         DBMS_Output.Put_Line('商品编码   商品名称        商品价格   类型编号') ;
         For goods In
          (
           Select 商品编码 , 商品名称 , 商品价格 , 类型编号 From 商品信息表
                  Where 类型编号 Like category_code Order By 商品编码
          )
         Loop
         DBMS_Output.Put_Line( goods.商品编码 || '  ' || goods.商品名称 ||'  '
                                 || goods.商品价格 ||'        '|| goods.类型编号) ;
         End Loop ;
    End If ;
    Exception
```

```
        When No_Data_Found Then
            DBMS_Output.Put_Line('没有获取数据') ;
        When Too_Many_Rows Then
            DBMS_Output.Put_Line('获取的数据过多') ;
End productByCategory ;
```

（2）编译生成存储过程的程序代码

在工作表的工具按钮区域单击【运行脚本】按钮，在下方的“脚本输出”窗格将会显示“PROCEDURE PRODUCTBYCATEGORY 已编译”的提示信息。

（3）执行存储过程

在【Oracle SQL Developer】主窗口右侧工作表的脚本输入区域输入如下 SQL 语句。

```
Exec productByCategory('电视机') ;
```

然后单击【运行脚本】按钮，在下方的“脚本输出”窗格中输出存储过程的执行结果，如下所示。

```
类型编号为：0201
商品编码    商品名称                  商品价格    类型编号
1912210   创维(Skyworth)55M5          3998          0201
2571148   小米(MI)L60M4-AA            5975          0201
```

【任务 6-9】创建在购物车中更新数量或新增商品的存储过程

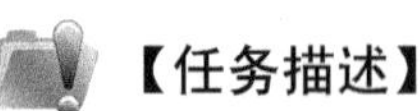

【任务描述】

通过电子商务平台网上购物时，客户选购好商品后，可以更新购买数量，也可以添加新商品，创建存储过程 shoppingCartAddItem 完成更新购物车的操作。

【任务实施】

存储过程 shoppingCartAddItem 的代码如代码 6-9 所示。

代码 6-9

```
Create or replace Procedure shoppingCartAddItem
   (  cartCode         Varchar2,
      goodsCode        Char,
      quantity         number,
      currentDate      date
   )
As
   countItem    number(2)   ;
Begin
    Select Count(商品编码) Into countItem From  购物车商品表
          Where Trim(商品编码)=goodsCode And Trim(购物车编号)=cartCode ;
    --如果要添加的商品在目前购物车中不存在，则添加该条商品订购信息
    If countItem>0 Then
        Update  购物车商品表  Set  购买数量=(quantity+购物车商品表.购买数量)
                Where Trim(商品编码)=goodsCode And Trim(购物车编号)=cartCode ;
    Else
        Insert Into  购物车商品表(购物车编号 ，商品编码 ，购买数量 ，购买日期)
                      Values(cartCode , goodsCode , quantity , currentDate) ;
    End If ;
End shoppingCartAddItem    ;
```

该存储过程包括 4 个输入参数。调用该存储过程的形式有以下多种：

① Call shoppingCartAddItem('100002' , '1509661' , 2 , sysdate) ;

在工作表的工具按钮区域单击【运行脚本】按钮，在下方的“脚本输出”窗格将会显示“shoppingcartadditem '100002' 成功。”的提示信息。

② Call shoppingCartAddItem('100004' , '1912210' , 3 , sysdate) ;

在工作表的工具按钮区域单击【运行脚本】按钮，在下方的“脚本输出”窗格将会显示“shoppingcartadditem '100004' 成功。”的提示信息。

③ Call shoppingCartAddItem(cartCode=>'100004' , goodsCode=>'1912210' , quantity=>4, currentDate=>sysdate) ;

在工作表的工具按钮区域单击【运行脚本】按钮，在下方的“脚本输出”窗格将会显示“shoppingcartadditem CARTCODE=>'100004' 成功。”的提示信息。

【任务 6-10】 创建获取已有订单中最新订单编号的存储过程

【任务描述】

通过电子商务平台网上购物时，客户选购商品完成后，需要提交订单，此时系统必须自动生成一个不重复的有效的订单编号，编写存储过程 getExistingOrderCode 获取已有订单中最新的订单编号。

【任务实施】

存储过程 getExistingOrderCode 的代码如代码 6-10 所示。

代码 6-10

```
Create Or Replace Procedure getExistingOrderCode
    ( existingCode Out 订单主表.订单编号%Type )
As
  num number(2) ;
Begin
      Select count(订单编号) Into Num From 订单主表 ;
      If num>0 Then
          Select Max(To_Number(订单编号)) Into existingCode From 订单主表 ;
      Else
          existingCode := '0' ;
      End If ;
    --DBMS_Output.Put_Line('订单编号为：' || existingCode ) ;
End getExistingOrderCode ;
```

在工作表的工具按钮区域单击【运行脚本】按钮，在下方的“脚本输出”窗格将会显示“PROCEDURE GETEXISTINGORDERCODE 已编译”的提示信息。

该存储过程包含了 1 输出参数，调用该存储过程的语句形式如下所示。

```
Variable order_code Char(10) ;
Exec getExistingOrderCode(:order_code) ;
Print order_code ;
```

在工作表的工具按钮区域单击【运行脚本】按钮，在下方的“脚本输出”窗格将会显示如下所示的结果。

```
ORDER_CODE
100009
```

【任务 6-11】 创建计算购物车中指定客户的总金额的存储过程

【任务描述】

通过电子商务系统实现网上购物时，客户选购商品完成后，能自动计算该客户所购商品的总金额，创建存储过程计算购物车中指定客户的总金额的存储过程 calCart。

【任务实施】

存储过程 calCart 的代码如代码 6-11 所示。

代码 6-11

```
Create Or Replace Procedure calCart
    (
        code   In Out   购物车商品表.购物车编号%Type ,
        num       Out   购物车商品表.购买数量%Type ,
        amount   Out   Number
    )
As
Begin
    Select Sum(c.购买数量) , Sum(p.商品价格*c.购买数量) Into num , amount
         From 购物车商品表 c，商品信息表 p
         Where c.商品编码=p.商品编码  And Trim(c.购物车编号)=code ;
End calCart ;
```

在工作表的工具按钮区域单击【运行脚本】按钮，在下方的“脚本输出”窗格将会显示“PROCEDURE CALCART 已编译”的提示信息。

该存储过程包含了 2 个输入参数和 1 个输入输出参数，调用该存储过程的语句形式如下所示。

```
Variable code Varchar2(30) ;
Variable num Number ;
Variable amount Number ;
Exec :code :='100002' ;
Exec calCart( :code , :num , :amount ) ;
Select :code 购物车编号 , :num 购买数量 , :amount 总金额 From Dual ;
```

在工作表的工具按钮区域单击【运行脚本】按钮，在下方的“脚本输出”窗格将会显示如下所示的结果。

```
购物车编号          购买数量        总金额
------------------ -------------- ------------
100002                     2        4116
```

6.5 创建与执行触发器

【知识必备】

触发器是一种特殊的存储过程，形式上类似于存储过程，功能上类似于约束。它在发生某种数据库事件时由 Oracle 系统自动触发。触发器通常用于加强数据的完整性约束和业务规则等，对于数据表来说，触发器可以实现比 Check 约束更为复杂的约束。

1. 触发器的作用

触发器可以根据不同的事件进行调用，它有更加精细的控制能力，这种特性可以帮助开发人员完成很多普通 PL/SQL 语句无法完成的功能。

触发器具有以下主要作用：

（1）执行更复杂的业务逻辑。普通的操作方式只能完成固定的数据变动，而使用触发器则在完成的基本功能上做额外的操作，以达到完成特殊业务的目的。

（2）防止无意义的数据操作。利用触发器可以把符合某些条件的数据加以限制，使其不能随意改变。

（3）实现完整性规则。当一个数据表中数据有变动时可以利用触发器修改这些变动数据在其他数据表中的关联数据。

（4）允许或限制修改某些数据表。

（5）利用触发器可以跟踪对数据库的操作，也可以在指定的数据表或视图记录改变时，利用触发器把数据变动日志记录下来。

（6）保证数据的同步复制。

建议开发人员只在必要时使用触发器，因为触发器可能会造成比较复杂的相关依赖性。

2. 引发触发器的数据库事件

以下事件中的一种或多种发生时就能使触发器运行：

（1）用户在指定的数据表或视图中做 DML（数据操纵）操作，包括 Insert 操作、Update 操作和 Delete 操作。

（2）用户做 DDL（数据定义）操作，包括 Create 操作、Alter 操作和 Drop 操作。

（3）数据库事件，包括数据库的登录或注销，数据库的打开（Startup）或关闭（Shupdown），特定的错误消息等。

3. 触发器的类型

Oracle 触发器的类型主要有以下几种：

（1）DML 触发器

DML 触发器定义在数据表上，由 DML 语句触发，例如 Insert、Update 和 Delete 语句。针对所有的 DML 事件，按触发时间可以分为 Before 触发器和 After 触发器，分别表示在 DML 事件发生之前与之后采取行动。另外，DML 触发器也可以分为语句级触发器和行级触发器，其中，语句级触发器针对某一条语句触发一次，而行级触发器则针对语句所影响的每一行都触发一次。例如某条 Update 语句修改了 5 行数据，那么针对该 Update 事件的语句级触发器被触发一次，而行级触发器将被触发 5 次。

DML 操作主要包括 Insert、Update 和 Delete 操作，通常根据触发器针对的具体事件将 DML 触发器细分为 Insert 触发器、Update 触发器和 Delete 触发器。

（2）DDL 触发器

DDL 触发器由 DDL 语句触发，例如 Create、Alter 和 Drop 语句。DDL 触发器同样可以分为 Before 触发器和 After 触发器，Before 触发器在触发事件执行之前被触发，After 触发器在触发事件执行之后被触发。

DDL 触发器针对的事件包括 Create、Alter、Drop、Analyze、Grant、Comment、Revoke、Rename、Truncate、Audit、NotAudit、Associate Statistics 和 DisAssociate Statistics。

（3）Instead Of 触发器

Instead Of 触发器又称为替代触发器，用于执行一个替换操作来代替触发事件的操作，Instead Of 触发器在触发事件发生时被触发。这种触发器通常作用在视图上，对由源于多个数据表的视图做 DML 操作通常是不允许的，如果遇到这种情况就可以利用 Instead Of 触发器解决问题，利用它可以把对视图 DML 操作转换成对多个源表进行操作，即执行 Instead Of 触发器中定义的语句。

Instead Of 触发器用于执行一个替代操作来代替触发事件的操作，而触发事件本身最终不会被执行。如果是 DML 触发器，则无论是 Before 触发器还是 After 触发器，触发事件最终都会被执行的。

（4）用户和系统事件触发器

系统事件触发器在诸如数据库启动或关闭等数据库系统事件发生时触发，利用它可以记录数据库的登录情况。

系统事件触发器所支持的系统事件主要有 LogOff（用户从数据库注销）、LogOn（用户登录数据库）、StartUp（打开数据库实例）、ShutDown（关闭数据库实例）、ServerError（服务器发生错误）。其中，对于 LogOff 和 ShutDown 事件只能创建 Before 触发器；对于 LogOn 和 StartUp 事件只能创建 After 触发器。

创建系统事件触发器需要使用 On Database 子句，即表示创建触发器是数据库级触发器。创建系统事件触发器需要用户具有 DBA 权限。

（5）复合触发器

复合触发器相当于在一个触发器中包含了 4 种类型的触发器，包含了 Before 类型的语句级触发器、Before 类型的行级触发器、After 类型的语句级触发器和 After 类型的行级触发器，这种把多个触发器都放到一个代码块中的做法使得变量的传递变得更加方便。

4．创建触发器

创建触发器时，在触发器体可以包含各种 PL/SQL 语句。

创建触发器需要使用 Create Trigger 语句，其基本语法格式如下所示。

```
Create [ Or Replace ] Trigger [ <方案名>.]<触发器名>
    [ Before | After | Instead Of ] <触发事件>
  On [<方案名>.]<表名> | [ <方案名>.]<视图名> | Database
    [ For Each Row ]
    [ Enable | Disable ]
    [ When <限制条件>
    [ Declare < 内部变量名 >; ]
  Begin
        < 触发器体 >
  End   <触发器名>;
```

语法说明如下：

① Or Replace：新建的触发器可以覆盖原有同名的触发器。

② Trigger：表示创建的是触发器。

③ Before：表示触发器在触发事件执行之前被激活；After：表示触发器在触发事件执行之后被激活；Instead Of：表示用触发器中的事件代替触发事件执行。如果不指定 Before 或者 After，创建的触发器被默认为是 After 触发器。

④ 触发事件：表示激活触发器的事件，例如 Insert、Update 和 Delete 事件等。

⑤ On：指定触发器作用的对象，DML 触发器所作用的是数据表，Instead Of 触发器则可以作用在视图上，DDL 触发器或系统事件触发器则使用 Database。

⑥ For Each Row：表示行级触发器，省略则默认为语句级触发器。

⑦ Enable | Disable：用于指定触发器被创建之后的初始状态为启用状态（Enable）还是禁用状态（Disable），默认为 Enable。

⑧ When：为触发器的运行指定限制条件，例如针对 Update 事件的触发器，可以定义只有当修改后的数据符合某种条件时才执行触发器中的内容。

⑨ 触发器体：包含一条或多条 PL/SQL 语句。

5. :Ole 变量和:New 变量

在行级触发器中，为了获取某列在 DML 操作前后的数据，Oracle 提供了两个特殊的变量：:Ole 变量和:New 变量，通过“:Ole.列名”的形式可以获取该列的旧数据，而通过“:New.列名”则可以获取该列的新数据。

Insert 触发器只能使用: New 数据，Delete 触发器只能使用:Ole 数据，Update 触发器则两者都可以使用。Before 触发器由于在 DML 操作之前触发，可以使用:Ole 变量和:New 变量的值，而 After 触发器在 DML 操作之后触发，只能使用:Ole 变量的值。

如果在创建 DML 触发器时不使用 For Each Row 子句，则表示创建的是语句级触发器，语句级触发器对所有受影响的数据行只触发一次，因此无法使用:Ole 变量和:New 变量获取某列的新旧数据。

6. 禁用与启用触发器

在创建触发器时，可以使用 Enable 或 Disable 关键字指定触发器被创建之后的初始状态为启用状态（Enable）还是禁用状态（Disable），默认为 Enable。

在需要的时候，也可以使用 Alter Trigger 语句修改触发器的状态，其基本语法格式如下所示：

```
Alter Trigger <触发器名> Enable | Disable ;
```

如果需要修改某个数据表上的所有触发器的状态，还可以使用如下形式：

```
Alter Table <表名> Enable | Disable All Triggers ;
```

7. 修改与删除触发器

修改触发器只需要在 Create Trigger 语句中添加 Or Replace 关键字即可。

删除触发器需要使用 Drop Trigger 语句，其基本语法格式如下所示。

```
Drop Trigger <触发器名> ;
```

【任务 6-12】使用触发器自动为“用户表”主键列赋值

【任务描述】

“用户表”中包含主键列“用户 ID”，向该数据表添加数据时，“用户 ID”列要求为连续不重复的序列，可以使用序列实现这一要求，创建一个触发器 add_user_trigger，使用该触发器自动为该主键列赋值，从而不需要手动方式向数据表的主键列添加数据。

【任务实施】

（1）编写代码定义触发器

在【Oracle SQL Developer】主窗口右侧工作表的脚本输入区域，编辑如代码 6-12 的

PL/SQL 程序，定义一个名称为“add_user_trigger”的触发器。

代码 6-12

```
Create Trigger add_user_trigger
    Before Insert
    On  用户表
    For Each Row
Begin
    If :New.用户 ID Is NULL Then
        Select userId_seq.nextval Into :New.用户 ID From Dual ;
    End If ;
End add_user_trigger ;
```

（2）编译生成触发器的程序代码

在工作表的工具按钮区域单击【运行脚本】按钮，在下方的“脚本输出”窗格将会显示“TRIGGER ADD_USER_TRIGGER 已编译”的提示信息。

（3）执行触发器

触发器创建完成后，在向“用户表”中添加新记录时就可以不再关注主键列“用户 ID”的赋值问题了。例如，在【Oracle SQL Developer】主窗口右侧工作表的脚本输入区域输入如下 SQL 语句。

```
Insert Into  用户表(用户名 , 密码 , Email , 用户类型 , 注册日期 )
             Values('厦门' , '555' , 'xm@sina.com' , '2' , sysdate ) ;
```

在工作表的工具按钮区域单击【运行脚本】按钮，在下方的“脚本输出”窗格将会显示“1 行已插入。”的提示信息。

该语句执行后，使用以下语句查询“用户表”中是否已经成功添加了此用户。

```
Select * From  用户表  Where  用户名='厦门' ;
```

查询结果如下所示。

```
用户 ID    用户名    密码    EMAIL              用户类型  注册日期
---------- --------- ------- ------------------ --------- -----------------
100004     厦门      555     xm@sina.com        2         27-5 月 -16
```

可以发现，“用户 ID”已自动添加，其值为“100004”。

【任务 6-13】创建更新型触发器限制无效数据的更新

【任务描述】

一般情况下，“用户表”和“用户类型表”通过“用户类型”列关联，也就是说“用户类型表”设置了主键约束，“用户表”设置了外键约束。当向“用户表”中新增用户数据时，新增的“用户类型 ID”必须在“用户类型表”中存在。现假设“用户表”和“用户类型表”之间没有建立关联关系，当更新“用户表”的记录时，通过更新型触发器 update_user_trigger 判断该记录的“用户类型 ID”在“用户类型表”中是否存在，若存在，则显示更新成功的提示信息，否则显示更新失败的提示信息，且恢复为原先的“用户类型 ID”。

【任务实施】

触发器 update_user_trigger 的代码如代码 6-13 所示。

代码 6-13

```
Create Or Replace Trigger update_user_trigger
  Before Update
  On SYSTEM.用户表
  For Each Row
Declare
   num Number(2) ;
Begin
  DBMS_Output.Put_Line(':New 为:' || :New.用户类型 ) ;
  DBMS_Output.Put_Line(':Old 为:' || :Old.用户类型 ) ;
  Select Count(*) Into num From 用户类型表 Where 用户类型 ID=:New.用户类型 ;
  If num>0 Then
     DBMS_Output.Put_Line('成功更新用户数据！') ;
  End If ;
End update_user_trigger ;
```

代码 6-13 中通过“:Old.用户类型”值获得原先的“用户类型 ID”，通过“:New.用户类型”值获得新的“用户类型 ID”。并根据“:New.用户类型”值判断在“用户类型表”中是否存在，根据存在与否显示不同的提示信息，如果不存在相应的“用户类型 ID”，则“用户表”的“用户类型”重新恢复为原来的值。

在工作表的工具按钮区域单击【运行脚本】按钮，在下方的“脚本输出”窗格将会显示“TRIGGER UPDATE_USER_TRIGGER 已编译”的提示信息。

为了触发触发器，执行上述代码，需要针对“用户表”执行更新操作。

（1）执行以下语句：

```
Update 用户表 Set 用户类型='2' Where 用户名='admin' ;
```

在工作表的工具按钮区域单击【运行脚本】按钮，在下方的“DBMS 输出”窗格将会显示如下所示的结果。

```
:New 为:2
:Old 为:1
成功更新用户数据！
```

（2）执行以下语句：

```
Update 用户表 Set 用户类型='7' Where 用户名='admin' ;
```

在工作表的工具按钮区域单击【运行脚本】按钮，在下方的“DBMS 输出”窗格将会显示如下所示的结果。

```
:New 为:7
:Old 为:1
```

在下方的“脚本输出”窗格将会显示如下所示的错误报告内容。

```
错误报告:
SQL 错误: ORA-04091: 表 SYSTEM.用户表 发生了变化, 触发器/函数不能读它
ORA-06512: 在 "SYSTEM.UPDATE_USER_TRIGGER", line 10
ORA-04088: 触发器 'SYSTEM.UPDATE_USER_TRIGGER' 执行过程中出错
```

说 明

代码 6-13 是一个更新型触发器的创建示例，说明对数据表执行更新操作时，将会引发数据表上的更新型触发器的执行，另外还演示了:Ole 变量和:New 变量的功用。实际的数据库中“用户表”和“用户类型表”存在外键约束的，如果数据表既有外键约束，也有触发器，外键约束作用在触发器之前，这里要测试更新型触发器，必须先删除外键约束。

【任务 6-14】创建作用在视图上的 Instead Of 触发器

【任务描述】

单元 5 中创建的视图“商品金额_view”包含了计算列“金额”，所以不能对该计算列执行 DML 操作，这时可以创建 Instead Of 触发器 insteadof_goods_trigger，通过该触发器向视图“商品金额_view”添加记录数据。

【任务实施】

由于“商品金额_view”视图中包含计算列“金额”，如果直接进行 DML 操作，对应的插入语句如下所示：

```
Insert Into  商品金额_view(商品编码,商品名称,商品价格,库存数量,类型编号,金额)
                    Values('1708526' , 'OPPO R7Plus' , 2899 , 2 ,'010101', 5798) ;
```

如执行上述 SQL 语句，结果如下所示：

```
在行  1  上开始执行命令时出错:
Insert Into  商品金额_view(商品编码,商品名称,商品价格,库存数量,类型编号,金额)
                    Values('1708526' , 'OPPO R7Plus' , 2899 , 2 ,'010101', 5798)
命令出错, 行: 2  列: 20
错误报告:
SQL  错误: ORA-01733:  此处不允许虚拟列
01733. 00000 -    "virtual column not allowed here"
```

如果想通过“商品金额_view”视图向“商品信息表”中添加记录数据，则需要使用 Instead Of 触发器，触发器 insteadof_goods_trigger 的代码如代码 6-14 所示。

代码 6-14

```
Create Or Replace Trigger insteadof_goods_trigger
  Instead Of Insert
  On  商品金额_View
  For Each Row
Begin
    Insert Into  商品信息表(商品编码 ，商品名称 ，商品价格 ，库存数量 ，类型编号)
                 Values( :New.商品编码 ，:New.商品名称 ，:New.商品价格 ，
                        :New.库存数量 ，:New.类型编号) ;
End update_goods_trigger ;
```

先编译生成触发器，然后再次使用 Insert Into 语句向“商品金额_view”视图中添加记录数据，对应的语句如下所示。

```
Insert Into  商品金额_view(商品编码,商品名称,商品价格,库存数量,类型编号,金额)
                    Values('1708526' , 'OPPO R7Plus' , 2899 , 2 ,'010101', 5798) ;
```

执行该语句，Insert 操作成功执行，成功通过“商品金额_view”视图向“商品信息表”中添加一条记录。

【任务 6-15】为记录当前用户的操作情况创建语句级触发器

【任务描述】

当用户对“用户表”进行更新或删除操作时，在日志数据表“user_Log”中记录操作用户和操作日期，创建一个语句级触发器 delete_trigger 记录当前用户的操作情况。

【任务实施】

（1）创建一个记录操作情况的日志数据表“user_Log”

创建数据表“user_Log”的语句如下所示。

```
Create Table SYSTEM.user_Log( 用户名 Varchar2(30) , 操作日期 Date) ;
```

执行该语句，结果显示“table SYSTEM.USER_LOG 已创建。”，表示数据表创建成功。

（2）编写触发器 delete_trigger 的程序代码

触发器 delete_trigger 的代码如代码 6-15 所示。

代码 6-15

```
Create Or Replace Trigger delete_trigger
After Delete
On 用户表
Begin
    Insert Into user_log(用户名 , 操作日期)
                Values(User , SysDate ) ;
End   delete_trigger  ;
```

在工作表的工具按钮区域单击【运行脚本】按钮，在下方的“脚本输出”窗格将会显示“TRIGGER DELETE_TRIGGER 已编译”的提示信息，成功编译生成触发器。

（3）测试触发器

执行以下语句，删除“用户表”中的一条已存在的记录。

```
Delete From 用户表 Where 用户名='测试' ;
```

然后执行语句“Select 用户名 , 操作日期 From user_log ; ”，查询日志数据表“user_Log”新增的包含当前操作用户和当前操作日期的记录，查询结果如下所示。

```
用户名          操作日期
---------------- ---------------------
SYSTEM          27-5 月 -16
```

说 明

代码 6-15 中系统函数“User”用于返回当前用户的名字，“SysDate”用于返回系统的当前日期，查询结果中的日期“27-5 月 -16”是作者查询时的日期，读者查询时所显示的当前日期会不一样。

【任务 6-16】创建记录对象创建日期和操作者的 DDL 触发器

【任务描述】

为 System 用户创建一个 DDL 触发器 create_trigger，该触发器由 Create 事件触发，记录执行该操作的操作者和创建日期。

【任务实施】

触发器 create_trigger 的代码如代码 6-16 所示。

代码 6-16

```
Create Or Replace Trigger create_trigger
    After Create
    On Database
    Begin
```

```
        Insert Into user_log(用户名 , 操作日期)
                    Values(User , SysDate ) ;
      End create_trigger ;
```

【任务 6-17】 为 System 用户创建一个记录用户登录信息的系统事件触发器

【任务描述】

为 System 用户创建一个系统事件触发器 logon_trigger，该触发器由 Logon 事件触发，记录登录用户的用户名和登录时间。

【任务实施】

触发器 logon_trigger 的代码如代码 6-17 所示。

代码 6-17

```
   Create Or Replace Trigger logon_trigger
      After Logon
      On Database
      Begin
        Insert Into user_log(用户名 , 操作日期)
                    Values(User , SysDate ) ;
      End logon_trigger ;
```

6.6 使用事务与锁

事务和锁是两个联系紧密的概念，其作用是保证数据库的一致性。由于数据库是一个可以由多个用户共享的资源，因此当多个用户并发地存取数据时，就要保证数据的准确性，事务和锁就有效满足了这一要求。

事务（Transaction）是由一系列相关的 SQL 语句组成的逻辑处理单元。Oracle 系统以事务为单位来处理数据，用来保证数据的一致性。

6.6.1 事务处理

【知识必备】

1. 事务的概念和特性

数据库中的事务是一组包含一条或多条语句的逻辑处理单元，每个事务都是一个原子单元，在事务中的语句被作为一个整体。如果事务提交成功，则该事务中进行的所有操作均会成功提交；如果事务提交遇到错误而被取消或回退，则事务中的所有操作均被取消，数据就会恢复到事务执行前的状态。也就是说一个事务中的所有 SQL 语句要么全部被执行，要么全部没有执行。

关于事务的一个典型实例就是银行转账操作。例如，需要从甲账户向乙账户转账 8000 元钱，这时，转账操作主要分为两步：第 1 步，从甲账户中减少 8000 元；第 2 步，向乙账户中添加 8000 元。既然是分为 2 步，这说明这两个操作不是同步进行的，那么两个操作之间会出现中断，导致第 1 步操作成功执行，而第 2 步没有执行或执行失败；也有可能是第 1 步也没有成功执行，但是第 2 步却成功执行。在实际应用中，上述问题是不允许出现的。我们可以通过事务机制实现解决这类问题，整个转账过程，可以看做一个事务，如果操作失败，那么该事务就会回退，所有该事务中的操作将被撤消，甲账户和乙账户的资金都不会发现变化；如果操作成功，那么将是对数据库永久的修改，即使服务器断电，也不会对该修改结果产生影响。

事务主要有 4 个特性，可以简称为 ACID 特性，如下所述：

（1）原子性（Atomicity）

事务必须是不可分割的原子工作单元，对于其数据修改，要么全都执行，要么全都不执行。

（2）一致性（Consistency）

事务在执行的前后，所有的数据都保持一致状态。在相关数据库中，所有规则都必须应用于事务的修改，以保持所有数据的完整性。事务结束时，所有的内部数据结构都必须是正确的。

（3）隔离性（Isolation）

并发事务之间不能相互干扰，由并发事务所做的修改必须与任何其他并发事务所做的修改隔离。

（4）持久性（Durability）

一旦事务提交完成之后，它对于系统的影响是永久的。即使被修改后数据遭到破坏，数据库也不会回到修改之前的状态。

2．Oracle 的事务基本控制语句

事务在没有提交之前可以回退，而且在提交前当前用户可以查看已经修改的数据，但其他用户却看不到该数据，一旦事务提交成功就不能再撤消了。Oracle 数据库中，没有提供开始事务处理语句，所有的事务都是隐式开始的。Oracle 认为第一条修改数据库的语句，或者一些要求事务的场合都是事务隐式的开始，当用户需要终止一个事务处理时，则必须显式地执行 Commit 语句或 Rollback 语句，分别用来表示提交事务和回退事务。

事务和 PL/SQL 程序有所不同，一条语句或者多条语句甚至一段程序都可以在一个事务中，而一段程序又可以包含多个事务。事务可以根据需要把一段程序分成多个组，然后把每个组都当成一个单元，而这个单元就可以理解为一个事务。

Oracle 的事务基本控制语句有以下几条：

① 提交事务：Commit ;

② 回退事务：Rollback ;

③ 设置保存点：Savepoint < 保存点名 > ;

④ 回退到保存点：Rollback To < 保存点名 > ;

⑤ 设置自动提交：Set Autocommit On/Off ;

3．Oracle 的事务处理

（1）提交事务

提交事务也就是表示该事务中对数据库所做的全部操作都将永久地记录在数据库中，提交事务使用 Commit 语句，用来标识一个成功的隐性事务或显式事务的结束。

执行 Commit 语句提交事务时，Oracle 会执行以下操作：

① 在回退段内的事务表中记录这个事务已经提交，并且生成一个唯一的系统改变号

（SCN），并将该 SCN 值保存到事务表中，用于唯一标识这个事务。

② 启动 LGWR 后台进程，将 SGA 区中缓存的重做记录写入到联机重做日志文件中，并且将该事务的 SCN 值也保存到日志文件中。

③ Oracle 服务器进程释放事务处理所使用的资源。

④ 通知用户事务已经成功提交。

（2）回退事务

回退一个事务也就意味着该事务中对数据库进行的全部操作都将被取消。对事务执行回退操作时使用 Rollback 语句，表示将事务回退到事务的起点或事务内的某个保存点。

回退整个事务，Oracle 将会执行以下操作：

① Oracle 通过回退段中的数据撤消事务中所有 SQL 语句对数据库所做的任何操作。

② Oracle 服务器进程释放事务所占用的资源。

③ 通知用户事务回退成功。

（3）设置保存点

在事务的处理过程中，如果发生了错误并且使用 Rollback 语句进行了回退，则在整个事务处理中对数据所做的修改都将被撤消。在一个庞大的事务处理中，这种操作将会浪费大量的资源。

这时，可以为该事务建立一个或多个保存点。使用保存点可以让用户将一个规模比较大的事务分割成多个较小的部分。当回退事务时，就可以回退到指定的保存点即可。如果没有为保存点指定名称，则回退事务时，回退到上一个保存点。

【任务 6-18】使用事务提交订单和删除购物车中的相关数据

【任务描述】

网上购物时，有一个提交订单的操作，对于后台数据库来说，就是将客户数据以及所选购的商品数据，分别添加到“订单主表”和“订单明细表”，且将相应的商品数据从“购物车商品表”删除。而这些操作具有相关性，如果操作失败，所有数据应恢复到初始状态；如果操作成功，则完成一次订单提交。

（1）创建存储过程 shoppingCartEmpty 实现清空购物车商品表。

（2）创建存储过程 orderAdd，实现将客户数据以及所选购的商品数据，分别添加到“订单主表”和“订单明细表”。

为了简化操作，删除“订单明细表”的主键约束和外键约束“订单明细表_订单主表_FK”，即在“订单主表”中的“订单编号”数据还没有成功添加的情况下，也可以在“订单明细表”添加“订单编号”，因为还没有执行 Commit 语句之前，“订单编号”数据并没有添加到“订单主表”，如果存在外键约束，会出现操作失败。

【任务实施】

（1）首先执行以下多条语句向“购物车商品表”添加多条购物记录。

```
Insert Into 购物车商品表(购物车编号,商品编码,购买数量)
                Values('100001' , '1509661' , 1) ;
Insert Into 购物车商品表(购物车编号,商品编码,购买数量)
                Values('100001' , '1912210' , 1) ;
Insert Into 购物车商品表(购物车编号,商品编码,购买数量)
```

```
                    Values('100001' , '1353858' , 2) ;
```

（2）创建存储过程 shoppingCartEmpty

存储过程 shoppingCartEmpty 的代码如代码 6-18 所示。

代码 6-18

```
Create Or Replace Procedure shoppingCartEmpty
    (   cartCode 购物车商品表.购物车编号%Type   )
As
Begin
    --删除 cartCode 为传入参数的所有购物车信息
    Delete From 购物车商品表 Where 购物车编号=cartCode ;
End  shoppingCartEmpty ;
```

（3）创建存储过程 orderAdd

存储过程 orderAdd 的代码如代码 6-19 所示。

代码 6-19

```
Create Or Replace
Procedure orderAdd
    (
        cartCode 购物车商品表.购物车编号%Type := '100099' ,
        customer 客户信息表.客户编号%Type := '100004'   ,
        orderCode 订单主表.订单编号%Type := '888888' ,
        cartAmount 订单主表.订单总金额%Type := 123 ,
        orderDate 订单主表.下单时间%Type :=sysdate ,
        employee 订单主表.操作员%Type :='84576'
    )
As
Begin
    Savepoint insert_point ;     --设置事务保存点
    --向订单主表中添加订单信息
    Insert Into 订单主表(订单编号,客户,订单总金额,下单时间,操作员)
                Values(orderCode,customer,cartAmount,orderDate,employee) ;
     DBMS_Output.Put_Line('向订单主表添加记录成功') ;
    --将从购物车商品表中查询到的商品信息添加到订单商品明细表中
    Insert Into 订单明细表(订单编号,购物车编号,商品编码,购买数量)
        Select orderCode , s.购物车编号 , g.商品编码 , s.购买数量
            From 购物车商品表 s Inner Join 商品信息表 g
            On s.商品编码=g.商品编码
            Where s.购物车编号=cartCode     ;
    DBMS_Output.Put_Line('向订单明细表添加记录成功') ;
    --调用清空购物车商品表的存储过程，清空当前用户的购物车
    shoppingCartEmpty(cartCode) ;
    Exception
        When  Others Then
            DBMS_Output.Put_Line('出现异常，操作失败！') ;
            Rollback To insert_point ; -- 回退事务到保存点
    Commit ;   --提交有效事务
End  orderAdd ;
```

存储过程 orderAdd 中设置事务保存点、回退事务到保存点。该存储过程中调用了清空购物车商品表的存储过程 shoppingCartEmpty，在工作表脚本编辑区域输入以下语句调用该存储过程。

```
Exec orderAdd('100099','100004', '888888',123,Sysdate,'84576') ;
```

在工作表的工具按钮区域单击【运行脚本】按钮，在下方的“DBMS 输出”窗格将会显示如下所示的结果。

```
向订单主表添加记录成功
向订单明细表添加记录成功
```

由于存储过程 orderAdd 中所有的输入参数都设置了初始值，也可以使用以下语句调用该存储过程。

```
Exec orderAdd() ;
```

6.6.2 使用锁

【知识必备】

数据库是一个多用户使用的共享资源，当多个用户并发地存取数据时，数据库中就会产生多个事务同时存取同一数据的情况。若对并发操作不加控制就可能会读取和存储不正确的数据，破坏了数据的一致性。

1．锁的基本概念

锁出现在数据共享的环境中，它是一种机制，在访问相同资源时，可以防止事务之间的破坏性交互。例如，在多个会话同时操作数据表时，优先操作的会话需要对其锁定。

事务的分离性要求当前事务不能影响其他的事务，所以当多个会话访问相同的资源时，数据库系统会利用锁确保它们像队列一样依次进行。Oracle 处理数据时用到的锁是自动获取的，我们不用对此有过多的关注，但 Oracle 允许我们手动锁定数据。

Oracle 利用很低的约束提供了最大程度的并发性，例如某会话正在修改数据表的一条记录，那么仅仅该记录会被锁定。而其他会话可以随时做读取操作，但读取的依然是修改前的数据。

Oracle 的锁保证了数据的完整性和一致性，例如，当一个会话对数据表 A 的某行记录进行修改时，另一个会话也来修改该行记录，在没有任何处理的情况下保留的数据会有随机性，而这种数据是没有任何意义的，为脏数据。如果此时使用了行级锁，第 1 个会话修改记录时封锁该行，那么第 2 个会话此时只能等待，这样就有效地避免了脏数据的产生。

2．锁的分类

（1）按照锁级别划分锁的类型

Oracle 分为两种模式的锁，一种是排他锁，另一种是共享锁，数据库利用这两种基本的锁类型对数据库的事务进行并发控制。

① 排他锁（Exclusive Locks，即 X 锁）

排他锁也可以称为写锁，当数据对象被加上排他锁时，其他的事务不能对它读取和修改。

② 共享锁（Share Locks，即 S 锁）

共享锁也可以称为读锁，当数据对象被加上了共享锁时，其他的事务只能读取，不能修改。

（2）按锁的作用对象划分锁的类型

Oracle 为了使数据库实现高度的并发访问，使用了不同类型的锁来管理并发会话对数据对象的操作。Oracle 的锁按作用对象不同分为以下几种类型。

① DML 锁（Data Locks，数据锁）

DML 锁用于并发访问时保护数据的完整性。在 Oracle 数据库中，DML 锁又可以细分为 TX 锁和 TM 锁。TX 锁为行级锁，也称为事务锁，当修改数据表中某行记录时，需要对将要修改的记录的加行级锁，防止两个事务同时修改相同的记录，事务结束，该锁也会释放。该锁属于排他锁（X 锁）。TM 锁为表级锁，主要作用是防止在修改数据时，数据表结构发生变化。

在执行 DML 操作的时候，数据库会先申请数据对象上的共享锁，防止其他的会话对该对象执行 DDL 操作。一旦申请成功，则会对将要修改的记录申请排他锁，如果此时其他会话正在修改该记录，那么等待其他事务结束后再为修改的记录申请排他锁。

② DDL 锁（Dictionary Locks，字典锁）

DDL 锁用于保护数据库对象的结构，例如数据表、索引等的结构定义。当执行 DDL 操作时，首先 Oracle 会自动地隐式提交一次事务，然后自动地给处理对象加上锁；当 DDL 结束时，Oracle 又会隐式地提交事务并释放 DDL 锁。与 DML 锁不同的是，用户不能显式地要求使用 DDL 锁。

③ 内部闩锁（Internal Locks and Latches）

内部闩锁用于保护数据库的内部结构，完全自动调用。

3. 锁等待与死锁

在某些情况下由于占用的资源不能及时释放，而造成锁等待，也可以称为锁冲突。锁等待会严重地影响数据库性能和日常工作。例如，当一个会话修改数据表 A 的记录时，它会对该记录加锁，而此时如果另一个会话也来修改该记录，那么第 2 个会话将因得不到排他锁而一直等待，此时会出现执行 SQL 时数据库长时间没有响应的现象。直到第 1 个会话把事务提交，释放锁，第 2 个会话才能对数据进行操作。

死锁的发生与锁等待不同，它是锁等待的一个特例，通常发生在两个或多个会话之间。假设一个会话想要修改两个资源对象，可以是数据也可以是表列，修改这两个资源的操作在一个事务当中。当它修改第 1 个数据库对象时需要对其锁定，然后等待第 2 个对象，这时如果另外一个会话也需要修改这两个对象，并且已经获得并锁定了第 2 个对象，那么就会出现死锁，因为当前会话锁定了第 1 个对象等待第 2 个对象，而另一个会话却锁定了第 2 个对象并等待第 1 个对象。这样，两个会话都不能得到想要得到的对象，于是就会出现死锁。在日常工作中，如果发现日志文件中记录了错误信息“ORA-00060: 等待资源时检测到死锁”，则表明产生了死锁，这时需要找到对应的跟踪文件，根据跟踪文件的信息定位产生的原因。

出现锁等待和死锁现象时，应尽快地找出产生原因并对其进行处理，避免影响数据库性能。实际开发中出现此类情况一般有以下几种原因：

① 用户没有良好的编程习惯，偶尔会忘记提交事务，导致长时间占用系统资源。

② 操作的记录过多，而且操作过程中没有很好地对其分组。

③ 逻辑错误导致两个会话都想得到已占用的资源。

如果操作的数据对象长时间没有响应，应该估计是锁阻塞的可能，此时应及时终止会话。

【任务 6-19】演示锁等待和死锁的发生

【任务描述】

（1）分别打开【SQL Plus】窗口和【Oracle SQL Developer】主窗口，两次更新“用户表”

中同一条记录的“密码”。

（2）分别打开【SQL Plus 窗口】和【Oracle SQL Developer】主窗口，两次分别更新“用户表”中两条记录的“密码”。

【任务实施】

1．演示 Oracle 的锁等待现象

（1）打开一个【SQL Plus】窗口，输入“SYSTEM/Oracle_12C @orcl as sysdba”命令连接到数据库 orcl。

在提示符“SQL>”后输入以下命令，将“用户表”中“用户名”为“admin”的“密码”修改为“123”：

```
Update SYSTEM.用户表 Set 密码='123' Where 用户名='admin' ;
```

按【Enter】键执行该命令，出现“已更新 1 行”的提示信息，如图 6-9 所示。

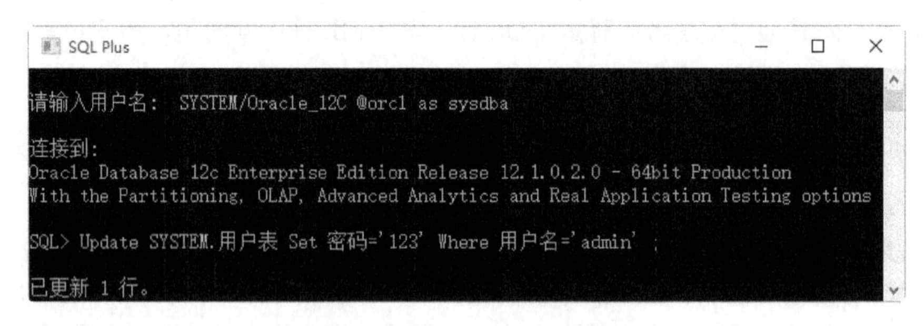

图 6-9　在 SQL Plus 窗口执行更新语句

此时虽然提示已更新，但事务并没有提交，接下来进行下一步操作。

（2）打开【Oracle SQL Developer】主窗口，且选中连接 LuckyConn，在连接 LuckyConn 工作表的脚本编辑框中输入以下更新语句：

```
Update 用户表 Set 密码='456' Where 用户名='admin' ;
```

在工作表的工具按钮区域单击【运行脚本】按钮，此时语句并不会执行完成，而是一直等待。工具栏中的按钮除了【取消】按钮之外，其他按钮变为“不可用”状态，且进度条中显示等待状态，如图 6-10 所示。

图 6-10　等待更新数据的状态

此时的情况是因为第 1 个会话封锁了该记录，但事务没有结束，锁不会释放，而这时第 2 个会话也要修改“用户表”中的同一条记录，但它却没有办法获得锁，所以只能等待。如果第 1 个会话修改数据的事务结束，那么第 2 个会话就会结束等待。及时结束事务是解决锁等待情况发生的有效方法。

此时，在【SQL Plus】窗口提示符“SQL>”后输入以下命令“exit”退出，即结束事务。然后在【Oracle SQL Developer】主窗口工作表的工具按钮区域再一次单击【运行脚本】按钮，此时语句会执行完成，在下方的【脚本输出】区域显示“1 行已更新。”的提示信息。

3．演示死锁现象

（1）打开第 1 个【SQL Plus】窗口，输入“SYSTEM/Oracle_12C @orcl as sysdba”命令连接到数据库 orcl。

在提示符“SQL>”后输入以下命令，将“用户表”中“用户名”为“admin”的“密码”修改为“123”：

```
Update SYSTEM.用户表 Set 密码='123' Where 用户名='admin' ;
```

按【Enter】键执行该命令，出现“已更新 1 行”的提示信息。

（2）打开【Oracle SQL Developer】主窗口，且选中连接 LuckyConn，在连接 LuckyConn 工作表的脚本编辑框中输入以下更新语句：

```
Update 用户表 Set 密码='456' Where 用户名='江南' ;
```

在工作表的工具按钮区域单击【运行脚本】按钮，此时语句并不会执行完成，而是一直等待。到目前为止，第 1 个会话锁定了“用户名”字段值为“admin”的记录，第 2 个会话锁定了“用户名”字段值为“江南”的记录。

（3）在【SQL Plus】窗口中修改第 2 个会话曾修改的记录，在提示符“SQL>”后输入以下命令：

```
Update SYSTEM.用户表 Set 密码='123' Where 用户名='江南' ;
```

此时第 3 个会话也不会执行完成，会出现锁等锁，因为它修改的记录已被第 2 个会话锁定，如图 6-11 所示。

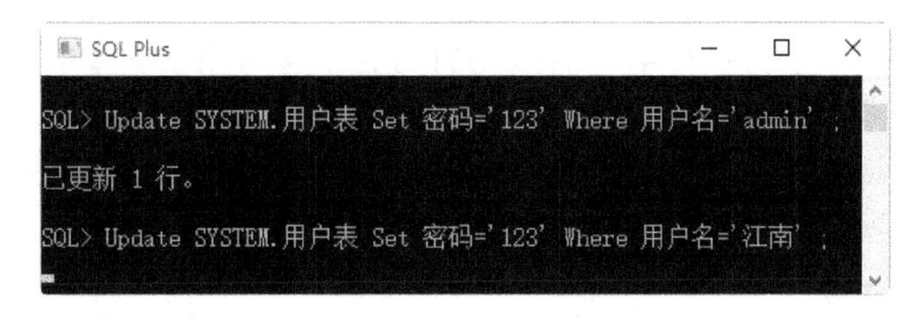

图 6-11　第 1 个会话出现锁等待现象

（4）在【Oracle SQL Developer】主窗口的脚本编辑区输入以下语句修改第 1 个会话曾修改的记录：

```
Update 用户表 Set 密码='456' Where 用户名='admin'  ;
```

此时会出现死锁现象。Oracle 会自动检查死锁，并释放一个冲突锁，并把消息传给对方事务。此时在第 1 个会话窗口中提示检测到死锁，如图 6-12 所示。

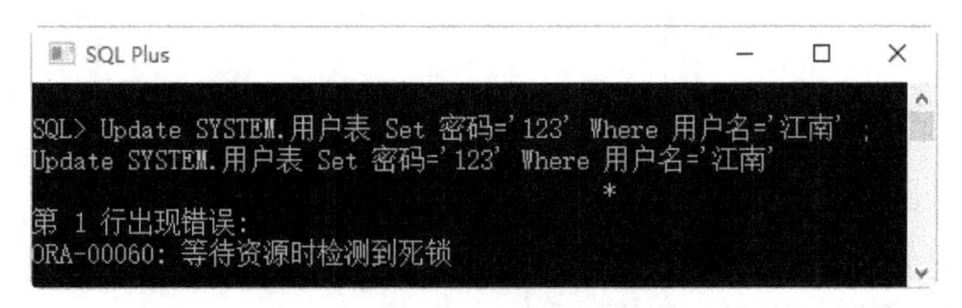

图 6-12　死锁提示

此时 Oracle 自动做出处理，并重新回到锁等待的情况。

在【Oracle SQL Developer】主窗口工作表的工具按钮区域单击【取消】按钮，取消当前的操作。

6.7 创建与使用程序包

【知识必备】

使用程序包主要是为了实现程序的模块化，程序包可以将相关的存储过程、函数、变量、常量和游标等 PL/SQL 程序块组合在一起，作为一个完整的单元存储在数据库中，并使用名称来标识程序包，通过这种方式可以构建供程序员重用的代码库。程序包具有面向对象程序设计语言的特点，是对 PL/SQL 或程序元素的封装。程序包类似于面向对象中的类，其中变量相当于类的成员变量，而存储过程和函数相当于类中的方法。

另外，当首次调用程序包中的存储过程或函数时，Oracle 会将整个程序包调入内存，在下次调用程序包中的元素时，Oracle 就可以直接从内存中读取，从而提高程序的运行效率。

1. 程序包的基本组成

程序包包括两个独立的部分：原型部分和包体部分，这两个部分独立地存储在数据字典中，原型部分是包与应用程序之间的接口，只是游标、函数、存储过程等的名称或原型，而不包含实际代码。包体部分才是这些存储过程、函数和游标的具体实现。包体部分在开始构建应用程序框架时可暂不需要。一般而言，可以先独立进行存储过程和函数的编写，当其较为完善后，再逐步将其按照逻辑相关性进行打包。

在编写包时，应该把公用的、通用的存储过程和函数编写进去，以便再次共享使用，Oracle 也提供了许多内置程序包可供使用，例如 UTL_FILE 包可用于文本文件的输入与输出，DBMS_SQL 包用于执行动态 SQL，DBMS_LOB 包用于大型对象的操作等。为了减少重新编译程序包的代码，应该尽可能地减少包原型部分的内容，因为对包体的更新不会导致重新编译包的代码，而对原型部分的更新则需要重新编译每一个调用包的代码。

2. 程序包的创建

包的原型部分相当于一个包的头，它对包的所有部件进行一个简单说明，这些部件可以被外界应用程序访问，其中的存储过程、函数、变量、常量和游标都是公共的，可在应用程序执行过程中调用。

（1）创建包的原型部分

包的原型部分创建格式如下所示。

```
Create  [ Or Replace ] Package [ <方案名>.]<包名>
    Is | As
    < 变量、常量及数据类型定义 >
    < 游标定义头部 >
    < 函数、存储过程的定义和参数列表以及返回类型 >
End  <包名>  ;
```

（2）创建包体部分

包体部分是包的原型部分中游标、函数和存储过程的具体定义。其创建格式如下所示：

```
Create  [ Or Replace ] Package Body [ <方案名>.]<包名>
    Is | As
    < 游标的具体定义 >
```

```
        < 函数的具体定义 >
        < 存储过程的具体定义 >
    End  <包名>  ;
```

包体是可选的，如果在包头部分没有声明任何函数或存储过程，则该包体就不存在，即使在包头部分有变量、常量、游标或数据类型的声明也不例外。包体的函数或存储过程中声明的私有变量，包外不能使用。

3．程序包中元素的调用

程序包一旦成功创建，其中的元素便可以随时调用，程序包中元素的调用方式如下所示。

```
[ <方案名>.]<包名>.<变量名>
[ <方案名>.]<包名>.<常量名>
[ <方案名>.]<包名>.<函数名>
[ <方案名>.]<包名>.<存储过程名>
[ <方案名>.]<包名>.<游标名>
```

包中定义的元素既可以在包内部使用，也可以在包外部使用。在外部引用包中的元素时，可以通过使用包名作为前缀对其进行引用，但在包内部使用属于同一个包的元素时，可以省略包名。

4．程序包的删除

可以使用 Drop Package 语句删除包，其语法格式如下所示。

```
Drop  Package  <包名>;
```

当一个包已过时，想重新定义时，只需在 Create 语句后面加 Or Replace 关键字即可，其语法格式如下所示。

```
Create  Or Replace  Package  <包名>  ;
```

【任务 6-20】 创建程序包增加指定类型的商品信息

【任务描述】

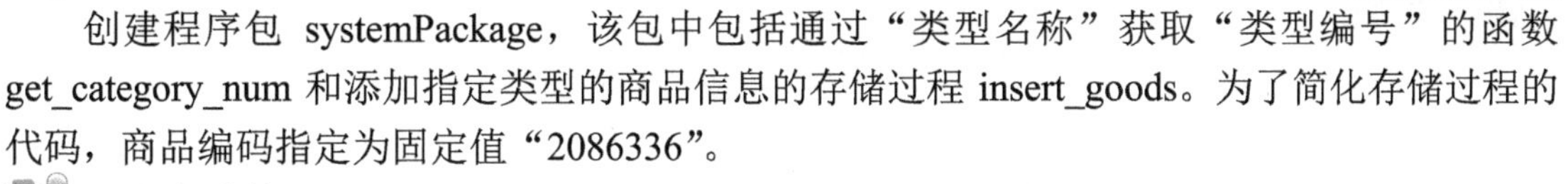

创建程序包 systemPackage，该包中包括通过“类型名称”获取“类型编号”的函数 get_category_num 和添加指定类型的商品信息的存储过程 insert_goods。为了简化存储过程的代码，商品编码指定为固定值“2086336”。

【任务实施】

（1）创建程序的原型部分

在【Oracle SQL Developer】主窗口右侧工作表的脚本输入区域，编辑如代码 6-20 的 PL/SQL 程序，定义一个名称为“systemPackage”的程序包的原型部分。

代码 6-20

```
Create Or Replace Package systemPackage
As
   Function get_category_num
          (category_name 商品类型表.类型名称%Type := '手机' )
           Return 商品类型表.类型编号%Type ;
   Procedure insert_goods
  (
     goods_id 商品信息表.商品编码%Type := '2086336' ,
     goods_name 商品信息表.商品名称%Type := '努比亚（nubia）小牛 4' ,
     goods_price 商品信息表.商品价格%Type :=1299 ,
```

```
        goods_num 商品信息表.库存数量%Type :=5 ,
        category_id 商品信息表.类型编号%Type :=get_category_num()   ,
        produce_date 商品信息表.生产日期%Type :=sysdate
    ) ;
End systemPackage ;
```

（2）编译程序包原型部分

在工作表的工具按钮区域单击【运行脚本】按钮，在下方的“脚本输出”窗格将会显示“PACKAGE SYSTEMPACKAGE 已编译”的提示信息

（3）创建程序的包体部分

在【Oracle SQL Developer】主窗口右侧工作表的脚本输入区域，输入如代码6-21所示的程序包systemPackage包体部分的代码。

代码6-21

```
Create Or Replace
Package Body systemPackage
As
  --实现函数 get_category_num 的实际代码
  Function get_category_num
  ( category_name 商品类型表.类型名称%Type := '手机' )
          Return 商品类型表.类型编号%Type
  As
     category_num 商品类型表.类型编号%Type ;
  Begin
     Select 类型编号 Into category_num From 商品类型表
     Where 类型名称 = category_name ;
     Return category_num ;
  End get_category_num ;
  --实现存储过程 insert_goods 的实际代码
  Procedure insert_goods
  (
     goods_id 商品信息表.商品编码%Type := '2086336' ,
     goods_name 商品信息表.商品名称%Type := '努比亚（nubia）小牛 4' ,
     goods_price 商品信息表.商品价格%Type :=1299 ,
     goods_num 商品信息表.库存数量%Type :=5 ,
     category_id 商品信息表.类型编号%Type :=get_category_num()   ,
     produce_date 商品信息表.生产日期%Type :=sysdate
  )
  As
    num Number ;
  Begin
     Select Count(*) Into num From 商品信息表 Where 商品编码='2086336' ;
     If num>0 Then
       Delete From 商品信息表  Where 商品编码='2086336' ;
     End If  ;
     Insert Into 商品信息表( 商品编码 , 商品名称 , 类型编号 , 商品价格,
                          库存数量 , 生产日期)
                   Values(goods_id , goods_name , category_id , goods_price ,
                         goods_num, produce_date) ;
     DBMS_Output.Put_Line('成功插入名称为“' || goods_name || '”的商品') ;
  End insert_goods ;
```

```
End systemPackage ;
```

（4）编译程序包的包体部分

在工作表的工具按钮区域单击【运行脚本】按钮，在下方的“脚本输出”窗格将会显示“PACKAGE BODY SYSTEMPACKAGE 已编译”的提示信息。

程序包 systemPackage 的包头部分和包体部分都编译成功，在【Oracle SQL Developer】主窗口左侧列表会出现包头部分和包体部分的列表，如图 6-13 所示。

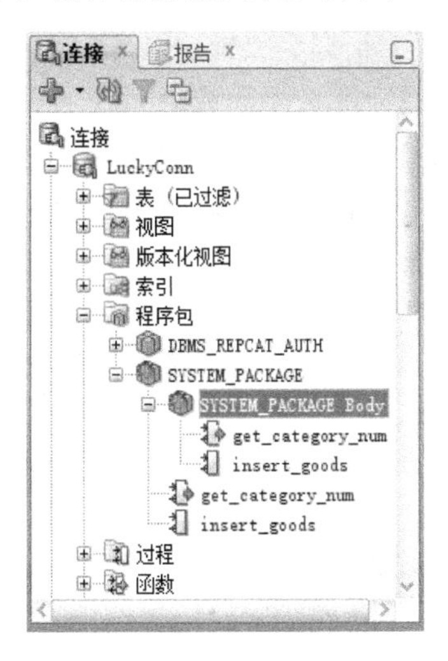

图 6-13　创建的程序包

（5）调用程序包中的存储过程和函数

调用程序包中的存储过程 insert_goods 和函数 get_category_num，向“商品信息表”添加一条记录。

在【Oracle SQL Developer】主窗口右侧工作表的脚本输入区域输入以下语句：

```
Exec systemPackage.insert_goods() ;
```

然后单击【运行脚本】按钮，在“DBMS”窗格将输出以下信息：

```
成功插入名称为“努比亚（nubia）小牛 4”的商品
```

【任务 6-21】 编写 PL/SQL 程序处理 myBook 数据库的数据

【任务描述】

（1）创建与操作游标

创建游标 book_cursor0601，并读取游标的数据，显示“图书类型表”的记录数据。

（2）创建与使用自定义函数

创建一个函数 getBookTypeName，用于从“图书类型表”中根据指定的“图书类型代号”获取“图书类型名称”。

（3）创建与使用存储过程

① 创建 1 个无参数的存储过程“getBookInfo_publisher_0601”，该存储过程用于从“图书信息表”中查询“电子工业出版社”出版的图书信息。

② 创建 1 个带输入参数和输出参数的存储过程“getNum_Limit_0602”，该存储过程用于根据借阅者类型的编号从“借阅者类型表”中获取对应的“限借数量”和“限借期限”。

（4）创建与执行触发器

① 在“图书借阅表”中创建 1 个名为“borrow_insert”的触发器，当向“图书借阅表”插入 1 条借阅记录时，返回 1 条提示信息“已成功插入 1 条记录”。

② 在“图书借阅表”中创建 1 个名为“borrow_update”的触发器，当读者借出 1 本图书时，对应的“藏书信息表”的“馆内剩余”字段值也同步更新。

（5）使用事务实现图书借阅操作

在“数据借阅表”中插入 1 条借阅记录，借书证编号为“0016626”，图书编号为“TP7302147336”，图书借阅数量为 1，然后将“藏书信息”数据表中的馆内剩余同步减少 1，应用事务实现以上操作。

本单元主要介绍了 PL/SQL 的基础语法，包括 PL/SQL 的基本结构、基本规则、数据类型、常量和变量的声明、表达式及其类型、条件控制语句、循环控制语句、系统函数的异常处理等；通过多个实例介绍了 PL/SQL 程序的编写和应用，对游标、函数、存储过程、触发器和程序包的创建与使用进行了分析和探讨，还介绍了事务与锁。

（1）使用下列哪条语句可以正确地声明一个常量？（　　）

A．pi Constant Number(6,5) ;

B．pi Number(6,5) := 3.14159 ;

C．pi Constant Number(6,5) = 3.14159 ;

D．pi Constant Number(6,5) := 3.14159 ;

（2）下列哪一个不是 PL/SQL 中条件选择语句的关键字。（　　）

A．If　　B．ElsIf　　C．Else　　D．ElseIf

（3）下列哪一个不是 PL/SQL 中循环语句的关键字。（　　）

A．Loop　　B．While　　C．For　　D．Do While

（4）如果 Select 语句返回多行记录数据，使用下列哪一种类型可以存储多行记录数据？（　　）

A．%Type 类型　　B．%ROWTYPE 类型

C．记录类型　　D．表类型

（5）使用游标的什么属性可以获取 Select 语句当前检索到的行数？（　　）

A. %Found　　B. %NotFound　　C. %IsOpen　　D. %RowCount

（6）现有存储过程 addInfo，其创建语句的头部内容如下所示：

Create Procedure addInfo(code In char , name In Varchar2)

……

下列调用该存储过程的语句中，错误的是（　　）

A. Exec addInfo('手机', '2086336') ;

B. Exec addInfo(' '2086336' , 手机') ;

C. Exec addInfo(name=>'手机', code=>'2086336') ;

D. Exec addInfo(code=> '2086336' , name=>'手机') ;

（7）下面关于:NEW 和:OLD 的理解正确的是（　　）

A. :NEW 和:OLD 可以分别用于获取新的数据与旧的数据

B. :NEW 和:OLD 都可以用于 Insert 触发器、Update 触发器和 Delete 触发器

C. Insert 触发器中只能使用:OLD

D. Delete 触发器中只能使用:NEW

（8）修改触发器应该使用下列哪一条语句。（　　）

A. Alter Trigger 语句　　B. Drop Trigger 语句

C. Create Trigger 语句　　D. Create Or Replace Trigger 语句

（9）下列关于 Before 触发器与 Instead Of 触发器的描述中正确的是（　　）。

A. Before 触发器在触发事件执行之前被触发，触发事件本身将不会被执行

B. Before 触发器在触发事件执行之后被触发，触发事件本身仍然被执行

C. Instead Of 触发器在触发事件发生时被触发，触发事件本身将不会再执行

D. Instead Of 触发器在触发事件发生时被触发，触发事件本身仍然会执行

（10）下列哪一个语句可以实现事务回退（　　）

A. SavePoint　　B. Rollback　　C. Commit　　D. End

（11）如果在包的原型声明中没有声明函数 getName，而在创建包体时却包含了该函数，那么对该函数的描述正确的是（　　）

A. 包体将无法创建成功，因为在包体中含有包原型中没有声明的元素

B. 该函数属于包的私有元素，不会影响包的创建

C. 该函数可以在包体外使用

D. 可以通过“<包名>.getName”调用该函数

单元 7

维护 Oracle 数据库的安全性

保证数据库和数据的安全性是评价一个数据库管理系统性能的重要指标，为了保证数据库管理系统的安全，数据库管理员可以分级创建用户，并为这些用户分配不同的权限，也可以将一组权限授予某个角色，然后将这个角色授予用户，这样可以方便用户权限的管理。

Oracle 数据库的安全可分为两个层面：系统安全性和数据安全性。系统安全是在系统级控制数据库的存取和使用的机制，包括有效的用户名和口令、用户是否有权限连接数据库、创建数据库模式对象时可使用的磁盘空间大小、用户的资源限制、是否启动数据库的审计等。数据安全性是在对象级控制数据库的存取和使用的机制，包括可存取的模式对象和在该模式对象上所允许进行的操作等。本单元主要探讨数据库系统和数据的安全性维护。

用户的概要文件是对用户使用数据库、系统资源进行限制和对用户口令管理策略进行设置的文件。数据库中每个用户必须拥有一个概要文件。控制文件和日志文件是 Oracle 数据库中存储信息的重要文件，没有控制文件数据库就无法启动，没有日志文件数据库的信息就无法完全恢复。

数据库的备份是对数据库信息进行备份，这些信息可能是数据库的物理结构文件，也可能是某一部分数据。在数据库正常运行时，就应该考虑到数据库可能会出现故障，从而对数据库实施有效的备份，保证可以对数据库进行有效恢复。数据库恢复是基于数据库备份的，数据库恢复方法取决于故障类型和备份方法。一般可以分为实例恢复（用于数据库实例故障引起的数据库停机）和介质恢复（用于介质故障引起的数据库文件的破坏）两种。

教学导航

教学目标	（1）了解 Oracle 数据库的安全管理和安全性体系 （2）初步掌握 Oracle 的用户管理、角色管理和权限管理 （3）了解概要文件、控制文件和日志文件及其使用方法 （4）学会备份与恢复数据 （5）学会导入与导出数据
教学方法	任务驱动法、探究训练法、讲授法等
课时建议	6 课时

1. Oracle 数据库安全的概述

Oracle 数据库的安全管理是从用户登录数据库就开始的。在用户登录数据库时，系统对用户身份进行验证，在对数据库进行操作时，系统检查用户的操作是否具有相应权限，并限制用户对存储空间和系统资源的使用。

Oracle 的安全性体系包括以下几个层次。

（1）物理层的安全性：数据库在物理上得到可靠保护。

（2）用户层的安全性：哪些用户可以使用数据库，使用数据库的哪些对象，用户具有哪些权限等。

（3）操作系统的安全性：数据库所在主机的操作系统的弱点将可能提供恶意攻击数据库的入口。

（4）网络层的安全性：Oracle 主要是面向网络提供服务，因此，网络软件的安全性和网络数据传输的安全性至关重要的。

（5）数据库系统层的安全性：通过对用户授予特定的访问数据库对象权限来确保数据库系统的安全。

2. 闪回技术

Oracle 的闪回技术最早出现在 Oracle 9i 中，为了让用户可以及时获取误操作之前的数据，提供了闪回（Flashback Query）查询功能，Oracle 10g 闪回查询功能被大大增强，并从普通的闪回查询形式发展形成了多种形式，包括闪回表、闪回删除、闪回版本查询、闪回事务查询和闪回数据库等。使用 Oracle 闪回技术，可以实现数据的迅速恢复。

采用闪回技术，可以针对行级和事务级发生过变化的数据进行恢复，减少了数据恢复的时间，而且操作简单，通过 SQL 语句就可实现数据的恢复，大大提高了数据库恢复的效率。

闪回查询、闪回版本查询、闪回事务查询、闪回表主要是基于撤消表空间中的回退段实现的；闪回删除和闪回数据库则是基于 Oracle 中的回收站（Recycle Bin）和闪回恢复区(Flash Recovery Area)特性实现的。为了使用数据库的闪回技术、必须启用撤消表空间自动管理回退信息。如果要使用闪回删除技术和闪回数据库技术，还需要启用回收站和闪回恢复区。

由于教材篇幅的限制，关于闪回技术无法作更详细的阐述，请读者参考其他书籍。

3. 数据库审计

数据库审计（Audit）是对选定的用户操作的监控和记录，Oracle 的审计工具用于记录关于数据库操作的信息。如操作的发生时间、执行者。当怀疑某些用户的活动时，审计就尤为重要。审计尽管有许多好处，但使用审计功能带来的副作用也是明显的，那就是在 CPU 和磁盘开销方面的代价很大。所以，应该有选择性地使用审计，尽可能限制审计事件的数量，从而使被审计语句执行的性能竞争最小，使审计踪迹的大小最小。

Oracle 支持的审计类型主要有语句审计、权限审计和对象审计。

（1）语句审计

语句审计是指对指定的 SQL 语句进行审计，而不是审计它所操作的对象或结构。

（2）权限审计

权限审计是对被允许使用系统权限的语句进行审计，例如，Select Any Table 系统权限的审计就是审计使用该系统权限执行的用户语句。

（3）对象审计

对象审计用于审计指定对象上的 Grant、Revoke 及指定 DML 语句。使用对象审计可以审计引用表、视图、序列、独立的存储过程、函数和包的语句。对象审计应用于数据库的所有用户，它不可以为特定用户列表设置，但可以为所有可审计的对象设置默认对象审计。

4．概要文件

Oracle 数据库为了合理分配和使用系统资源，提出了概要文件的概念，所谓概要文件，就是怎样使用系统资源的配置文件。将概要文件赋予某个用户，在用户连接数据库时，系统就按概要文件中的设置为其分配系统资源。

为了限制数据库用户对数据库系统资源的使用，在安装数据库时，Oracle 自动创建了名为 Default 的资源配置文件，如果创建用户时没有为用户设置概要文件，那么默认都会使用数据库中的默认概要文件 Default。概要文件会给数据库管理带来很大的方便，数据库管理员可以先对数据库中的用户进行分组，按照每一组的权限不同，建立不同的概要文件，然后将概要文件作用于指定的用户。

创建概要文件命令的语法格式如下所示。

```
Create Profile < 概要文件名 > Limit < 资源参数 >|< 口令参数 >
```

修改概要文件命令的语法格式如下所示。

```
Alter Profile < 概要文件名 > Limit < 资源参数 >|< 口令参数 >
```

删除概要文件命令的语法格式如下所示。

```
Drop Profile < 概要文件名 > Limit [ Cascade ]
```

如果要删除的概要文件已经被用户使用过，那么在删除概要文件时要加上关键字 Cascade，把用户所使用的概要文件也撤消；如果要删除的概要文件没有被用户使用过，那么就可以省略该关键字。

5．控制文件（Control File）

控制文件是数据库中的一个二进制文件，它主要用来记录数据库的名称、数据库的位置等结构信息。因此，如果控制文件丢失或者被破坏了，数据库就将无法启动。因此保护控制文件至关重要，保护控制文件实际就是在保护数据库。

每个数据库至少拥有一个控制文件，但是一个控制文件只属于一个数据库，控制文件在创建数据库时自动被创建，并且在配置文件 init.ora 中已经记录了文件的路径。数据库启动时，数据库实例通过初始化参数定位控制文件，然后加载数据文件和重做日志文件，最后打开数据文件和重做日志文件。控制文件在数据库启动和关闭时都要使用，如果没有控制文件，数据库将无法工作。

数据库运行期间，控制文件始终在不断更新，当数据库的信息发生改变时，控制文件也随之被改变。控制文件的内容不能手动修改，只能由 Oracle 数据库本身来管理，以便记录数据文件和重做日志文件的变化。

当增加、重命名、删除一个数据文件时，Oracle 服务器进程会立即更新控制文件以反映数据库的这种变化，每次在数据库的结构发生变化之后，为了防止数据丢失都要备份控制文件。按照各进程分工不同分别把数据库更改后的信息写入到控制文件中：日志写入进程（LGWR）负责把当前日志序列号记录到控制文件中，校验点进程（CKPT）负责把校验点的信息记录到控制文件中，归档进程负责把归档日志的信息记录到控制文件中。

通常情况下，数据库管理员会使用镜像来管理控制文件，把每个控制文件分布到不同的物理磁盘中，发生灾难时，即使其中一个控制文件被损坏，数据也会不会丢失，也不会使整个数据库陷入瘫痪。

控制文件一般情况下是不需要手工创建的，只有当控制文件全部被损坏，无法恢复时，或者需要永久地修改数据库的参数设置时，才考虑使用手工方式创建控制文件。

（1）查看控制文件在数据字典 v$controlfile 中的描述信息

在【Oracle SQL Developer】工作表的脚本编辑区域输入以下命令：

```
Desc v$controlfile
```

查看结果如下所示：

```
名称                              空值         类型
---------------------------------- ------------ ----------------------
STATUS                                          VARCHAR2(7)
NAME                                            VARCHAR2(513)
IS_RECOVERY_DEST_FILE                           VARCHAR2(3)
BLOCK_SIZE                                      NUMBER
FILE_SIZE_BLKS                                  NUMBER
CON_ID                                          NUMBER
```

（2）查看控制文件信息

在【Oracle SQL Developer】工作表的脚本编辑区域输入以下语句：

```
Select Name , Status From V$controlfile ;
```

查看结果如下所示：

```
NAME                                                          STATUS
------------------------------------------------------------- ------------
D:\APP\ADMIN\ORADATA\ORCL\CONTROL01.CTL
D:\APP\ADMIN\ORADATA\ORCL\CONTROL02.CTL
```

6. 日志文件（Log File）

日志文件主要用来记录了数据库中数据变化的操作等，一般情况下，Oracle 数据库创建完成就会自动创建 3 个日志文件组，也可以根据需要向数据库添加更多的日志文件组。

日志文件在 Oracle 数据库中分为重做日志文件和归档日志文件两种，其中，重做日志文件是 Oracle 数据库正常运行不可缺少的文件。重做日志文件（Redo Log File）主要记录了数据库操作的过程。在需要恢复数据库时，重做日志文件可以将日志从备份的数据库上再执行一遍，以达到数据库的最新状态。

（1）查看日志文件在数据字典 v$logfile 中的描述信息

在【Oracle SQL Developer】工作表的脚本编辑区域输入以下命令：

```
Desc v$logfile
```

查看结果如下所示：

```
名称                                   空值         类型
-------------------------------------- ------------ --------------------
GROUP#                                              NUMBER
STATUS                                              VARCHAR2(7)
TYPE                                                VARCHAR2(7)
MEMBER                                              VARCHAR2(513)
IS_RECOVERY_DEST_FILE                               VARCHAR2(3)
CON_ID                                              NUMBER
```

数据字典 v$logfile 包含重做日志文件组及其成员文件的信息。

（2）查看数据库数据字典的描述

在【Oracle SQL Developer】工作表的脚本编辑区域输入以下命令：

```
Desc v$database
```

数据字典 v$database 中包含了 52 个表列，部分查看结果如下所示：

```
名称                                         空值    类型
-------------------------------------------- --------- ----------------------
DBID                                                 NUMBER
NAME                                                 VARCHAR2(9)
CREATED                                              DATE
RESETLOGS_CHANGE#                                    NUMBER
RESETLOGS_TIME                                       DATE
PRIOR_RESETLOGS_CHANGE#                              NUMBER
PRIOR_RESETLOGS_TIME                                 DATE
LOG_MODE                                             VARCHAR2(12)
```

其中 NAME 描述的是数据库的名称，Log_Mode 描述的是当前数据的日志模式。

（3）查看当前数据库的运行模式

在【Oracle SQL Developer】工作表的脚本编辑区域输入以下命令：

```
Archive Log List ;
```

查询结果如下所示。

```
数据库日志模式          不归档模式
自动归档                已禁用
归档目标                USE_DB_RECOVERY_FILE_DEST
最早的联机日志序列      36
当前日志序列            38
```

也可以输入以下 SQL 语句查询当前数据库的 Log_Mode 的值：

```
Select Name , log_mode From v$database ;
```

查询结果如下所示：

```
NAME       LOG_MODE
----------- ------------------------------------
ORCL       NOARCHIVELOG
```

由查询结果可知当前数据库运行在非归档模式，日志的状态为 NoArchivelog 是非归档模式，Archivelog 是归档模式。

使用以下命令可以修改数据库的运行模式：

```
Alter Database Archivelog | NoArchivelog ;
```

一个数据库可以有多个存放归档日志文件的文件夹（即归档目标），在创建数据库时，默认设置了归档目标，为了保证数据的安全性，一般将归档目标设置为不同的文件夹，Oracle 在进行归档时，会将日志文件组以相同的方式归档到每个归档目标中。

可以输入“Show Parameter db_recovery_file_dest ; ”语句查看归档日志文件的信息，查询结果如下所示：

```
NAME                               TYPE            VALUE
---------------------------------- ---------------- -------------
db_recovery_file_dest              string
db_recovery_file_dest_size         big integer     0
```

其中 db_recovery_file_dest 表示归档目录，db_recovery_file_dest_size 表示归档目录的大

小。

（4）创建重做日志组

创建重做日志组需要使用修改数据库的命令完成，创建日志组命令的语法格式如下所示。

```
Alter   Database <数据库名> Add Logfile Group <重做日志组的组号>
                <重做日志文件组路径>   Size < 重做日志文件的大小 >
```

其中，默认数据库是当前的数据库，重做日志文件组的组号在重做日志组中是唯一的，重做日志文件组的默认大小为 50MB。

（5）在重做日志组中添加日志文件

在重做日志组中添加日志文件命令的语法格式如下所示。

```
Alter Database <数据库名> Add Logfile Member <日志文件路径> To Group <组号>
```

（6）删除重做日志组

删除重做日志组使用的也是修改数据库的命令，其语法格式如下所示。

```
Alter Database <数据库名> Drop Logfile Group <重做日志组的组号>
```

（7）删除重做日志

删除重做日志的命令与删除重做日志组的命令类似，其语法格式如下所示。

```
Alter Database <数据库名> Drop Logfile Member <日志文件路径与名称>
```

7．归档重做日志文件

Oracle 数据库能够将已经写满了的重做日志文件通过复制保存到指定的一个或多个位置，被复制保存的重做日志文件的集合称为归档日志，这个过程称为“归档”。

Oracle 系统在运行时有归档模式（Archivelog）和非归档模式（NoArchivelog）两种。

在归档模式下，数据库中历史重做日志文件全部被复制保存，因此在数据库出现故障时，即使是介质故障，利用数据库备份、归档重做日志文件和联机重做日志文件也可以完全恢复数据库。而在非归档模式下，由于没有保存过程的重做日志文件，无法进行介质恢复。在非归档模式下不能执行联机表空间备份操作，不能使用联机归档模式下建立的表空间备份进行恢复，而只能使用非归档模式下建立的完全备份来对数据库进行恢复。

在非归档日志模式下，所有的日志文件都写在重做日志文件中，如果重做日志文件写满了，那么就把前面的日志文件覆盖了，如果发生日志切换，则日志文件中原有内容将被新的内容覆盖；在归档模式下，如果重做日志文件全部写满后，就把第一个重做日志文件写入归档日志文件中，再把日志写到第一个重做日志文件中。使用归档日志的方式就可以方便以后做恢复操作，如果发生日志切换，则 Oracle 系统会将日志文件通过复制保存到指定的地方，然后才允许向文件中写入新的日志内容。

安装 Oracle 12c 时，默认设置数据库运行于非归档模式，这样可以避免对创建数据库的过程中生成的日志进行归档，从而缩短数据库的创建时间。

8．导出数据表中的数据

导出数据是指将数据库中的数据导出到一个导出文件中，导入数据是指将导出文件中的数据导入到数据库中。Oracle 的导入与导出数据实质上是指逻辑备份和恢复。逻辑备份与恢复必须在数据库运行的状态下进行，因此当数据库发生介质损坏而无法启动的情况时，不能利用逻辑备份恢复数据库。

逻辑备份与恢复具有多种方式：数据库级、表空间级、方案级和表级，可实现不同操作系统之间、不同 Oracle 版本之间的数据传输。

在 Oracle 中，可以使用 expdp 和 impdp 数据泵工具来实现数据导出/导入，并且 expdp 和

impdp 导出/导入速度较快，利用 expdp 和 impdp 可在服务器端多线程并行地执行大量数据的导出与导入操作。

数据泵工具除了可以进行数据库的备份与恢复外，还可以在数据库方案之间、数据库之间传输数据，实现数据库的升级和减少磁盘碎片。

使用 expdp 和 impdp 数据泵工具时，导出文件只能存放在目录对象指定的操作系统目录中。使用 Create Directory 语句可以创建目录对象，它指向操作系统中的某个实际文件夹。其语法格式如下：

```
Create Directory <目录对象名> As <操作系统中文件夹名>
```

7.1 用户管理

【知识必备】

用户管理是 Oracle 数据库安全管理的核心和基础，是 DBA 安全策略中重要的组成部分。用户是数据库的使用者和管理者，Oracle 数据库通过设置用户及其安全参数控制用户对数据库的访问和操作。

Oracle 数据库的用户管理包括创建用户、修改用户的安全参数、删除用户和查询用户信息等。

1. Oracle 数据库自动创建的初始用户

在创建 Oracle 数据库时系统会自动创建一些初始用户：

① SYS 用户

SYS 用户是数据库中具有最高权限的数据库管理员，被授予了 DBA 角色，可以启动、修改和关闭数据库，拥有数据字典，这是用于执行数据库管理任务的用户。用于数据字典的所有基础表和视图都存储在 SYS 方案中，在 SYS 方案中的数据表只能由数据库系统来操作，不能由其他普通用户操作。建议不要在 SYS 方案中存储非数据库管理的数据表。

② SYSTEM 用户

SYSTEM 用户是一个辅助的数据库管理员，不能启动和关闭数据库，但可以进行其他一些管理工作，如创建用户、删除用户等。一般用于创建显示管理信息的数据表和视图，或系统内部表和视图。

③ PUBLIC 用户组

数据库中任何一个用户都属于 PUBLIC 用户组成员，若要为数据库中每个用户都授予某项权限，只需把权限授予 PUBLIC 就可以了。

2. Oracle 用户的安全属性

用户的安全属性包括以下各项。

（1）用户身份验证方式

在用户连接数据库时，必须经过身份验证，Oracle 数据库用户有 3 种身份验证方式：

① 数据库身份验证：用户口令以加密方式保存在数据库内，用户连接数据时必须输入用户名和口令，通过数据库验证后才能登录数据库。这是默认的验证方式。

② 外部身份验证：用户的账户由 Oracle 数据库管理，但口令管理和身份验证由外部服务完成，外部服务可以是操作系统或网络服务。当用户试图建立与数据库的连接时，数据库不会要求用户输入用户名和口令，而从外部服务中获取当前用户的登录信息。

③ 全局身份验证：当用户试图建立与数据库的连接时，Oracle 使用网络中的安全管理服务器对用户进行身份验证。Oracle 的安全管理服务器可以提供全局范围内管理数据库用户的功能。

（2）默认表空间

用户在创建数据库对象时，如果没有显式指明该对象在哪个表空间中存储，系统自动将该数据库对象存储在当前用户的默认表空间中。如果没有为用户指定默认表空间，系统将数据库的默认表空间作为用户的默认表空间。

（3）临时表空间

用户进行排序、汇总和执行连接、分组等操作时，系统首先使用内存中的排序区 SORT_AREA_SIZE，如果该区域空间不够用，则自动使用用户的临时表空间。没有为用户指定临时表空间，则系统将数据的默认临时表空间作为用户的临时表空间。

（4）表空间配额

表空间配额限制用户在永久表空间中可用的存储空间大小，默认情况下，新用户在任何表空间中都没有任何配额。用户在临时表空间中不需要配额。

（5）概要文件

每个用户都有一个概要文件限制用户对数据库系统资源的利用，同时设置用户的口令管理策略。如果没有为用户指定概要文件，Oracle 数据库将为用户自动指定 Default 概要文件。

（6）账户状态

在创建用户时，可设定用户的初始状态，包括用户口令是否过期以及账户是否锁定等。锁定账户后，用户就不能与 Oracle 数据库建立连接，必须对账户解锁后才可以访问数据库，也可以在任何时候对账户进行锁定或解锁。

3. 创建用户

创建用户命令的基本语法格式如下所示。

```
Create User < 用户名 > Identified By < 密码 >
    |< 外部验证方式 >|< 全局验证方式 >
    [ 其他参数 ]
```

创建用户的参数较多，这里不再一一予以说明。

4. 修改用户

修改用户命令的基本语法格式如下所示。

```
Alter User < 用户名 > Identified By < 密码 > [ Replace <旧密码 > ]
   |< 外部验证方式 >|< 全局验证方式 >
    [ 其他参数 ]
```

修改用户的参数较多，这里不再一一予以说明。

5. 删除用户

删除用户命令的基本语法格式如下所示。

```
Drop User < 用户名 > Cascade
```

如果要删除的用户中没有任何数据库对象，可以省略 Cascade 关键字。

【任务 7-1】 创建数据库用户 C##happy

【任务描述】

在【Oracle SQL Developer】主窗口中创建数据库用户 C##happy。“口令”设置为“Oracle_12C”、默认表空间设置为“User_Commerce01”、临时表空间设置为“User_Commerce_Temp”、授予预定义角色“Cnnect”、授予以下 12 项权限：Select Any Table、Update Any Table、Insert Any Table、Grant Any Role、Grant Any Privilege、Create Table、Create User、Create View、Create Tablespace、Create Procedure、Create Trigger、Create Role。

【任务实施】

创建数据库用户必须具有 Create User 系统权限，通常 SYS 用户以 SYSDBA 身份登录数据库服务器就具有该权限。这里直接选择连接“MyConn”即可。

（1）展开连接“MyConn”，在【Oracle SQL Developer】主窗口左侧列表框中右键单击“其他用户”节点，在弹出的快捷菜单中选择【创建用户】命令，如图 7-1 所示。

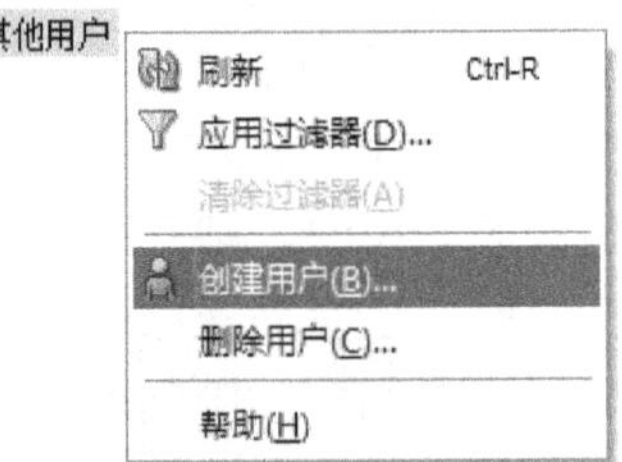

图 7-1　选择【创建用户】命令

（2）打开【创建/编辑用户】对话框，分别在“用户名”文本框中输入“C##happy”、在“新口令”和“确认口令”文本框中输入“Oracle_12C”，在“默认表空间”列表框中选择“User_Commerce01”，在“临时表空间”列表框中选择“User_Commerce_Temp”，如图 7-2 所示。

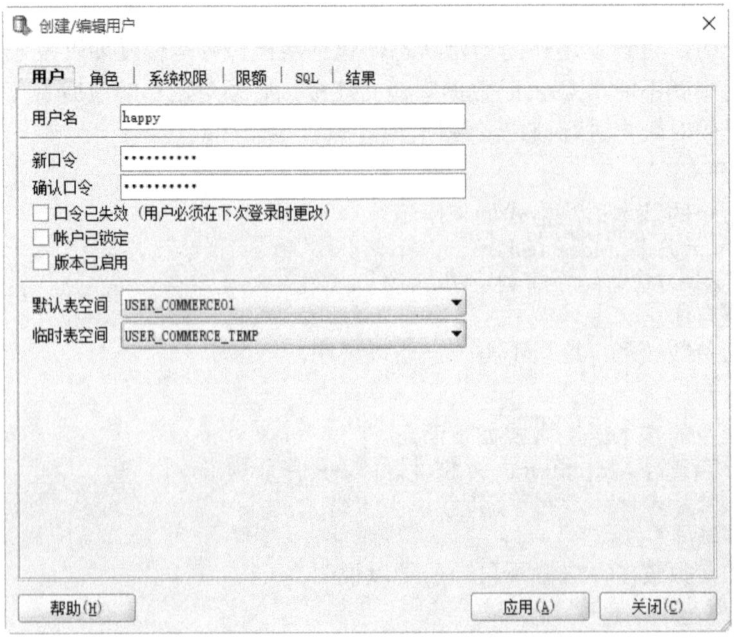

图 7-2　设置用户的基本信息

（3）切换到“角色”选项卡，在“已授予”列选择“CONNECT”角色名右侧的复选框，如图 7-3 所示。

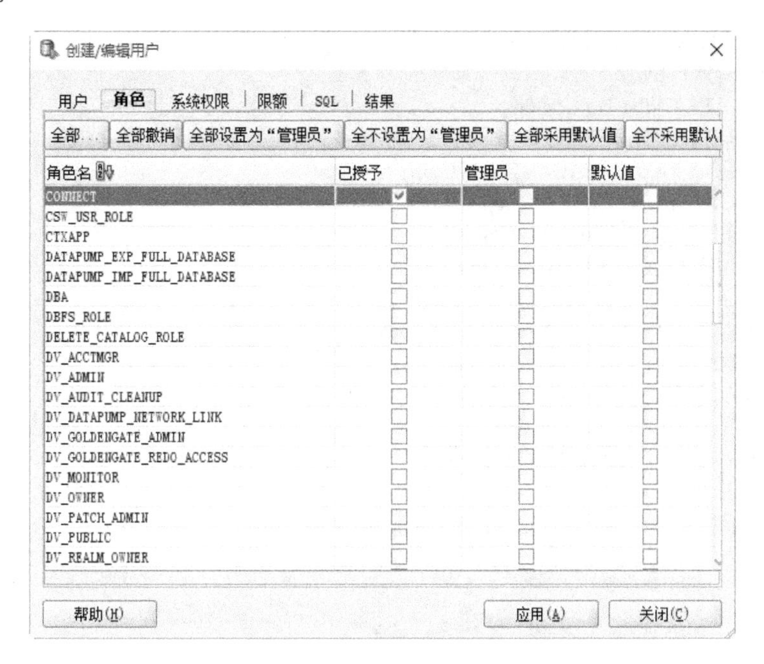

图 7-3　为用户授予角色“CONNECT”

（4）切换到“系统权限”选项卡，选择要求设置的系统权限，结果如图 7-4 所示。

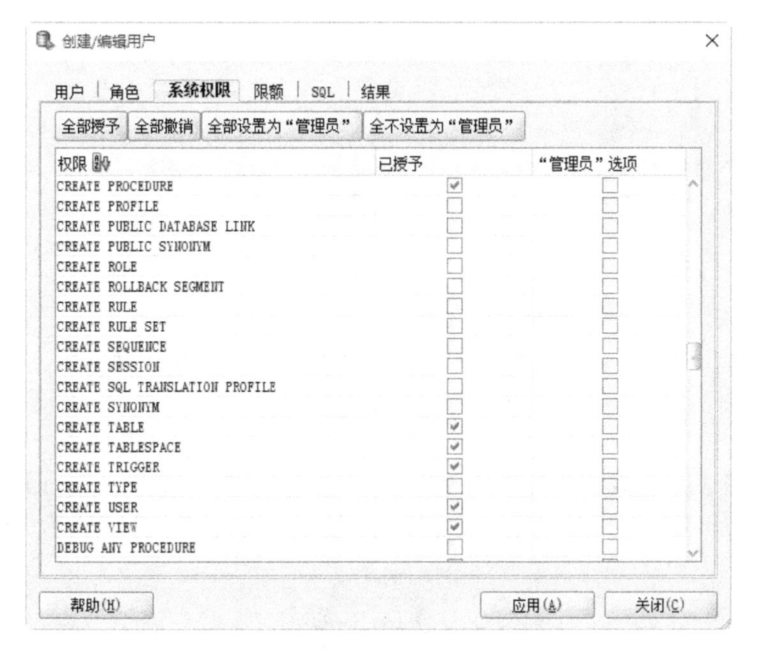

图 7-4　为用户授予必要的系统权限

（5）切换到“SQL”选项卡查看创建用户对应的 SQL 语句如下所示。

```
-- USER SQL
CREATE USER C##happy IDENTIFIED BY Oracle_12C
```

```
DEFAULT TABLESPACE "USER_SYSTEM01"
TEMPORARY TABLESPACE "USER_SYSTEM_TEMP";
-- ROLES
GRANT "CONNECT" TO C##happy ;
-- SYSTEM PRIVILEGES
GRANT CREATE USER TO C##happy ;
GRANT CREATE TRIGGER TO C##happy ;
GRANT CREATE TABLESPACE TO C##happy ;
GRANT CREATE TABLE TO C##happy ;
GRANT SELECT ANY TABLE TO C##happy ;
GRANT INSERT ANY TABLE TO C##happy ;
GRANT CREATE PROCEDURE TO C##happy ;
GRANT GRANT ANY PRIVILEGE TO C##happy ;
GRANT UNDER ANY TABLE TO C##happy ;
GRANT CREATE VIEW TO C##happy ;
GRANT CREATE ROLE TO C##happy ;
GRANT GRANT ANY ROLE TO C##happy ;
-- QUOTAS
```

（6）单击【应用】按钮，显示操作结果如图 7-5 所示。

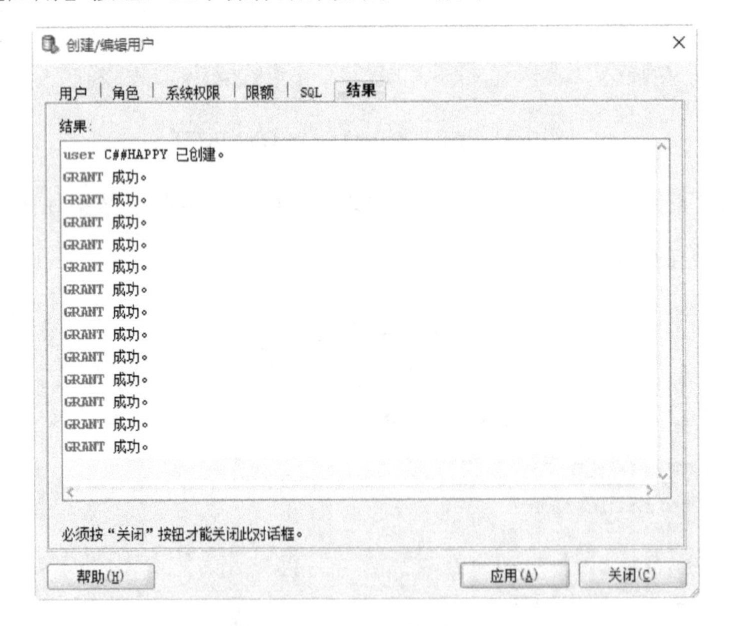

图 7-5　显示操作结果

单击【关闭】按钮完成新数据库用户的创建，在【Oracle SQL Developer】主窗口左侧列表框中连接“MyConn”的“其他用户”节点下便会出现新用户“C##HAPPY”，如图 7-6 所示。

图 7-6　连接“MyConn”的“其他用户”节点中的部分用户列表

7.2 角色管理与权限管理

【知识必备】

1．角色管理

数据库中的权限较多，为了方便对用户权限进行管理，Oracle 数据库允许将一组相关的权限授予某个角色，然后将这个角色授予需要的用户，拥有该角色的用户将间接拥有该角色包含的所有权限，从而简化了权限的管理。

（1）Oracle 中角色的分类

角色分为系统预定义角色和用户自定义角色两类。

① 系统预定义角色

系统预定义角色是在 Oracle 数据库创建时由系统自动创建一些常用角色，并由系统授予了相应的权限，DBA 可以直接利用预定义的角色为用户授权，也可以修改预定义角色的权限。Oracle 数据库中有 30 多个预定义角色，通过数据字典视图 DBA_ROLES 可以查询当前数据库中所有的预定义角色，通过 DBA_SYS_PRIVS 可以查询各个预定义角色所具有的系统权限。表 7-1 中列出了常用的预定义角色。

表 7-1　常用的预定义角色及其拥有的系统权限

角　　色	拥有部分系统权限
Connect	Create Database_Link、Create Session、Create Table、Create Cluster、Create Sequence、Create Synonym、Create View Alter Session
DBA	Administer Database Trigger、Administer Resource Manage、Create Any…、Alter…、Alter Any…、Drop…、Drop Any…、Execute…、Execute Any…
Resource	Create Cluster、Create Operator、Create Trigger、Create Type、 Create Sequence、Create Index、Create Procedure Create Table

② 用户自定义角色

自定义角色由用户自行定义，并由用户为其授权。

（2）创建角色

创建角色就是在数据库中创建一个只有名称的角色，创建角色命令的基本语法格式如下：

```
Create Role < 角色名 >
[ Not Identified | Identified By <密码> | Identified By Externally | Identified By Globally]
```

可选参数分别为不需要验证、口令验证方式、外部验证方式和全局验证方式。

（3）授予角色系统权限

给角色授予权限时，数据库管理员必须拥有 Grant Any Privileges 权限才可以给角色赋予任何权限。授予角色系统权限命令的基本语法格式如下所示。

```
Grant < 系统权限 > | All Privileges To < 角色名 > [ With Admin Option ]
```

（4）设置角色

角色创建完成后不能直接使用它，而是要把角色授予用户才能使角色生效，设置角色命令的基本语法格式如下所示。

```
Grant < 角色名 > To < 用户名 >
```

（5）修改角色

角色创建完成后，可以修改角色中已授予的角色以及权限，修改角色命令的基本语法格式如下所示。

```
Alter Role < 角色名 >
[ Not Identified | Identified By <密码> | Identified By Externally | Identified By Globally]
```

可选参数分别为不需要验证、口令验证方式、外部验证方式和全局验证方式。

上述命令只是修改角色本身，如果修改已经授予角色的权限，则要使用 Grant 或者 Revoke 来完成。

（6）删除角色

删除角色命令的基本语法格式如下所示。

```
Drop Role < 角色名 >
```

2．权限管理

权限（Privilege）是 Oracle 数据库定义好的执行某些操作的能力。用户在数据库中可以执行什么样的操作，以及可以对哪些对象进行操作，完全取决于该用户所拥有的权限。

（1）Oracle 中权限的分类

Oracle 中的权限分为两类：

① 系统权限

系统权限是在数据库级别执行某种操作的权限，或针对某一类对象执行某种操作的权限。例如 Create Session 权限、Create Any Table 权限等。它一般是针对某一类方案对象或非方案对象的某种操作的全局性能力。系统权限有一种 ANY 权限，具有 ANY 权限的用户可以在任何方案中进行操作。

系统权限也分为两类：一类是对数据库某一类对象的操作能力，通常带有 ANY 关键字，例如 Create Any Index、Alter Any Index 和 Drop Any Index。另一类系统权限是数据库级别的某种操作能力。例如 Create Session.

系统权限可以划分为群集权限、数据库权限、索引权限、存储过程权限、概要文件权限、角色权限、回退段权限、序列权限、会话权限、同义词权限、数据表权限、表空间权限、用户权限、视图权限、触发器权限、管理权限和其他权限等。Oracle 的系统权限可以通过查询数据字典 System_Privilege_Map 予以了解。其中常用的系统权限如表 7-2 所示。

表 7-2　Oracle 中常用的系统权限

系统权限类别	系统权限名	系统权限说明
数据库权限	Create_Session	创建会话，连接数据库
	Altter Database	修改数据库结构
	Alter System	更改系统初始化参数
表空间权限	Create_TableSpace	创建表空间
	Alter_TableSpace	修改表空间
	Drop_TableSpace	删除表空间
	Manage TableSpace	管理表空间

续表

系统权限类别	系统权限名	系统权限说明
数据表权限	Create Table	在自己方案中创建数据表
	Create Any Table	在任何方案中创建数据表
	Alter Any Table	修改任何方案中的数据表
	Drop Any Table	删除任何方案中的数据表
	Select Any Table	查询任何方案中基本数据表的记录
	Insert Any Table	向任何方案中的数据表插入记录
	Update Any Table	修改任何方案中的数据表记录
	Delete Any Table	删除任何方案中的数据表的记录
	Lock Any Table	在任何方案中锁定任何数据表
视图权限	Create View	在自己方案中创建视图
	Create Any View	在任何方案中创建视图
	Drop Any View	删除任何方案中的视图
索引权限	Create Any Index	在任何方案中创建索引
	Alter Any Index	修改任何方案的索引
	Drop Any Index	删除任何方案的索引
序列权限	Create Sequence	在自己方案中创建序列
	Create Any Sequence	在任何方案中创建序列
	Alter Any Sequence	修改任何方案的序列
	Drop Any Sequence	删除任何方案的序列
	Select Any Sequence	选择任何方案的序列
同义词权限	Create Synonym	在自己方案中创建同义词
	Create Any Synonym	在任何方案中创建同义词
	Create Public Synonym	创建公用同义词
	Drop Any Synonym	删除任何方案中的同义词
存储过程权限	Create Procedure	在自己方案中创建存储过程
	Create Any Procedure	在任何方案中创建存储过程
	Alter Any Procedure	修改任何方案中的存储过程
	Drop Any Procedure	删除任何方案中的存储过程
	Execute Any Procedure	在任何方案中执行存储过程
触发器权限	Create Trigger	在自己方案中创建触发器
	Create Any Trigger	在任何方案中创建触发器
	Alter Any Trigger	修改任何方案的触发器
	Drop Any Trigger	删除任何方案的触发器
用户权限	Create User	创建用户
	Alter User	修改用户
	Drop User	删除用户

续表

系统权限类别	系统权限名	系统权限说明
角色权限	Create Role	创建角色
	Alter Any Role	修改任何角色
	Drop Any Role	删除任何角色
	Grant Any Role	将任何角色授予给其他用户
配置文件权限	Create Profile	创建配置文件
	Alter Profile	修改配置文件
	Drop Profile	删除配置文件
管理权限	SYSDBA	系统管理员权限
	SYSOPER	系统操作员权限
其他权限	Grant Any Object Privilege	授予任何对象权限
	Grant Any Privilege	授予任何系统权限

② 对象权限

对象权限是指对某个特定的数据库对象执行某种操作的权限。例如，对特定数据表的插入、修改、查询和删除的权限等。对象权限一般是针对某个特定的方案对象的某种操作的局部性能力。

将权限授予用户包括直接授权和间接授权两种方式。其中，直接授权是使用 Grant 语句直接把权限授予给某个用户；而间接授权是先把权限授予给某个角色，再将该角色授予给用户。同时，权限也可以传递。

Oracle 中的常见对象与对象权限之间的对应关系如表 7-3 所示，其中画“√”表示某种对象所具有的对象权限，否则就表示该对象没有某种权限。

表 7-3　Oracle 中常见对象与对象权限之间的对应关系

对象 权限	Table	View	Sequence	Function	Procedure	Package
Select	√	√	√			
Insert	√	√				
Update	√	√				
Delete	√	√				
Alter	√		√			
Index	√					
Reference	√					
Execute				√	√	√

（2）授予用户系统权限

授予权限的操作一般是由数据库管理来执行的，只有拥有了足够的权限才能够给其他用户授予权限

授予用户系统权限命令的基本语法格式如下所示：

```
Grant < 系统权限名 > | All Privileges To < 用户名 > Identified By < 口令 >
    [ With Admin Option ]
```

其中，All Privileges 表示可以设置除 Select Any Dictionary 权限之外的所有系统权限，With Admin Option 表示当前授权的用户还可以给其他用户进行系统权限的授予。

（3）授予角色系统权限

授予角色系统权限命令的基本语法格式如下所示。

```
Grant < 系统权限名 > | All Privileges To < 角色名 > [ With Admin Option ]
```

（4）授予用户或角色对象权限

授予用户或角色对象权限命令的基本语法格式如下所示。

```
Grant <对象权限名> | All On [ <方案名>.]<对象名> To <用户名> | <角色名>
    [ With Admin Option ] [ With The Grant Any Object ]
```

其中，All 表示授予用户或角色所有的对象权限，With Admin Option 表示当前授权的用户或角色还可以给其他用户进行系统权限的授予，With The Grant Any Object 表示当前授权的用户或角色还可以给予其他用户进行对象权限的授予。

（5）撤消权限

撤消权限也叫收回权限，也就是删除用户的系统权限或者对象权限。

撤消系统权限命令的语法格式如下所示：

```
Revoke <系统权限名> From < 用户名 > | < 角色名 >
```

撤消对象权限的语法格式如下所示：

```
Revoke <对象权限名> | All On [ <方案名>.]<对象名> From <用户名> | <角色名>
    [ Cascade Contraints ]
```

其中，Cascade Contraints 选项表示该用户授予其他用户的权限也一并撤消。

撤消系统权限与撤消对象权限有所不同，如果撤消用户的系统权限，那么该用户授予其他用户的系统权限仍然存在；而撤消了用户的对象权限后，用户授予其他用户的对象权限也同时被撤消了。

【任务 7-2】创建角色 C##green_role 并授权

【任务描述】

（1）在企业管理器 OEM 中创建角色“C##green_role”，为该角色设置以下系统权限：Create Tablespace、Create Table、Create User、Create View、Create Trigger、Create Rule、Create Procedure、Drop TableSpace 和 Drop User。

（2）为该角色的“表”对象授予对“用户表”的 Alter、Delete、Insert、Select、Update 等对象权限。

【任务实施】

1. 创建新角色

（1）使用 SYS 或 SYSTEM 用户登录 OEM，在【安全】菜单选择【角色】命令，打开【公用角色】页面，如图 7-7 所示。在该页面显示了当前数据库实例 ORCL 中所有的角色列表。

（2）在【公用角色】页面单击【创建角色】按钮，打开“创建角色”对话框，在该对话框的“角色名”文本框中输入“C##green_role”，如图 7-8 所示。

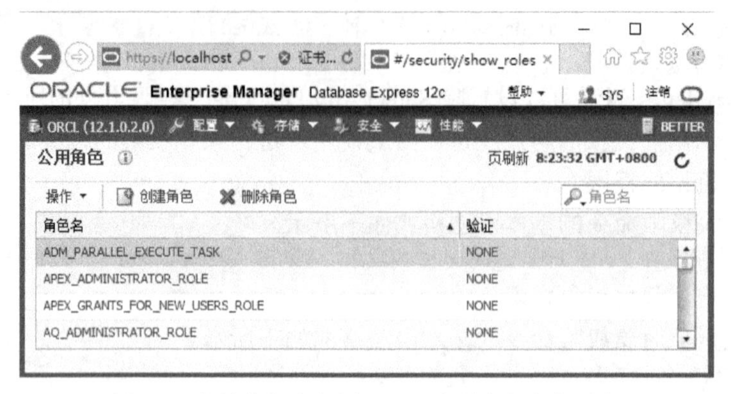

图 7-7　当前数据库实例 ORCL 中所有的角色列表

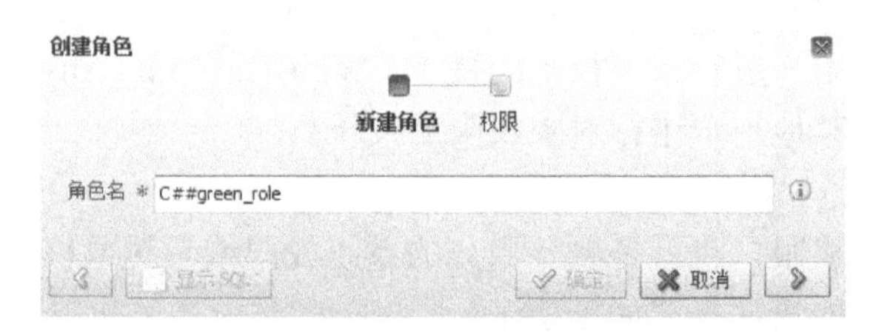

图 7-8　在【创建角色】对话框输入角色名

单击【下一个】按钮，切换到“权限”界面，如图 7-9 所示。

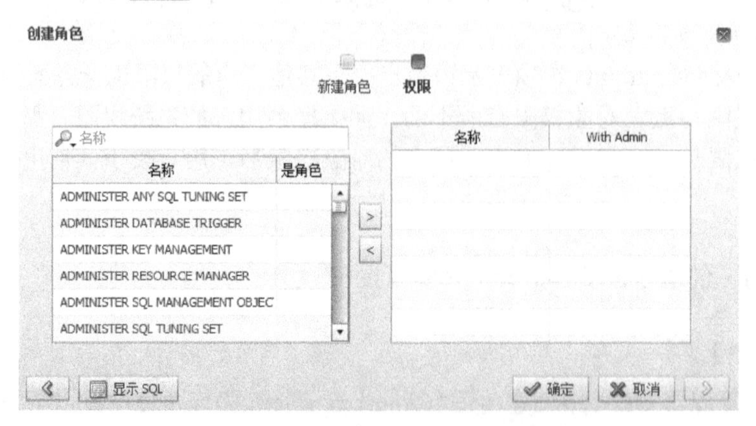

图 7-9　【创建角色】对话框的“权限”界面

单击【显示 SQL】按钮，打开“显示 SQL”页面，对应的 SQL 语句如下所示。

```
create role "C##GREEN_ROLE" NOT IDENTIFIED CONTAINER=ALL;
```

（3）这里暂不设置权限，在“权限”界面直接单击【确定】按钮，成功创建角色后打开【确认】对话框，如图 7-10 所示，在【确认】对话框中单击【确定】按钮即可。

图 7-10　【确认】对话框

在【公用角色】页面的“角色名”文本框中输入“C##green_role”，然后按【Enter】键，查看新创建的角色，如图 7-11 所示。

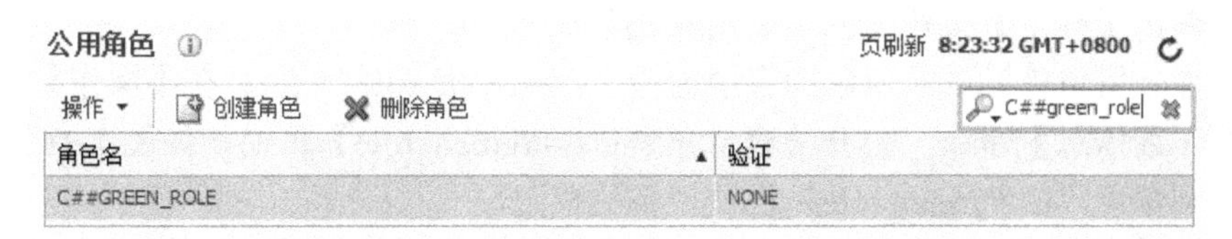

图 7-11　查看新创建的角色“C##green_role”

2．修改角色与授予角色系统权限

（1）选择角色“C##green_role”，然后在【公用角色】页面【操作】下拉菜单中选择【变更权限和角色】命令，如图 7-12 所示，打开【变更权限和角色】对话框。

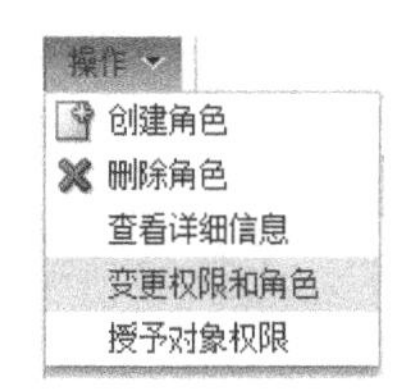

图 7-12　在【公用角色】页面【操作】下拉菜单中选择【变更权限和角色】命令

（2）在【变更权限和角色】对话框中，从“可用系统权限”列表框中依次选择需要为当前角色授予的权限，单击【添加】按钮 > ，选中的权限将出现在“所选系统权限”列表框中，如图 7-13 所示已选择 9 项系统权限。

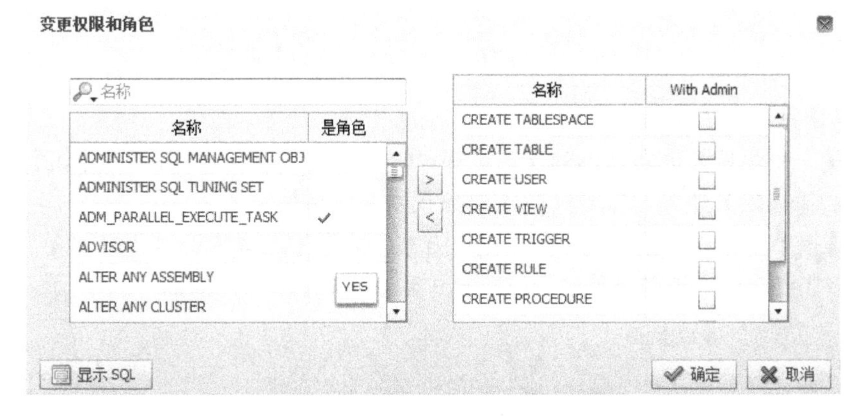

图 7-13　为当前角色选择 9 项系统权限

单击【显示 SQL】按钮，显示如下所示的 SQL 语句：

```
grant DROP USER to "C##GREEN_ROLE" container=ALL;
grant CREATE RULE to "C##GREEN_ROLE" container=ALL;
grant CREATE TABLESPACE to "C##GREEN_ROLE" container=ALL;
grant CREATE TABLE to "C##GREEN_ROLE" container=ALL;
grant CREATE TRIGGER to "C##GREEN_ROLE" container=ALL;
grant CREATE USER to "C##GREEN_ROLE" container=ALL;
grant CREATE VIEW to "C##GREEN_ROLE" container=ALL;
grant CREATE PROCEDURE to "C##GREEN_ROLE" container=ALL;
grant DROP TABLESPACE to "C##GREEN_ROLE" container=ALL;
```

（3）在【变更权限和角色】对话框中单击【确定】按钮，显示【确认】对话框，在【确认】对话框单击【确定】按钮返回【公用角色】页面。

（4）在【公用角色】页面角色列表中选择“C##green_role”，然后在【操作】下拉菜单中选择【查看详细信息】命令，打开【查看角色：C##green_role】页面，如图 7-14 所示。在该页面可以看到角色“C##green_role”已被授予的权限。

图 7-14 【查看角色：C##green_role】页面

3．修改角色与授予角色对象权限

（1）在【公用角色】页面角色列表中选择“C##green_role”，然后在【操作】下拉菜单中选择【授予对象权限】命令，打开【授予对象权限】对话框。

（2）在【授予对象权限】对话框中，在“方案”列表中选择“SYSTEM”，在“对象类型”列表中选择“TABLE”，在“对象名”文本框中输入“用户名”，如图 7-15 所示。

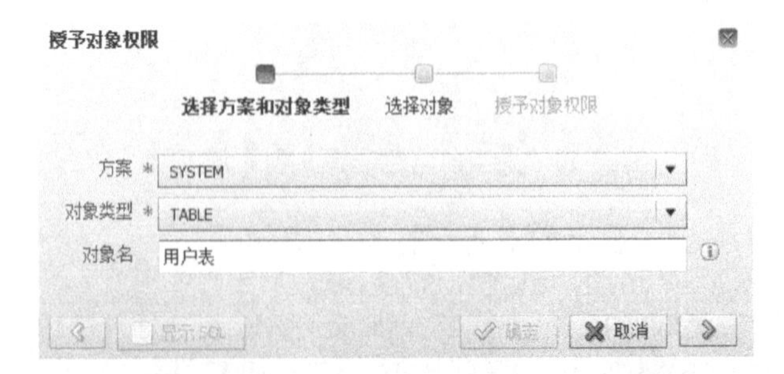

图 7-15 在【授予对象权限】对话框中选择“选择方案和对象类型”

（3）单击【下一个】按钮，切换到“选择对象”界面，在“对象名”列表中选择“用户表”，然后单击【添加】按钮，所选的“用户名”将出现在“所选对象”列表中，如图 7-16 所示。

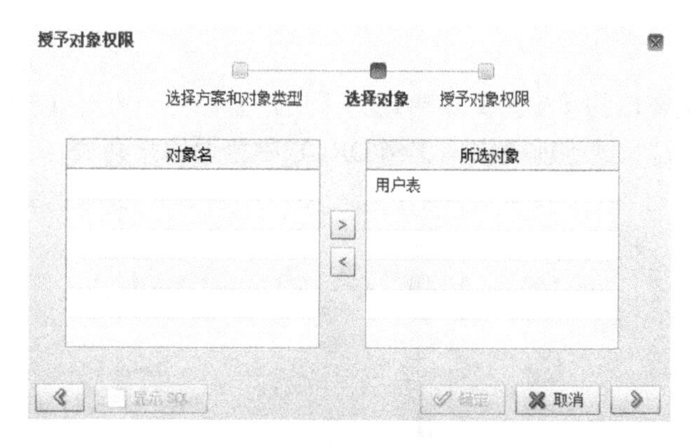

图 7-16　在【授予对象权限】对话框中选择“用户表”

（4）单击【下一个】按钮，切换到“授予对象权限”界面，在“权限”列表中分别选中“DELETE”、“INSERT”、“UPDATE”、“SELECT”和“ALTER”左侧的复选框，如图 7-17 所示。

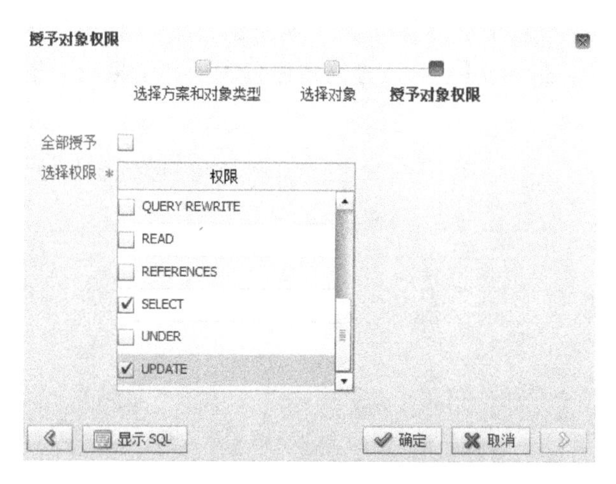

图 7-17　在“权限”列表中选择所需要的权限

单击【显示 SQL】，显示如下所示的 SQL 语句：

```
grant DELETE on "SYSTEM"."用户表" to "C##GREEN_ROLE";
grant INSERT on "SYSTEM"."用户表" to "C##GREEN_ROLE";
grant UPDATE on "SYSTEM"."用户表" to "C##GREEN_ROLE";
grant SELECT on "SYSTEM"."用户表" to "C##GREEN_ROLE";
grant ALTER on "SYSTEM"."用户表" to "C##GREEN_ROLE";
```

（5）在【授予对象权限】对话框中单击【确定】按钮，显示【确认】对话框，在【确认】对话框中单击【确定】按钮返回【公用角色】页面。

【任务 7-3】为用户“C##happy”授予新角色

【任务描述】

为新用户“C##happy”授予角色“C##green_role”。

【任务实施】

（1）在 OEM 主窗口的【安全】菜单选择【用户】命令，打开【普通用户】页面，如图7-18 所示。在该页面显示了当前数据库实例 ORCL 中普通用户列表。

普通用户　　页刷新 9:46:36 GMT+0800

操作 ▾　创建用户　类似创建　删除用户　□ 打开　名称

名称	帐户状态	失效日期	默认表空间	临时表空间	概要文件
ANONYMOUS		2014年9月11日	SYSAUX	USER_COMMERCE_TEMP	DEFAULT
APEX_040200		2014年9月11日	SYSAUX	USER_COMMERCE_TEMP	DEFAULT
APEX_PUBLIC_USER		2014年9月11日	USER_COMMERCE01	USER_COMMERCE_TEMP	DEFAULT
APPQOSSYS		2014年9月11日	SYSAUX	USER_COMMERCE_TEMP	DEFAULT
AUDSYS		2014年9月11日	USER_COMMERCE01	USER_COMMERCE_TEMP	DEFAULT
C##COMMERCE	✔	2016年11月17日	SYSTEM	USER_COMMERCE_TEMP	DEFAULT
C##HAPPY	✔	2016年11月24日	USER_COMMERCE01	USER_COMMERCE_TEMP	DEFAULT

图 7-18 【普通用户】页面

（2）在【普通用户】页面用户列表中选择用户“C##HAPPY”，然后在【操作】下拉菜单中选择【变更权限的角色】命令，打开。在该对话框的“对象”输入框中输入角色名称“C##green_role”，然后按【Enter】键，下方的角色列表中显示相应的角色名，如图 7-19 所示。

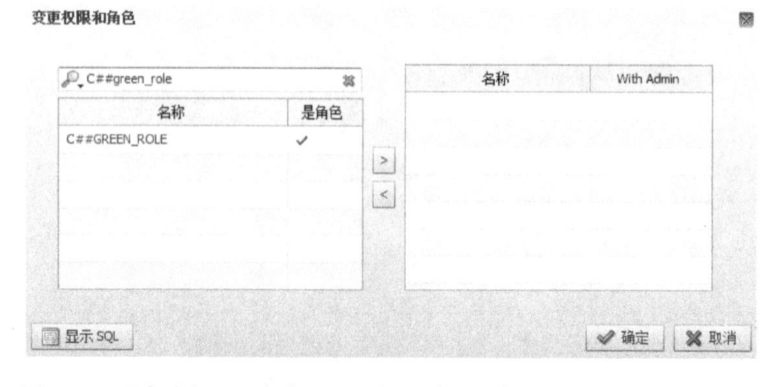

图 7-19 【变更权限和角色】对话框中选择角色“C##GREEN_ROLE”

（3）在【变更权限和角色】对话框左侧的角色列表中选择角色“C##GREEN_ROLE”，然后单击【添加】按钮 >，所选的“用户名”将出现在“所选对象”列表中，如图 7-20 所示。

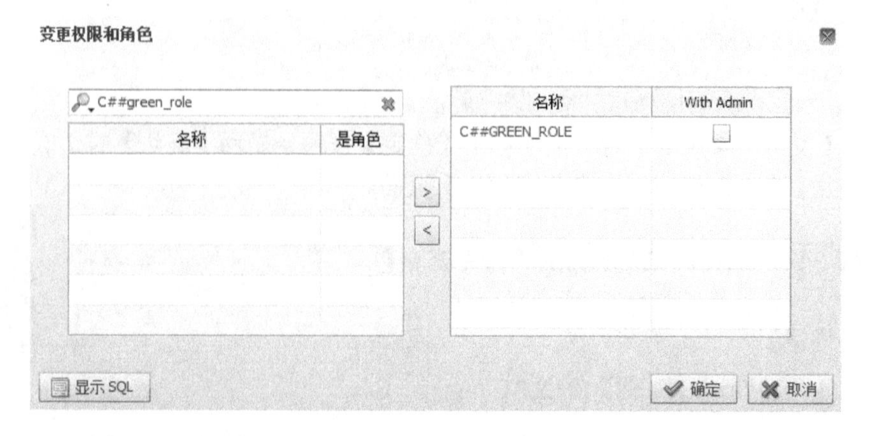

图 7-20 将角色“C##GREEN_ROLE”添加到“所选对象”列表中

单击【显示 SQL】按钮，显示如下所示的 SQL 语句：

```
grant "C##GREEN_ROLE" to "C##HAPPY" container=ALL;
```

（4）在【变更权限和角色】对话框中单击【确定】按钮，显示【确认】对话框，在【确认】对话框中单击【确定】按钮返回【普通用户】页面。

7.3 备份与恢复数据

在数据库管理系统中，由于人为操作或自然灾害等因素可能造成数据丢失或损坏，从而带来重大损害。Oracle 提供的备份与恢复机制，为 Oracle 数据库提供了安全保障。备份就将数据信息保存起来，恢复就是将备份的数据信息还原到数据库中。

【知识必备】

数据库系统在运行中可能会发生各种故障，轻则导致事务异常中断，影响数据库中数据的正确性，重则破坏数据库，使数据库中的数据部分或全部丢失。数据库备份与恢复的目的就是为了保证在各种故障发生后，数据库中的数据都能从错误状态恢复到某种逻辑一致的状态。

1．数据库备份

数据库备份就是对数据库中部分或全部数据进行复制，形成副本，存放到一个相对独立的设备上，以备将来数据库出现故障时使用。

在不同条件下需要使用不同的备份与恢复方法，某些条件下的备份信息只能由对应方法进行还原或恢复。

（1）根据数据备份方式的不同，数据库备份分为物理备份和逻辑备份。

① 物理备份

物理备份是指将组成数据库的数据文件、重做日志文件、控制文件、初始化参数文件等操作系统文件进行复制，将形成的副本保存到与当前系统独立的存储介质中。

② 逻辑备份

逻辑备份是指利用 Oracle 提供的导出工具将数据库中选定的记录集或数据字典的逻辑副本以二进制文件的形式存储到操作系统中。

（2）根据数据库备份时是否关闭数据库服务器，物理备份可以分为脱机备份和联机备份。

① 脱机备份又称为冷备份，是指在关闭数据库的情况下将所有的数据库文件复制到另一个存储介质中。

② 联机备份又称为热备份，是指在数据库运行的情况下对数据库进行的备份。要进行热备份，数据库必须运行在归档日志模式下。

（3）根据数据库备份的规模不同，物理备份可分为完全备份和部分备份。

① 完全备份

完全备份是指对整个数据库进行备份，包括所有的物理文件。

② 部分备份

部分备份是指对部分数据文件、表空间、控制文件、归档重做日志文件等进行备份。

（4）根据数据库是否在归档模式，物理备份可分为归档备份和非归档备份。

2．数据库恢复

数据库恢复是指在数据库发生故障时，使用数据库备份还原数据库，使数据库恢复到无故障状态。

（1）根据数据库恢复时使用的备份不同，数据库恢复分为物理恢复和逻辑恢复。

① 物理恢复

物理恢复是利用物理备份来恢复数据库，即利用物理备份文件恢复被损毁的文件，是在操作系统级别上进行的。

② 逻辑恢复

逻辑恢复是指利用逻辑备份的二进制文件，利用 Oracle 提供的导入工具将部分或全部信息重新导入数据库，恢复被损毁或丢失的数据。

（2）根据数据库恢复程序的不同，数据库恢复可以分为完全恢复和不完全恢复。

① 完全恢复

完全恢复是利用备份使数据库恢复到出现故障时的状态。

② 不完全恢复

不完全恢复是利用备份使数据库恢复到出现故障时刻之前的某个状态。

【任务 7-4】使用命令方式备份数据库的控制文件

【任务描述】

为了防止控制文件出现故障而影响 Oracle 的正常启动和运行，应经常及时备份控制文件，对控制文件进行以下备份操作：

（1）请将 orcl 数据库的控制文件备份为二进制文件，备份位置为“D:\Oracle 文件备份”，二进制文件的名称为“orcl_control_201610118.bkp”。

（2）将 orcl 数据库的控制文件备份为脚本文件，也就是生成创建控制文件的 SQL 脚本。

【任务实施】

（1）启动【Oracle SQL Developer】。

（2）选择已有连接“LuckyConn”。

（3）备份为二进制文件

在【Oracle SQL Developer】主窗口右侧工作表的脚本输入区域，输入如下所示语句。

```
Alter Database Backup ControlFile To 'D:\Oracle 文件备份\orcl_control_201610118.bkp' ;
```

单击【运行脚本】按钮，在下方的“脚本输出”窗格出现“database backup CONTROLFILE 已变更。”的提示信息，表示 orcl 数据库的控制文件备份完成。

（3）备份为脚本文件

在【Oracle SQL Developer】主窗口右侧工作表的脚本输入区域，输入如下所示语句。

```
Alter Database Backup ControlFile To Trace ;
```

单击【运行脚本】按钮，在下方的“脚本输出”窗格出现“database backup CONTROLFILE 已变更。”的提示信息，表示 orcl 数据库的控制文件备份完成，生成的脚本文件将自动存放到系统定义的文件夹中，并由系统自动命名。该文件夹由参数 user_dump_dest 指定，可以使用 show parameter 语句查询该参数的值。

【任务 7-5】创建用户 cheer

【任务描述】

创建数据库用户 cheer。“口令”设置为“Oracle_12c”、默认表空间设置为“user_book”、临时表空间设置为“user_book_Temp”、授予预定义角色“Cnnect”、授予以下权限：Select Any Table、Update Any Table、Insert Any Table、Grant Any Role、Grant Any Privilege、Create User、Create View。

【任务 7-6】创建与授予角色 cheer_role

【任务描述】

（1）创建角色“cheer_role”，为该角色设置以下系统权限：Create Tablespace、Create Table、Create View、Create User、Create Trigger、Create Rule、Create Procedure、Drop TableSpace 和 Drop User。

（2）为用户“cheer”授予角色“cheer_role”。

本单元主要介绍了 Oracle 数据库的安全管理机制，包括用户管理、角色管理、权限管理、概要文件管理和数据库审计等。Oracle 数据库的安全管理是以用户为中心进行的，包括用户的创建与管理、权限的授予与回收、对用户占用资源的限制和口令管理等。

本单元还介绍了 Oracle 数据库备份与恢复的方法，实际备份操作时，应根据需求制定合适的备份策略，采用多种备份方式相结合，形成一定的“数据冗余”，当数据出现故障时能快速进行恢复。本单元还介绍了数据的导入与导出方法，Oracle 的导入与导出数据实质上是指逻辑备份和恢复，逻辑备份与恢复必须在数据库运行的状态下进行。

（1）如果用户 C##happy 只具有 scott.emp 数据表上的 Select 与 Upadte 权限，则下面对该用户所能执行的操作描述正确的是（　　）。

A．该用户能删除 scott.emp 数据表中的记录

B．该用户能向 scott.emp 数据表中新增记录

C．该用户能为 scott.emp 数据表创建索引

D．该用户能查询 scott.emp 数据表中的记录

（2）下面对系统权限与对象权限描述正确的是（　　）

A．系统权限是针对某个数据库对象操作的权限，对象权限不与数据库中具体对象相关

B．系统权限和对象权限都是针对某个数据库对象操作的权限

C．系统权限和对象权限都不与数据库中的具体对象相关联

D．系统权限不与数据库中的具体对象相关联，对象权限是针对特定的某个数据库对象操作的权限

（3）启用所有角色应该使用下面哪一条语句？（　　）

A．Alter Role All Enable　　B．Alter Role All

C．Set Role All Enable　　D．Set Role All

（4）如果用户 C##happy 创建了数据库对象，删除该用户需要使用下列哪一条语句？（　　）

A．Drop User C##happy ;　　B．Drop User C##happy Cascade ;

C．Delete User C##happy ;　　D．Delete User C##happy Cascade ;

（5）修改数据库用户时，用户的哪一个属性无法修改？（　　）

A．名称　　B．密码　　C．表空间　　D．临时表空间

（6）在 Oracle 中创建目录对象时，可以使用（　　）语句。

A．Create Directory　　B．Alter Directory

C．Grant Directory　　D．Drop Directory

单元 8

分析与设计 Oracle 数据库

在数据库应用系统的开发过程中，数据库设计是基础。数据库设计是指对于一个给定的应用环境，构造最优的数据模式、建立数据库、有效存储数据，满足用户的数据处理要求。针对一个具体的应用系统，要保证构造一个满足用户数据处理需求、冗余数据较少、能够符合第三范式的数据库，应该按照用户需求分析、概念结构设计、逻辑结构设计、物理结构设计、设计优化等步骤进行数据库的分析、设计和优化。

教学目标	（1）理解关系模型与实体的含义 （2）理解关系、元组、属性、候选关键字、主键、外键、域、关系模式、主表与从表等数据库常用术语的含义 （3）理解与尝试数据库设计的需求分析 （4）理解与实施数据库的概念结构设计、逻辑结构设计和物理结构设计 （5）学会创建实际软件开发项目的表空间、用户、数据表与实施数据表的数据完整性
教学方法	任务驱动法、分组讨论法、讲授法、探究训练法等
课时建议	8 课时

1．认知关系模型与实体

关系模型是一种以二维的形式表示实体数据和实体之间联系的数据模型，关系模型的数据结构是一个由行和列组成的二维表格，每个二维表称为关系，每个二维表都有一个名字，例如“商品信息表”、“商品类型表”等。目前大多数数据库管理系统所管理的数据库都是关系型数据库，Oracle 数据库就是关系型数据库。

例如表 8-1 所示的“商品信息表”数据表和表 8-2 所示的“商品类型表”数据表就是两张二维表，分别描述“商品”和“商品类型”实体对象，这些二维表具有以下特点：

（1）表格中的每一列都是不能再细分的基本数据项。

（2）不同列的名字不同。同一列的数据类型相同。

（3）表格中任意两行的次序可以交换。

（4）表格中任意两列的次序可以交换。

（5）表格中不存在完全相同的两行。

另外“商品信息表”和“商品类型表”有一个共同字段，即“类型编号”，在“商品信息表”中该字段的命名为“商品类型”，在“商品类型表”中该字段的命名为“类型编号”，虽然命名有所区别，但其数据类型、长度相同，字段值有对应关系，这两个数据表可以通过该字段建立关联。

表 8-1 “商品信息表”的示例数据

商品编码	商品名称	商品类型	商品价格	库存数量	售出数量
2024551	联想(Lenovo)天逸 100	0301	¥3,800.00	23	2
2365929	索尼(SONY)数码摄像机 AXP55	0102	¥9,860.00	20	4
1856588	Apple iPhone 6s(A1700)	010101	¥6,240.00	16	7
1912210	创维(Skyworth)55M5	0201	¥3,998.00	30	5
1509661	华为 P8	010101	¥2,058.00	20	2
1514801	小米 Note 白色	010101	¥1,898.00	10	4
2327134	佳能(Canon) HF R76	0102	¥3,570.00	45	5
2381431	联想(Lenovo)扬天 A8000f	0302	¥8,988.00	15	6

表 8-2 “商品类型表”的示例数据

类型编号	类型名称	父类编号	类型编号	类型名称	父类编号
01	数码产品	0	03	电脑产品	0
0101	通讯产品	01	0301	笔记本	03
010101	手机	0101	0302	电脑整机	03
010102	对讲机	0101	0303	电脑配件	03
010103	固定电话	0101	030301	CPU	0303
0102	摄影机	01	030302	硬盘	0303
0103	摄像机	01	030303	内存	0303
02	家电产品	0	030304	主板	0303
0201	电视机	02	030305	显示器	0303
0202	洗衣机	02	0304	外设产品	03
0203	空调	02	030401	键盘	0304
0204	冰箱	02	030402	鼠标	0304

实体是指客观存在并可相互区别的事物，可以是实际事物，也可以是抽象事件，例如“商品”、“商品类型”都属于实体。同一类实体的集合称为实体集。

2．理解关系数据库的常用术语

（1）关系

一种规范化了的二维表格中行的集合，一个关系就是一张二维表，表 8-1 和表 8-2 就是两个关系。经常将关系称为数据表，简称为表。

（2）元组

二维表中的一行称为一个元组，元组也称为记录或行。一个二维表由多行组成，表中不允许出现重复的元组，例如表 8-1 中有 8 行（不包括第一行），即有 8 条记录。

（3）属性

二维表中的一列称为一个属性，属性也称为字段或数据项或列。例如表 8-1 中有 6 列，即 6 个字段，分别为商品编码、商品名称、商品类型、商品价格、库存数量和售出数量。属性值是指属性的取值，每个属性的取值范围称为值域，简称为域，例如性别的取值范围是“男”或“女”。

（4）域

域是属性值的取值范围。例如“性别”的域为“男”或“女”，“课程成绩”的取值可以为“0～100”或者为“A、B、C、D”之类的等级。

（5）候选关键字

候选关键字（Alternate Key，AK）也称为候选码，它是能够唯一确定一个元组的属性或属性的组合。一个关系可能会存在多个候选关键字。例如表 8-1 中“商品编码”属性能唯一地确定表中的每一行，是“商品信息表”的候选关键字，其他属性可能会出现重复的值，不能作为该表的候选关键字，因为它们的值可能不是唯一。表 8-2 中“类型编号”和“类型名称”都可以作为“商品类型表”的候选关键字。

（6）主键

主键（Primary Key，PK）也称为主关键字或主码。在一个表中可能存在多个候选关键字，选定其中的一个用来唯一标识表中的每一行，将其称为主关键或主键。例如表 8-1 中只有 1 个候选关键字“商品编码”，所以理所当然地选择“商品编码”作为主键，而表 8-2 中有 2 个候选关键字，2 个候选关键字都可以作为主键，如果选择“类型编号”作为唯一标识表中每一行的属性，那么“类型编号”就是“商品类型表”的主键，如果选择“类型名称”作为唯一标识表中每一行的属性，那么“类型名称”就是“商品类型表”的主键。

一般情况下，应选择属性值简单、长度较短、便于比较的属性作为表的主键。对于“商品类型表”中的 2 个候选关键字，从属性值的长度来看，“类型编号”属性的值比较短，所以选择“类型编号”作为“商品类型表”的主键更合适。

（7）外键

外键（Foreign Key，FK）也称为外关键字或外码。外键是指关系中的某个属性（或属性组合），它虽然不是本关系的主键或只是主键的一部分，却是另一个关系的主键，该属性称为本表的外键。例如“商品信息表”和“商品类型表”有一个相同的属性，即“类型编号”，对于“商品类型表”来说这个属性是主键，而在“商品信息表”中这个属性不是主键，所以“商品信息表”中的“类型编号”是一个外键。

（8）关系模式

关系模式是对关系的描述，包括模式名、属性名、值域、模式的主键等。一般形式为：模式名（属性名 1，属性 2，……，属性 n）。例如表 8-1 所表示的关系模式为：商品信息表（商品编码，商品名称，商品类型，商品价格，库存数量，售出数量）。

（9）主表与从表

主表和从表是以外键相关联的两个表。以外键作主键的表称为主表，也称为父表，外键所在的表称为从表，也称为子表或相关表。例如“商品类型表”和“商品信息表”这两个以外键“类型编号”相关联的表，“商品类型表”称为主表，“商品信息表”称为从表。

3. 熟悉关系数据库的规范化与范式

任何一个数据库应用系统都要处理大量的数据，如何以最优方式组织这些数据，形成以规范化形式存储的数据库，是数据库应用系统开发中一个重要问题。

由于应用和需要，一个已投入运行的数据库，在实际应用中不断地变化着。当对原有数据库进行修改、插入、删除时，应尽量减少对原有数据结构的修改，从而减少对应用程序的影响。所以设计数据存储结构时要用规范化的方法设计，以提高数据的完整性、一致性、可修改性。规范化理论是设计关系数据库的重要理论基础，在此简单介绍一下关系数据库的规范化与范式，范式表示的是关系模式的规范化程度。

当一个关系中的所有字段都是不可分割的数据项时，则称该关系是规范的。如果表中有的属性是复合属性，由多个数据项组合而成，则可以进一步分割，或者表中包含有多值数据项时，则该表称为不规范的表。关系规范化的目的是为了减少数据冗余，消除数据存储异常，以保证关系的完整性，提高存储效率。用“范式”来衡量一个关系的规范化的程度，用 NF 表示范式。

（1）第一范式（1NF）

若一个关系中，每一个属性不可分解，且不存在重复的元组、属性，则称该关系属于第一范式，表 8-3“商品”满足上述条件，属于 1NF。

表 8-3　符合第一范式的“商品”关系及其存储的部分数据

商品编码	商 品 名 称	类型编号	类型名称	商品价格	库存数量	售出数量
2024551	联想(Lenovo)天逸 100	0301	笔记本	¥3,800.00	23	2
2365929	索尼(SONY)数码摄像机 AXP55	0102	摄影机	¥9,860.00	20	4
1856588	Apple iPhone 6s(A1700)	010101	手机	¥6,240.00	16	7
1912210	创维(Skyworth)55M5	0201	电视机	¥3,998.00	30	5
1509661	华为 P8	010101	手机	¥2,058.00	20	2
1514801	小米 Note 白色	010101	手机	¥1,898.00	10	4
2327134	佳能(Canon) HF R76	0102	摄影机	¥3,570.00	45	5
2381431	联想(Lenovo)扬天 A8000f	0302	电脑整机	¥8,988.00	15	6

很显然，上述“商品”关系中，同一种商品类型的商品，其类型编号和类型名称是相同的，这样就会出现许多重复的数据。如果某一种商品类型的“类型名称”改变了，那么该商品类型所对应的所有商品的对应记录的“类型名称”都要进行更改。

满足第一范式的要求是关系数据库最基本的要求，它确保关系中的每个属性都是单值属性，即不是复合属性，但可能存在部分函数依赖，不能排除数据冗余和潜在的数据更新异常问题。所谓函数依赖是指一个数据表中，属性 B 的取值依赖于属性 A 的取值，则属性 B 函数依赖于属性 A，例如“类型名称”函数依赖于“类型编号”。

（2）第二范式（2NF）

一个关系满足第一范式（1NF），且所有的非主属性都完全地依赖于主键，则这种关系属于第二范式（2NF）。对于满足第二范式的关系，如果给定一个主键的值，则可以在这个数据表中唯一确定一条记录。

满足第二范式的关系消除了非主属性对主键的部分函数依赖，但可能存在传递函数依赖，可能存在数据冗余和潜在的数据更新异常问题。所谓传递依赖是指一个数据表中的 A、B、C 三个属性，如果 C 函数依赖于 B，B 又函数依赖于 A，那么 C 也函数依赖于 A，称 C 传递依赖于 A。要使关系模式中不存在传递依赖，可以将该关系模式分解为第三范式。

（3）第三范式（3NF）

一个关系满足 1 范式（1NF）和 2 范式（2NF），且每个非主属性彼此独立，不传递依赖于任何主键，则这种关系属于 3 范式（3NF）。从 2NF 中消除传递依赖，便是第三范式。将表 8-3 分解为两个表，分别为表 8-1“商品信息表”和表 8-2“商品类型表”，分解后的两个表都符合第三范式。

第三范式有效地减少了数据的冗余，节约了存储空间，提高了数据组织的逻辑性、完整性、一致性和安全性，提高了访问及修改的效率。但是对于比较复杂的查询，多个数据表之间存在关联，查询时要进行连接运算，响应速度较慢，这种情况下为了提高数据的查询速度，允许保留一定的数据冗余，可以不满足第三范式的要求，设计成满足第二范式也是可行的。

由前述可知进行规范化数据库设计时应遵循规范化理论，规范化程度过低，可能会存在潜在的插入、删除异常、修改复杂、数据冗余等问题，解决的方法就是对关系模式进行分解或合并，即规范化，转换成高级范式。但并不是规范化程度越高越好，当一个应用的查询要涉及多个关系表的属性时，系统必须进行连接运算，连接运算要耗费时间和空间。所以一般情况下，数据模型符合第三范式就能满足需要了，规范化更高的 BCNF、4NF、5NF 一般用得较少，本单元没有介绍，请参考相关书籍。

4．数据库设计时应遵循的基本原则

设计数据库时要综合考虑多个因素，权衡各自利弊确定数据表的结构，基本原则有以下几条：

（1）把具有同一个主题的数据存储在一个数据表中，也就是“一表一用”的设计原则。

（2）尽量消除包含在数据表中的冗余数据，但并不是必须消除所有的冗余数据，有时为了提高访问数据库的速度，可以保留必要的冗余，减少数据表之间连接操作，提高效率。

（3）一般要求数据库设计达到第三范式，因为第三范式的关系模式中不存在非主属性对主关键字的不完全函数依赖和传递函数依赖关系，最大限度地消除了数据冗余和修改异常、插入异常和删除异常，具有较好的性能，基本满足关系规范化的要求。在数据库设计时，如果片面地提高关系的范式等级，并不一定能够产生合理的数据库设计方案，原因是范式的等级越高，存储的数据就需要分解为更多的数据表，访问数据表时总是涉及多表操作，会降低访问数据库的速度。从实用角度来看，大多数情况下达到第三范式比较恰当。

（4）关系型数据库中，各个数据表之间的关系只能为一对一和一对多的关系，对于多对多的关系必须转换为一对多的关系来处理。

（5）设计数据表的结构时，应考虑表结构在未来可能发生的变化，保证表结构的动态适应性。

5．数据库设计的完整性

数据库设计的完整性实际上就是为了保证数据的正确，Oracle 中涉及的完整性主要有以下 3 种。

（1）实体完整性

实体完整性要求数据表中的主键字段都不能为空或者重复的值。例如，每个员工的身份证号码是唯一的，银行卡的卡号是唯一的，每件商品的编码是唯一的。

（2）区域完整性

区域完整性是保证输入到数据表中的数据是在有效范围内的，例如输入身份证号码只能为18位，输入邮政编码只能为6位，输入的邮箱地址中要求有@等。

（3）参照完整性

参照完整性可以保证数据库中相关联的数据表的数据的正确性，使用外键约束可以保证参照完整性。确保数据表的参照完整性，就可以避免误删和错加数据。

6．数据库系统的三级模式结构

数据库系统的三级模式结构是指数据库系统是由外模式、模式和内模式三级组成的。

（1）外模式

外模式也称为用户模式或子模式，它是数据库用户看见和使用的局部数据的逻辑结构和特征的描述，是数据库用户的数据视图，是与某一个具体应用有关的数据的逻辑表示，一个数据库可以有多个外模式。

（2）模式

模式也称为逻辑模式，是数据库中全体数据的逻辑结构和特征的描述，是所有用户的公用数据视图。一个数据库只有一个模式。模式与具体的数据值无关，也与具体的应用程序以及开发工具无关。

（3）内模式

内模式也称为存储模式，它是数据物理和存储结构的描述，是数据在数据库内部的保存方式，一个数据库只有一个内模式。

8.1 数据库设计的需求分析

【任务8-1】网上购物数据库设计的需求分析

【任务描述】

对网上购物系统及数据库进行需求分析。

【任务实施】

1. 数据库设计问题的引出

首先，我们来分析表8-4所示的“商品”表，引出数据库设计问题。

表8-4　符合第一范式的“商品”关系及其存储的部分数据

商品编码	商 品 名 称	类型编号	类型名称	商品价格	库存数量	售出数量
2024551	联想（Lenovo）天逸100	0301	笔记本	¥3,800.00	23	2
2365929	索尼（SONY）数码摄像机AXP55	0102	摄影机	¥9,860.00	20	4

续表

商品编码	商 品 名 称	类型编号	类型名称	商品价格	库存数量	售出数量
1856588	Apple iPhone 6s（A1700）	010101	手机	¥6,240.00	16	7
1912210	创维（Skyworth）55M5	0201	电视机	¥3,998.00	30	5
1509661	华为 P8	010101	手机	¥2,058.00	20	2
1514801	小米 Note 白色	010101	手机	¥1,898.00	10	4
2327134	佳能（Canon） HF R76	0102	摄影机	¥3,570.00	45	5
2381431	联想（Lenovo）扬天 A8000f	0302	电脑整机	¥8,988.00	15	6

表 8-4 中的“商品”表包含了两种不同类型的数据，即商品数据和商品类型数据，由于在同一张表中包含了多种不同主题的数据，所以会出现以下问题：

（1）数据冗余

由于“Apple iPhone 6s(A1700)”、“华为 P8”和“小米 Note 白色”这 3 件商品的类型都属于“手机”，所以“手机”类型的相关数据被重复存储了 3 次。

一个数据表出现了大量不必要的重复数据，称为数据冗余。在设计数据时应尽量减少不必要的数据冗余。

（2）修改异常

如果数据表中存在大量的数据冗余，当修改某些数据项，可能有一部分数据被修改，另一部分数据却没有修改。例如如果“手机”的编号被更改了，那么需要将表 8-4 中 3 行中的“010101”都进行修改，如果只修改了其中的 1 行，而其他 2 行却没有修改，这样就会出现同一个“商品类型”对应两个不同的“编号”，出现修改异常。

（3）插入异常

如果需要新增一个商品类型的数据，但由于并没有购买该类型的商品，则该类型的数据无法插入数据表中，原因是在表 8-4 所示的“商品”表中，“商品编码”是主键，此时“商品编码”为空，数据库系统会根据实体完整性约束拒绝该记录的插入。

（4）删除异常

如果删除表 8-4 中第 1 条记录，此时“笔记本”类型的数据也一起被删除了，这样我们就无法找到该商品类型的有关信息了。

经过以上分析发现表 8-4 不仅存在数据冗余，而且可能会出 3 种异常。设计数据库时如何解决这些问题，设计出结构合理、功能齐全的数据库，满足用户需求，是本任务要探讨的主要问题之一。

2．网上购物数据库设计的用户需求分析

首先调查用户的需求，包括用户的数据要求、加工要求和对数据安全性、完整性的要求，通过对数据流程及处理功能的分析，明确以下几个方面的问题：

① 数据类型及其表示方式。

② 数据间的联系。

③ 数据加工的要求。

④ 数据量大小。

⑤ 数据的冗余度。

⑥ 数据的完整性、安全性和有效性要求。

其次在系统详细调查的基础上，确定各个用户对数据的使用要求，主要内容包括：

（1）分析用户对信息的需求

分析用户希望从数据库中获得哪些有用的信息，从而可以推导出数据库中应该存储哪些数据，并由此得到数据类型、数据长度、数据量等。

（2）分析用户对数据加工的要求

分析用户对数据需要完成哪些加工处理，有哪些查询要求和响应时间要求，以及对数据库保密性、安全性、完整性等方面的要求。

（3）分析系统的约束条件和选用的 DBMS 的技术指标体系

分析现有系统的规模、结构、资源和地理分布等限制或约束条件。了解所选用的数据库管理系统的技术指标，例如选用了 Oracle，必须了解 Oracle 允许的最多字段数、最多记录数、最大记录长度、文件大小和系统所允许的数据库容量等。

8.2 数据库的概念结构设计

【任务 8-2】 网上购物数据库的概念结构设计

【任务描述】

对网上购物系统数据库的概念结构进行设计。

【任务实施】

数据库概念结构设计的主要工作是根据用户需求设计概念性数据模型。概念模型是一个面向问题的模型，它独立于具体的数据库管理系统，从用户的角度看待数据库，反映用户的现实环境，与将来数据库如何实现无关。概念模型设计的典型方法是 E-R 方法，即用实体—联系模型表示。

E-R（Entity-Relationship Approach）方法使用 E-R 图来描述现实世界，E-R 图包含三个基本成分：实体、联系、属性。E-R 图直观易懂，能够比较准确地反映现实世界的信息联系，且从概念上表示一个数据库的信息组织情况。

实体是指客观世界客观存在并可以相互区别的事物，实体可以是人或物，也可以是抽象的概念。例如：一个客户、一个供应商、一件商品、一种商品类型、一张订单都是实体。E-R 图中用矩形框表示实体。

联系是指客观世界中实体与实体之间的联系，联系的类型有三种：一对一（1 : 1）、一对多（1 : N）、多对多(M : N)，关系型数据库中最普遍的联系是一对多（1 : N）。E-R 图中用菱形框表示实体间的联系。例如学校与校长为一对一的关系；班级与学生为一对多的关系，一个班级有多个学生，每个学生只属于一个班级；学生与课程之间为多对多的关系，一个学生可以选择多门课程，一门课程可以有多个学生选择。其 E-R 图如图 8-1 所示。

属性是指实体或联系所具有的性质。例如学生实体可由学号、姓名、性别、出生日期等属性来刻画，课程实体可由课程编号、课程名称、课时、学分等属性来描述。E-R 图中用椭圆表示实体的属性，如图 8-1 所示。

（1）确定实体

通过需求分析后，可以确定网上购物系统涉及的实体主要有商品、商品类型、部门、员工、客户、供应商、订单、购物车、用户等。

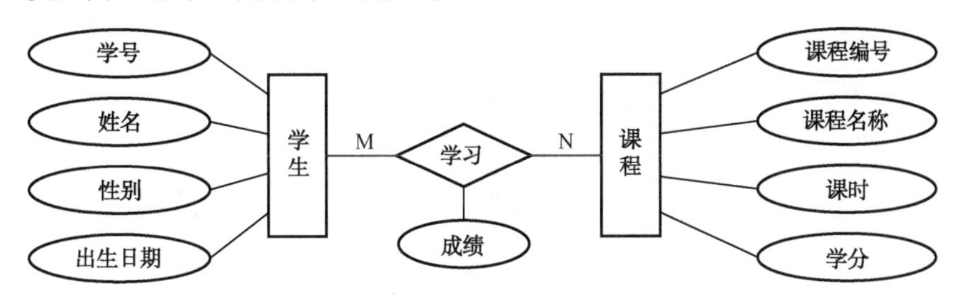

图 8-1　学生与课程之间的 E-R 关系

（2）确定属性

列举各个实体的属性构成，例如商品的主要属性有商品编码、商品名称、类型编号、商品价格、优惠价格、折扣、库存数量、售出数量、货币单位、厂家、产地、商品描述、图片地址、生产日期等，客户的主要属性有员工编号、员工姓名、性别、部门、职位、工作岗位、出生日期、身份证号码、手机号码、固定电话、Email、邮政编码、住址、照片等。

（3）确定实体联系类型

商品类型与商品是一对多的关系（一种商品类型对应多件商品，一件商品只属于一种商品类型）；订单和订单明细是一对多的关系（一张订单对应多种商品，在同一张订单相同的商品的只有一条记录）；商品和客户是多对多的关系（一个客户可以购买多件商品，同一件商品可以被多个客户购买），订单和商品是多对多的关系（一张订单可以购买多种商品，多张不同的订单也可以购买同一种商品）。

（4）绘制局部 E-R 图

绘制每个处理模块局部的 E-R 图，网上购物系统中的商品类型与商品之间的关系如图 8-2 所示，

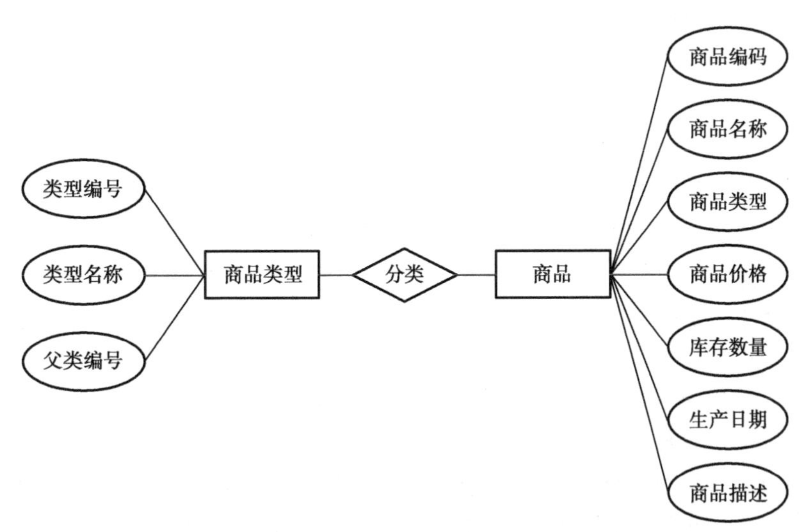

图 8-2　网上购物系统中的商品类型与商品之间关系的 E-R 图

（5）绘制总体 E-R 图

综合各个模块局部的 E-R 图绘制总体 E-R 图，网上购物系统总体 E-R 图如图 8-3 所示，

其中“商品”、“订单”和“客户”是三个关键的实体。为了便于清晰看出不同实体之间的关系，实体的属性没有出现在E-R图中。

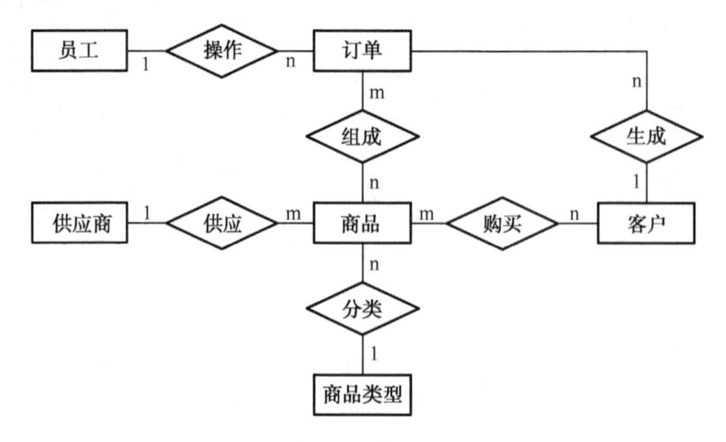

图8-3　网上购物系统的总体E-R图

（6）获得概念模型

优化总体E-R图，确定最终总体E-R图，即概念模型。网上购物系统的概念模型如图8-3所示。

8.3 数据库的逻辑结构设计

【任务8-3】网上购物数据库的逻辑结构设计

【任务描述】

对网上购物系统数据库的逻辑结构进行设计。

【任务实施】

数据库逻辑结构设计的任务是设计数据的结构，把概念模型转换成所选用的DBMS支持的数据模型。在由概念结构向逻辑结构的转换中，必须考虑到数据的逻辑结构是否包括了数据处理所要求的所有关键字段，所有数据项和数据项之间的相互关系，数据项与实体之间的相互关系，实体与实体之间的相互关系，以及各个数据项的使用频率等问题，以便确定各个数据项在逻辑结构中的地位。

逻辑结构设计主要是将E-R图转换为关系模式，设计关系模式时应符合规范化要求，例如每一个关系模式只有一个主题，每一个属性不可分解，不包含可推导或可计算的数值型字段，例如不能包含金额、年龄等字段属性可计算的数值型字段。

（1）实体转换为关系

将E-R图中的每一个实体转换为一个关系，实体名为关系名，实体的属性为关系的属性。例如图8-3所示的E-R图，商品类型实体转换为关系：商品类型（类型编号，类型名称，父类编号，显示顺序，类型说明），主关键字为类型编号。商品实体转换为关系：商品信息（商品编码，商品名称，类型编号，商品价格，优惠价格，折扣，库存数量，售出数量，货币单位，厂家，产地，商品描述，图片地址，生产日期），主关键字为商品编码。

（2）联系转换为关系

一对一的联系和一对多的联系不转换为关系。多对多的联系转换为关系的方法是将两个实体的主关键字抽取出来建立一个新关系，新关系中根据需要加入一些属性，新关系的主关键字为两个实体的关键字的组合。例如“商品”与“订单”为多对多关系，转换为 3 个关系“商品”、“订单明细”和“订单”，“客户”与“商品”为多对多关系，也转换为 3 个关系“客户”、“购物车”和“商品”。

（3）关系的规范化处理

通过对关系进行规范化处理，对关系模式进行优化设计，尽量减少数据冗余，消除函数依赖和传递依赖，获得更好的关系模式，以满足第三范式。为了避免重复阐述，这里暂不列出网上购物系统的关系模式，详见后面表 8-5 所示的数据表结构。

8.4 数据库的物理结构设计

【任务 8-4】 网上购物数据库的物理结构设计

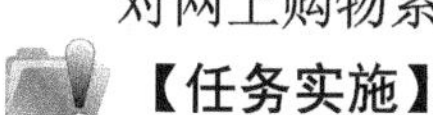

【任务描述】

对网上购物系统数据库的物理结构进行设计。

【任务实施】

数据库的物理结构设计是在逻辑结构设计的基础上，进一步设计数据模型的一些物理细节，为数据模型在设备上确定合适的存储结构和存取方法，其出发点是如何提高数据库系统的效率。

（1）选用数据库管理系统

网上购物系统的数据库管理系统可以采用 Oracle、Microsoft SQL Server、Microsoft Access 等。这里选用 Oracle 作为数据库管理系统，相应的数据库、数据表的设计应符合 Oracle 的要求。

（2）确定数据库文件和数据表的名称及其组成。

首先确定表空间名称为“user_commerce”，方案名称为“commerce”。其次确定该方案中所包括的数据表及其名称，数据表的名称分别为：商品信息表、商品类型表、购物车商品表、订单主表、订单明细表、客户信息表、客户类型表、部门信息表、员工信息表、发货方式表、付款方式表、送货方式表、用户表、用户类型表等。为便于对照，字段名暂用汉字表示，具体设计表结构中再换成英文。

（3）确定各个数据表应包括的字段以及所有字段的名称、数据类型和长度。

字段的确定根据关系的属性同时结合实际需求，字段名称一般采用英文表示，字段类型的选取还需要参考数据字典。确定数据表的字段应考虑以下问题：

① 每个字段直接和数据表的主题相关。必须确保一个数据表中的每一个字段直接描述该表的主题，描述另一个主题的字段应属于另一个数据表。

② 不要包含可推导得到或通过计算可以得到的字段。例如，在“员工信息表”中可以包含“出生日期”字段，但不包含“年龄”字段，原因是年龄可以通过出生日期推算出来。在“商品信息表”表中不包含“金额”字段，原因是“金额”字段可以通过“价格”和“图书数量”计算出来。

③ 以最小的逻辑单元存储信息。应尽量把信息分解为比较小的逻辑单元，不要在一个字段中结合了多种信息，以后要获取独立的信息就比较困难。

（4）确定主关键字。

主关键字，又称主键，它是一个或多个字段的集合，是数据表中存储的每一条记录的唯一标识，即通过主关键字，就可以唯一确定数据表中的每一条记录。例如，“商品信息表”表中的“商品编码”是唯一的，但“商品名称”可能有相同，所以“商品名称”不能作为主关键字。

关系型数据库管理系统能够利用主关键字迅速查找在多个数据表中的数据，并把这些数据组合在一起。确定主关键字时应注意以下几点：

① 不允许在主关键字中出现重复值或 Null 值，所以，不能选择包含有这类值的字段作为主关键字。

② 因为要利用主关键字的值来查找记录，所以它不能太长，便于记忆和输入。

③ 主关键字的长度直接影响数据库的操作速度，因此，在创建主关键字时，该字段值最好使用能满足存储要求的最小长度。

（5）确定数据库的各个数据表之间的关系。

在 Oracle 数据库中，每一个数据表都是一个独立的对象实体，本身具有完整的结构和功能。但是每个数据表不是孤立的，它与数据库中的其他表之间又存在联系。关系就是指连接在表之间的纽带，使数据的处理和表达有更大的灵活性。例如与“商品信息表”相关的表有“商品类型表”表。

网上购物系统数据库中主要的数据表如表 8-5 所示。

表 8-5　网上购物系统数据库中各个数据表的结构数据

表序号	表　名	表 列 名 称
1	用户表	用户 ID、用户名、密码、Email、用户类型、注册日期
2	用户类型表	用户类型 ID、类型名称
3	购物车商品表	购物车编号、商品编码、购买数量、购买日期
4	订单主表	订单编号、客户、收货人姓名、付款方式、送货方式、订单总金额、下单时间、订单状态、索要发票、发票内容、操作员
5	订单明细表	订单明细 ID、订单编号、购物车编号、商品编码、购买数量
6	商品信息表	商品编码、商品名称、类型编号、商品价格、优惠价格、折扣、库存数量、售出数量、货币单位、厂家、产地、商品描述、图片地址、生产日期
7	商品类型表	类型编号、类型名称、父类编号、显示顺序、类型说明
8	客户信息表	员工编号、员工姓名、性别、部门、职位、工作岗位、出生日期、身份证号码、手机号码、固定电话、Email、邮政编码、住址、照片
9	客户类型表	客户类型 ID、客户类型、客户类型说明
10	部门信息表	部门编号、部门名称、部门负责人、联系电话、办公地点
11	员工信息表	员工编号、员工姓名、性别、部门、职位、出生日期、身份证号码
12	发货方式表	发货 ID、发货方式
13	付款方式表	支付 ID、付款方式、支付说明
14	送货方式表	送货 ID、送货方式、送货说明

说 明

为了提高数据查询速度和访问数据库的速度，表 8-2 中的数据表结构设计时保留了适度的数据冗余。

下面进行数据表设计时，注意主键不允许为空，若一个字段可以取 NULL，则表示该字段可以不输入数据。但对于允许不输入数据的字段来说，最好给它设定一个默认值，即在不输入值时，系统为该字段提供一个预先设定的默认值，以免由于使用 NULL 值带来的不便。

“商品信息表”的结构数据如表 8-6 所示。

表 8-6　“商品信息表”的结构数据

字 段 名 称	数据类型（字段长度）	是否允许 Null 值	约　　束
商品编码	char(7)	否	主键
商品名称	varchar2(50)	是	
类型编号	char(6)	否	外键
商品价格	number(8,2)	是	
优惠价格	number(8,2)	是	
折扣	number(4,2)	是	
库存数量	number(6,0)	是	
售出数量	number(6,0)	是	
货币单位	varchar2(10)	是	
厂家	varchar2(50)	是	
产地	varchar2(0)	是	
商品描述	varchar2(500)	是	
图片地址	varchar2(100)	是	
生产日期	date	是	

“商品类型表”的结构数据如表 8-7 所示。

表 8-7　“商品类型表”的结构数据

字 段 名 称	数据类型（字段长度）	是否允许 Null 值	约　　束
类型编号	char(6)	否	主键
类型名称	varchar2(20)	是	
父类编号	char(6)	是	
显示顺序	number(3)	是	
类型说明	varchar2(100)	是	

“购物车商品表”的结构数据如表 8-8 所示。

表 8-8 “购物车商品表”的结构数据

字 段 名 称	数据类型（字段长度）	是否允许 Null 值	约 束
购物车编号	varchar2(30)	否	主键
商品编码	char(7)	否	主键
购买数量	number(6,0)	是	
购买日期	date	是	

“订单主表”的结构数据如表 8-9 所示。

表 8-9 “订单主表”的结构数据

字 段 名 称	数据类型（字段长度）	是否允许 Null 值	约 束
订单编号	char(10)	否	主键
客户	varchar(30)	否	外键
收货人姓名	varchar2(30)	是	
付款方式	varchar2(20)	否	外键
送货方式	varchar2(20)	否	外键
订单总金额	number	是	
下单时间	date	是	
订单状态	varchar2(20)	是	
索要发票	varchar2(10)	是	
发票内容	varchar2(20)	是	
操作员	char(6)	否	外键

“订单明细表”的结构数据如表 8-10 所示。

表 8-10 “订单明细表”的结构数据

字 段 名 称	数据类型（字段长度）	是否允许 Null 值	约 束
订单明细 ID	varchar2(10)	否	主键
订单编号	char(6)	否	外键
商品编码	char(7)	否	外键
购物车编号	varchar2(30)	是	
购买数量	number(6,0)	是	

“客户信息表”的结构数据如表 8-11 所示。

表 8-11 “客户信息表”的结构数据

字 段 名 称	数据类型（字段长度）	是否允许 Null 值	约 束
客户编号	char(6)	否	主键
客户名称	varchar2(20)	是	

续表

字 段 名 称	数据类型（字段长度）	是否允许 Null 值	约　　束
收货地址	varchar2(50)	是	
手机号码	varchar(20)	是	
固定电话	varchar(20)	是	
Email	varchar2(20)	是	
邮政编码	char(6)	是	
客户类型	char(1)	否	外键
身份证号	char(18)	是	

“客户类型表”的结构数据如表 8-12 所示。

表 8-12　“客户类型表”的结构数据

字 段 名 称	数据类型（字段长度）	是否允许 Null 值	约　　束
客户类型 ID	char(1)	否	主键
客户类型	varchar2(20)	是	
客户类型说明	varchar2(50)	是	

“员工信息表”的结构数据如表 8-13 所示。

表 8-13　“员工信息表”的结构数据

字 段 名 称	数据类型（字段长度）	是否允许 Null 值	约　　束
员工编号	char(6)	否	主键
员工姓名	varchar2(20)	是	
性别	char(2)	是	
部门	char(3)	否	外键
职位	varchar2(20)	是	
工作岗位	varchar2(20)	是	
出生日期	date	是	
身份证号码	char(18)	是	
手机号码	varchar2(20)	是	
固定电话	varchar2(20)	是	
Email	varchar2(20)	是	
邮政编码	char(6)	是	
住址	varchar2(50)	是	
照片	blob	是	

“部门信息表”的结构数据如表 8-14 所示。

表 8-14 “部门信息表”的结构数据

字 段 名 称	数据类型（字段长度）	是否允许 Null 值	约 束
部门编号	char(3)	否	主键
部门名称	varchar2(20)	是	
部门负责人	varchar2(20)	是	
联系电话	varchar2(20)	是	
办公地点	varchar2(30)	是	

“发货方式表”的结构数据如表 8-15 所示。

表 8-15 “发货方式表”的结构数据

字 段 名 称	数据类型（字段长度）	是否允许 Null 值	约 束
发货 ID	char(2)	否	主键
发货方式	varchar2(20)	是	

“付款方式表”的结构数据如表 8-16 所示。

表 8-16 “付款方式表”的结构数据

字 段 名 称	数据类型（字段长度）	是否允许 Null 值	约 束
支付 ID	char(2)	否	主键
付款方式	varchar2(20)	是	
支付说明	varchar2(50)	是	

“送货方式表”的结构数据如表 8-17 所示。

表 8-17 “送货方式表”的结构数据

字 段 名 称	数据类型（字段长度）	是否允许 Null 值	约 束
送货 ID	char(2)	否	主键
送货方式	varchar2(20)	是	
送货说明	varchar2(50)	是	

“用户表”的结构数据如表 8-18 所示。

表 8-18 “用户表”的结构数据

字 段 名 称	数据类型（字段长度）	是否允许 Null 值	约 束
用户 ID	char(6)	否	主键
用户名	varchar2(30)	是	
密码	varchar2(10)	是	
Email	varchar2(50)	是	
用户类型	char(1)	否	外键
注册日期	date	是	

“用户类型表”的结构数据如表 8-19 所示。

表 8-19　“用户类型表”的结构数据

字 段 名 称	数据类型（字段长度）	是否允许 Null 值	约　束
用户类型 ID	char(1)	否	主键
类型名称	varchar2(20)	是	

8.5 数据库的优化与创建

【任务 8-5】 网上购物数据库的优化与创建

【任务描述】

（1）对网上购物系统数据进一步优化后创建该数据库。

（2）创建表空间及用户。

（3）创建数据表与实施其数据完整性。

【任务实施】

（1）数据库的检查与优化

确定了所需数据表及其字段、关系后，应考虑进行优化，并检查可能出现的缺陷。一般可从以下几个方面进行分析与检查：

① 所创建的数据表中是否带有大量的并不属于某个主题的字段？

② 是否在某个数据表中重复出现了不必要的重复数据？如果是，则需要将该数据表分解为两个一对多关系的数据表。

③ 是否遗忘了字段？是否有需要的信息没有包括？如果是，它们是否属于已创建的数据表？如果不包含在已创建的数据表中，就需要另外创建一个数据表。

④ 是否存在字段很多而记录却很少的数据表，而且许多记录中的字段值为空？如果是，主要考虑重新设计该数据表，使它的字段减少，记录增加。

⑤ 是否有些字段由于对很多记录不适用而始终为空？如果是，则意味着这些字段是属于另一个数据表的。

⑥ 是否为每个数据表选择了合适的主关键字？在使用这个主关键字查找具体记录时，是否容易记忆和输入？要确保主关键字字段的值不会出现重复的记录。

（2）创建表空间及用户

创建表空间“user_commerce”，并在该表空间中创建用户“commerce”，并为该用户授予必要的权限。

（3）创建数据表与实施其数据完整性

在方案“commerce”中建立数据表前实现数据表之间的关系。

【任务 8-6】 分析与设计图书管理系统的数据库及数据表

【任务描述】

（1）实地观察图书馆工作人员的工作情况，对图书管理系统及数据库进行需求分析。

（2）设计图书管理数据库的概念结构。

（3）设计图书管理数据库的逻辑结构。

（4）设计图书管理数据库的物理结构。

（5）对图书管理数据库进一步优化，然后创建 Oracle 数据库“myBook”，并在数据库中创建所需的数据表。

本单元主要介绍了网上购物数据库的分析和设计，包括用户需求分析、数据库的概念结构设计、逻辑结构设计、物理结构设计、表空间及用户的创建、数据表的创建与实施其数据完整性等方面。

（1）如果关系中某一个属性或属性组合的值能唯一地标识一个元组，我们称之为（　　　　）。

（2）如果关系模式 R 是 2NF，且关系模式中所有非主属性对任何候选键都不存在传递依赖，则称关系 R 是属于（　　）的模式。

（3）关系模型是一种（　　　　　　　　　　　　）的数据模型，关系模型的数据结构是一个由行和列组成的二维表格，每个二维表称为（　　　　）。

（4）在数据库设计的（　　　　　　　）阶段中，用 E-R 图来描述概念模型。E-R 图包含三个基本成分，即（　　　　　）、（　　　　　）和（　　　　　）。

（5）当一个关系中的所有字段都是不可分割的数据项时，则称该关系是规范的。关系规范化的目的是为了减少（　　　　　　），消除（　　　　　　），以保证关系的（　　　），提高存储效率。用（　　　　　　）来衡量一个关系的规范化的程度。

（6）主表和从表是以外键相关联的两个表，以外键作主键的表称为主表，外键所在的表称为从表。例如“班级”和“学生”这两个以外键“班级编号”相关联的表，“班级”表称为（　　　　），“学生”表称为（　　　　）。

（7）联系是指客观世界中实体与实体之间的联系，联系的类型有三种：（　　）、（　　）和多对多(M:N)，关系型数据库中最普遍的联系是（　　）。

（8）数据库系统的三级模式结构是指数据库系统是由（　　　　）、（　　　）和（　　　　）三级组成。

附录 A
下载与安装 Oracle 12c

A.1 从 Oracle 官方网站下载 Oracle 12c 的安装文件

获取 Oracle 12c 的安装文件的途径有多种，最方便、最直接的途径是从 Oracle 的官方网站下载该软件。Oracle 官方网站的网址为：http://www.oracle.com/technetwork/cn/index.html。

第一次下载 Oracle 12c 的安装文件时需要在 Oracle 官方网站上免费注册一个账号，并使用该注册账号成功登录到 Oracle 官方网站后才能下载该软件。

（1）进入 Oracle 官方网站，单击导航栏中的【下载】按钮，打开其下拉菜单，然后指向超链接“Oracle Database”，如图 A-1 所示。

图 A-1　Oracle 官方网站首页的下载项目列表

（2）在图 A-1 中单击超链接“Oracle Database”，进入“Oracle Database 12c”的下载列表页面，在该页面选中“接受许可协议”单选按钮，如图 A-2 所示。然后根据不同的操作系统选择下载不同的 Oracle 版本，这里选择“Microsoft Windows x64（64 位）”企业版。

（3）在图 A-2 的下载列表页面中单击“（12.1.0.2.0）—企业版”下方的“Microsoft Windows x64（64 位）”右侧下载超链接的“文件 1”，打开【文件下载】对话框，在该对话框中单击【另存为】按钮即可开始下载压缩文件包 winx64_12102_database_1of2.zip。

压缩文件包 winx64_12102_database_1of2.zip 下载完成后，按照同样的方法下载压缩文件包 winx64_12102_database_2of2.zip 即可。

图 A-2　下载列表页面

A.2　在 Windows 操作系统中安装 Oracle 12c

Oracle 的安装与卸载相对于其他软件来说有些繁琐，这里主要介绍在 Windows 10 中安装 Oracle 12c 的过程，事实上，在不同版本的 Windows 操作系统中安装 Oracle 12c 的过程基本相同，可以参照这里所介绍的步骤在其他 Windows 操作系统中安装 Oracle 12c。

（1）将下载的压缩文件包解压缩

解压缩时，要注意要把两个压缩文件包解压缩到同一个文件夹中，例如都解压缩到 D:\Oracle12c 文件夹的子文件夹 database 中，该子文件夹中包含的内容如图 A-3 所示，其中 setup.exe 文件就是 Oracle 安装的可执行文件。

图 A-3　database 子文件夹中包含的内容

（2）启动安装程序

在子文件夹 database 中双击可执行文件 setup.exe 启动 Oracle 的安装程序，安装程序会加载并初步校验系统是否达到安装 Oracle 的最低配置，如果达到要求，等待一会儿，会出现如图 A-4 所示的界面，加载设置驱动程序。

（3）配置安全更新

加载设置驱动程序完成后，安装程序自动进入【配置安全更新】界面，在该界面输入合法的电子邮箱地址，可以取消对“我希望通过 My Oracle Support 接收安全更新”复选框的选中状态，如图 A-5 所示，然后单击【下一步】按钮，进入下一个界面。

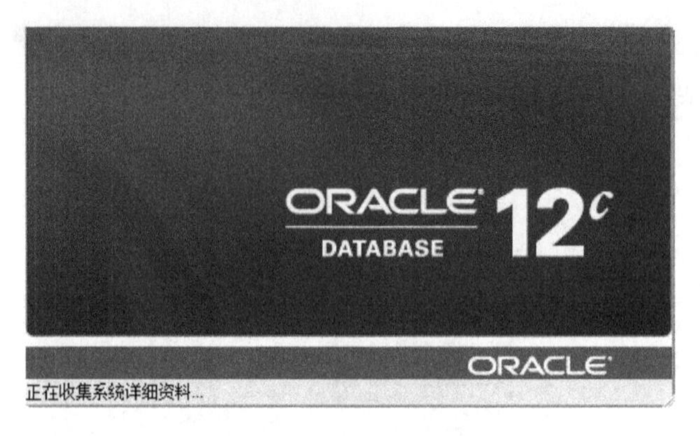

图 A-4　加载设置驱动程序

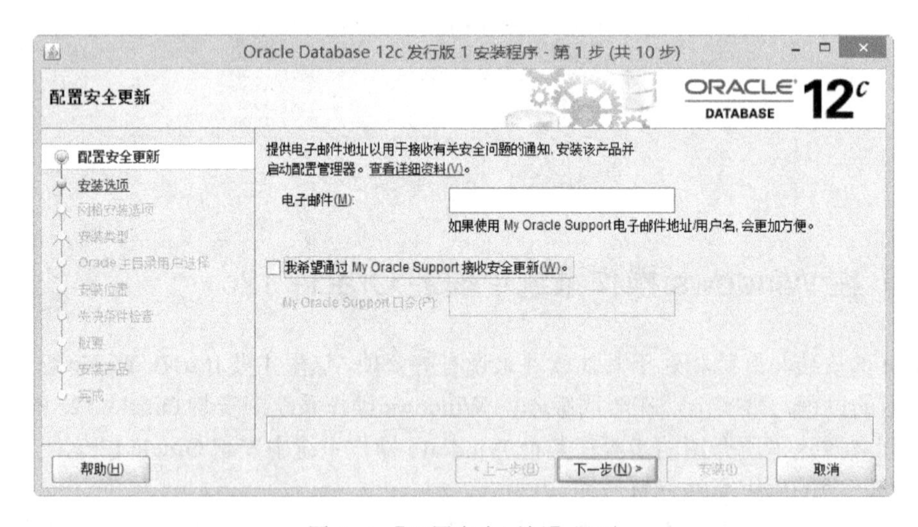

图 A-5 【配置安全更新】界面

（4）选择安装选项

在【选择安装选项】界面，选中“创建和配置数据库”单选按钮，表示在安装 Oracle 数据库管理软件的同时创建数据库，如图 A-6 所示。然后单击【下一步】按钮，进入下一个界面。

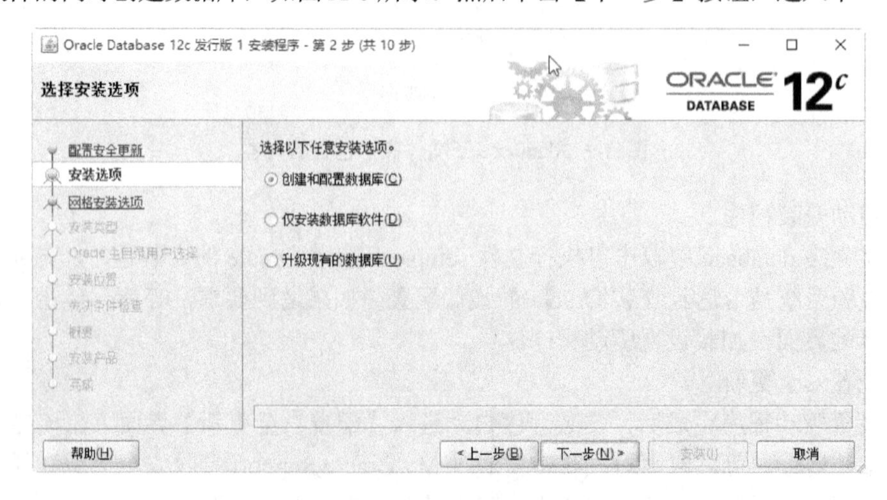

图 A-6 【选择安装选项】界面

（5）选择系统类

在【系统类】界面选择“桌面类”或者“服务器类”，这里选择“桌面类”单选按钮，如图 A-7 所示。

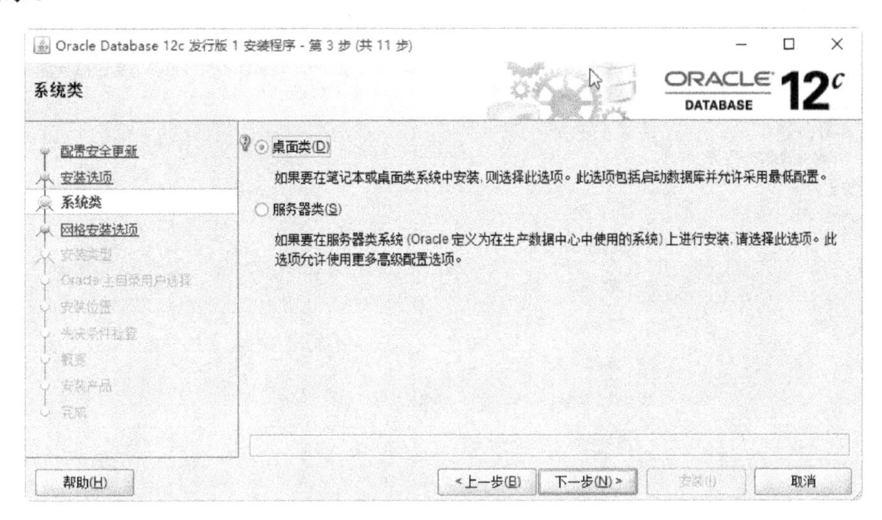

图 A-7　【系统类】界面选择“桌面类”单选按钮

说 明

在【系统类】界面如果选择“服务器类”单选按钮，后面的安装界面有所不同。单击【下一步】按钮会出现【网格安装选项】界面，在该界面选择要执行的数据库安装类型，例如选择“单实例数据库安装”单选按钮，然后单击【下一步】按钮，进入【选择安装类型】界面，这里可以选择“典型安装”或者“高级安装”。

（6）设置 Oracle 主目录用户

在【系统类】界面选择“桌面类”单选按钮，然后单击【下一步】按钮，进入【Oracle 主目录用户选择】界面，这一步是其他的 Oracle 版本没有的，其主要作用是可以更安全地管理 Oracle 数据库，防止登录 Windows 操作系统的用户误删了 Oracle 文件，这里选择第 2 个单选按钮“创建新 Windows 用户”，然后输入用户名和口令，这里“用户名”设置为“admin”，密码设置为“123456”，如图 A-8 所示。新创建的 Windows 用户专门用于管理 Oracle 文件。

（7）典型安装配置

然后单击【下一步】按钮，进入【典型安装配置】界面，该界面比较复杂，首先要指定 Oracle 软件安装到哪一个文件夹中。“Oracle 基目录”表示 Oracle 产品相关文件所在的基本目录，该目录中包括 Oracle 软件和 Oracle 的其他文件等。“软件位置”表示 Oracle 数据库管理软件文件所在的目录，该目录隶属于“Oracle 基目录”的子目录。“数据库文件位置”表示 Oracle 数据库文件（例如 orcl）的存放目录。根据实际需要对 Oracle 软件的安装位置进行修改即可。

其次，从“数据库版本”下拉列表框中选择所要安装的 Oracle 数据库版本，这里选择默认值“企业版”。“字符集”也采用默认值。

再次，在“全局数据库名”文本框中输入数据库名称，该名称也会作为数据库的实例名，这里使用默认名称“orcl”。

图 A-8　设置 Oracle 主目录用户

最后在“口令”文本框中输入符合 Oracle 建议标准的口令，口令的要求是长至少为 8 个字符，内容至少包含 1 个大写字符、1 个小写字符和 1 个 0～9 的数字，例如输入“Oracle_12C”是符合标准要求的口令。如果输入的口令不符合标准要求，例如输入“admin”，将会弹出如图 A-9 所示的“输入的 ADMIN 口令不符合 Oracle 建议的标准”提示信息对话框。

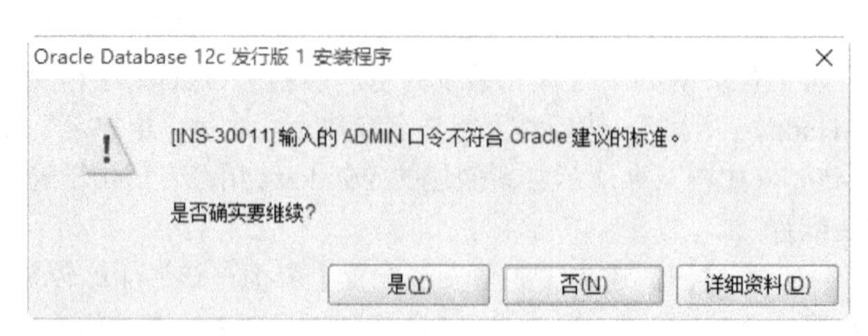

图 A-9　“输入 ADMIN 的口令不符合 Oracle 建议的标准”提示信息对话框

全部信息输入完毕后，如图 A-10 所示。

输入符合标准要求的口令（例如输入“Oracle_12C”）后单击【下一步】按钮，进入下一个界面。

（8）执行先决条件检查

在【执行先决条件检查】界面检查所选产品的最低安装和配置要求，例如检查物理内存大小是否足够、虚拟内存大小是否足够、Oracle 软件所在的硬盘空间大小是否足够、操作系统版本是否支持等。如果检查没有通过，则会显示哪一部分的组件没有通过检查，其原因是什么等信息，此时需要根据提示信息进行相应的调整，然后再次进行检查。进度条中会显示检查过程和进度，如图 A-11 所示。

图 A-10　【典型安装配置】界面

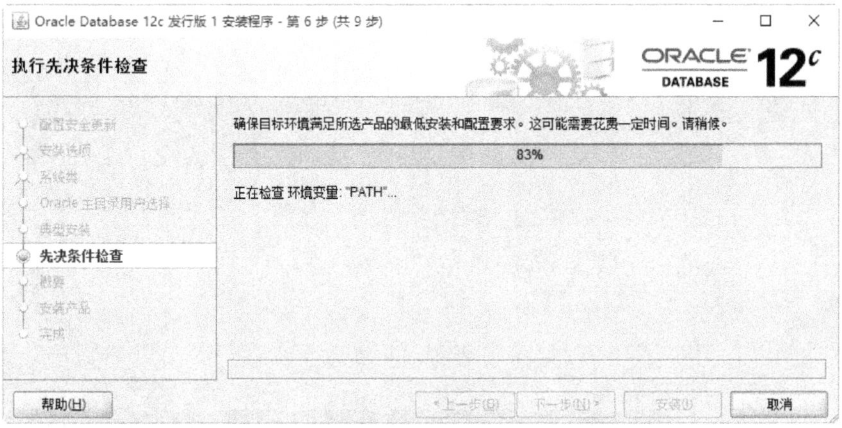

图 A-11　先决条件检查

当所有的先决条件检查都满足时会出现如图 A-12 所示的【概要】界面，在该界面中显示“全局设置”和“数据库信息”等相关信息。

（9）安装产品

在【概要】界面中单击【安装】按钮，安装程序开始安装 Oracle 软件。首先进入准备阶段，如图 A-13 所示。

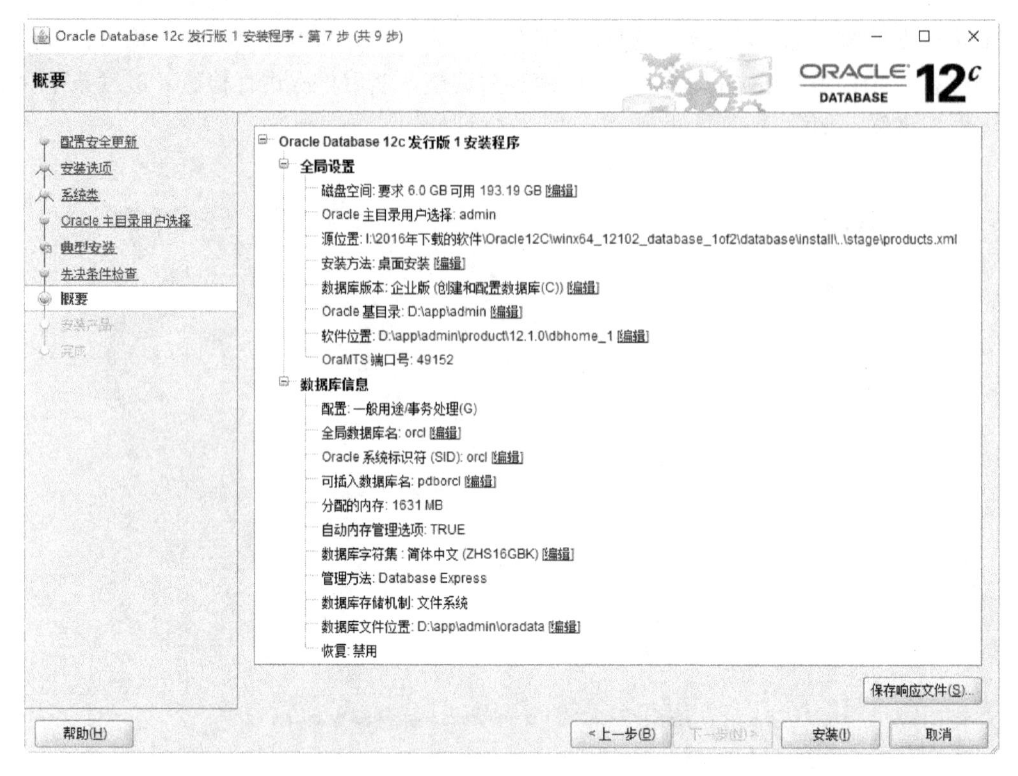

图 A-12　【概要】界面

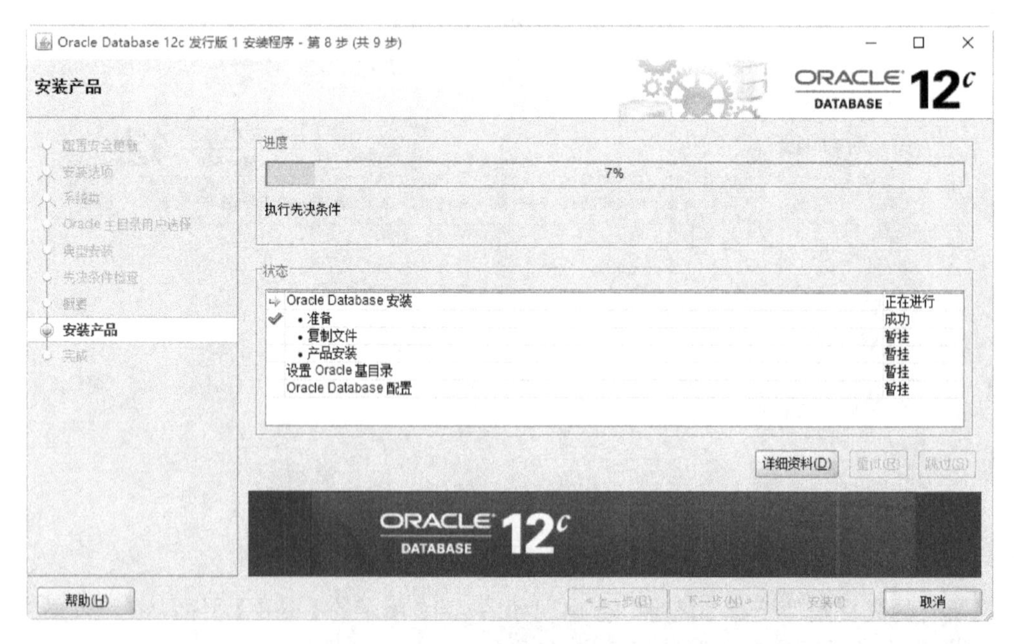

图 A-13　安装 Oracle 产品的“准备”阶段

准备完成后进入“复制文件”阶段，如图 A-14 所示。

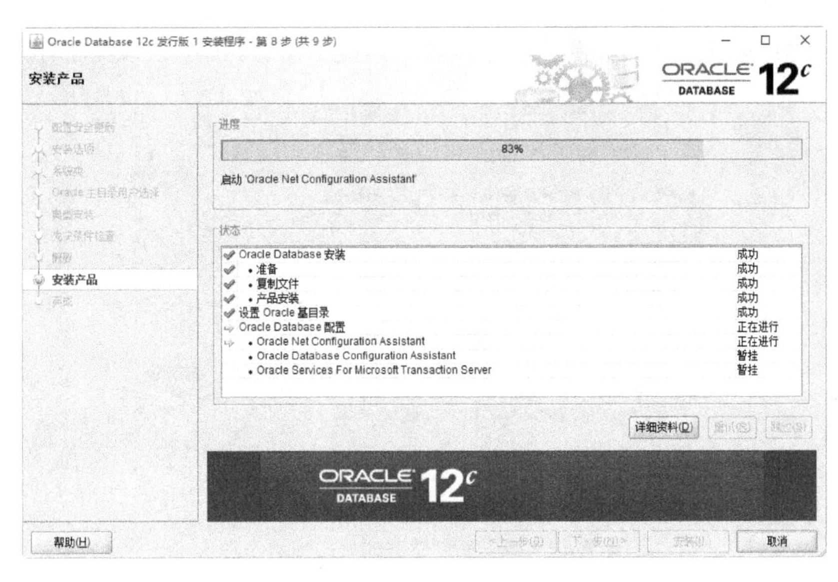

图 A-14　安装 Oracle 产品的“复制文件”阶段

复制文件完成后进入“安装程序文件”阶段，安装程序文件完成后进入“Oracle Database 配置”阶段。

（10）创建 Oracle 实例和数据库

“Oracle Database 配置”结束后，安装程序会自动启动【Database Configuration Assistant】，首先复制数据库文件，如图 A-15 所示。

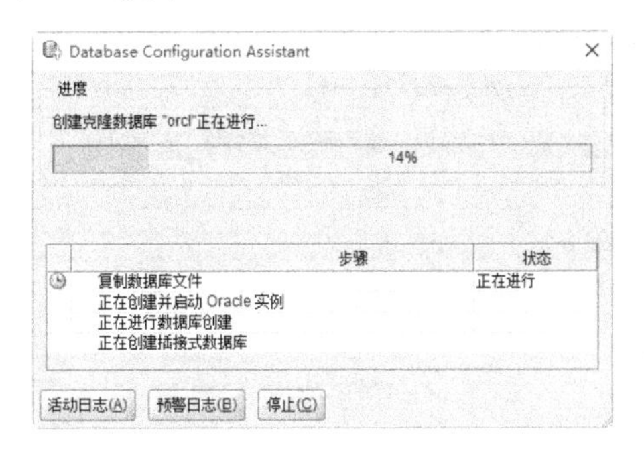

图 A-15　复制数据库文件

然后创建并启动 Oracle 实例，最后创建 Oracle 数据库，如图 A-16 所示。

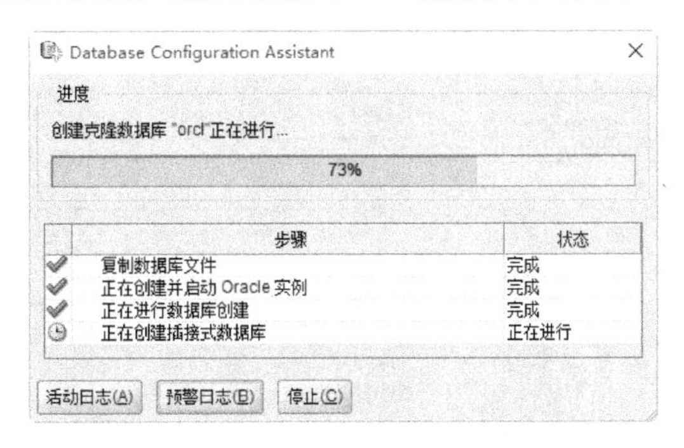

图 A-16　【Database Configuration Assistant】界面

Oracle 数据库创建完成后，弹出如图 A-17 所示提示信息界面，在该界面可以看到全局数据库名、系统标识符（SID）以及服务器参数文件名、EM Database Express 的 URL 等信息。

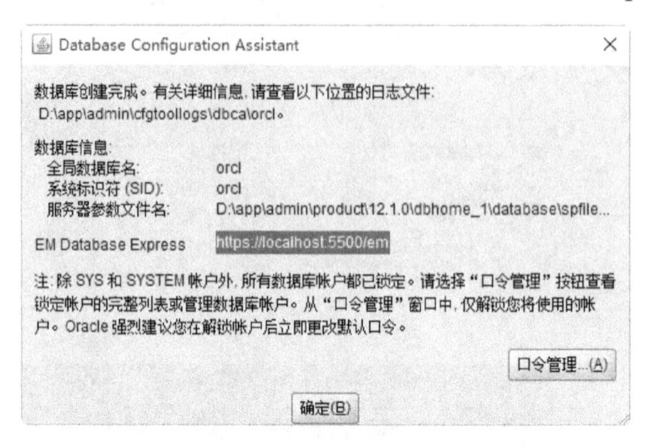

图 A-17　数据库创建完成后的提示信息

单击【口令管理】按钮，弹出【口令管理】对话框，在该对话框中可以查看 Oracle 已有的账户列表，也可以解锁或更改默认口令。默认情况下，只有 SYS 和 SYSTEM 两个系统用户处于开启状态，其他账户都处于锁定状态，SYS 为数据库超级用户，拥有所有权限，SYSTEM 为数据库管理员用户，权限比 SYS 少，如不能关闭和启动数据库等。这里为“SYS”和“SYSTEM”设置合适的口令，例如输入“Oracle_12C”，如图 A-18 所示。

口令管理

锁定/解除锁定数据库用户帐户和/或更改默认口令:

用户名	是否锁定帐户? ▲	新口令	确认口令
SYS		•••••	•••••
SYSTEM		•••••	•••••
OUTLN	✔		
LBACSYS	✔		
OLAPSYS	✔		
SI_INFORMTN_SCHEMA	✔		
DVSYS	✔		
ORDPLUGINS	✔		
XDB	✔		
ANONYMOUS	✔		
CTXSYS	✔		
ORDDATA	✔		
GSMADMIN_INTERNAL	✔		
APPQOSSYS	✔		
APEX_040200	✔		
WMSYS	✔		
DBSNMP	✔		
ORDSYS	✔		
MDSYS	✔		
DVF	✔		
FLOWS_FILES	✔		
AUDSYS	✔		
GSMUSER	✔		
SPATIAL_WFS_ADMIN_U...	✔		
SPATIAL_CSW_ADMIN_...	✔		
APEX_PUBLIC_USER	✔		
SYSDG	✔		
DIP	✔		
SYSBACKUP	✔		
MDDATA	✔		
GSMCATUSER	✔		
SYSKM	✔		
ORACLE_OCM	✔		

确定(A)　取消(B)

图 A-18　【口令管理】对话框

其他用户保留默认设置，然后单击【确定】按钮，关闭【口令管理】对话框，且返回图 A-24 所示的【Database Configuration Assistant】界面，在该界面单击【确定】按钮。

Oracle 产品 100%安装完成后进入【完成】界面，如图 A-19 所示。

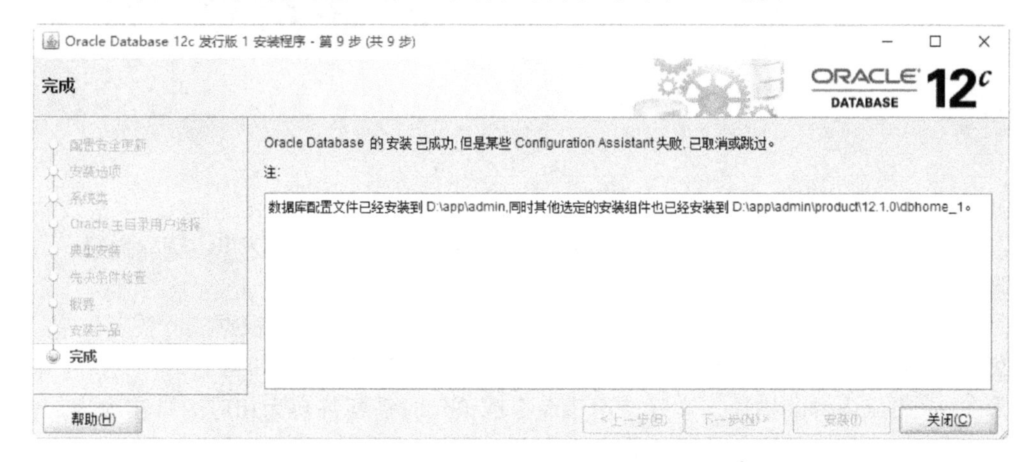

图 A-19　安装 Oracle 产品的【完成】界面

在【完成】界面单击【关闭】即完成“桌面类”Oracle 数据库管理软件的安装以及 Oracle 数据库的创建。

注 意

本附录介绍了在 Windows 平台中安装 Oracle 数据库管理软件时，所选择的选项是“创建和配置数据库”，这种安装方式的好处是能够快速搭建一个学习、开发或者测试环境。但在实际项目开发时，也可以将 Oracle 软件安装和数据库安装分开进行。如果选择“仅安装数据库软件”选项，显示的安装界面会有所不同。

附录 B

命令格式说明

以下命令为 Oracle 的典型命令格式：

```
CONN[ECT] [ <用户名> [ /<口令> ] [ @<数据库名> ] [ AS SYSDBA | SYSOPER | SYSASM ]
```

该命令格式的说明如下：

① [ ]：表示可选项，命令或语句中可能需要，也可能不需要，根据实际需要选取。

② | ：表示多选一，即有多个选项，根据需要选择其中的一项即可。

③ <>：表示内容的描述，实际使用该命令或语句时需要替换为相应的真实内容，例如<用户名>实际命令为“SYSTEM”之类的用户名。

上述语句实际使用形式为：Conn SYSTEM/Oracle_12C@orcl As SYSDBA

附录 C

岗位需求分析与课程教学设计

高等院校每开设一门课程首先应开展市场调研，进行职业岗位需求分析，了解市场对该课程的知识、技能、素质有哪些具体要求，课程定位是否准确，适应面是否广，课程内容是否过时或落后。其次应对课程教学进行系统化设计，对教学单元、教学流程、理论知识体系和操作训练任务进行规划和设计，以达到事半功倍的教学效果。

1.1 职业岗位需求分析

通过对前程无忧、智联招聘、中华英才等专业招聘网站的数据库管理员、数据库工程师、数据库程序开发程序员等职业岗位的调查分析，我们对 Oracle 数据库相关岗位的职位描述和任职资格有了深入的了解，从而对 Oracle 数据库课程的知识、技能、素质要求有了初步的认识，这里我们列举多个典型岗位的真实需求情况。

职位名称：Oracle 数据库工程师/管理员	公司名称：上海驰云信息科技有限公司
职位描述	任职资格
（1）从事数据库开发设计、数据仓库系统开发、数据库性能优化和调度监控 （2）负责将行业领域数据抽象数据模型，业务统计分析内容转化为数据库逻辑模型等规划设计工作 （3）完成数据库系统开发及相关模块编码、测试和性能调优工作 （4）配合前端开发人员进行性能优化 （5）负责对数据-功能模块进行单元测试 （6）根据软件工程开发流程要求并完成相应文档资料 （7）配合完成项目或软件产品数据库基础框架的选型 （8）负责项目或软件产品的实施，处理用户数据方面的需求	（1）熟悉 Oracle、SQL Server、DB2 等主流数据库及其数据仓库的开发、设计和调优 （2）了解 J2EE 平台，理解面向对象的思想与设计模式，精通 AJAX、JSP/Servlet、Struts、Spring 等编程 （3）了解云计算技术概念和相关发展趋势，熟悉系统架构设计(MVC，SOA)思想 （4）热爱数据处理工作，具备快速的学习能力、有高度的责任感和良好的团队精神 （5）有 Oracle 方面大型数据库开发项目或数据仓库项目或产品研发经验优先
职位名称：Oracle 数据库管理员	公司名称：山东诺和诺泰生物制药有限公司
职位描述	任职资格
（1）负责 Oracle 的新环境搭建工作，包括进行安装、配置、部署、更新 CMDB 等工作 （2）负责对 Oracle 实施月度健康检查，记录并处理发现的异常 （3）负责 Oracle 的日常维护管理，包括状态检查、用户管理、交易日志维护、表空间重组等工作 （4）负责协助 Oracle 备份恢复演练、切换演练 （5）负责 Oracle 的变更实施，包括补丁安装、参数及配置调整、表空间调整、数据迁移、更新 CMDB 等	（1）熟悉 Linux、Windows 服务器系统的使用 （2）熟悉 Oracle 的安装、部署、参数配置、性能调优、问题诊断、备份恢复 （3）了解基于 Oracle 的 SQL 开发和优化 （4）具备编写条理清楚、内容完善的故障处理文档、性能分析文档的能力 （5）通过 Oracle 相关认证，并提供相关证书 （6）有很好的学习创新能力、善于思考解决问题

续表

职位名称：Oracle 数据库管理员	公司名称：山东诺和诺泰生物制药有限公司
职位描述	任职资格
（6）负责 Oracle 的性能监控和优化工作 （7）负责 Oracle 相关事件及事故的响应和处理 （8）负责协助 Oracle 问题的处理，包括问题的描述和跟进、配合原厂分析问题、安排问题的测试及解决等 （9）负责总结经验，编写或修改文档，完善操作手册	（7）有较强的交流和沟通能力，并善于总结，与人共享知识成果 （8）具有较强的客户服务意识，强烈的工作责任心，做事积极主动，工作认真细致，有责任心及团体合作精神
职位名称：数据库管理员 DBA	公司名称：武汉翰群科技有限公司
职位描述	任职资格
（1）遵守开发流程和编程规范，参与公司项目及非项目软件需求、设计、开发及单元测试工作 （2）负责数据库项目的模型设计及实施；编写数据库设计文档 （3）负责、指导数据库系统的建立、优化及日常运行 （4）编写数据库端模块设计文档和代码 （5）负责、指导数据库系统管理，包括数据库日常维护，数据库性能监控和调优，数据备份/恢复计划的制定、执行，系统数据安全，用户管理	（1）熟练掌握 Oracle、MS SQL Server RDBMS （2）熟练掌握 IBM Rational Rose Data Modeler 或 Power Designer 等数据建模工具，以及 T-SQL/Procedure/Trigger/Function 编程 （3）可快速处理 Oracle、MS SQL Server 常见故障及日常维护 （4）拥有良好逻辑思维能力、较强理解能力、良好文档撰写习惯 （5）拥有团队合作精神，强烈的责任心和工作热情，良好的沟通能力，勇于钻研、积极进取。能承受一定的工作压力
职位名称：数据库管理员	公司名称：广东中百电子科技股份有限公司
职位描述	任职资格
（1）数据库安全体系建立，定义用户访问规则和策略 （2）审核和执行 SQL 语句，部署数据库对象 （3）配合数据库审计工作，贯彻执行数据库审计政策和策略 （4）了解数据库与应用软件架构原则，配合应用团队设计数据库的架构 （5）完成应用程序日常发布工作 （6）安装和部署高可用性数据库，建立各种数据库环境，例如:数据库集群和镜像。 （7）监控数据库性能，定期维护数据库和解决日常故障问题 （8）其他相关数据库管理和维护工作等	（1）具有较强的责任感、团队精神和积极的工作态度，具有高度责任心，能够严格遵守职业操守 （2）精通 MS SQL Server，熟悉 Oracle 的数据库优化方法和各种备份、安全、存储方案，具有 MSDBA 或 OCP 认证证书 （3）创建 DBLINK、JOB 和存储过程 （4）熟悉索引和 SQL 语句的优化，以及服务器的性能参数调整 （5）能快速进行数据库备份、恢复和故障解决，保证业务的正常运行 （6）熟悉关系数据库理论，深刻理解 ER 图，了解数据库范式
职位名称：Oracle 数据库 DBA	公司名称：深圳市银溪数码技术有限公司
职位描述	任职资格
（1）安装数据库服务器，以及应用程序工具构建和配置网络环境，保证系统的稳定运行 （2）制订数据库的存储方案，保证系统的稳定运行 （3）调整数据库的用户维护数据库的安全性，确保数据的安全运行	（1）熟练掌握 Oracle 的安装、配置、补丁升级、资源管理、备份恢复等 （2）精通 Oracle 数据库归档/非归档模式下的备份、灾难恢复，具备丰富的实战经验 （3）精通 SQL 语言、Linux 命令，熟练编写存储过程

续表

职位名称：Oracle 数据库 DBA	公司名称：深圳市银溪数码技术有限公司
职位描述	任职资格
（4）操作监控和优化数据库的性能，确保数据的安全运行 （5）制定数据库备份计划，灾难出现时对数据库信息进行恢复，确保数据的安全运行； （6）参与研发部系统设计时的数据库支撑，为系统提供性能保障	等各种脚本文件 （4）精通使用 RMAN 进行数据库的备份与恢复，熟练掌握 RAC 和高级复制技术 （5）拥有良好的沟通表达能力和服务意识，有较强的团队合作意识，快速处理系统突发事件的能力，具有良好的学习能力、适应能力
职位名称：Oracle 数据库开发	公司名称：广州晨扬通信技术有限公司
职位描述	任职资格
（1）数据库规划，设计实施海量数据库数据优化方案。 （2）负责业务系统数据库的定期维护和异常处理，包括性能优化、数据库备份、数据迁移、灾难恢复等。 （3）制定和执行数据库安全策略。 （4）数据库设计：根据项目开发方案，进行数据库建模、数据库结构设计等，保证数据库开发的规范性，负责项目数据库分析、设计和部署。 （5）数据库编码：根据数据库设计，进行数据库相关脚本的编写及相关模块的代码编写，随时检查开发过程，调整进度，保证编码开发工作的按时完成，负责存储过程编写。 （6）数据库测试及优化：根据测试要求对完成编码的模块进行调试，并协助项目主管测试新系统，根据测试结果与用户反馈，对数据库进行优化，并协助数据库维护工程师进行数据库维护。 （7）文档编写：根据软件工程要求，编写数据库文档，包括数据标准、数据词典的定义等，为软件测试与维护提供材料，负责数据库相关文档编写。	（1）熟悉 Oracle 数据库基本理论及概念。 （2）能熟练编写存储过程、触发器，必须能够熟练使用 Pl/SQL 语言，独立编写高质量的后台实现脚本，如复杂的存储过程等。 （3）熟悉至少一种数据库建模工具，能够在指导下进行数据库的规划和设计。 （4）工作细致，具有良好的团队合作精神；高度的责任感，较强的适应能力；良好的沟通态度和能力。 （5）主动性及自我规范能力强，能吃苦耐劳，承受压力，能按时完成任务。 （6）有 UNIX/Linux 平台经验者优先。 （7）有海量（每天 1 亿条，约 1GB）数据处理及算法优化经验。 （8）具有 OCM、OCP 认证者优先。 （9）具有一定数据库管理配置经验者优先。 （10）良好的英文口语和读写能力
职位名称：Oracle 数据库 DBA	公司名称：上海数讯信息技术有限公司
职位描述	任职资格
（1）参与数据中心托管客户服务器应用建设与调试。 （2）负责客户大型数据库系统管理。 （3）管理数据中心托管客户的服务器。 （4）编写售前文档，参与售前工作。 （5）协助客户主管制订相应的数据库和服务器管理制度和管理流程	（1）负责过大型应用系统部署，如 ERP，SAP，IBM EBS 等系统者优先。 （2）有 OCA，OCP 证书优先。 （3）对 Windows 服务部署，如 Exchange、AD、集群熟悉者优先考虑。 （4）有 CCNA 以上能力者优先考虑
职位名称：Oracle 数据库管理员	公司名称：拉卡拉支付有限公司
职位描述	任职资格
（1）数据库安装、配置、升级及设计备份与恢复策略并贯彻实施。 （2）负责数据库系统的日常管理、维护及故障解决与问题处理。 （3）负责数据库系统的性能监控与优化及对容量增长做出规划。 （4）建议和指导开发人员编写性能良好的 SQL 语句，并对 SQL 语句调整优化。	（1）具有一定的数据库调整优化工作经验，熟悉数据库建模方法。 （2）.熟悉 Oracle RAC 安装和配置。 （3）具有 UNIX/Linux 等操作系统使用和维护经验。 （4）良好的沟通能力、学习能力和团队合作精神，工

续表

职位名称：Oracle 数据库管理员	公司名称：拉卡拉支付有限公司
职位描述	任职资格
（5）根据业务及应用开发需求进行数据建模。 （6）编写维护数据库开发技术文档。 （7）对数据库系统架构及发展方向提出规划与建议	作严谨，积极负责，能承受一定的工作压力。 （5）有快速处理系统突发事件的能力，能迅速发现并解决问题。 （6）具有 OCM、OCP 认证者优先

2.2 课程教学设计

1．教学单元设计

教学单元设计如下表所示。

单元序号	单 元 名 称	建议课时	建议考核分值
单元 1	登录 Oracle 数据库与试用 Oracle 的常用工具	8	10
单元 2	创建与维护 Oracle 数据库	4	6
单元 3	创建与维护 Oracle 表空间	4	6
单元 4	创建与维护 Oracle 数据表	10	14
单元 5	检索与操作 Oracle 数据表的数据	12	20
单元 6	编写 PL/SQL 程序处理 Oracle 数据库的数据	12	24
单元 7	维护 Oracle 数据库的安全性	6	8
单元 8	分析与设计 Oracle 数据库	8	12
合计		64	100

2．教学流程设计

教学流程设计如下所示。

序号	教学环节名称		说　明
1	教学导航		明确教学目标、熟悉教学方法、了解建议课时
2	前导知识		对单元的通用理论知识从整体上进行把握和提供理论指导
3	操作实战	知识必备	熟悉该操作任务所涉及的相关理论知识，为完成操作任务提供必要的方法指导
		任务描述	事先明确操作任务具体的工作内容和操作要求
		任务实施	一步一步详细阐述操作任务的实施过程和实施方法
4	自主训练		综合应用理论知识和操作方法进行自主训练，完成规定的操作任务
5	单元小结		对单元所学习的知识和训练的技能进行简要归纳总结
6	单元习题		通过习题测试对理论知识的掌握情况

3．操作训练任务设计

操作训练任务设计如下表所示。

单元序号	操作训练任务
单元1	【任务1-1】查看与启动Oracle的相关服务 【任务1-2】以多种方式尝试登录Oracle数据库 【任务1-3】查看Oracle数据库实例的信息 【任务1-4】使用SQL Plus命令行管理工具实现多项操作 【任务1-5】使用Oracle SQL Developer浏览数据表 【任务1-6】使用Oracle Enterprise Manager企业管理器工具 【任务1-7】使用数据字典认知Oracle数据库的物理结构 【任务1-8】使用数据字典认知Oracle数据库的逻辑结构 【任务1-9】使用数据字典查看数据库实例的内存结构信息 【任务1-10】使用数据字典查看Oracle系统的后台进程和数据库中的会话信息 【任务1-11】使用Oracle 12c常用工具 【任务1-12】认知Oracle数据库的体系结构
单元2	【任务2-1】启动与关闭数据库orcl 【任务2-2】使用NetCA图形界面配置Oracle监听器 【任务2-3】使用Database Configuration Assistant工具创建数据库 【任务2-4】使用Database Configuration Assistant工具删除数据库 【任务2-5】创建与操作Oracle数据库myBook
单元3	【任务3-1】查看Oracle数据库默认的表空间 【任务3-2】查看Oracle用户及其相关数据表信息 【任务3-3】在【SQL Plus】中使用命令方式创建表空间 【任务3-4】在【SQL Plus】中使用命令方式维护与删除表空间 【任务3-5】管理与使用PDB的表空间 【任务3-6】使用Oracle Enterprise Manager创建用户commerce 【任务3-7】创建Oracle的表空间和用户
单元4	【任务4-1】使用SQL Plus查看PDB中数据表EMPLOYEES 【任务4-2】使用Oracle SQL Developer查看方案HR中的数据表DEPARTMENTS 【任务4-3】使用Oracle SQL Developer创建“客户信息表”和“商品信息表” 【任务4-4】使用Oracle SQL Developer修改 “商品信息表”和“客户信息表”的结构 【任务4-5】在【Oracle SQL Developer】中删除Oracle数据表 【任务4-6】在【Oracle SQL Developer】中新增与修改“客户信息表”的记录 【任务4-7】使用【Oracle SQL Developer】从Excel文件中导入指定数据表中的数据 【任务4-8】在SQL Plus中使用命令方式创建“用户类型表” 【任务4-9】在SQL Plus中执行SQL脚本创建“用户表” 【任务4-10】在Oracle SQL Developer中使用命令方式创建“购物车商品表” 【任务4-11】在Oracle SQL Developer中使用命令方式修改“用户表”的结构 【任务4-12】在Oracle SQL Developer中使用命令方式删除Oracle数据表 【任务4-13】在Oracle SQL Developer中使用命令方式新增“用户表”的记录 【任务4-14】在Oracle SQL Developer中使用命令方式修改“商品信息表”和“用户表”的记录 【任务4-15】在Oracle SQL Developer中使用命令方式删除Oracle数据表的记录 【任务4-16】在Oracle SQL Developer中使用命令方式创建与维护“用户ID”序列 【任务4-17】向“用户表”添加记录时应用“用户ID”序列生成自动编号 【任务4-18】在SQL Plus中创建数据表并实施数据表的数据完整性 【任务4-19】在Oracle SQL Developer中创建“部门信息表”并实施数据完整性约束

续表

单元序号	操作训练任务
单元 4	【任务 4-20】在 Oracle SQL Developer 中使用命令方式创建数据表并实施数据表的数据完整性 【任务 4-21】在 SQL Plus 中创建“用户表”的同义词 【任务 4-22】在 Oracle SQL Developer 中使用命令方式创建与维护序列“userID_seq”的同义词 【任务 4-23】在 SQL Plus 中利用同义词查询指定用户信息 【任务 4-24】在数据库 myBook 中创建与维护 Oracle 数据表
单元 5	【任务 5-1】选择数据表所有的字段 【任务 5-2】选择数据表指定的字段 【任务 5-3】查询时更改列标题 【任务 5-4】查询时使用计算字段 【任务 5-5】使用 dual 表查询系统变量或表达式值 【任务 5-6】使用 Distinct 选择不重复的记录行 【任务 5-7】使用 Rownum 获取数据表中前面若干行 【任务 5-8】使用 Where 子句实现条件查询 【任务 5-9】使用聚合函数实现查询 【任务 5-10】使用 Order By 子句对查询结果排序 【任务 5-11】查询时使用 Group By 子句进行分组 【任务 5-12】查询时使用 Having 子句进行分组统计 【任务 5-13】创建两个数据表之间的连接查询 【任务 5-14】创建多个数据表之间的连接查询 【任务 5-15】创建等值内连接查询 【任务 5-16】创建非等值连接查询和自连接查询 【任务 5-17】创建左外连接查询 【任务 5-18】创建右外连接查询 【任务 5-19】创建完全外连接查询 【任务 5-20】创建单值子查询 【任务 5-21】创建多值子查询 【任务 5-22】创建相关子查询 【任务 5-23】创建联合查询 【任务 5-24】创建基于多个数据表的视图 【任务 5-25】创建包含计算字段的视图“商品金额_view” 【任务 5-26】通过视图“商品金额_view”获取符合指定条件的商品数据 【任务 5-27】通过视图“商品信息_view”插入与修改商品数据 【任务 5-28】在 SQL Developer 中使用命令方式创建与维护索引 【任务 5-29】检查与操作 myBook 数据库中各个数据表的数据
单元 6	【任务 6-1】编写 PL/SQL 程序计算商品优惠价格 【任务 6-2】编写 PL/SQL 程序限制密码长度不得少于 6 个字符 【任务 6-3】删除用户名字符串中多余的空格 【任务 6-4】使用游标从“员工信息表”中读取指定部门的员工信息 【任务 6-5】使用游标从“用户表”中读取全部用户信息 【任务 6-6】创建且调用计算密码已使用天数的函数 getGap 【任务 6-7】创建并调用返回登录提示信息的函数 out_info 【任务 6-8】创建通过类型名称获取商品数据的存储过程

续表

单元序号	操作训练任务
单元 6	【任务 6-9】创建在购物车中更新数量或新增商品的存储过程 【任务 6-10】创建获取已有订单中最新订单编号的存储过程 【任务 6-11】创建计算购物车中指定客户的总金额的存储过程 【任务 6-12】使用触发器自动为“用户表”主键列赋值 【任务 6-13】创建更新型触发器限制无效数据的更新 【任务 6-14】创建作用在视图上的 Instead Of 触发器 【任务 6-15】为记录当前用户的操作情况创建语句级触发器 【任务 6-16】创建记录对象创建日期和操作者的 DDL 触发器 【任务 6-17】为 System 用户创建一个记录用户登录信息的系统事件触发器 【任务 6-18】使用事务提交订单和删除购物车中的相关数据 【任务 6-19】演示锁等待和死锁的发生 【任务 6-20】创建程序包增加指定类型的商品信息 【任务 6-21】编写 PL/SQL 程序处理 myBook 数据库的数据
单元 7	【任务 7-1】创建数据库用户 C##happy 【任务 7-2】创建角色 C##green_role 并授权 【任务 7-3】为用户“C##happy”授予新角色 【任务 7-4】使用命令方式备份数据库的控制文件 【任务 7-5】创建用户 cheer 【任务 7-6】创建与授予角色 cheer_role
单元 8	【任务 8-1】网上购物数据库设计的需求分析 【任务 8-2】网上购物数据库的概念结构设计 【任务 8-3】网上购物数据库的逻辑结构设计 【任务 8-4】网上购物数据库的物理结构设计 【任务 8-5】网上购物数据库的优化与创建 【任务 8-6】分析与设计图书管理系统的数据库及数据表
任务合计	110

参 考 文 献

[1] 陈承欢．Oracle 11g 数据库应用、设计与管理．北京：电子工业出版社，2013.

[2] 刘增杰，刘玉萍．Oracle 12c 从零开始学．北京：清华大学出版社，2015.

[3] 李强．Oracle 11g 数据库项目应用开发（第 2 版）．北京：电子工业出版社，2015.

[4] 赵振平．成功之路：Oracle 11g 学习笔记．北京：电子工业出版社，2010.

[5] 李丙洋．涂抹 Oracle一三思笔记之一步一步学 Oracle．北京：中国水利水电出版社，2010.

反侵权盗版声明